Introdução à lógica

CEZAR A. MORTARI

INTRODUÇÃO À LÓGICA

Direitos de publicação reservados à:
Fundação Editora da Unesp (FEU)

Praça da Sé, 108
01001-900 – São Paulo – SP
Tel.: (0xx11) 3242-7171
Fax: (0xx11) 3242-7172
www.editoraunesp.com.br
www.livrariaunesp.com.br
atendimento.editora@unesp.br

CIP – Brasil. Catalogação na publicação
Sindicato Nacional dos Editores de Livros, RJ

M861i
2.ed.

Mortari, Cezar A.
Introdução à lógica / Cezar A. Mortari. – 2.ed. – São Paulo: Editora Unesp, 2016.

ISBN 978-85-393-0630-5

1. Análise (Filosofia). 2. Lógica. I. Título.

16-33047 CDD: 146.4
CDU: 16

Editora afiliada:

Para Stefan e Mathias

AGRADECIMENTOS

Este livro surgiu de textos redigidos para as minhas aulas de lógica no curso de graduação em Filosofia da Universidade Federal de Santa Catarina. Nesta segunda edição, um pouco do material foi reordenado: atendendo a muitas solicitações, a lógica proposicional é agora apresentada, de maneira independente, antes do cálculo de predicados, e foi também incluído um apêndice com noções de teoria do silogismo.

Agradeço às inúmeras pessoas que leram as diferentes versões do livro em várias ocasiões e sugeriram vários aperfeiçoamentos, muitos dos quais foram incluídos nesta nova edição. Seria impossível nomear todas elas, mas agradeço em especial aos estudantes da filosofia, que sofreram durante as versões preliminares do livro e que, mesmo assim, me encorajaram a melhorá-lo.

Gostaria de agradecer também, pela leitura atenta e pelas inúmeras sugestões e correções, a Luiz Henrique de Araújo Dutra, Antonio Mariano Nogueira Coelho, Marco Antonio Figueiredo Menezes, Roberta Pires de Oliveira e Luiz Arthur Pagani. Um agradecimento em particular ao grande amigo Luiz Henrique Dutra, que sempre me incentivou — entre outras coisas, a publicar de uma vez este livro, e partir para o próximo. (*May the Force be with you, Luiz Henrique!*)

Florianópolis, dezembro de 2014

SUMÁRIO

1
INTRODUÇÃO

Neste capítulo inicial, procuraremos caracterizar o que é a lógica e do que ela se ocupa. Trataremos de coisas como raciocínio, inferência e argumento, e de o que a lógica tem a ver com tudo isso.

1.1 O que é lógica?

Apresentar a quem se inicia no estudo de alguma disciplina uma definição precisa dela é uma tarefa certamente difícil. (Por exemplo, como você definiria a física?) Geralmente, uma ciência (como a física) tem tantas facetas e especialidades que toda definição termina por ser injusta, ou por deixar de lado aspectos importantes, ou ainda por dar margem a que se incluam coisas que, na verdade, não pertencem à disciplina em questão. Além do mais, as ciências evoluem, novas especialidades surgem, e as fronteiras entre elas geralmente estão longe de serem nítidas. Dessa forma, assim como é difícil dar uma definição impecável do que seja a física, a química ou a matemática, o mesmo acontece com a lógica.

Em vista disso, seria fácil, neste primeiro momento, cair na tentação de dizer a um principiante algo como: "Lógica é aquilo que os lógicos fazem, e ponto final". Ou então: "Leia o presente livro; ao final dele você vai ter uma ideia do que é a lógica". Contudo, isso obviamente não esclarece muita coisa, e, uma vez que este texto pretende ser uma introdução ao assunto, seria apropriado começar com uma ideia inicial, ainda que não muito precisa, daquilo que estamos introduzindo. Portanto, para encurtar a conversa e ter um ponto de partida, ainda que provisório, vamos dizer o seguinte:

> LÓGICA é a ciência que estuda princípios e métodos de inferência, tendo o objetivo principal de determinar em que condições certas coisas se seguem (são consequências), ou não, de outras.

Obviamente, como definição, isso deixa bastante a desejar: precisamos explicitar o que é "inferência", por exemplo, e o que se quer dizer com "se seguem" ou "consequência", e que "coisas" estão aí envolvidas. Isso é o que vamos tentar esclarecer no decorrer deste e do próximo capítulo.

1.2 Raciocínio e inferência

Vamos começar com o problema apresentado no seguinte miniconto de fadas:

> Há não muito tempo, num país distante, havia um velho rei que tinha três filhas, inteligentíssimas e de indescritível beleza, chamadas Guilhermina, Genoveva e Griselda. Sentindo-se perto de partir desta para melhor, e sem saber qual das filhas designar como sua sucessora, o velho rei resolveu submetê-las a um teste. A vencedora não apenas seria a nova soberana, como ainda receberia a senha da conta secreta do rei (num banco suíço), além de um fim de semana, com despesas pagas, na Disneylândia. Chamando as filhas a sua presença, o rei mostrou-lhes cinco pares de brincos, idênticos em tudo, com exceção das pedras neles engastadas: três eram de esmeralda e dois de rubi. O rei vendou, então, os olhos das moças e, escolhendo ao acaso, colocou em cada uma delas um par de brincos. O teste consistia no seguinte: aquela que pudesse dizer, sem sombra de dúvida, qual o tipo de pedra que havia em seus brincos herdaria o reino (e a conta na Suíça etc.).
>
> A primeira que desejou tentar foi Guilhermina, de quem foi removida a venda dos olhos. Guilhermina examinou os brincos de suas irmãs, mas não foi capaz de dizer que tipo de pedra estava nos seus (e

retirou-se, furiosa). A segunda que desejou tentar foi Genoveva. Contudo, após examinar os brincos de Griselda, Genoveva se deu conta de que também não sabia determinar se seus brincos eram de esmeralda ou rubi e, da mesma furiosa forma que sua irmã, saiu batendo a porta. Quanto a Griselda, antes mesmo que o rei lhe tirasse a venda dos olhos, anunciou corretamente, em alto e bom som, o tipo de pedra de seus brincos, dizendo ainda o porquê de sua afirmação. Assim, ela herdou o reino, a conta na Suíça e, na viagem à Disneylândia, conheceu um jovem cirurgião plástico, com quem se casou e foi feliz para sempre.

Agora, um probleminha para você resolver:

Exercício 1.1 Que brincos tinha Griselda, de esmeralda ou de rubi? Justifique sua resposta.

Aviso importante:

Como você vê, aqui está o primeiro dos muitos exercícios que se encontram espalhados ao longo da aprendizagem da lógica. Da mesma maneira que aprender matemática, aprender lógica envolve a realização de exercícios, sem o que as coisas não progridem. (Mesmo!) O ideal seria que você tentasse resolver *todos* os que aparecem neste livro. Pense um pouco a respeito desse primeiro e tente colocar suas ideias por escrito.

Já de volta? Bem, espero que você tenha feito o esforço e descoberto que os brincos de Griselda eram de *esmeralda*. Contudo, responder ao exercício dizendo apenas que os brincos eram de esmeralda não é suficiente: você pode ter tido um palpite feliz, acertando simplesmente por sorte. Para me convencer de que você sabe mesmo a resposta, você tem de expor *as razões que o/a levaram a concluir* que os brincos eram de esmeralda; você tem de *justificar* essa sua afirmação. Note que as princesas também estavam obrigadas a fazer isso: o velho rei não estava interessado em que uma delas acertasse a resposta por acaso.

Mas, antes de nos ocuparmos com a justificativa pedida, vamos conversar um pouco sobre o que aconteceu enquanto você tentava resolver o problema. Há vários pontos de partida que você pode ter tomado, e vários caminhos que pode ter seguido. Por exemplo, você pode ter começado achando que, em termos de probabilidades, há mais chances de que os brincos de Griselda sejam de esmeralda — afinal, há um número menor de brincos de rubi — e ter, então, tentado mostrar que eles são mesmo de esmeralda. Ou você pode ter procurado imaginar o que aconteceria se os brincos de Griselda fossem de rubi, e ter chegado à conclusão de que isso não poderia ter ocorrido. Ou talvez você tenha feito uma lista de todas as combinações possíveis de brincos e princesas, e tenha prosseguido eliminando sistematicamente aquelas combinações que contrariavam os dados do problema. Seja lá como for, em algum lugar do seu cérebro (nas "pequenas células cinzentas", como diria Hercule Poirot) ocorreu um processo que fez com que você passasse a acreditar numa certa conclusão: os brincos de Griselda tinham que ser de esmeralda. A esse processo — um processo mental — vamos chamar de *raciocínio*, ou de *processo de inferência*.

Basicamente, raciocinar, ou fazer inferências, consiste em "manipular" a informação disponível — aquilo que sabemos, ou supomos, ser verdadeiro; aquilo em que acreditamos — e extrair consequências disso, obtendo informação nova. O resultado de um processo (bem-sucedido) de inferência é que você fica sabendo (ou, ao menos, acreditando em) algo que você não sabia antes: que os brincos de Griselda são de esmeralda; que o assassino foi o mordomo; que, se você comprar este televisor de 50 polegadas agora, não vai ter dinheiro para o aluguel. É claro que esse processo também pode terminar num fracasso — raciocina-se em vão e não se chega a lugar nenhum —, mas essa é outra história.

Por outro lado, é importante notar que nem sempre o ponto de partida do processo são coisas sabidas, ou em que se acredita: muitas vezes, raciocinamos a partir de suposições ou hipóteses. Por exemplo, você pode estar interessado em saber o que acontecerá se você comprar agora o *home theater* dos seus sonhos, com televisão HD de 50 polegadas e assim por diante. Raciocinando a partir daí, e com conhecimento do estado de seu bolso e/ou conta bancária, você pode chegar à conclusão de que vai faltar dinheiro para o aluguel. O resultado do processo, nesse caso, não é que você fique sabendo que não há dinheiro para o aluguel, mas que *isso irá acontecer se você comprar o tal home theater*. O conhecimento novo que você obteve, no caso, é que existe uma certa conexão entre comprar o equipamento desejado e não poder pagar o aluguel.

É provavelmente desnecessário mencionar — mas vou fazê-lo assim mesmo — que existem outras maneiras, além de inferências, de obter informação nova. Por exemplo, você pode ter lido na primeira página do jornal de hoje que os brincos de Griselda são de esmeralda. Ou talvez sua namorada (ou namorado) tenha lhe contado isso, e você acredita sistematicamente em tudo o que ela (ele) diz. Em qualquer um desses casos, você passou a acreditar que os brincos de Griselda são de esmeralda sem se ter dado ao trabalho de raciocinar a partir dos dados do problema. Frequentemente, contudo, obtemos informação executando inferências, ou seja, raciocinando, e é aqui que o interesse da lógica se concentra.

O processo de raciocínio acontece no cérebro das pessoas e é o que podemos denominar um *processo mental*. Exatamente *como* esse processo se desenrola não se sabe ainda ao certo. Habitualmente, não tomamos consciência de que estamos raciocinando, nem do modo de funcionar desse processo. Muitas vezes, não sabemos nem mesmo explicar como chegamos a alguma conclusão; o processo parece se dar de modo mais ou menos inconsciente. Costumamos falar em "ter um estalo", e atinar de repente com a resposta a algum problema que nos preocupa: é como se o subconsciente continuasse funcionando e, de repente, quase que por mágica, chegamos a alguma solução. Para dar um exemplo: você certamente conhece a velha lenda sobre como Isaac Newton descobriu a Lei da Gravitação Universal. Conta-se que, estando Sir Isaac sentado a dormitar à sombra de uma frondosa macieira, caiu-lhe à cabeça uma maçã, e ele teve uma visão: os astros se movendo no cosmo, as maçãs (e os aviões) que caem, tudo está sujeito à força da gravidade. Há vários exemplos desse tipo pela história da ciência afora: para citar mais um, Friedrich Kekulé, o proponente da estrutura química dos anéis benzênicos, teve sua inspiração ao observar como chamas na lareira pareciam formar círculos — ou, segundo outras fontes, ao sonhar com uma serpente engolindo sua própria cauda.[1]

É claro que, muitas vezes, temos plena consciência de que estamos envolvidos num raciocinar, e isso também costuma exigir um certo esforço (o que você deve ter descoberto tentando resolver o exercício anterior).

Mas, enfim, aconteça consciente ou inconscientemente, o raciocínio é um processo mental. Porém, não é de interesse da lógica investigar *como* esse processo ocorre: ainda que a lógica muitas vezes seja caracterizada como a "ciência do raciocínio", ela não se considera de modo algum parte da psicologia. A lógica não procura dizer como as pessoas raciocinam (mesmo porque elas "raciocinam errado" frequentemente), mas se interessa, primeiramente, pela questão de se aquelas coisas que sabemos ou em que acreditamos — o ponto de partida do processo — de fato constituem uma boa razão para aceitar a conclusão alcançada, isto é, se a conclusão é uma *consequência* daquilo que sabemos. Ou, em outras palavras, se a conclusão está adequadamente *justificada* em vista da informação disponível, se a conclusão pode ser afirmada a partir da informação que se tem. Note que isso é diferente de explicar o que foi acontecendo dentro de seu cérebro até você chegar a concluir que os brincos eram de esmeralda. (Há, porém, um sentido em que se pode dizer que a lógica também se interessa por como ocorre o raciocinar, e falaremos um pouco sobre isso quando discutirmos *métodos* de inferência.)

1.3 Argumentos

Justificar uma afirmação que se faz, ou dar as razões para uma certa conclusão obtida, é algo de bastante importância em muitas situações. Por exemplo, você pode estar tentando convencer outras pes-

---

1 Se tiver curiosidade, você pode ler mais sobre exemplos desse tipo no cap.2 de French, 2009. A propósito, a referência bibliográfica completa das obras aqui mencionadas você encontra nas Referências bibliográficas, no final do livro.

soas de alguma coisa, ou precisa saber com certeza se o dinheiro vai ser suficiente ou não para pagar o aluguel: o seu agir depende de ter essa certeza. A importância de uma boa justificativa vem do fato de que, muitas vezes, cometemos erros de raciocínio, chegando a uma conclusão que simplesmente não decorre da informação disponível. E, claro, há contextos nos quais uma afirmação só pode ser aceita como verdadeira se muito bem justificada: na ciência, de um modo geral, por exemplo, ou em um tribunal (onde alguém só pode ser condenado se não houver dúvida quanto a sua culpa). Assim, precisamos comumente de algum tipo de suporte para as conclusões atingidas, uma certa garantia daquilo que estamos afirmando.

É claro que nem toda afirmação ou conclusão necessita ser justificada: nossos amigos podem se dar por satisfeitos com o que dizemos, sabendo, por exemplo, que não temos o hábito de contar mentiras. Ou pode acontecer que estejamos afirmando algo evidente por si mesmo. Por exemplo, você pode passar meia hora pensando e chegar à conclusão de que as rãs verdes são verdes: uma afirmação como essa é o que se costuma chamar um "óbvio ululante", e realmente não há necessidade de justificá-la. (É uma afirmação totalmente desinteressante, para falar a verdade.) Ou você pode afirmar que está com dor de cabeça: nesse caso, ninguém melhor do que você para saber isso, e sua palavra deveria ser, então, suficiente (a menos que haja algum motivo muito sério que leve alguém a desconfiar de que você poderia estar mentindo, seja lá por que razão). E finalmente, também não teríamos como justificar *todas* as nossas afirmações: justifica-se alguma coisa a partir de outras — e como justificar, então, estas últimas? Parece que entraríamos num processo sem fim.

Contudo, em muitas situações, você se encontra diante da necessidade de explicar *por que* você chegou a uma tal conclusão, ou *com base em que* você está afirmando tal ou qual coisa. Com relação ao problema dos brincos das princesas, uma justificação de que os brincos de Griselda são de esmeralda pode ser algo como o que se segue:

> Existem apenas dois pares de brincos de rubi; logo, se tanto Genoveva quanto Griselda estivessem com brincos de rubi, Guilhermina, a pri-

> meira, teria sabido que os seus são de esmeralda. Guilhermina, contudo, não soube dizer qual o tipo de pedra em seus brincos. Logo, ou Genoveva e Griselda tinham ambas brincos de esmeralda, ou uma tinha brincos de rubi e a outra, de esmeralda. Mas disso se segue agora que, se Griselda tivesse brincos de rubi, Genoveva, a segunda, teria visto isso e, ciente de que Guilhermina não viu dois pares de brincos de rubi, concluiria que os seus são de esmeralda. Genoveva, contudo, também não soube dizer qual o tipo de pedra em seus brincos. Logo, Griselda não tinha brincos de rubi, ou seja, seus brincos eram de *esmeralda*.

Note que a justificativa citada não é um processo mental de raciocínio, mas consiste em uma sequência de sentenças em português, as quais podem ser compreendidas por outras pessoas. Ela provavelmente também não é uma descrição de como você chegou a saber qual o tipo de pedra nos brincos de Griselda, mas é uma espécie de "reconstrução racional" desse processo: uma listagem das razões que o/a levam a crer que os brincos são de esmeralda, mostrando como essa conclusão decorre dos dados do problema. Ou seja, o trecho mencionado contém *argumentos* a favor da conclusão de que os brincos de Griselda são de esmeralda. Para dizer isso usando outros termos, no trecho anterior mostramos como *deduzir*, ou *demonstrar*, a partir dos dados do problema, a conclusão a respeito de qual pedra estava nos brincos de Griselda.

Vamos, então, ver o que são estas coisas, os argumentos. Examine a primeira sentença que ocorre na justificação apresentada, isto é:

> Existem apenas dois pares de brincos de rubi; logo, se tanto Genoveva quanto Griselda estivessem com brincos de rubi, Guilhermina, a primeira, teria sabido que os seus são de esmeralda.

Podemos dividir essa sentença em duas partes: primeiro, há a afirmação de que existem apenas dois pares de brincos de rubi. Em seguida, temos a palavra 'logo', e então uma segunda afirmação: a de que Guilhermina teria sabido qual a pedra de seus brincos (esmeralda) se Genoveva e Griselda estivessem usando brincos de rubi. Vamos marcar isso no texto:

> [Existem apenas dois pares de brincos de rubi;] **LOGO**, [se tanto Genoveva quanto Griselda estivessem com brincos de rubi, Guilhermina, a primeira, teria sabido que os seus são de esmeralda.]

Ora, a palavra 'logo' tem a função de indicar que a segunda afirmação *se segue* da primeira, ou, dito de outra forma, que a primeira é uma boa razão para aceitar a segunda, que a segunda é uma conclusão a ser tirada da primeira. (Talvez você ainda se lembre, das aulas de português, que 'logo' é uma conjunção coordenativa *conclusiva*.)

Podemos representar isso, de um modo mais explícito, por meio da seguinte construção:

P Existem apenas dois pares de brincos de rubi.
▸ Se tanto Genoveva quanto Griselda tivessem brincos de rubi, Guilhermina teria sabido que os seus são de esmeralda.

A primeira das sentenças anteriores, assinalada com 'P', expressa algo sabido ou, no exemplo em questão, aceito, pois faz parte do enunciado do problema: que existem apenas dois pares de brincos de rubi. E, como vimos, a outra sentença, assinalada com '▸', é afirmada *com base na anterior*. Com ela, estamos descobrindo algo novo sobre o problema: que, se tanto Genoveva quanto Griselda tivessem brincos de rubi, Guilhermina teria sabido que os seus são de esmeralda. Note que isso não aparece explicitamente na história, mas é uma *consequência* das informações que lá estão. A essa estrutura — o conjunto formado pelas duas sentenças apresentadas — chamamos *argumento*.

No caso geral, um argumento pode ser definido assim:

Definição 1.1 Um argumento é um conjunto (não vazio e finito) de sentenças, das quais uma é chamada de *conclusão*, as outras de *premissas*, e pretende-se que as premissas justifiquem, garantam ou deem evidência para a conclusão.

No exemplo citado, temos apenas *uma* premissa: a sentença marcada com 'P'; a outra, assinalada com '▸', é a conclusão.

Algumas observações a esse respeito. Primeiro, você deve ter observado que podemos transmitir informação por meio de sentenças de uma língua: uma vez que as pessoas não têm acesso direto aos pensamentos umas das outras, o uso de sentenças tem a vantagem de colocar a informação em uma forma intersubjetiva, sendo assim possível analisar se a justificativa apresentada é correta ou não. Essa é a razão pela qual dizemos que os argumentos são conjuntos de sentenças.

Em segundo lugar, um argumento está sendo definido como um conjunto *não vazio e finito* de sentenças. Que esse conjunto deva ser não vazio é óbvio, ou não teríamos nem mesmo uma conclusão. Em geral, um argumento contém uma (e apenas uma) conclusão, e pelo menos uma premissa. Como veremos mais adiante, há situações nas quais é conveniente falar de argumentos que contêm simplesmente a conclusão, isto é, que têm zero premissas. Por outro lado, ainda que o número de premissas possa variar bastante, ele deve ser finito: não aceitaremos (ao menos neste livro) trabalhar com um número infinito de premissas. (De fato, existem sistemas de lógica que procuram tratar de argumentos com um número infinito de premissas, ou com conclusões múltiplas, mas não nos ocuparemos deles, já que este é um texto introdutório.)

Em terceiro lugar, note que um conjunto de sentenças quaisquer, sem relação umas com as outras, não constitui um argumento. Para que se tenha um argumento, deve haver, por parte de quem o apresenta, a *intenção* de afirmar a conclusão com base nas premissas — isto é, de que a conclusão se siga das premissas; que a conclusão decorra das, ou esteja garantida pelas, premissas.

Em quarto lugar, como já mencionei, na justificação de que os brincos de Griselda são de esmeralda há vários argumentos envolvidos; aquele que vimos poucas linhas atrás foi apenas o primeiro. Sua conclusão vai ser usada como premissa para justificar uma nova conclusão, e assim por diante até a conclusão final. Para dar mais um exemplo, um segundo argumento contido no trecho mostrado é o seguinte:

P_1 Se tanto Genoveva quanto Griselda tivessem brincos de rubi, Guilhermina teria sabido que os seus são de esmeralda.

P_2 Guilhermina não soube dizer qual o tipo de pedra em seus brincos.
▸ Ou Genoveva e Griselda tinham ambas brincos de esmeralda, ou uma tinha brincos de rubi e a outra, de esmeralda.

A primeira premissa desse argumento é a conclusão do argumento anterior, enquanto a segunda, mais uma vez, consiste de informação contida no problema. A propósito, ser premissa ou conclusão não é algo absoluto: uma sentença pode ser conclusão em um argumento e premissa em outro — como P_1 no caso anterior.

Mas se é assim, se uma sentença pode ora ser premissa, ora ser conclusão, como sabemos, olhando um trecho escrito que contém um argumento, se uma sentença que lá aparece é a conclusão do argumento, ou uma premissa? Aliás: como saber, olhando para uma coleção qualquer de sentenças, se há um argumento sendo apresentado por elas? Como verificar se há a *intenção* de que uma certa afirmação feita seja justificada com base em outras?

A resposta a isso é relativamente simples: temos certas palavras e expressões do português que nos dão uma pista. Uma delas nós já vimos no primeiro argumento que eu apresentei: a palavra 'logo', que indica que a sentença que vem após essa palavra é uma conclusão. Outras palavras com essa mesma função são 'portanto', 'consequentemente', 'por conseguinte', 'segue-se que' etc. Costumamos denominar tais expressões *indicadores de conclusão*.

Vejamos um exemplo, para esclarecer esse ponto. Considere um argumento super super simples como este aqui:

P_1 Miau é um gato.
P_2 Os gatos gostam de queijo.
▸ Miau gosta de queijo.

Apresentado assim, ele já está todo arrumadinho: temos primeiro as duas premissas e só depois a conclusão. Mas isso praticamente só acontece em livros de lógica; na vida cotidiana, as coisas são diferentes e bem mais flexíveis. O argumento anterior poderia ser apresentado de qualquer uma dessas maneiras:

- Miau é um gato, *e* os gatos gostam de queijo; *portanto*, Miau gosta de queijo.
- Os gatos gostam de queijo. *Ora*, Miau é um gato; *segue-se disso que* Miau gosta de queijo.
- Miau é um gato. Gatos gostam de queijo. *Consequentemente*, Miau gosta de queijo.
- etc.

Note que em todos os trechinhos anteriores há uma ligação entre algumas sentenças e outra que é feita por meio dos nossos indicadores de conclusão. Podemos, então, perceber que há um argumento: está sendo afirmado, em todos os casos, que Miau gosta de queijo com base nas outras duas sentenças.

Contudo, essas são apenas algumas maneiras de apresentar informalmente um argumento. Você deve ter notado que, em todos os casos mencionados, a conclusão apareceu em último lugar no argumento — mas isso não precisa ser assim. Vejamos outras versões.

- *Uma vez que* os gatos gostam de queijo, Miau *deve* gostar de queijo, *porque* é um gato.
- *Já que* Miau é um gato, *concluímos que* gosta de queijo, *dado que* os gatos gostam de queijo.
- Miau gosta de queijo, *pois* é um gato, *e sabemos que* os gatos gostam de queijo.
- etc.

Em todos esses casos, a conclusão, claro, continua sendo a mesma: Miau gosta de queijo. Porém, você vê agora que ela não precisa aparecer em último lugar: pode estar em primeiro, ou estar entre uma premissa e outra, e assim por diante. E nem sempre temos um indicador de conclusão, como no último dos exemplos apresentados; aqui, a conclusão aparece primeiro, e as premissas vêm a seguir, precedidas da palavra 'pois'. Essa palavra (e expressões como ela) é o que podemos denominar um *indicador de premissas*. Sua função é indicar que as sentenças (ou a sentença, se só houver uma) que seguem estão sendo usadas como premissas de um argumento.

Outras expressões que funcionam dessa maneira são: 'uma vez que', 'porque', 'visto que', 'dado que', 'sabemos que', 'já que' etc.

Em geral, identificar em um trecho de português escrito ou falado a presença de um argumento, e quais são suas premissas e conclusão, não envolve mais do que interpretar corretamente o que está escrito, ou sendo dito, e as expressões que funcionam com indicadores de premissas e conclusão ajudam nisso. Se o autor faz alguma afirmação e apresenta alguma justificativa para essa afirmação, procurando convencer o leitor da verdade do que está afirmando, estamos diante de um argumento.[2]

Há, agora, um último ponto a considerar no que concerne a nossa definição de argumento. Ainda que os argumentos tenham sido definidos como conjuntos de sentenças, essa definição deixa mesmo assim um pouco a desejar, pois, na verdade, existem vários tipos de sentença e nem todos eles, de acordo com a opinião mais em voga, são admissíveis como parte de um argumento. Além do mais, muitos autores são da opinião de que um argumento envolve outras coisas que não sentenças, coisas como *proposições*, ou como *enunciados*. Assim, para que nossa definição de argumento seja realmente uma boa definição, faz-se necessário conversar um pouco mais detalhadamente sobre isso — e é o que vamos fazer na seção a seguir.

1.4 Sentenças, proposições, enunciados

Para não complicar muito as coisas, vou começar supondo que você tenha uma boa ideia do que sejam as palavras da língua portuguesa. (Entre outras, aquelas que estão listadas nos dicionários *Aurélio* ou *Houaiss*, por exemplo.) Ora, as palavras podem ser combinadas para formar diversas expressões linguísticas, incluindo as sentenças, que, por sua vez, podem formar argumentos, poemas e declarações de amor. Assim, vamos dizer inicialmente que uma sentença

2 Não faremos aqui exercícios visando identificar premissas e conclusões de argumentos, mas se você quiser, consulte os livros de I. Copi (1972, cap.1) e J. Nolt e D. Rohatyn (1991, cap.1); ambos têm muitos exercícios desse tipo.

(do português) é uma *sequência* de palavras do português que contenha ao menos um verbo flexionado (e alguns sinais de pontuação, no português escrito), por exemplo:

(1) O gato está no capacho.
(2) Toda vez que faz sol, eu vou à praia.

('The cat is on the mat', obviamente, é uma sentença do inglês.)

É claro que nem toda sequência de palavras do português (escrito) constitui uma sentença, como você facilmente pode constatar:

(3) *Os gato tá nos capacho.
(4) *gato capacho casa que que está é se no.

Nenhuma das sequências de palavras anteriores é uma sentença da norma culta do português (o que os linguistas costumam indicar marcando-as com um asterisco): elas vão claramente contra as regras da *gramática* da língua portuguesa. Por exemplo, em (3), a segunda palavra (de acordo com a norma culta) deveria ser 'gatos' em vez de 'gato', uma vez que o artigo definido que precede essa palavra está no plural (e, similarmente, com relação a 'capacho'). Essa sentença, ainda que não gramatical no caso da norma culta do português, é gramatical em algumas variantes do português — o que já não é o caso de (4).

Dessa maneira, o que determina quais sequências de palavras de uma língua constituem sentenças dessa língua é sua gramática. Uma gramática, a propósito, nada mais é do que um conjunto de regras que dizem de que forma se podem combinar as palavras. (Essas regras, claro, podem mudar — e mudam — com o tempo, mas isso é uma outra história.)

As sentenças podem ser classificadas em diversos tipos, mas vamos ver agora por que nem todos eles vão poder fazer parte de argumentos. Como num argumento estamos pretendendo afirmar a conclusão com base nas premissas, tanto premissas quanto conclusão devem ser coisas que podem ser afirmadas ou negadas: ou seja, coisas que podem ser consideradas *verdadeiras* ou *falsas*. Em vista disso, sentenças como

Que horas são?
Feche a porta!

normalmente não são admitidas em argumentos. A primeira é uma pergunta — uma sentença *interrogativa* —, enquanto a segunda é uma ordem — uma sentença *imperativa*. Nem uma, nem outra pode ser afirmada ou negada, ou considerada verdadeira ou falsa. As perguntas podem ser interessantes, inoportunas, descabidas, e assim por diante, mas fica esquisito dizer que uma pergunta é verdadeira, ou que é falsa. A mesma coisa acontece com respeito a ordens e pedidos. Assim, as sentenças que nos interessam na lógica são as *sentenças declarativas*, aquelas que podemos afirmar ou negar, como (1) e (2) anteriores. Isso exclui as sentenças interrogativas, imperativas, exclamativas e assim por diante.[3]

Contudo, será que as sentenças declarativas realmente correspondem ao que desejamos, isto é, são coisas que podem ser ou verdadeiras ou falsas? Ainda que muitos autores afirmem que sim, um bom número tem uma opinião contrária. Acontece que as sentenças (inclusive as declarativas) podem ser usadas para expressar muitas coisas diferentes — e parece que são essas outras coisas que costumamos achar verdadeiras ou falsas. Vamos ver um exemplo: é impossível dizer se a sentença

(5) Está chovendo,

tomada fora de qualquer contexto, é verdadeira ou falsa. Ela pode estar sendo usada para afirmar que está chovendo no centro de Florianópolis, às 21 horas do dia 8 de janeiro de 2014 — o que é verdade — ou para afirmar que está chovendo no lado escuro da Lua, no mesmo dia e hora — o que não é. E para piorar as coisas, supor que são as sentenças que são verdadeiras ou falsas pode implicar uma sentença sendo verdadeira e falsa numa mesma situação. Imagine,

3 Isso, contudo, começou a mudar nos últimos anos, pois há vários lógicos trabalhando na construção de lógicas imperativas e lógicas erotéticas (de perguntas), mas não vamos nos ocupar disso neste livro, que é de caráter introdutório.

por exemplo, que Ollie Hardy e Stan Laurel (mais conhecidos no Brasil como o Gordo e o Magro) estejam juntos numa mesma sala, e afirmem, simultaneamente, a sentença

(6) Eu sou gordo.

Afirmada por Hardy, essa sentença é verdadeira, e falsa se afirmada por Laurel. Somos, então, obrigados a concluir que a sentença é *verdadeira e falsa* ao mesmo tempo? Esse é um resultado que parece não ser muito desejável, mas que pode ser evitado se considerarmos que são outras as coisas que podem ser verdadeiras ou falsas, e que compõem argumentos. Candidatos tradicionais são *proposições* e *enunciados*.

Vamos tentar esclarecer o que essas coisas são, considerando alguns exemplos a mais (onde Miau é obviamente um gato):

(7) Miau rasgou a cortina.
(8) A cortina foi rasgada por Miau.

É fácil verificar que temos aqui duas sentenças distintas: (7) começa com a palavra 'Miau', e (8), com a palavra 'A'; logo, se sentenças são sequências de palavras, (8) é diferente de (7), uma vez que as sequências são diferentes. Contudo, apesar de serem diferentes, (7) e (8) têm alguma coisa em comum: elas podem ser usadas para expressar uma mesma *proposição* (ou seja, que Miau rasgou a cortina). Mas o que é, afinal, uma proposição?

Aqui, a coisa se complica um pouco, pois há grande discordância sobre o que, exatamente, é uma proposição. É costumeiro identificar uma proposição com o significado de uma sentença declarativa. Isso, entretanto, não resolveria o problema mencionado anteriormente com respeito a Laurel e Hardy. Afinal, a sentença (6), de um certo ponto de vista, tem um único significado, ainda que afirmada por diferentes pessoas.

Fora isso, as proposições têm sido ainda identificadas com conjuntos de mundos possíveis, pensamentos, conjuntos de sentenças sinônimas, estados de coisas, representações mentais, e até mesmo com as próprias sentenças declarativas. Por outro lado, muitos autores estão convencidos de que proposições não existem. Afinal, você não consegue enxergar uma proposição, nem agarrar uma: proposições não ocupam lugar no espaço, não são afetadas pela gravidade, nem refletem a luz. Na melhor das hipóteses, dizem eles, as proposições são complicações desnecessárias e pode-se muito bem trabalhar apenas com sentenças.

O que proponho fazer aqui é o seguinte: vamos reservar o termo 'sentença' para falar das sequências gramaticais de palavras, e 'proposição' para aquelas coisas que podem ser verdadeiras ou falsas, aquelas coisas que podemos saber, afirmar, rejeitar, de que podemos duvidar, em que podemos acreditar etc.[4] Assim, vamos caracterizar as proposições como espécies de alegações ou asserções sobre o mundo: por exemplo, quando Hardy afirma a sentença (6) citada, ele está com isso fazendo uma asserção a seu respeito, Hardy, que é diferente da asserção feita por Laurel por meio da mesma sentença. Dito de outro modo, Hardy usa (6) para expressar a *proposição verdadeira* de que Ollie Hardy é gordo, enquanto o uso por Laurel de (6) expressa a *proposição falsa* de que Stan Laurel é gordo.

Quanto aos *enunciados*, também há divergências sobre como defini-los. Alguns autores chamam de enunciado o que estou aqui chamando de proposição. Vamos aqui caracterizar os enunciados uma espécie de evento que pode ser datado, em que alguém afirma, ou tenta afirmar, alguma proposição, o que é feito pelo uso de uma sentença declarativa (cf. Barwise e Etchemendy, 1987, p.10). Para diferenciar enunciados de proposições, observe, primeiro, que enunciados diferentes podem expressar uma mesma proposição. Se Hardy afirma 'Eu sou gordo' numa certa situação, e Laurel afirma 'Ele é gordo' nessa mesma situação, ambos fizeram enunciados diferentes (usando sentenças diferentes), mas expressaram a mesma proposição. Em segundo lugar, note que, às vezes, os enunciados

4 Estou aqui seguindo a distinção entre sentenças, proposições e enunciados usualmente feita na semântica de situações (cf., por exemplo, Barwise e Etchemendy, 1987, p.9).

deixam de expressar uma proposição. Por exemplo, se eu afirmar, apontando para uma mesa vazia

(9) Aquela garrafa de cerveja está quebrada.

embora eu pronuncie uma sentença e, portanto, profira um enunciado, eu falho em expressar uma proposição, porque não há nenhuma garrafa de cerveja lá.

Antes de continuarmos, porém, volto a lembrar que proposições e enunciados são definidos de diversas outras maneiras por outros autores.

Quanto aos argumentos, deveríamos, então, redefini-los como conjuntos não vazios e finitos de *proposições*, pois, afinal, são as proposições que podem ser verdadeiras ou falsas. (Ou conjuntos de *enunciados*, se considerarmos que são os enunciados as coisas que são verdadeiras ou falsas.) Contudo, a lógica clássica, que é o nosso objeto de estudo neste livro, tem tradicionalmente trabalhado com sentenças. Isso é algo que pode ser feito, se tivermos em mente que, de um modo geral, um argumento é apresentado em um certo contexto, mais ou menos bem definido, no qual se pode dizer que uma sentença expressa uma única proposição. Se o contexto está claro, podemos tomar uma sentença tal como 'Está chovendo' como uma abreviatura de 'Está chovendo no centro de Florianópolis às 21 horas do dia 8 de janeiro de 2014'. No exemplo envolvendo Laurel e Hardy, podemos trocar a sentença 'Eu sou gordo' por 'Ollie Hardy é gordo', ou por 'Stan Laurel é gordo', dependendo do caso.

Em vista disso, e considerando ainda que este é um livro introdutório, vamos fazer a seguinte simplificação: consideraremos que o contexto estará, de um modo geral, claro, e que uma sentença estará, também de um modo geral, expressando apenas uma proposição.[5] Essa simplificação inicial torna as coisas mais fáceis para

---

5 Além dos problemas mencionados, é bom lembrar também que há sentenças que são ambíguas devido a sua estrutura — por exemplo, 'Todo homem ama uma mulher'. Podemos estar falando de uma mulher só, amada por todos (Claudia Schiffer?), ou de mulheres diferentes — cada um dos vários homens

um livro introdutório, pois não precisamos, então, fazer uma teoria de proposições, dizendo exatamente o que elas são, e como as sentenças se relacionam com elas. Podemos, portanto, trabalhar diretamente com as sentenças. Assim, vamos falar de argumentos, indiferentemente, como conjuntos de sentenças ou proposições.

---

amando uma mulher diferente. Um outro exemplo é a sentença 'João viu a moça com um binóculo' — ele pode ter visto — usando um binóculo — a moça, que estava distante; ou talvez a moça tivesse carregando um binóculo a tiracolo, e João viu essa moça. Voltaremos mais adiante a esse assunto.

2
LÓGICA E ARGUMENTOS

Neste capítulo, vamos examinar com um pouco mais de detalhes os argumentos e tratar um pouco do interesse que a lógica tem neles. Falaremos da validade e da correção de argumentos, sobre argumentos dedutivos e indutivos e, finalmente, faremos uma breve digressão pela história da lógica.

2.1 Validade e forma

Na definição de lógica que apresentei ao iniciar o capítulo anterior, afirmei que a lógica investiga princípios e métodos de inferência. Como você se lembra, o processo de inferência, ou raciocínio, é um processo mental; contudo, não estamos interessados, enquanto lógicos, no processo psicológico de raciocínio, mas, sim, em algo que resulta desse processo quando se faz uma listagem das razões para que se acredite em uma certa conclusão: por isso, vamos estudar os argumentos. De certa maneira, você pode dizer que o raciocínio é um processo de construir argumentos para aceitar ou rejeitar uma certa proposição. Assim, na tentativa de determinar se o raciocínio realizado foi correto, uma das coisas em que a lógica pode ser aplicada é a *análise dos argumentos* que são construídos. Ou seja, cabe à lógica dizer se estamos diante de um "bom" argumento ou não. Ao tentar responder a essa questão, contudo, há dois aspectos distintos que temos de levar em conta. Vamos começar examinando o argumento no seguinte exemplo (e vamos também supor que Miau seja um gato preto):

(A1) **P**$_1$ Todo gato é mamífero.
P$_2$ Miau é um gato.
▸ Miau é mamífero.

Não deve haver muita dúvida de que a conclusão, 'Miau é um mamífero', está adequadamente justificada pelas premissas: sendo Miau um gato, a afirmação de que *todo gato* é um mamífero também o inclui; assim, ele não tem como não ser um mamífero. Mas compare esse argumento com o exemplo a seguir (Lulu, digamos, é aquela peste do cachorro do vizinho):

(A2) **P**$_1$ Todo gato é mamífero.
P$_2$ Lulu é um mamífero.
▸ Lulu é gato.

É óbvio que há alguma coisa errada com esse argumento: apesar de as premissas serem verdadeiras, a conclusão é falsa. Lulu é de fato um mamífero, mas ele é um cachorro. Como você sabe, existem muitos outros mamíferos além de gatos; ou seja, ser um mamífero não basta para caracterizar um animal como gato. Assim, as duas premissas de (A2), mesmo sendo verdadeiras, não são suficientes para justificar a conclusão.

Considere agora o próximo exemplo (em que Cleo é um peixinho dourado): você diria que a conclusão está justificada?

(A3) **P**$_1$ Todo peixe é dourado.
P$_2$ Cleo é um peixe.
▸ Cleo é dourado.

Note, antes de mais nada, que é verdade que Cleo é dourado (conforme a suposição que fizemos anteriormente). Ou seja, podemos dizer que a conclusão é verdadeira. Mas não seria correto dizer que a conclusão está justificada *com base* nas premissas apresentadas, pois *não é verdade que todo peixe é dourado*: alguns são de outras cores. Para colocar isso em outros termos, uma proposição *falsa* não é uma boa justificativa para uma outra proposição. Contudo — e este é agora um detalhe importante — *se fosse verdade* que todo peixe é dourado, *então* Cleo teria forçosamente que ser dourado. Se as premissas *fossem* verdadeiras, isso já seria uma boa justificativa para a conclusão. Note a diferença com relação ao argumento a respeito de Lulu, no qual, mesmo sendo as premissas verdadeiras, a conclusão é falsa.

Agora, se você comparar (A1) e (A3), vai notar que eles são bastante parecidos. Veja:

$\mathbf{P}_1$ Todo $\begin{bmatrix}\text{gato}\\ \text{peixe}\end{bmatrix}$ é $\begin{bmatrix}\text{mamífero}\\ \text{dourado}\end{bmatrix}$.

$\mathbf{P}_2$ $\begin{bmatrix}\text{Miau}\\ \text{Cleo}\end{bmatrix}$ é um $\begin{bmatrix}\text{gato}\\ \text{peixe}\end{bmatrix}$.

▸ $\begin{bmatrix}\text{Miau}\\ \text{Cleo}\end{bmatrix}$ é $\begin{bmatrix}\text{mamífero}\\ \text{dourado}\end{bmatrix}$.

Não é difícil perceber que a diferença entre (A3) e (A1) é que substituímos 'Miau' por 'Cleo', 'gato' por 'peixe' e 'mamífero' por 'dourado'. O que (A1) e (A3) têm em comum é a *estrutura*, ou *forma*, apresentada a seguir:

(F1) $\mathbf{P}_1$ Todo *A* é *B*.
$\mathbf{P}_2$ *c* é um *A*.
▸ *c* é *B*.

Em (F1), a letra '*c*' está ocupando o lugar reservado para nomes de indivíduos, como 'Miau' e 'Cleo', enquanto '*A*' e '*B*' ocupam o lugar de palavras como 'gato', 'peixe' etc. Assim, se você substituir '*A*' e '*B*' por outros termos, como 'ave', 'cachorro', 'preto', 'detetive' etc., e '*c*' por algum nome, como 'Tweety', 'Lulu', 'Sherlock Holmes', você terá um argumento com a mesma forma que (A1) e (A3). Por exemplo, substituindo '*A*', '*B*' e '*c*' pelas palavras 'marciano', 'cor-de-rosa' e 'Rrringlath', respectivamente, teremos:

(A4) $\mathbf{P}_1$ Todo marciano é cor-de-rosa.
$\mathbf{P}_2$ Rrringlath é um marciano.
▸ Rrringlath é cor-de-rosa.

Com relação a (A4), as premissas e a conclusão aparentemente são falsas (não existem marcianos, tanto quanto se saiba, e, logo, não existem marcianos cor-de-rosa). Contudo, da mesma maneira que (A3), se as premissas *fossem* verdadeiras, a conclusão também o seria. Podemos, então, dizer, a respeito dos exemplos (A1), (A3) e (A4), que sua conclusão é *consequência lógica* de suas premissas, que suas premissas *implicam logicamente* a conclusão, ou seja, que tais exemplos são argumentos *válidos*.

Um argumento válido pode, assim, ser definido como aquele cuja conclusão é consequência lógica de suas premissas, ou seja, *se todas as circunstâncias que tornam as premissas verdadeiras tornam igualmente a conclusão verdadeira*. Dito de outra maneira, *se todas as premissas forem verdadeiras em alguma situação, não é possível que a conclusão seja falsa nessa situação*. Vamos juntar isso tudo e oficializar as coisas na definição a seguir:

Definição 2.1 Um argumento é *válido* se sua conclusão é consequência lógica de suas premissas; isto é, se qualquer circunstância que torna as premissas verdadeiras faz com que a conclusão, automaticamente, seja verdadeira.

Se um argumento é válido — se sua conclusão é *consequência lógica* de suas premissas —, dizemos também que as premissas *implicam logicamente* a conclusão. Essa é uma *noção informal*, ainda um tanto vaga, que temos de validade de um argumento e de consequência lógica, e é o ponto de partida para tudo o que vem depois (veremos mais adiante como apresentar definições bem mais precisas dessas noções). Note, antes de mais nada, que um argumento pode ser válido mesmo que suas premissas e conclusão sejam falsas, como (A4), ou que uma premissa seja falsa e a conclusão verdadeira, como (A3). O que não pode absolutamente ocorrer, para um argumento ser válido, é que ele tenha premissas verdadeiras e conclusão falsa. Isso acontece, por exemplo, com (A2). Nesse caso, dizemos que a conclusão de (A2) *não é* consequência lógica de suas premissas, que (A2) *não é válido*. Ou seja, (A2) é um argumento *inválido*.

Vamos agora parar e pensar um pouco: se (A1), (A3) e (A4) são válidos, e o que eles têm em comum é a forma (F1), será que a validade não depende da *forma*? Exatamente. E, para corroborar isso, note que o argumento (A2), considerado por nós inválido, tem uma forma diferente, a saber:

(F2) P_1 Todo *A* é *B*.
P_2 *c* é um *B*.
▸ *c* é *A*.

A diferença dessa forma para (F1) é que as letras '*A*' e '*B*', que ocorriam, respectivamente, na segunda premissa e na conclusão, trocaram de lugar. Essa pequena alteração na forma já é suficiente para que (A2) seja inválido. Além disso, qualquer outro argumento que tenha a forma (F2) será inválido também. Considere o argumento seguinte:

(A5) P_1 Todo gato é mamífero.
P_2 Miau é um mamífero.
▸ Miau é um gato.

Ainda que tanto as premissas quanto a conclusão de (A5) sejam verdadeiras em nosso exemplo (recorde que tínhamos pressuposto que Miau é um gato preto), o fato é que é possível que as premissas sejam verdadeiras e a conclusão, falsa. Basta imaginar, digamos, que Miau não seja um gato, mas um elefante: continuaria sendo verdade que os gatos são mamíferos, e que Miau é um mamífero. Porém, seria falso que Miau é um gato.

Talvez uma outra maneira de colocar as coisas ajude você a entender essa ideia de forma. Vamos representar a primeira premissa de (A1), que diz que todo gato é mamífero, da seguinte maneira:

gato → mamífero,

e a segunda premissa, que diz que Miau é um gato, assim:

Miau → gato.

Juntando isso, ficamos com

(1) Miau → gato → mamífero.

Como você vê, o esquema anterior representa as duas premissas de (A1). É fácil ver agora que a conclusão, que diz que Miau é mamífero, é uma consequência lógica dessas premissas. Basta iniciar com 'Miau' e ir seguindo as setas para ver que chegamos até 'mamífero'. Por outro lado, se representarmos (A2) de modo análogo, teremos:

(2) Lulu → mamífero ← gato.

Note que agora não conseguimos atingir a conclusão de que Lulu é um gato, como fizemos anteriormente. Se começarmos com 'Lulu' e formos seguindo as setas, não chegaremos até 'gato'; não conseguimos ir além de 'mamífero'. Ou seja, não podemos concluir que Lulu é um gato a partir das premissas de (A2). Portanto, (A2) é inválido.

Se você agora comparar os diagramas (1) e (2), vai ver que são estruturas diferentes — formas diferentes. Assim, a validade de um argumento está ligada à forma que ele tem. Entretanto, a questão de como caracterizar a forma de um argumento não é muito fácil de responder, e não vamos tratar disso agora, mas voltaremos a falar dela em capítulos posteriores.

2.2 Validade e correção

Na seção anterior, vimos que os argumentos da forma (F1) — no caso, (A1), (A3) e (A4) — são todos válidos. No entanto, embora todos eles sejam argumentos válidos, apenas (A1) realmente *justifica* sua conclusão, pela razão adicional de ter premissas verdadeiras. A um argumento válido que, adicionalmente, tem todas as suas premissas (e, consequentemente, a conclusão) verdadeiras, chamamos de *correto* (ou *sólido*). Ou seja:

Definição 2.2 Um argumento é *correto* se for válido e, além disso, tiver todas as premissas verdadeiras.

Isso nos leva aos dois aspectos a distinguir na análise de um argumento — na verdade, duas questões que devem ser respondidas quando se faz tal análise. A primeira delas é:

[1] Todas as premissas do argumento são verdadeiras?

No caso (A3) isso não acontece; logo, esse argumento não justifica sua conclusão. Embora do ponto de vista lógico ele seja *válido*, ele não é *correto*. Contudo, simplesmente o fato de ter as premissas verdadeiras não é suficiente para que um argumento justifique sua conclusão, como vimos no exemplo (A2): a conclusão de que Lulu é um gato é falsa, pois ele é um cachorro. Ou seja, em (A2) há alguma coisa faltando, e isso tem a ver com a segunda pergunta, que podemos formular da seguinte maneira:

[2] Se todas as premissas do argumento forem verdadeiras, a conclusão também será obrigatoriamente verdadeira? Isto é, o argumento é válido?

Essa pergunta pode ser respondida de modo afirmativo para os argumentos (A1), (A3) e (A4). Em (A3), por exemplo, uma das premissas é, de fato, falsa, mas, como eu já disse, se todas elas *fossem* verdadeiras, então a conclusão estaria justificada. Com relação a (A4), como vimos, todas as proposições provavelmente são falsas (ao que tudo indica, não existem marcianos e, mesmo que existam, provavelmente nenhum se chama 'Rrringlath', nem é cor-de-rosa).

Uma terceira pergunta, que decorre das duas anteriores, é se o argumento é correto ou não. Ele só será correto, claro, se as duas primeiras perguntas forem respondidas afirmativamente.

Para que você melhor possa comparar os argumentos que vimos, o quadro a seguir apresenta as três perguntas e de que forma elas são respondidas para cada um deles.

	(A1)	(A2)	(A3)	(A4)	(A5)
Todas as premissas do argumento são verdadeiras?	SIM	SIM	NÃO	NÃO	SIM
O argumento é válido?	SIM	NÃO	SIM	SIM	NÃO
O argumento é correto?	SIM	NÃO	NÃO	NÃO	NÃO

Com relação, agora, ao papel da lógica na análise dos argumentos, ela se ocupa apenas da segunda questão, a da validade. É óbvio que, no dia a dia, se quisermos empregar argumentos que realmente justifiquem sua conclusão — argumentos corretos —, a questão da verdade das premissas também é da maior importância. Mas determinar, para cada argumento, se suas premissas são verdadeiras ou não, não é uma questão de lógica. Caso contrário, a lógica teria de ser a totalidade do conhecimento humano, pois as premissas de nossos argumentos podem envolver os mais variados assuntos: zoologia, matemática, química industrial, a psicologia feminina, o que cozinhar para o almoço, e assim por diante. Mas a lógica não pretende ser a ciência de tudo. Além do mais, muitas vezes fazemos inferências e procuramos obter conclusões a partir de premissas que sabemos serem falsas. Como mencionei algumas páginas atrás, frequentemente raciocinamos a partir de hipóteses: o que aconteceria se eu fizesse isso ou aquilo? Mesmo sabendo que o ponto de partida é falso, podemos tirar conclusões sobre o que poderia acontecer e basear nossas ações nisso.

Para colocar isso de outro modo, a lógica não se interessa por argumentos específicos como (A1) ou (A3): o que se procura estudar são as *formas* de argumento, como (F1) e (F2); são essas formas que serão válidas ou não. Costuma-se dizer, a propósito, que a lógica não se ocupa de conteúdos, mas apenas da forma — e eis a razão pela qual ela é chamada de *lógica formal*.

Assim, não deve ser motivo de surpresa que a lógica deixe de lado a primeira das questões, ou seja, se premissas de um argumento são, de fato, verdadeiras ou falsas. O que interessa é: supondo que elas *fossem* verdadeiras, a conclusão teria obrigatoriamente de sê-lo? É essa relação de dependência entre premissas e conclusão que a lógica procura caracterizar.

Recorde, porém, que a caracterização de validade apresentada anteriormente é informal. Como veremos mais tarde, a lógica procura tornar isso mais preciso.

Uma última observação, antes de encerrarmos esta seção. Para determinar a validade de um argumento (ou de sua forma), precisamos levar em conta todas as premissas do argumento. Na prática, porém, muitas vezes ocorre de nem todas as premissas serem explicitadas por quem apresenta o argumento. Por exemplo: você diria que o argumento a seguir é válido?

(A6) P Miau é um gato.
▸ Miau é um felino.

Talvez você tenha dito que esse argumento *não é válido*, e com razão. Formalmente, ele não é mesmo válido. Mas talvez você tenha achado que era válido, dizendo que 'ora, afinal, os gatos são felinos; se Miau é um gato, então claro que é um felino'. Bem... note que no argumento não está dito que os gatos são felinos! E se não fossem? Se abstrairmos a forma do argumento mencionado, ela é, basicamente, a seguinte:

(F3) P *c* é um *A*.
▸ *c* é um *B*.

Se você substituir '*c*' por 'Platão', '*A*' por 'filósofo' e '*B*' por 'cozinheiro', terá um argumento *com a mesma forma*, mas com premissa verdadeira e conclusão falsa (ou seja, inválido):

P Platão é um filósofo.
▸ Platão é um cozinheiro.

Assim, a forma de argumento (F3) é inválida, bem como qualquer argumento que a tenha. A lição que tiramos disso é que, para analisar a validade de um argumento, ou forma de argumento, precisamos ter listadas, explicitamente, todas as premissas. No caso de (A6), o argumento que queríamos apresentar era:

(A6′) P_1 Todo gato é um felino.
P_2 Miau é um gato.
▸ Miau é um felino.

E esse argumento, claro, é válido; ele é da forma (F1), da qual já falamos.

2.3 Dedução e indução

Além de considerar que argumentos são válidos ou inválidos, tradicionalmente tem sido também feita uma distinção entre argumentos *dedutivos* e *indutivos*. É costume diferenciá-los dizendo que os argumentos dedutivos são *não ampliativos*, isto é, num argumento dedutivo, tudo o que está dito na conclusão já foi dito, ainda que implicitamente, nas premissas. Argumentos indutivos, por outro lado, seriam *ampliativos*, ou seja, a conclusão diz mais, vai além, do que o afirmado nas premissas.

Essa maneira de colocar as coisas, porém, é um tanto insatisfatória, pois não fica claro quando é que a conclusão diz só o afirmado nas premissas e quando diz mais do que isso. Uma saída seria dizer que a conclusão não diz mais do que está dito nas premissas se ela for consequência lógica das premissas — e então estaríamos identificando argumento dedutivo e argumento válido, o que fazem muitos autores. Num sentido *estrito*, portanto, podemos começar dizendo que um argumento é dedutivo se e somente se ele for válido. Contudo, há um sentido mais *amplo* em que um argumento, ainda que inválido, pode ser chamado de dedutivo: quando há a intenção, por parte de quem constrói ou apresenta o argumento, de que sua conclusão seja consequência lógica das premissas, ou seja, a pretensão de que a verdade de suas premissas garanta a verdade da conclusão.

Os argumentos (A1)-(A5) apresentados anteriormente podem ser todos chamados de dedutivos, no sentido mais amplo do termo. No sentido estrito — isto é, argumento dedutivo e válido são a mesma coisa — apenas (A1), (A3) e (A4) poderiam ser ditos dedutivos, uma vez que são válidos, enquanto (A2) e (A5), sendo inválidos, não poderiam ser considerados dedutivos.

Porém, independentemente de usarmos o termo 'dedutivo' num sentido estrito ou amplo, nem todos os argumentos que usamos são dedutivos, ou seja, nem sempre pretendemos que a conclusão do argumento seja uma consequência lógica das premissas. Muitas vezes raciocinamos por analogia, ou usando probabilidades — conforme os exemplos a seguir, nos quais se pretende apenas que a conclusão seja altamente provável, dado que as premissas são verdadeiras:

(A7) **P** 80% dos entrevistados vão votar no candidato *X*.
▸ 80% de todos os eleitores vão votar em *X*.

ou então:

(A8) $\mathbf{P}_1$ Esta vacina funcionou bem em macacos.
$\mathbf{P}_2$ Esta vacina funcionou bem em porcos.
▸ Esta vacina vai funcionar bem em seres humanos.

Os argumentos correspondentes a esses tipos de raciocínio são chamados de *indutivos*. O primeiro deles poderia ser chamado de um *argumento estatístico*, ao passo que o segundo poderia ser classificado como um *argumento por analogia* (pois está baseado nas grandes semelhanças entre os organismos de humanos, macacos e porcos). Repetindo, não há a pretensão de que a conclusão seja verdadeira caso as premissas o forem — apenas que ela é *provavelmente verdadeira* ou que *temos boas razões para acreditar que ela seja verdadeira*.

Como veremos em grande parte do que se segue, a lógica contemporânea é dedutiva. Afinal, estamos interessados, ao partir de proposições que sabemos ou supomos verdadeiras, em atingir conclusões das quais tenhamos uma garantia de que também sejam verdadeiras. Nesse sentido, o ideal a ser alcançado é uma linha de argumentação dedutiva, em que a conclusão não pode ser falsa, caso tenhamos partido de premissas verdadeiras.

Porém, na vida real, muitas vezes não temos esse tipo de garantia, e temos de fazer o melhor possível com aquilo de que dispomos. É aqui que se abre espaço para argumentos como os indutivos. Mas, ao contrário da lógica dedutiva (que, afinal, é o objeto deste livro), a lógica indutiva não foi igualmente tão desenvolvida. Muitas propostas foram e têm sido feitas — poderíamos mencionar a lógica indutiva de Rudolf Carnap (1891-1970), por exemplo —, mas tem sido muito difícil conseguir caracterizar de modo preciso o que seja um argumento indutivamente forte. Quando você diz, por exemplo, que, sendo as premissas verdadeiras, a conclusão é provavelmente verdadeira, qual o grau de probabilidade necessário para que o argumento indutivo seja considerado forte? Certamente uma probabilidade de 95% é alta, enquanto uma probabilidade de, digamos, 10% é baixa. Onde, porém, colocar o limite?

Questões como essa sempre dificultaram o desenvolvimento de uma lógica indutiva num grau de sofisticação semelhante ao da lógica dedutiva. A última década, contudo, viu ressurgir um interesse muito grande em esquemas de inferência não dedutivos, em razão de aplicações em inteligência artificial. Voltaremos a falar nisso, ainda que de modo breve, no final deste livro, mas, por enquanto, vamos começar estudando a lógica dedutiva.

Exercício 2.1 Analise os argumentos a seguir e diga se, de acordo com a noção informal de validade apresentada até agora, eles são válidos ou não. Você classificaria algum deles como dedutivo? Como indutivo? Nenhuma das duas coisas?

(a) Nenhum dinossauro é um gato.
Miau e Fifi são gatos.
Logo, nem Miau nem Fifi são dinossauros.

(b) Praticamente todos os pinguins moram na Antártida.
Tweety é um pinguim.
Tweety mora na Antártida.

(c) Alguns peixes têm asas.
Todas as coisas aladas têm pelo menos quatro asas.
Logo, alguns peixes têm pelo menos quatro asas.

(d) Tudo o que é bom é imoral, ilegal ou engorda.
Comer pizza de quatro queijos é bom.
Comer pizza de quatro queijos não é imoral.
Comer pizza de quatro queijos não é ilegal.
Logo, comer pizza de quatro queijos engorda.

(e) O remédio *X* é quimicamente muito parecido com o remédio *Y*.
Logo, o remédio *X* cura as mesmas doenças que o remédio *Y*.

(f) Quando faz muito frio, frequentemente neva.
Não está nevando.
Logo, não está fazendo muito frio.

(g) Todos os marcianos são cor-de-rosa.
Alguns marcianos passam as férias em Saturno.
Logo, alguns indivíduos que passam as férias em Saturno são cor-de--rosa.

(h) Muitos papagaios são verdes.
Muitos papagaios têm duas asas.
Logo, há pelo menos um papagaio que é verde e tem duas asas.

(i) A maioria dos papagaios é verde.
A maioria dos papagaios tem duas asas.
Logo, há pelo menos um papagaio que é verde e tem duas asas.

(j) Nenhuma planta sobrevive sem luz solar.
Pitangueiras são plantas.
Logo, pitangueiras não sobrevivem sem luz solar.

(k) Nenhuma planta sobrevive sem luz solar.
Humanos não sobrevivem sem luz solar.
Logo, humanos não são plantas.

(l) As aves voam.
Tweety é uma ave.
Logo, Tweety voa.

(m) Tubarões e sardinhas vivem na floresta.
King Kong não vive na floresta.
Portanto, King Kong não é uma sardinha.

(n) Somente tubarões e sardinhas vivem na floresta.
King Kong não vive na floresta.
Portanto, King Kong não é uma sardinha.

(o) A maioria das pessoas acredita que existem fantasmas.
Logo, fantasmas existem.

(p) Se Maria não foi a Salvador, então foi a João Pessoa ou a Natal.
Maria não foi a João Pessoa.
Se Maria não foi a Natal, então foi a Salvador.

(q) Os gaúchos gostam de churrasco.
João não é gaúcho.
Logo, João não gosta de churrasco.

2.4 A lógica e o processo de inferência

Visto que falamos bastante, até agora, da análise de argumentos, e que eu disse que a lógica não quer saber exatamente como as pessoas raciocinam, você pode estar com a impressão de que a análise de argumentos é a única coisa pela qual os lógicos se interessam. Ou seja, de que a lógica não é de auxílio algum quando se raciocina, mas só entra em campo mais tarde, para examinar um argumento e dizer se ele é válido ou não. Você pode até mesmo estar imaginando que a lógica se ocupa apenas das relações entre o ponto de partida (a informação disponível, as premissas) e o ponto de chegada (a conclusão atingida), não importando como o caminho foi percorrido. Mas isso não é verdade. Lembre que procuramos caracterizar a lógica como o estudo de princípios e métodos de inferência, e isso é mais do que a simples análise de argumentos.

Com certeza, um objeto central de estudo da lógica é a relação de consequência entre um conjunto de proposições e uma outra proposição. Essas proposições, claro, não precisam estar necessariamente expressas por sentenças de alguma língua como o português: podemos usar, em vez disso, fórmulas de alguma linguagem artificial, como temos na matemática. Mas esse estudo pela lógica de uma relação de consequência não se resume apenas em dizer se, de fato, alguma conclusão é consequência de certas premissas ou não, mas inclui também o estudo de técnicas que auxiliam a produzir uma conclusão a partir da informação disponível. O desenvolvimento da lógica teve como um de seus resultados a identificação de muitas e muitas regras para a produção de bons argumentos, regras que nada mais são do que formas mais simples de argumento válido, como

(F1) anterior. Sabendo que (F1) é uma forma válida de argumento, e dispondo da informação de que

(i) Todo filósofo de mesa de bar é desmiolado, e
(ii) Setembrino é um filósofo de mesa de bar,

você pode exclamar 'Aha!', e tirar a conclusão de que o pobre Setembrino é desmiolado. Ao fazer isso, você aplicou a forma válida (F1) à informação de que você dispõe, tirando uma conclusão. Em geral, temos à disposição um conjunto de formas válidas simples, ou, para usar a nomenclatura correta, *regras de inferência*, por meio das quais podemos ir manipulando os dados disponíveis e ir derivando conclusões.

Um outro objetivo da lógica, então, seria o de estudar regras de inferência e seu emprego. Hoje em dia, dada a disponibilidade de computadores, há inclusive diversas tentativas bem-sucedidas de *automatizar* o processo de inferência. Isso significa, por exemplo, que você pode ter, armazenadas em algum banco de dados, as informações sobre os brincos e princesas, digitar a pergunta e obter automaticamente a resposta de que os brincos de Griselda são de esmeralda. Um programa de computador se encarrega de "raciocinar" em seu lugar.

Não vou entrar em mais detalhes neste momento a respeito disso, pois precisamos ver muita coisa primeiro, mas voltaremos a falar no assunto. Enquanto isso, você já deve ter tido, espero, uma primeira ideia do que seja a lógica e de que ela se ocupa — uma ideia que você pode ir aperfeiçoando com o tempo.

2.5 Um pouco de história

Para encerrar este capítulo, vamos dar uma olhada muito rápida na história da lógica e ver um pouco do que andou acontecendo desde o início.

A lógica como disciplina intelectual (que poderíamos denominar 'Lógica', com 'L' maiúsculo) foi criada no século IV a.C. por um filósofo grego chamado Aristóteles (384-322 a.C.), do qual certamente você já ouviu falar. É claro que já antes de Aristóteles havia uma certa preocupação com a questão da validade dos argumentos — por exemplo, por parte dos sofistas e de Platão. Mas esses pensadores, embora tenham se ocupado um pouco de tais questões, de fato nunca desenvolveram uma teoria lógica — nunca procuraram fazer um estudo sistemático dos tipos de argumento válido, ao contrário de Aristóteles, que, assim, fundou a lógica praticamente a partir do nada.

As contribuições que Aristóteles deu para a lógica foram muitas, e teremos ocasião de falar de algumas delas mais tarde. Por enquanto, gostaria apenas de mencionar sua *teoria do silogismo*, que constitui o cerne da lógica aristotélica. Silogismo é um tipo muito particular de argumento, tendo sempre duas premissas e, claro, uma conclusão. Além disso, apenas um tipo especial de proposição, as proposições *categóricas*, pode fazer parte de um silogismo. Estas são proposições como 'Todo gato é preto' ou 'Algum unicórnio não é cor-de-rosa': temos primeiro um quantificador, como 'todo', 'nenhum', 'algum', 'nem todo', seguido de um termo ('gato', 'unicórnio'), uma cópula ('é', 'não é'), e outro termo. O argumento a seguir é um exemplo típico de silogismo:

P_1 Todo gato é um mamífero.
P_2 Nenhum mamífero é um dinossauro.
▸ Nenhum dinossauro é um gato.

O que Aristóteles procurou fazer foi caracterizar as formas de silogismo e determinar quais delas são válidas e quais não, o que ele conseguiu com bastante sucesso. Como um primeiro passo no desenvolvimento da lógica, a teoria do silogismo foi extremamente importante. Contudo, restringir os argumentos utilizáveis a silogismos deixa muito a desejar: existem apenas 24 formas válidas de silogismo. (Ou — sem querer entrar agora nos detalhes — até menos ainda, se certas suposições forem abandonadas. Aristóteles, a propósito, falava em 16 formas válidas, pois considerava de mesma forma alguns silogismos que, mais tarde, foram classificados como tendo uma forma diferente.)

A teoria do silogismo é, assim, bastante limitada; por razões históricas, contudo, a lógica de Aristóteles foi considerada *a* lógica até bem pouco tempo atrás — e é por tal razão que, mais adiante, vamos examinar um pouco mais de perto algumas noções da lógica aristotélica. (Você encontra uma exposição mais detalhada no Apêndice A, ao final deste livro.) Mas isso não quer dizer que outros gregos não tivessem se ocupado de lógica. Houve outros, especialmente os megáricos e, mais ainda, os estoicos, como Crísipo (cerca de 280-205 a.C.), que desenvolveram uma teoria lógica diferente da de Aristóteles e certamente tão interessante quanto a dele. Essa teoria forma a base do que hoje em dia se denomina *lógica proposicional*, da qual ainda vamos falar.

Como exemplo típico de uma forma de argumento investigada pelos estoicos, temos:

(F4) P_1 Ou *A* ou *B*.
P_2 Não é verdade que *A*.
▸ *B*.

Ao contrário das formas de silogismo aristotélicas, como a (F1) que vimos anteriormente, em que as letras *A*, *B* etc. representam termos quaisquer, como 'gato', 'mamífero' etc., no caso da lógica estoica, elas representam proposições inteiras. Um argumento que tem a forma (F4) exibida é o seguinte (colocando 'Miau está dormindo' no lugar de *A* e 'Miau está caçando ratos' no lugar de *B*):

(A9) P_1 Ou Miau está dormindo ou está caçando ratos.
P_2 Não é verdade que Miau está dormindo.
▸ Miau está caçando ratos.

Assim, na Grécia antiga, já vimos o surgimento de *duas* teorias lógicas distintas (ou 'lógicas' com 'l' minúsculo, para diferenciá-las da Lógica como disciplina intelectual). No entanto, essas teorias — a lógica aristotélica e a lógica estoica — foram encaradas como rivais, como excludentes, embora, na verdade, elas se complementem. Poderiam ter sido reunidas numa só teoria, mas havia uma certa inimizade entre aristotélicos e estoicos, e isso acabou não acontecendo. E, como as obras dos estoicos não resistiram ao tempo, o que ficou conhecido na Idade Média, e daí por diante, como 'lógica', foram apenas os escritos de Aristóteles — e os melhoramentos introduzidos pelos lógicos depois dele, particularmente pelos medievais. Isso levou o filósofo alemão Immanuel Kant (1724-1804) a afirmar, no prefácio de sua *Crítica da razão pura*, que a lógica tinha sido inventada pronta por Aristóteles, e nada mais havia a fazer.

Um caso célebre de previsão errada. Não muito depois dessa infeliz afirmação de Kant, a partir da metade do século XIX, a coisa começou a mudar, e o marco inicial foi a publicação, em 1854, de *Investigação sobre as leis do pensamento*, de George Boole (1815-1864). Esse livro deu início à "simbolização" ou "matematização" da lógica, que consistiu em fazer, numa linguagem simbólica, artificial, o que Aristóteles havia começado em grego. Boole, na verdade, apresentou um *cálculo* lógico (hoje bastante conhecido também como *álgebra booleana*) contendo um número infinito de formas válidas de argumento.

O grande avanço para a lógica contemporânea, no entanto, veio com a obra do filósofo e matemático alemão Gottlob Frege (1848-1925), mais precisamente, em 1879, com a publicação da obra *Begriffsschrift* [*Conceitografia*].

Ao contrário de Aristóteles, e mesmo de Boole, que procuravam identificar as formas válidas de argumento, uma preocupação básica de Frege era a sistematização do raciocínio matemático, ou, dito de outra maneira, encontrar uma caracterização precisa do que é uma *demonstração* matemática. Você sabe que, na matemática, para mostrar que uma proposição é uma lei (um teorema) não se recorre à experiência ou à observação, como em várias outras ciências. Na matemática — para colocar as coisas de um modo simples —, a verdade de uma lei é estabelecida por meio de uma demonstração dela, isto é, uma sequência argumentativa (dedutiva) mostrando que ela se segue logicamente de outras leis aceitas (ou já estabelecidas). Ora,

Frege tinha um projeto filosófico (o *logicismo*, com a meta de mostrar que a aritmética podia ser reduzida à lógica), para cuja execução fazia-se necessário identificar em uma demonstração quais eram os princípios lógicos utilizados. Para tanto, Frege procurou formalizar as regras de demonstração, iniciando com regras elementares, bem simples, sobre cuja aplicação não houvesse dúvidas. O resultado, que revolucionou a lógica, foi a criação do *cálculo de predicados*, um cálculo lógico que é o objeto de estudo de boa parte deste livro.

O uso por Frege de linguagens artificiais, à maneira da matemática, fez com que a lógica contemporânea passasse a ser denominada 'simbólica' ou 'matemática', em contrapartida à 'lógica tradicional', expressão que passou a designar a lógica aristotélica — isto é, teoria do silogismo. Desde então, a lógica tem se desenvolvido aceleradamente, e o século XX viu o surgimento de um grande número de lógicas (isto é, sistemas lógicos), umas procurando complementar outras, outras rivalizando entre si. A lógica como disciplina, hoje em dia, conta com dezenas de especialidades e subespecialidades. Pode-se, inclusive, considerar a lógica — ou ao menos certas áreas e especialidades dela — não mais como uma parte da filosofia (tal como, digamos, ética ou metafísica), mas como uma ciência independente, como a matemática ou a linguística. Alternativamente, claro, podemos dizer que a filosofia mudou e que não há uma fronteira nítida entre certas áreas suas (como a lógica) e disciplinas como matemática ou ciências da computação.

Embora o objetivo inicial da lógica tenha sido a análise de argumentos, o uso de linguagens artificiais ampliou seu âmbito de atuação: a lógica passou a ocupar-se de muitos outros temas (sobre os quais teremos ainda ocasião de falar), e as linguagens da lógica passaram a ter muitos outros usos. Por exemplo, podemos representar informação em geral por meio de tais linguagens. Hoje em dia, nota-se o grande papel da lógica em investigações científicas de ponta, como é o caso da Inteligência Artificial, particularmente nas áreas de representação de conhecimento e demonstração automática. Estima-se, até mesmo, que a lógica tem ou terá a mesma importância, para a Inteligência Artificial, que a matemática tem para a física teórica. E, para finalizar, note que podemos até utilizar sistemas lógicos como linguagem de programação — é o caso, por exemplo, de PROLOG, uma linguagem cujo nome significa, precisamente, PROgramação em LÓGica.

3
PRELIMINARES

Antes de começarmos a nos ocupar propriamente da lógica, precisamos passar por algumas preliminares que serão necessárias para o nosso estudo — e é o que vai acontecer neste capítulo, e também no próximo. Vamos falar um pouco mais sobre linguagens e expressões linguísticas, sobre linguagens artificiais e também sobre o uso de variáveis.

3.1 Linguagens

Se você olhar em um dicionário ou gramática, descobrirá que uma *linguagem* é definida como um *sistema de símbolos que serve como meio de comunicação*. Note que isso não se restringe à comunicação entre humanos: hoje em dia existem dezenas de *linguagens de programação*, que, poderíamos dizer, servem também para comunicar instruções de um humano a uma máquina. Estas seriam exemplos de *linguagens artificiais*, ao contrário do português, inglês, e assim por diante, que são as chamadas *linguagens naturais*, ou *línguas*.

Uma linguagem também pode ser definida como um *"conjunto (finito ou infinito) de sentenças, cada uma de comprimento finito e formada a partir de um conjunto finito de símbolos"* (Chomsky, 1957, p.13). Isso significa que, numa linguagem, temos um conjunto finito de elementos básicos, com os quais formamos diferentes tipos de expressões linguísticas, como palavras e sentenças. No caso de uma língua, como o português, os elementos básicos correspondem aos *fonemas* (língua falada) ou *letras* (língua escrita), cujo número é finito. Combinações de fonemas (ou letras) dão origem aos *morfemas*: estas são as menores unidades dotadas de significado. Combinações de morfemas, de acordo com certas regras (a *morfologia*), nos permitem formar palavras, e combinações de palavras, de acordo com certas outras regras (a *gramática*), nos permitem formar frases e sentenças. Com as sentenças, claro, você pode construir estruturas mais complexas, como argumentos, discursos, diálogos, artigos de jornal etc. — sem esquecer as declarações de amor!

Há três níveis em que se pode estudar uma linguagem. O primeiro deles corresponde à *sintaxe*, que se ocupa com o aspecto estrutural dos objetos linguísticos. Por exemplo, ao dizer que a palavra 'gato' começa com a letra 'g', ou que a sentença

Miau é um gato e Lulu é um cachorro

é um período composto, estamos dizendo coisas que pertencem ao âmbito da sintaxe. As regras gramaticais, a propósito, são, em geral, regras sintáticas. A sintaxe, assim, fica num nível puramente formal — ela se ocupa das relações formais entre os símbolos da linguagem, a maneira pela qual os símbolos se combinam — e não diz nada a respeito de significados. Estes já fazem parte de uma outra dimensão no estudo das linguagens, e são o objeto de investigação da *semântica*. A semântica se ocupa dos significados das expressões linguísticas, isto é, das relações entre expressões linguísticas e seus significados — coisas que estão "fora" da linguagem. Quando dizemos, por exemplo, que um canguru é um mamífero marsupial encontrado na Austrália etc., ou que 'procrastinar' significa 'adiar as coisas', estamos no âmbito da semântica.

Uma terceira dimensão é a *pragmática*, que estuda o uso das construções linguísticas pelos falantes de uma língua. Note que semântica e pragmática são coisas bem diferentes. Para dar um exemplo, a sentença

Está muito quente aqui

obviamente significa que, no local onde o falante se encontra (seja lá onde for isso), está fazendo muito calor. E parece ser também óbvio que essa sentença *não* significa algo como

Abra a janela, por favor.

Contudo, em termos pragmáticos, isso pode ser exatamente o que o falante está indiretamente querendo dizer: ao invés de um pedido direto, faz-se um circunlóquio. (As pessoas costumam fazer rodeios para falar, você sabe disso.) Da mesma forma, se alguém lhe perguntar se você sabe que horas são, um simples 'sim' será insuficiente como resposta — quem fez a pergunta claramente espera que você informe que horas são (nove e meia, por exemplo). Contudo, se olharmos apenas para o significado da sentença, esquecendo sua dimensão pragmática, consideraremos que a pessoa apenas perguntou se você sabe ou não as horas.

3.2 Linguagens artificiais

Ao contrário de uma língua, que surge e evolui com um grupo de indivíduos,[1] estando, portanto, em constante mudança, uma linguagem artificial tem uma gramática rigorosamente definida, que não se altera com o passar do tempo. Como você terá ocasião de ver nos capítulos seguintes, a lógica faz uso dessas linguagens, também chamadas de *linguagens formais*. As razões são as de que, tendo as linguagens artificiais uma gramática precisa, sempre se pode dizer se uma expressão da linguagem é gramatical ou não (o que é frequentemente difícil com as linguagens naturais como o português). Depois, como já mencionei, a lógica faz abstração de conteúdos, e preocupa-se apenas com as formas dos argumentos. Assim, fica

1 Estou falando, claro, de línguas naturais como o português, o francês etc., e não de línguas artificialmente construídas como esperanto, sindarin ou klingon.

mais fácil trabalhar com linguagens artificiais — nas quais as palavras são substituídas por símbolos.

O primeiro a ter a ideia de usar linguagens artificiais para a lógica foi o matemático e filósofo alemão Gottfried Wilhelm von Leibniz (1646-1716), no século XVII. Sua ideia era de desenvolver uma *lingua philosophica*, ou *characteristica universalis*, que seria uma linguagem artificial espelhando a estrutura dos pensamentos. Ao lado disso, ele propôs o desenvolvimento de um *calculus ratiocinator*, um cálculo que permitiria tirar automaticamente conclusões a partir de premissas representadas na *lingua philosophica*. Assim, quando homens de bem fossem discutir algum assunto, bastaria traduzir os pensamentos para essa linguagem e calcular a resposta: os problemas estariam resolvidos.

Embora Leibniz tenha feito essa proposta, ele não chegou a desenvolvê-la. A lógica, na verdade, só começou a fazer uso de linguagens artificiais no século XIX, primeiro, modestamente, com os trabalhos de George Boole e de Augustus De Morgan, e, finalmente, em sua plena forma, em 1879, com a publicação da *Conceitografia* de Gottlob Frege, de quem já falamos no capítulo anterior. Hoje em dia, é impossível pensar a lógica sem linguagens artificiais.

Uma linguagem artificial consiste em um conjunto de símbolos básicos, ou caracteres, chamado de *alfabeto* da linguagem, junto a uma *gramática* (ou *regras de formação*), um conjunto de regras que dizem como combinar esses símbolos para formar as expressões bem-formadas da linguagem, como os *termos* e as *fórmulas* (o que corresponde, digamos, às palavras e sentenças do português). No capítulo 5 vamos começar a investigar uma dessas linguagens (e faremos a mesma coisa no capítulo 8 com uma outra), mas, para dar desde já um exemplo de linguagem artificial, citemos a linguagem da aritmética, que você já conhece muito bem. O alfabeto dessa linguagem compreende símbolos como '=', '+', '0', '1' etc., e há um conjunto de regras (que não iremos ver aqui) que nos permitem dizer que esta combinação de símbolos,

$$4 + 5 = 9,$$

é uma fórmula da aritmética, enquanto a próxima,

> + 6 ==<,

obviamente não é. Além disso, no que toca à semântica, os símbolos e expressões dessa linguagem também têm um significado padrão: '0' se refere ao número zero, '+' é o sinal para a operação de adição, e assim por diante.

3.3 Uso e menção

Talvez você tenha notado que, na seção anterior, e também nos primeiros capítulos, viemos fazendo uso, em várias ocasiões, de aspas simples ao redor de certas expressões e símbolos. Por exemplo, eu dizia coisas como:

A palavra 'gato' começa com um 'g'.
O alfabeto compreende símbolos como '=', '+', '0', '1' etc.

Vamos ver agora a razão desse procedimento. Você sabe que usamos expressões linguísticas para falar de coisas e de pessoas. Por exemplo, uso a *palavra* 'Sócrates' para falar do *filósofo* Sócrates, quando quero dizer que

Sócrates era um filósofo grego e foi mestre de Platão.

Uma expressão linguística, contudo, além de ser *usada* para falar de certas coisas, pode também ser *mencionada*, isto é, pode-se *falar a respeito dela*. Para que isso fique mais claro, considere os exemplos a seguir:

(1) Miau é um gato.
(2) 'Miau' tem quatro letras.

Na sentença (1), a palavra 'Miau' está sendo usada para falar do próprio Miau, afirmando que ele é um gato. Na sentença (2), por outro lado, não estamos mais falando de Miau, mas da palavra que é o *nome* de Miau, dizendo, dessa palavra, que ela tem quatro letras. Dito de outra forma, enquanto em (1) a palavra 'Miau' está sendo *usada*, em (2) ela está sendo *mencionada*. Essa é a distinção que se costuma fazer entre uso e menção de uma expressão linguística.

3.3.1 Nomes de expressões

Quando mencionamos uma expressão linguística, isto é, quando falamos dela, precisamos usar, obviamente, o seu nome. (Afinal, quando falamos de Sócrates, usamos o nome de Sócrates.) Mas como é que indicamos que estamos tratando do nome de uma expressão linguística e não do que ela representa?

É bastante simples: basta destacar a expressão por meio de algum recurso convencional. Uma das maneiras é como viemos fazendo até agora, utilizando-nos das aspas simples. Assim, para falar da palavra 'gato', precisamos usar seu nome, que é simplesmente obtido colocando-se aspas simples ao redor da palavra em questão: 'gato'. Desta forma, podemos afirmar que

O nome de Miau é 'Miau'.

Isto é, o nome do gato Miau é a palavra 'Miau'. Note que não é correto dizer que 'Miau' é um gato. 'Miau' não é um gato, mas uma palavra do português; é o nome de um gato. Da mesma maneira, é falso dizer que Miau tem quatro letras. Miau, sendo um gato, não tem quatro letras. (Ele tem de fato quatro *patas*, mas isso não é a mesma coisa.)

Considere agora a seguinte sentença, e diga se ela é verdadeira ou não:

O nome de 'Miau' é "Miau".

Se você pensar um pouco, vai concluir que ela é verdadeira, é claro. Se 'Miau' é o nome de um gato, "Miau" é o nome de 'Miau' — é o nome do nome do gato. Como você vê, o procedimento de colocar aspas simples em torno de uma expressão, para formar seu nome, pode ser repetido quantas vezes quisermos. Dessa maneira criamos nomes, nomes de nomes e assim por diante.

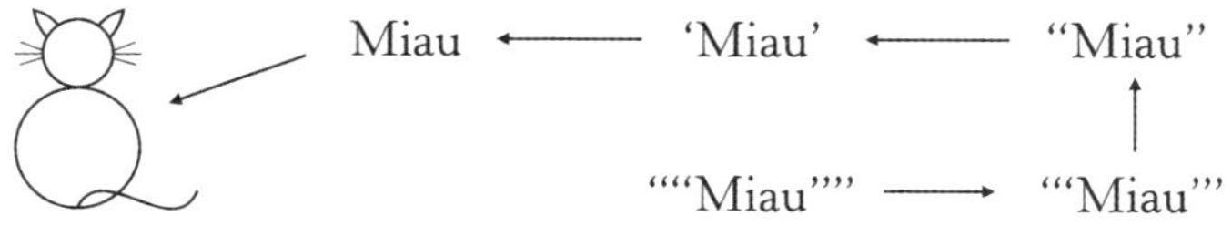

Miau ← 'Miau' ← ''Miau''

''''Miau'''' → '''Miau'''

Figura 3.1: Nomes de nomes de nomes...

A figura 3.1 ilustra isso. As setas indicam, para cada expressão, de que ela é um nome.

É claro que as sentenças, sendo expressões linguísticas, também têm nomes. Quando queremos dizer, por exemplo, que uma certa sentença é verdadeira, não estamos usando a sentença — estamos falando dela e, para tanto, devemos usar seu nome, que é obtido colocando-se a dita sentença entre aspas. Como a seguir:

(3) 'A neve é branca' é verdadeira.

(4) ''A neve é branca' é verdadeira' é uma sentença do português.

A sentença (3) fala a respeito de outra sentença, a saber, 'A neve é branca', dizendo dela que é verdadeira. Do mesmo modo, (4) fala a respeito de (3), afirmando desta que é uma sentença do português. Nos dois casos, como você percebe, precisamos usar o nome da sentença da qual falamos.

Além de expressões do português, símbolos de linguagens artificiais também precisam de nomes, se quisermos falar a respeito deles. Por exemplo, você certamente se recorda, das aulas de matemática, da diferença entre *numeral* e *número*. Enquanto um número é um certo tipo de objeto matemático, um numeral é o *nome* de um número. Assim, se é correto dizer que

4 é um número,

seria incorreto dizer que

4 é um numeral.

Isso é falso, segundo nossa convenção até agora, pois 4 é o número. O correto seria

'4' é um numeral,

da mesma forma que

'IV', em algarismos romanos, é também um nome do número 4.

Para testar se você compreendeu bem o que foi dito até agora, tente fazer os exercícios a seguir:

Exercício 3.1 Diga se as sentenças a seguir são verdadeiras ou falsas:

(a) 'O nome da rosa' é o título de uma obra de Umberto Eco.
(b) Stanford tem oito letras.
(c) '3 + 1' é igual a '4'.
(d) 'Pedro Álvares Cabral' descobriu o Brasil.
(e) 'Logik' não é uma palavra do português.
(f) "Logik" não pode ser usada como sujeito de uma sentença do português.
(g) "Pedro" não é o nome de Sócrates, mas é o nome de 'Pedro'.
(h) Há um livro de James Joyce cujo nome é Ulisses.

Exercício 3.2 Coloque aspas, ou não, nas afirmações a seguir, de modo a torná-las verdadeiras.

(a) Rosa é um exemplo de uma palavra dissílaba.
(b) Napoleão foi imperador da França.
(c) Sócrates é o nome de um filósofo grego.
(d) A palavra water tem o mesmo significado que a palavra portuguesa água.
(e) A expressão Rosa é o nome da palavra Rosa, que, por sua vez, é o nome de Rosa.
(f) A sentença nenhum gato é preto é falsa.
(g) O numeral 8 designa a soma de 4 mais 4.
(h) 2 + 2 é igual a 3 + 1, mas 3 + 1 é diferente de 4.
(i) Todavia e contudo, mas não também, têm o mesmo significado que mas, contudo, não, não.

3.3.2 Uma simplificação

Agora que você fez os exercícios e entendeu como funciona o uso das aspas, vamos simplificar um pouco as coisas. Quando tratamos de símbolos de linguagens artificiais, existe uma outra maneira de formar nomes, muito usada em textos de lógica e de matemática. Para evitar o uso excessivo de aspas, costuma-se convencionar que os símbolos de uma linguagem artificial, bem como as expressões construídas com eles, *são também seus próprios nomes*.

A justificativa para essa maneira de gerar nomes é que os símbolos de nossas linguagens artificiais estão geralmente em itálico (por exemplo, 'a'), ou são facilmente identificáveis (como '$\rightarrow$', '+'). Como o perigo de confusões, então, é bem reduzido, vamos usar essa alternativa neste livro. Continuaremos usando aspas simples para formar nomes de expressões do português, mas, ao tratar de uma linguagem artificial, em vez de escrevermos, por exemplo,

'x', '1', e '+' aparecem na expressão '$x + 1$',

iremos escrever simplesmente

x, 1, e + aparecem na expressão $x + 1$,

o que torna a leitura mais agradável. E, com um pouco de cuidado, as confusões podem ser evitadas.

Por outro lado, se for necessário, em algumas ocasiões especiais usaremos aspas também para expressões de linguagens artificiais — por questões de clareza ou de estilo. Para dar um exemplo de uma confusão que pode surgir, considere a sentença a seguir:

3 + 1 é diferente de 4.

Você pode dizer, e com razão, que essa sentença está expressando uma proposição falsa. Afinal, como todos aprendemos na escola, somando 3 e 1 vamos obter 4. Por outro lado, se estamos usando a convenção de que símbolos e expressões de linguagens artificiais são seus próprios nomes, a sentença anterior poderia, na verdade, estar querendo dizer o seguinte:

'3 + 1' é diferente de '4',

o que, obviamente, expressa uma proposição verdadeira, uma vez que *as expressões* '3 + 1' e '4' são, de fato, diferentes.

Como eu disse, porém, com um pouco de cuidado, as confusões podem ser evitadas e, quando houver risco de acontecerem, colocarei aspas.

3.4 Linguagem-objeto e metalinguagem

Como você notou, em várias ocasiões, na seção anterior, estivemos usando uma linguagem para falar de expressões dessa própria linguagem. Isso indica a presença de diferentes níveis de discurso; por exemplo, se dizemos que a palavra 'Logik' não é uma palavra do português, estamos fazendo uma afirmação, em português, sobre uma palavra do alemão. Considere agora a sentença a seguir:

'The cat is on the mat' é uma sentença em inglês.

Aqui estamos, em português, falando sobre uma sentença do inglês. Para usar uma distinção introduzida por Alfred Tarski em 1931, o inglês, nesse caso, está sendo uma *linguagem-objeto* (isto é, a linguagem *da qual* se fala), enquanto o português está sendo uma *metalinguagem* (a linguagem *com a qual* se fala). Note que isso é algo relativo, pois poderíamos ter o caso inverso:

'Miau é um gato' is a grammatical sentence in Portuguese,

em que o português estaria sendo a linguagem-objeto e o inglês, a metalinguagem.

Note, finalmente, que o português pode ser a sua própria metalinguagem: é quando falamos do português, usando português.

Essa hierarquia de linguagens pode ser estendida a vários níveis: uma linguagem-objeto, uma metalinguagem, uma meta-metalinguagem etc. O que vai nos interessar é que, na lógica, vamos estudar certas linguagens artificiais — que serão nossas linguagens-objeto — usando o português, acrescido de alguns símbolos, como metalinguagem.

3.5 O uso de variáveis

As variáveis são coisas que, com certeza, você conhece bem: afinal, você passou por vários anos de matemática na escola. Mas, em todo o caso, vamos dar uma rápida recapitulada.

Suponhamos que você quisesse expressar uma lei aritmética como aquela a respeito do quadrado da soma de dois números quaisquer. Você poderia dizer algo como:

> o quadrado da soma de dois números quaisquer é igual ao quadrado do primeiro número, mais duas vezes o produto do primeiro pelo segundo, mais o quadrado do segundo.

No entanto, essa formulação em português é obviamente complicada e difícil de apreender. Tudo ficaria muito mais simples de visualizar se você usasse, em vez do palavreado mostrado, a expressão

$$(x + y)^2 = x^2 + 2xy + y^2.$$

Concorda? Mas o que são essas coisas que aparecem aí, 'x' e 'y'? Obviamente, não são o nome de algum número em particular (como '4' é o nome de 4), mas indicam indivíduos de um certo domínio: as letras x e y podem ser usadas para falar de dois números naturais quaisquer. Usando essas variáveis, você pode dizer coisas como: se x e y são dois números racionais quaisquer, então $x + y = y + x$.

Resumindo, o uso de variáveis permite a você fazer generalizações de uma forma inteligível. E isso não se resume à matemática, mas aparece também na vida cotidiana. Por exemplo:

> Se uma pessoa X comete um crime auxiliado por Y, mas Y, tendo sido enganado por X, não tinha consciência de que sua ação era ilegal...

Como você vê, um uso perfeitamente não matemático de variáveis. (Aliás, nos romances policiais, o criminoso costuma ser designado pela letra *X*.) Mesmo Aristóteles já havia utilizado variáveis em seus trabalhos sobre lógica — ao dizer, por exemplo, que, de 'Todo *A* é *B*' e de 'Nenhum *B* é *C*', podemos concluir 'Nenhum *A* é *C*'. Nesse caso, as letras *A*, *B* e *C* são variáveis para termos do português como 'gato', 'filósofo', e assim por diante.

Ao usar variáveis, há duas coisas que devem ser esclarecidas:

(i) quais são as expressões que podem ser colocadas em seu lugar, ou seja, quais são as expressões pelas quais podemos substituir uma variável — os *substituendos*; e
(ii) quais são os *valores* que uma variável pode tomar, isto é, qual é o seu domínio de variação.

Por exemplo, na fórmula $x + y = y + x$ podemos substituir x e y por numerais quaisquer — mas não por nomes de pessoas, como 'Sócrates' ou 'Napoleão'. Nesse caso, os substituendos que x e y podem tomar são numerais, e os valores são números. Contrariamente, em '*X* é o criminoso', precisamos do nome de alguém para colocar no lugar de *X* — numerais estariam aqui completamente fora de lugar. Nesse caso, os substituendos que a variável *X* pode tomar são nomes de pessoas, e os valores, claro, pessoas.

4
CONJUNTOS

Para encerrar esta série de capítulos introdutórios, vamos falar agora um pouco sobre conjuntos. Caso você ainda se lembre bem do que aprendeu na escola, pode pular este capítulo e passar diretamente para o capítulo seguinte — quem sabe voltando a este caso surja alguma dúvida. Mas, se já faz muito tempo desde a última vez que você viu o símbolo $\in$, talvez seja melhor continuar lendo o presente capítulo, e quem sabe até fazer seus exercícios.

4.1 Caracterização de conjuntos

Ao começarmos a falar sobre conjuntos, o primeiro passo deveria ser tentar caracterizá-los de um modo preciso. Mas é naturalmente muito difícil dar uma *definição* de conjunto; o máximo que podemos fazer é tentar uma caracterização intuitiva. A ideia básica é de que conjuntos são *coleções* de objetos. (Outros termos usados são 'classe', 'agregado', e 'totalidade'.) Uma tal caracterização, obviamente, é imprecisa: a ideia de coleção parece implicar que os elementos dessa coleção devam estar de alguma forma fisicamente próximos, ou que tenham alguma coisa em comum. Isso, contudo, não é absolutamente exigido dos elementos de um conjunto — até porque temos, por exemplo, conjuntos infinitos, onde fica difícil falar de proximidade.

Essa ideia intuitiva, contudo, deixa claro que conjuntos são formados por objetos, os quais são chamados de *elementos*. Entre esses elementos, podemos ter também outros conjuntos. Para indicar que um objeto é um elemento de um conjunto, vamos utilizar o símbolo $\in$, 'pertence a'. Assim, se a letra F designa o conjunto dos filósofos, e a letra s denota Sócrates, podemos representar a afirmação de que Sócrates é um filósofo (ou seja, de que Sócrates *pertence* ao conjunto dos filósofos) da seguinte forma:

$$s \in F.$$

No caso negativo — ou seja, quando quisermos dizer, por exemplo, que Sócrates *não pertence* ao conjunto dos filósofos — escrevemos

$$s \notin F.$$

Como vamos representar os conjuntos? Por exemplo, como representar o conjunto formado pelos indivíduos Pedro, Paulo e Maria? Ou o conjunto dos estudantes de filosofia da UFSC? Há pelo menos duas maneiras de fazer isso:

Enumeração: {Pedro,Paulo, Maria},
Descrição: $\{x \mid x$ é um estudante de filosofia da UFSC$\}$.

Na enumeração, fazemos uma listagem de todos os elementos do conjunto. Isso só pode ser feito, contudo, com conjuntos que tenham um número pequeno de elementos, como o conjunto indicado anteriormente, ou que tenham alguma "lei de geração" facilmente reconhecida, como o conjunto dos números pares

$$\{0, 2, 4, 6, 8, 10, \ldots\}.$$

As reticências são usadas para indicar que o conjunto "prossegue" seguindo a mesma relação entre os elementos que vinha sendo usada até então (ou seja, de que cada elemento é igual ao anterior, somado com 2).

Não se aplicando nenhum desses casos, a solução é fazer uma descrição do conjunto, o que se consegue por meio de uma *proprie-*

dade comum aos elementos do conjunto, e só a eles, como no caso anterior dos estudantes de filosofia da UFSC. Isso é o que fazemos ao mencionar conjuntos na linguagem do dia a dia: conjuntos reúnem elementos que têm alguma coisa em comum, como o conjunto dos brasileiros ou o conjuntos dos professores de violino que moram no Canto da Lagoa. Há uma relação muito estreita entre ter uma certa propriedade e pertencer a um certo conjunto (e, como você vai ver depois, entre relações em geral e certos tipos de conjuntos). De fato, poderíamos dizer que, *grosso modo*, uma propriedade determina um conjunto. Tomemos como exemplo a propriedade de ser um professor de matemática. A partir dela, podemos determinar um conjunto P, a saber, o conjunto de todos os elementos x tal que x é um professor de matemática. Ou seja:

$$P = \{x \mid x \text{ é um professor de matemática}\}.$$

Entretanto, na teoria de conjuntos, não fazemos a restrição de que deve haver uma propriedade comum aos elementos do conjunto. Assim, o conjunto S, a seguir, é um conjunto perfeitamente legítimo:

$$S = \{\text{Claudia Schiffer, o planeta Marte, 27, } \textit{Dom Casmurro}\}.$$

Poderíamos, contudo, dizer, de um modo trivial, que há uma propriedade correspondendo a esse conjunto: a propriedade 'x é um elemento de S'. (Agora, é claro que não podemos usar essa "propriedade" para *definir* o conjunto S, pois teríamos, então, uma definição circular.)

Para finalizar esta seção inicial, note que entre os elementos de um conjunto podemos ter também outros conjuntos. Por exemplo, considere o conjunto

$$\{3, 4, \{0, 1\}, 6\}.$$

Esse conjunto tem quatro elementos: os números 3, 4 e 6, e o conjunto $\{0, 1\}$. Em outras palavras, $\{0, 1\}$ é um elemento do conjunto $\{3, 4, \{0, 1\}, 6\}$, e podemos perfeitamente escrever

$$\{0, 1\} \in \{3, 4, \{0, 1\}, 6\}.$$

Talvez você possa achar isso estranho, mas realmente não há problema nenhum nisso (e, mais adiante, veremos alguns outros exemplos de situações em que um conjunto é elemento de algum outro).

Exercício 4.1 Expressar em símbolos:

(a) b é um elemento de A.
(b) k não é um elemento de B.
(c) o conjunto consistindo nos elementos a, b e c.
(d) b pertence ao conjunto consistindo nos elementos a, b e c.
(e) o conjunto $\{b\}$ pertence ao conjunto cujos elementos são a, c, e o conjunto $\{b\}$.
(f) o conjunto dos filósofos brasileiros.
(g) o conjunto dos números pares maiores que 6 e menores que 20.
(h) Platão não é um elemento do conjunto dos indivíduos que são filósofos e moram no Canto da Lagoa.

4.2 Conjuntos especiais

Alguns conjuntos merecem consideração à parte. Por exemplo, dada a propriedade 'x é diferente de si mesmo', podemos formar o seguinte conjunto:

$$\{x \mid x \text{ é diferente de } x\}.$$

Como, obviamente, não há um indivíduo que seja diferente de si próprio, o conjunto definido não tem elementos: é o chamado *conjunto vazio*, que denotaremos pelo símbolo $\emptyset$. Analogamente, há o conjunto dos x que são idênticos a si mesmos: isso inclui todos os objetos do universo. Temos, nesse caso, portanto, o *conjunto universo*, que podemos denotar por U.

É preciso aqui fazer um comentário a respeito do assim chamado "universo". Na verdade, não existe um conjunto *universal*, contendo *todas* as entidades do universo — o qual incluiria os outros conjuntos e também a si mesmo. (Ver observações a respeito ao final deste capítulo.) Assim, ao falarmos de 'conjunto universo', queremos com isso indicar apenas o conjunto das entidades que nos interessa estudar num certo momento: o *universo de discurso* de uma certa situação. Por exemplo, se tudo sobre o que estamos falando são gambás e quatis, então o conjunto universo U, nesse momento, seria:

$$U = \{x \mid x \text{ é um gambá ou } x \text{ é um quati}\},$$

o que exclui, então, as pessoas, as estrelas, e assim por diante. Numa aula de matemática, o universo incluiria, digamos, todos os números e apenas eles. Resumindo, o assim chamado conjunto universo é sempre relativo a uma situação específica.

Um outro caso particular são os conjuntos que só têm um elemento: a esses chamamos de *conjuntos unitários*. Por exemplo, $\{a\}$, $\{\pi\}$, {Salma Hayek} etc. Evidentemente, Salma Hayek e {Salma Hayek} são duas entidades distintas: no primeiro caso, temos uma atriz de cinema; no segundo, um conjunto cujo único elemento é a moça em questão.

Nada impede, a propósito, que um conjunto unitário seja apresentado de maneira descritiva. Os conjuntos a seguir são todos unitários — apenas um objeto satisfaz a condição estipulada:

$$\{x \mid x \text{ é um número natural que é par e primo}\},$$
$$\{x \mid x \text{ é a capital do Brasil em 1952}\},$$
$$\{x \mid x = 32 + 4^2\}.$$

Voltando a falar do conjunto vazio, até agora estive me referindo *ao* conjunto vazio; mas será que podemos afirmar que há apenas *um* conjunto vazio? Sim; isso é garantido pelo chamado *Princípio de Extensionalidade*, que poderia ser formulado da seguinte maneira: se A e B são conjuntos que têm exatamente os mesmos elementos, então, trata-se do mesmo conjunto, e não de conjuntos diferentes. Ou seja, $A = B$. É o que acontece com os exemplos a seguir. Digamos que temos A e B assim especificados:

$$A = \{3, 5, 7\},$$
$$B = \{x \mid x \text{ é um número primo tal que } 2 < x < 10\}.$$

Como você facilmente pode ver, A e B, na verdade, são o mesmo conjunto. Em outras palavras, para um conjunto A ser diferente de um conjunto B, é preciso que haja pelo menos um elemento em A que não esteja em B, ou vice-versa. Dessa forma, só há *um* conjunto vazio: se houvesse dois candidatos distintos, um deles teria de conter um elemento que não se encontrasse no outro. Por definição, contudo, o conjunto vazio não contém nenhum elemento.

Uma consequência interessante do princípio de extensionalidade é que há várias maneiras de escolher os elementos de um conjunto, ou seja, de caracterizar um conjunto. Por exemplo, seja A o conjunto dos triângulos equiláteros e B o conjunto dos triângulos equiângulos: A e B são o mesmo conjunto, uma vez que um triângulo é equilátero se e somente se for equiângulo. Ou: seja A o conjunto dos homens que foram Miss Universo, e B o conjunto dos gatos que viajaram a Saturno. Mais uma vez, A e B são o mesmo conjunto — neste caso, o conjunto vazio, $\emptyset$. (Que eu saiba, nenhum homem foi Miss Universo, e nenhum gato viajou até Saturno.)

Contudo, é bom lembrar que as expressões 'equilátero' e 'equiângulo' têm significados diferentes, e 'x é um triângulo equilátero' e 'x é um triângulo equiângulo' são propriedades diferentes. É o que se costuma denominar *intensão* (ou *conotação*) de um termo, em contrapartida a sua *extensão* (ou *denotação*). Consideremos a expressão 'os cachorros que têm orelhas felpudas': essa expressão se refere a certos indivíduos no universo especificando uma propriedade que é comum a todos eles. O conjunto desses indivíduos constitui a *extensão* da expressão anterior, enquanto o modo pelo qual eles são referidos (os critérios usados para determinar a extensão da expressão) constituem sua *intensão*.

Exercício 4.2 Há alguma diferença entre os conjuntos $\emptyset$ e $\{\emptyset\}$? E entre $\{0, 1\}$ e $\{\{0, 1\}\}$?

4.3 Relações entre conjuntos

O princípio de extensionalidade nos permite definir uma relação entre conjuntos: a relação de *inclusão*. Se cada elemento de um conjunto A for também elemento de um outro conjunto B, dizemos que *A está contido em B*, ou que *A é um subconjunto de B*, e representamos esse fato da seguinte maneira:

$$A \subseteq B.$$

Isso pode ser traduzido pela expressão 'Todo elemento de A é elemento de B'. Por exemplo, podemos afirmar o seguinte:

$$\{0, 2\} \subseteq \{0, 1, 2, 3\},$$
$$\{x \mid x \text{ é um gato}\} \subseteq \{x \mid x \text{ é um felino}\}.$$

Em ambos os casos, todo elemento do primeiro conjunto é elemento do segundo: tanto 0 quanto 2 pertencem ao conjunto $\{0, 1, 2, 3\}$, e obviamente qualquer coisa que seja um gato é também um felino. Note agora que, se A e B são o mesmo conjunto, é verdadeiro que $A \subseteq B$. Em outras palavras, todo conjunto é um subconjunto de si mesmo. Veja:

$$\{0, 2, 4\} \subseteq \{0, 2, 4\}.$$

Isso é verdade, pois todo elemento do conjunto $\{0, 2, 4\}$ pertence ao conjunto $\{0, 2, 4\}$. Podemos definir, contudo, uma relação de *inclusão própria* entre dois conjuntos:[1]

$$A \subset B =_{df} A \subseteq B \text{ e } A \neq B.$$

Nesse caso, dizemos que A é um *subconjunto próprio* de B, ou que *A está propriamente contido em B*: todos os elementos de A estão em B, mas B tem ao menos algum elemento que não pertence

1 Vou utilizar a notação '$=_{df}$' para indicar que a expressão à esquerda, chamada *definiendum*, pode ser definida por meio daquela do lado direito, o *definiens*.

a A. Assim, a primeira das afirmações a seguir é verdadeira, mas a segunda é falsa:

$$\{0, 2\} \subset \{0, 1, 2, 3\},$$
$$\{0, 2, 4\} \subset \{0, 2, 4\}.$$

Finalmente, claro, quando A e B têm exatamente os mesmos elementos, eles são o mesmo conjunto, o que representamos escrevendo que

$$A = B,$$

como vimos antes. Evidentemente, se $A \neq B$ (ou seja, A e B são conjuntos distintos), então há pelo menos um $x \in A$ tal que $x \notin B$, ou algum $x \in B$ tal que $x \notin A$, ou ambas as coisas.

A partir dessas definições de inclusões entre conjuntos, algumas propriedades muito gerais podem ser demonstradas, por exemplo:

Proposição 4.1 *Sejam A, B e C três conjuntos quaisquer. Então:*

(a) $\emptyset \subseteq A$;
(b) $A \subseteq A$;
(c) *se* $A \subseteq B$ *e* $B \subseteq C$ *então* $A \subseteq C$;
(d) *se* $A \subseteq B$ *e* $B \subseteq A$ *então* $A = B$;
(e) *se* $A \subset B$ *então* $A \neq B$.

Demonstração. É fácil ver que a propriedade (a), por exemplo, deve ser verdadeira. Suponhamos que não seja o caso que $\emptyset \subseteq A$. Então, deve existir algum elemento $a \in \emptyset$; e $a \notin A$. Mas é impossível que tenhamos algum $a \notin \emptyset$, pois o vazio não tem elementos. Logo, $\emptyset \subseteq A$. Vamos agora considerar (c). Suponhamos que $A \subseteq B$ e $B \subseteq C$. Por definição, todo elemento de A pertence a B, e todo elemento de B pertence a C. É imediato, então, que qualquer elemento de A é também elemento de C. Logo, $A \subseteq C$.

Exercício 4.3 Tente demonstrar, como eu fiz anteriormente, as propriedades (b), (d) e (e) da proposição anterior.

4.4 Operações sobre conjuntos

Uma outra maneira de caracterizar conjuntos, além de enumeração ou descrição, é gerá-los através de algumas operações. Por exemplo, dados dois conjuntos A e B, podemos formar o *conjunto união* de A e B, que denotaremos por

$$A \cup B.$$

Por definição, o conjunto $A \cup B$ contém todos os elementos que são ou elementos de A ou elementos de B. Ou seja:

$$A \cup B =_{\mathrm{df}} \{x \mid x \in A \text{ ou } x \in B\}.$$

Para um exemplo, se $A = \{2, 3, 4\}$ e $B = \{3, 4, 5, 6\}$, temos que

$$A \cup B = \{2, 3, 4, 5, 6\}.$$

Uma outra operação é a de *intersecção*: um elemento x pertence à intersecção de A e B se x pertence tanto a A quanto a B. Ou seja, a intersecção de dois conjuntos é o conjunto que contém os *elementos comuns* aos dois. Em símbolos, $A \cap B$, o que podemos definir da seguinte maneira:

$$A \cap B =_{\mathrm{df}} \{x \mid x \in A \text{ e } x \in B\}.$$

Usando os conjuntos A e B exemplificados, vemos assim que

$$A \cap B = \{3, 4\}.$$

Ainda uma terceira operação é a de *complemento*: dado um universo U, e um conjunto A contido em U, o complemento de A, em símbolos $\overline{A}$, é o conjunto de todos os elementos do universo U que não pertencem a A. Ou seja:

$$\overline{A} =_{\mathrm{df}} \{x \mid x \in U \text{ e } x \notin A\}.$$

Além das operações de união, intersecção e complemento, temos ainda a *diferença* entre conjuntos, que representamos por

$A - B$. Um elemento x pertence ao conjunto $A - B$ se x pertence a A, mas não a B. Podemos definir isso da seguinte maneira:

$$A - B =_{df} \{x \mid x \in A \text{ e } x \notin B\}.$$

Analogamente, $B - A$ consiste em todos os elementos de B que não estão em A. Utilizando ainda os conjuntos A e B já exemplificados, temos:

$$A - B = \{2\},$$
$$B - A = \{5, 6\}.$$

Dado um conjunto A, podemos também formar o *conjunto potência* de A (ou *conjunto das partes* de A), que corresponde ao conjunto de todos os subconjuntos de A, e que denotaremos por $\mathscr{P}(A)$. Podemos defini-lo assim:

$$\mathscr{P}(A) =_{df} \{X \mid X \subseteq A\}.$$

Por exemplo, se $A = \{1, 2\}$, temos que

$$\mathscr{P}(A) = \{\emptyset, \{1\}, \{2\}, \{1, 2\}\}.$$

E como você deve ter notado, temos aqui um outro exemplo de um conjunto cujos elementos são conjuntos.

De um modo geral, se um conjunto A tem n elementos, $\mathscr{P}(A)$ terá 2^n elementos. Seja $B = \{0, 1, 2\}$. Então $\mathscr{P}(B)$ tem 8 elementos, a saber:

$$\mathscr{P}(B) = \{\emptyset, \{0\}, \{1\}, \{2\}, \{0, 1\}, \{0, 2\}, \{1, 2\}, \{0, 1, 2\}\}.$$

Uma última operação entre conjuntos que iremos ver é o *produto cartesiano* de dois conjuntos A e B, mas para isso vamos precisar da noção de um *par* de elementos. Assim como chamávamos a um conjunto de um elemento de *conjunto unitário*, podemos chamar a um conjunto de dois elementos de *par*. Assim definido, um par é um conjunto e, como qualquer conjunto, a ordem em que os elementos são apresentados é irrelevante. Desse modo, quaisquer que sejam os objetos x e y, é válido o seguinte:

$$\{x, y\} = \{y, x\}.$$

Por outro lado, se quisermos considerar que os elementos de um par tenham uma certa ordem — isto é, falar em termos de primeiro e segundo elementos do par —, podemos introduzir a noção de *par ordenado*. Para indicar um par ordenado, não usaremos mais as chaves (que continuamos usando para representar conjuntos), mas os símbolos '⟨' e '⟩'. Assim, o par ordenado constituído pelos elementos a e b pode ser representado como $\langle a, b\rangle$, que, obviamente, é diferente do par ordenado $\langle b, a\rangle$. Um par ordenado $\langle x, y\rangle$ só é idêntico a um par ordenado $\langle z, w\rangle$ se $x = z$ e $y = w$.

Gostaria de enfatizar que pares ordenados são um tipo particular de conjunto. E se você está imaginando como é que vamos obter a ideia de ordem a partir de conjuntos (que não têm ordem), o pequeno truque a seguir resolve a questão. Podemos definir um par ordenado $\langle x, y\rangle$ da seguinte maneira:

$$\langle x, y\rangle =_{\text{df}} \{\{x\}, \{x, y\}\}.$$

É fácil ver, a partir dessa definição, que o par $\langle a, b\rangle$, por exemplo, é mesmo diferente de $\langle b, a\rangle$. Pela definição, temos que

$$\langle a, b\rangle = \{\{a\}, \{a, b\}\},$$

e que

$$\langle b, a\rangle = \{\{b\}, \{b, a\}\}.$$

Obviamente, $\{\{a\}, \{a, b\}\}$ é diferente de $\{\{b\}, \{b, a\}\}$, já que, por exemplo, $\{a\}$ é um elemento do primeiro desses conjuntos, mas não do segundo.

A noção de par ordenado pode ser ainda generalizada: é assim que podemos falar de *triplas ordenadas*, que são sequências de três elementos com uma ordem, por exemplo, as triplas $\langle a, b, c\rangle$ e $\langle b, c, a\rangle$, que, naturalmente, são diferentes. De modo análogo, temos as *quádruplas ordenadas*, e, no caso geral, sequências ordenadas $\langle a_1, \ldots, a_n \rangle$ de n elementos — as *n-uplas*, ou *ênuplas*. Uma tripla ordenada $\langle x, y, z \rangle$ pode ser definida como de um par ordenado, o par $\langle x, \langle y, z \rangle \rangle$ — e assim por diante.

Agora, o produto cartesiano de dois conjuntos A e B, que denotamos por $A \times B$, é simplesmente o conjunto dos pares ordenados $\langle x, y \rangle$, onde $x \in A$ e $y \in B$. Ou seja:

$$A \times B =_{\text{df}} \{\langle x, y \rangle \mid x \in A \text{ e } y \in B\}.$$

Para dar um exemplo, se $A = \{1, 2\}$ e $B = \{a, b\}$, o produto cartesiano é

$$A \times B = \{\langle 1, a \rangle, \langle 1, b \rangle, \langle 2, a \rangle, \langle 2, b \rangle\}.$$

Note que, se A e B são conjuntos distintos, como no exemplo citado, $A \times B$ não é a mesma coisa que $B \times A$. Veja:

$$B \times A = \{\langle a, 1 \rangle, \langle a, 2 \rangle, \langle b, 1 \rangle, \langle b, 2 \rangle\}.$$

O produto cartesiano pode ainda ser generalizado para mais conjuntos: $A \times B \times C$ será, assim, um conjunto de triplas ordenadas, com o primeiro elemento de A, o segundo de B e o terceiro de C. No caso geral, o produto de n conjuntos, naturalmente, será um conjunto de ênuplas.

Você pode também fazer o produto cartesiano de um conjunto por ele mesmo. Nesse caso, costuma-se usar A^2 para denotar $A \times A$; A^3 para $A \times A \times A$ etc. Obviamente, A^n denota o produto de A por A n vezes, e A^1 é o próprio A.

Exercício 4.4 Expressar em símbolos:

(a) A é um subconjunto de B
(b) A é um subconjunto próprio de B
(c) o conjunto união de D e S
(d) c é elemento da intersecção de A e B
(e) a é um elemento do complemento de B
(f) a não é um elemento do complemento da união de M e N

Exercício 4.5 Quais das seguintes afirmações são verdadeiras e quais são falsas?

(a) $c \in \{a, c, e\}$

(b) $e \notin \{a, b, c\}$

(c) $\{0, 1, 2\} \subset \{0, 1, 2\}$

(d) $\{0, 1, 2\} \subseteq \{0, 1, 2\}$

(e) $\{a, b\} \subseteq \{a, b, c\}$

(f) $a \in \{b, \{a\}\}$

(g) $\{a\} \in \{b, \{a\}\}$

(h) $\{a\} \in \{c, \{b\}, a\}$

(i) $c \in \{a, b\} \cup \{d, c, e\}$

(j) $\emptyset \subseteq \{a, b, c\}$

(k) $\{0, 1, 2\} \subset \{3, 2, 5, 4, 6\}$

(l) $\{1, b\} \subseteq \{1, b, c\} \cap \{4, d, 1, f, b\}$

Exercício 4.6 Sejam A, B, C, D, E e F os seguintes conjuntos: $A = \{x, y, z\}, B = \{2, 4\}, C = \{\pi\}, D = \{a, b\}, E = \{1, 4, 8\}, F = \{4\}$. Calcule:

(a) $A \times B$

(b) $B \times C$

(c) $B \times A$

(d) $D \times F \times B$

(e) $C \times F \times A$

(f) $E - B$

(g) $D \times (B - E)$

(h) $(B \cap E) \times F$

(i) $(E \cup F) \times D$

(j) $(C \cup F) \times (A - \{x\})$

(k) $\mathscr{P}(A)$

(l) $\mathscr{P}(B)$

4.5 Propriedades e relações

Vamos, agora, discutir com um pouco mais de detalhes a ideia de que, dada uma propriedade, há o conjunto dos indivíduos que a têm. O problema com essa formulação é que ela é muito liberal. Se usarmos uma propriedade como 'não pertence a si mesmo', teremos o *paradoxo de Russell*, assim chamado em referência ao filósofo, lógico e matemático britânico Bertrand Russell (1872-1970), que o formulou. Podemos tomar essa propriedade para definir o seguinte conjunto:

$$R = \{x \mid x \text{ não pertence a } x\}.$$

Agora seria lícito perguntar se $R \in R$ ou $R \notin R$. Suponhamos que $R \in R$. Então R tem a propriedade de não pertencer a si mesmo, o que significa que $R \notin R$. E, claro, se $R \notin R$, então R não pertence a si mesmo; logo, ele tem a propriedade que define R, e concluímos que $R \in R$. Assim, derivamos uma contradição: $R \in R$ se, e somente se, $R \notin R$.

O cuidado que se deve tomar é fazer uma restrição nessa ideia geral: dado um conjunto A qualquer e uma propriedade P, então podemos determinar o subconjunto de A formado por aqueles elementos que pertencem a A e têm a propriedade P. (Por exemplo, dado o conjunto F de todos os filósofos, podemos formar o subconjunto de F formado pelos filósofos alemães.)

Assim, guardados certos cuidados, a uma propriedade pode-se fazer corresponder um conjunto dos elementos que têm aquela propriedade. Mas como tratar o caso de, por exemplo, uma relação binária?

É aqui que o conceito de par ordenado vai nos ajudar a modelar relações binárias. Uma relação binária, como 'x é pai de y', envolve dois indivíduos. Por exemplo, quando dizemos que João é pai de Maria, temos dois indivíduos relacionados: João e Maria. É importante observar aqui que uma noção de ordem se faz necessária: 'João é pai de Maria' pode muito bem ser verdadeira para um certo João e uma certa Maria, enquanto 'Maria é pai de João' certamente não o é. (As relações 'x é *mãe* de y' e 'x é *filha* de y', naturalmente, são outras relações.)

Assim, uma relação binária qualquer pode ser representada por meio de *um conjunto de pares ordenados*, a saber, o conjunto daqueles pares onde o primeiro elemento do par está relacionado por essa relação com o segundo. Para dar um exemplo, a relação 'x é pai de y' poderia ser representada pelo seguinte conjunto, onde o primeiro elemento de cada par é pai do segundo:

$$\{\langle \text{João, Maria} \rangle, \langle \text{João, Antônio} \rangle, \langle \text{Antônio, Teresa} \rangle, \ldots\}.$$

Se a e b estão numa relação binária R, escrevemos que Rab. Nesse caso particular de relações binárias, é também costumeiro colocar o símbolo da relação *entre* os símbolos a e b, ou seja: aRb. Você conhece isso da matemática; por exemplo, 3 está relacionado com 5 pela relação 'x é menor que y', o que costumamos escrever assim: $3 < 5$.

Ainda a propósito de relações binárias, é claro que existem relações em que aRb equivale a dizer que bRa. Por exemplo, 'x tem a mesma altura que y': se João tem a mesma altura que Maria, então obviamente Maria tem a mesma altura que João. Esse tipo de relação é chamada de *simétrica*: se x tem a relação R com y, então y tem a relação R com x. Ou seja, xRy implica que yRx. Se temos uma relação em que, para cada indivíduo x, x está na relação R consigo mesmo (isto é, xRx), dizemos que essa relação é *reflexiva*. Além disso, uma relação é chamada *transitiva* se xRy e yRz implica que xRz. Por exemplo, a relação $<$ no conjunto dos números naturais é transitiva: se $x < y$ e $y < z$, então claramente $x < z$. A uma relação que é reflexiva, simétrica e transitiva chamamos de uma *relação de equivalência*.

Essa noção de relação binária pode naturalmente ser estendida. Uma relação *ternária*, por exemplo, como 'x está entre y e z', pode ser representada por um conjunto de triplas ordenadas; uma relação *quaternária*, por um conjunto de quádruplas ordenadas, e assim por diante. No caso geral, podemos representar uma relação n-ária (ou seja, envolvendo n indivíduos) por meio de um conjunto de ênuplas.

4.6 Funções

Um outro conceito importante a considerar é o de uma *função*, que é um tipo muito particular de relação. Comecemos com um exemplo: suponhamos que cada filósofo tenha um número de RG — o que podemos representar como no diagrama a seguir:

$$\begin{bmatrix} \text{Kant} & \rightarrow & 1234567 \\ \text{Descartes} & \rightarrow & 7654321 \\ \text{Platão} & \rightarrow & 6969696 \\ & \ldots & \end{bmatrix}$$

Esse diagrama representa, assim, a função 'o RG de x'. Poderíamos representar isso também por um conjunto de pares ordenados $\langle x, y \rangle$, da seguinte maneira:

$$\{\langle x, y\rangle \mid y = \text{o RG de } x\}.$$

Ou seja, teríamos algo como

$$\{\langle \text{Kant}, 1234567\rangle, \langle \text{Descartes}, 7654321\rangle, \langle \text{Platão}, 6969696\rangle, \ldots\}.$$

A cada primeiro elemento, x, do par, nós *atribuímos* o segundo elemento, y, do par. Tal atribuição é chamada de *função*. Para que uma relação entre dois conjuntos A e B seja uma função de A em B, deve haver no conjunto B exatamente um elemento para cada elemento em A. Pode acontecer que a vários elementos de A tenha sido atribuído o mesmo elemento de B. Por exemplo, a cada pessoa corresponde um lugar de nascimento. Isso caracteriza uma função, pois nenhuma pessoa nasceu em dois lugares diferentes, embora, por outro lado, haja várias pessoas que nasceram no mesmo lugar. Por outro lado, a relação 'x é pai de y' não é uma função, pois a um homem podem corresponder vários indivíduos de quem ele é o pai.

Sejam A e B dois conjuntos, e f uma função de A em B (veja na figura 4.1). O conjunto A é então chamado de *domínio* de f, e B, de *contradomínio* de f. Os elementos do domínio A são chamados de *argumentos* da função f, e os *valores* de f são elementos de B — mas talvez nem todos eles. Um elemento de B que é associado por f a um elemento de A é chamado de uma *imagem*. A aplicação de f a algum elemento $x \in A$ é representada por $f(x)$. Assim, representamos o fato de que y é a imagem de x pela função f escrevendo

$$f(x) = y.$$

O conjunto dos elementos do contradomínio B que são imagens por f de algum elemento de A é chamado de *conjunto imagem* de f. Note que o conjunto imagem de f não é necessariamente idêntico ao contradomínio B — mas certamente será um subconjunto dele.

Caso o conjunto imagem de uma função f seja igual a seu contradomínio, dizemos que essa função é *sobrejetora*, ou uma *sobrejeção*. Ou seja, não há um elemento do contradomínio que não seja imagem de algum elemento do domínio. Se cada elemento do domí-

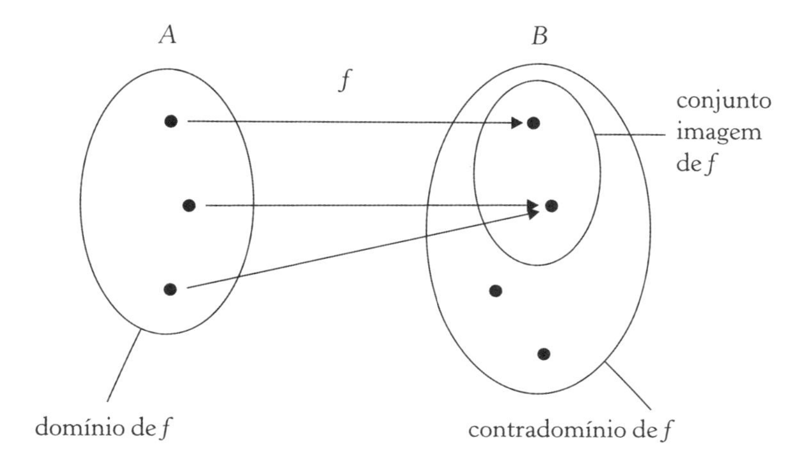

Figura 4.1: Uma função f de A em B.

nio de f tem uma imagem diferente, dizemos que a função é *injetora* ou uma *injeção*; isto é, se $x \neq y$, então $f(x) \neq f(y)$. Uma função injetora e sobrejetora é dita *bijetora*, ou uma *bijeção*, e também é chamada de *correspondência biunívoca*. A figura 4.2 ilustra esses tipos de função.

Figura 4.2: Tipos de função.

Exercício 4.7 Dê um exemplo de domínio e conjunto-imagem para que as expressões a seguir caracterizem funções:

(a) 'o local de nascimento de x'
(b) 'a esposa de x' (numa sociedade monogâmica, claro!)
(c) 'o marido de x' (idem!)
(d) 'a data de nascimento de x'

(e) ‘o pai biológico de x’
(f) ‘a idade de x’
(g) ‘o diâmetro de x’
(h) ‘a capital de x’
(i) ‘o filho mais velho de x’
(j) ‘a raiz quadrada de x’

4.7 Conjuntos infinitos

Vários dos conjuntos que vimos até agora tinham um número finito de elementos. Por exemplo, o conjunto $\{a, b, c\}$ tem três elementos, o conjunto $\{2\}$ tem um elemento, o conjunto vazio não tem elementos etc. Existem, contudo, conjuntos com um número infinito de elementos e você conhece vários deles. Para mencionar alguns:

$$\mathbb{N} = \{0, 1, 2, 3, \ldots\},$$
$$\mathbb{Z} = \{\ldots, -2, -1, 0, 1, 2, \ldots\},$$
$$\mathbb{Q} = \left\{\frac{p}{q} \mid p, q \in \mathbb{Z}, q \neq 0\right\},$$

respectivamente, o conjunto dos números naturais, dos números inteiros e dos números racionais.

Os conjuntos infinitos têm algumas características próprias, começando pela questão de quantos elementos eles têm. Por exemplo, quantos elementos tem o conjunto $\mathbb{N}$ dos números naturais? No caso de um conjunto finito, em princípio, podemos dizer quantos elementos ele tem contando esses elementos. Na prática, isso pode ser um pouco demorado. Tome o conjunto dos habitantes de Florianópolis, por exemplo. Se você fosse contar todos eles, com certeza, chegaria ao último, pois Florianópolis tem um número finito de habitantes — mas isso aconteceria depois de muito, muito tempo. Num conjunto infinito, claro, jamais terminaríamos de contar, pois sempre há mais um elemento.

Podemos dizer que dois conjuntos A e B têm o mesmo número de elementos se há uma correspondência biunívoca entre eles, isto é, uma função que associa a cada elemento de A um e somente um elemento de B, de tal modo que a cada elemento de B também corresponde um e somente um elemento de A. Num cinema lotado, supondo que ninguém está em pé, sentado no chão ou sentado no colo de alguém, o número de assentos corresponde exatamente ao número de espectadores. Logo, o conjunto de assentos e o conjunto de espectadores têm o mesmo número de elementos: a mesma *cardinalidade*.

Um conjunto A é *maior* que um conjunto B se existe uma função injetora de B em A, mas não vice-versa. Por exemplo, o conjunto $A = \{a, b, c, d, e\}$ é maior que o conjunto $B = \{1, 2, 3\}$. A função

$$f(1) = a, \quad f(2) = b, \quad f(3) = c,$$

é uma injeção de B em A; porém, não é possível ter uma função de A em B tal que a cada elemento de A corresponda um elemento *diferente* de B. (Lembre que, para termos uma função, nenhum elemento do domínio pode ficar sem uma imagem.)

Com relação agora ao número de elementos de conjuntos infinitos, há algumas coisas interessantes a observar. Galileu (1564-1642) já havia notado, por exemplo, que o conjunto dos quadrados dos números naturais e o conjunto $\mathbb{N}$ de todos os números naturais têm o mesmo número de elementos — não obstante ser o primeiro um subconjunto próprio de $\mathbb{N}$. É fácil ver que isso ocorre também com o conjunto P dos números naturais pares:

$$\begin{array}{ccccccccc} \mathbb{N} & 0 & 1 & 2 & 3 & 4 & 5 & \ldots \\ & \updownarrow & \updownarrow & \updownarrow & \updownarrow & \updownarrow & \updownarrow & \\ P & 0 & 2 & 4 & 6 & 8 & 10 & \ldots \end{array}$$

O diagrama anterior mostra que há uma correspondência biunívoca entre $\mathbb{N}$ e P. A cada $n \in \mathbb{N}$ fazemos corresponder o elemento $2n$ em P. Assim, se dois conjuntos têm a mesma cardinalidade quando há uma correspondência biunívoca entre eles, concluímos que P e $\mathbb{N}$ têm, afinal, o mesmo número de elementos!

Isso é surpreendente, e deixou Galileu desanimado quanto à possibilidade de se poder tratar de conjuntos infinitos de diferentes tamanhos. Já o matemático alemão Georg Cantor (1845-1918), no século XIX, não se incomodou com isso e mostrou que não só os naturais e os pares têm a mesma cardinalidade, mas também que $\mathbb{N}$ e $\mathbb{Z}$ têm a mesma cardinalidade. Veja:

$$\begin{array}{cccccccccc} \mathbb{N} & 0 & 1 & 2 & 3 & 4 & 5 & 6 & \ldots \\ & \updownarrow & \updownarrow & \updownarrow & \updownarrow & \updownarrow & \updownarrow & \updownarrow & \\ \mathbb{Z} & 0 & 1 & -1 & 2 & -2 & 3 & -3 & \ldots \end{array}$$

Se, em vez de contar "da esquerda para a direita" como aprendemos na escola, iniciando no "infinito negativo" e indo até o "infinito positivo", arranjarmos $\mathbb{Z}$ numa outra ordem, como no diagrama anterior, obviamente temos uma correspondência biunívoca entre $\mathbb{N}$ e $\mathbb{Z}$, o que mostra que eles têm a mesma cardinalidade. Mais surpreendentemente ainda, Cantor mostrou que $\mathbb{N}$ e $\mathbb{Q}$ têm o mesmo número de elementos. Isso é fantástico, pois sabemos que o conjunto $\mathbb{Q}$ dos racionais, na ordem usual, é *denso* — isto é, entre dois números racionais quaisquer, como 0 e 1, existem infinitamente muitos outros racionais (como $\frac{1}{2}$, $\frac{1}{4}$, $\frac{1}{8}$ etc.). Desse modo, seria de esperar que o conjunto $\mathbb{Q}$ fosse estritamente *maior* que $\mathbb{N}$. Como podem $\mathbb{Q}$ e $\mathbb{N}$ ter, então, a mesma cardinalidade?

Cantor mostrou que isso, de fato, é assim. Considere a figura 4.3, onde representamos os racionais não negativos por meio de frações.

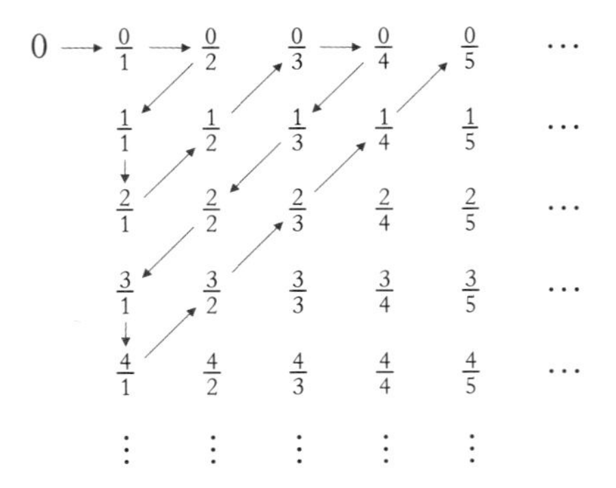

Figura 4.3: Os números racionais não negativos.

Se formos agora seguindo as setas e anotando cada fração encontrada, obteremos uma lista de todos os racionais: o primeiro, o segundo, o terceiro, e assim por diante, como a seguir:

$$0, \frac{0}{1}, \frac{0}{2}, \frac{1}{1}, \frac{2}{1}, \frac{1}{2}, \frac{0}{3}, \frac{0}{4}, \frac{1}{3}, \frac{2}{2}, \frac{3}{1}, \frac{4}{1}, \frac{3}{2}, \frac{2}{3}, \frac{1}{4}, \frac{0}{5}, \ldots$$

Note que não deixaremos nenhum racional escapar procedendo dessa maneira.

Transformando agora frações em inteiros sempre que possível, e eliminando depois disso os elementos repetidos (por exemplo, $\frac{0}{1}$ e $\frac{0}{2}$ são o próprio 0; $\frac{2}{1}$ é 2 etc.) ficamos com a lista a seguir, que, naturalmente, pode ser colocada em correspondência biunívoca com $\mathbb{N}$, mostrando, então, que $\mathbb{N}$ e $\mathbb{Q}$ têm a mesma cardinalidade:

$\mathbb{N}$	0	1	2	3	4	5	6	7	8	9	...
	$\updownarrow$	$\updownarrow$	$\updownarrow$	$\updownarrow$	$\updownarrow$	$\updownarrow$	$\updownarrow$	$\updownarrow$	$\updownarrow$	$\updownarrow$	
$\mathbb{Q}$	0	1	2	$\frac{1}{2}$	$\frac{1}{3}$	3	4	$\frac{3}{2}$	$\frac{2}{3}$	$\frac{1}{4}$	...

Os conjuntos que têm a mesma cardinalidade que $\mathbb{N}$ — isto é, que podem ser colocados em correspondência biunívoca com $\mathbb{N}$ — chamamos de *enumeráveis*. Isso porque podemos construir uma lista infinita — uma *enumeração* — dos elementos do conjunto, de modo que podemos ir percorrendo a lista e, eventualmente, encontrar qualquer elemento do conjunto. Usualmente, denota-se o número de elementos dos conjuntos enumeráveis por $\aleph_0$ (o que é pronunciado "álef-zero").

Aos conjuntos que são ou finitos ou enumeráveis chamamos de *contáveis*. Pode parecer, em função dos resultados de Cantor, que todos os conjuntos sejam contáveis, mas não é o caso: existem conjuntos infinitos que não são enumeráveis, como o conjunto $\mathbb{R}$ dos reais, e uma prova disso — também feita por Cantor — é realmente linda.

Primeiro, note que os números reais podem ser representados por decimais infinitas, como 0,33333..., ou 3,141591... etc. Mesmo números inteiros, como 4 podem ser representados dessa maneira, como 4,0000... (ou, alternativamente, como 3,99999...).

A prova de Cantor procede agora por redução ao absurdo. (Esse é um tipo de prova em que você supõe o contrário do que quer provar, e mostra que essa suposição leva a um absurdo — e, assim, tem de ser falsa.) Vamos tomar os números reais entre 0 e 1, e supor que podemos fazer uma enumeração $a_1, a_2, \ldots, a_n, a_{n+1}, \ldots$ de todos eles, a qual não contém repetições (isto é, cada número real aparece somente uma vez). Essa lista seria algo como o mostrado na figura 4.4, onde a_1^1 representa o primeiro algarismo (a primeira casa decimal depois da vírgula) do primeiro número; a_1^2 é o segundo algarismo do primeiro número; a_2^1 é o primeiro algarismo do segundo número etc.

$$
\begin{array}{llllllll}
a_1 = & 0, & a_1^1 & a_1^2 & a_1^3 & a_1^4 & a_1^5 & \cdots \\
a_2 = & 0, & a_2^1 & a_2^2 & a_2^3 & a_2^4 & a_2^5 & \cdots \\
a_3 = & 0, & a_3^1 & a_3^2 & a_3^3 & a_3^4 & a_3^5 & \cdots \\
a_4 = & 0, & a_4^1 & a_4^2 & a_4^3 & a_4^4 & a_4^5 & \cdots \\
a_5 = & 0, & a_5^1 & a_5^2 & a_5^3 & a_5^4 & a_5^5 & \cdots \\
\vdots & \vdots & \vdots & \vdots & \vdots & \vdots & \vdots &
\end{array}
$$

Figura 4.4: Uma lista dos reais entre 0 e 1?

O que Cantor mostrou é que, não importa como você tente construir essa lista de números reais, sempre é possível construir um número real $r = 0{,}r_1r_2r_3r_4\ldots$, entre 0 e 1, que não se encontra nela. O procedimento é o seguinte: o primeiro algarismo de r após a vírgula, que é r_1, deve ser diferente do primeiro algarismo após a vírgula do primeiro número da lista, que é a_1^1. Ou seja, queremos que $r_1 \neq a_1^1$. Por exemplo, se $a_1^1 = 5$, convencionamos que $r_1 = 6$. Caso contrário (i.e., se $a_1^1 \neq 5$), dizemos que $r_1 = 5$. Em qualquer caso, temos que $r_1 \neq a_1^1$. O segundo algarismo de r deve ser diferente do segundo algarismo do segundo número: da mesma maneira, construímos r_2 de forma que $r_2 \neq a_2^2$. Resumindo, para cada número i na lista, fazemos com que $r_i \neq a_i^i$.

Mas esse número r assim construído é um número entre 0 e 1 diferente de todos os números na lista: ele difere do primeiro (no primeiro algarismo), do segundo (no segundo algarismo), do terceiro (no terceiro algarismo), e assim por diante (conforme a linha diagonal na figura 4.4). A conclusão é que não é possível colocar os reais entre 0 e 1 (e, portanto, todos os reais) em correspondência biunívoca com os naturais, pois sempre haverá outros números reais fora dessa correspondência. Logo, o conjunto $\mathbb{R}$, que é infinito, não é enumerável e tem uma cardinalidade *maior* do que a de $\mathbb{N}$. (Note que existe uma injeção trivial de $\mathbb{N}$ em $\mathbb{R}$, uma vez que $\mathbb{N} \subseteq \mathbb{R}$.)

Como você vê, temos mais números reais do que naturais. E como ambos os conjuntos são infinitos, concluímos que há infinitos de pelo menos dois tamanhos, um maior do que o outro. Na verdade, temos conjuntos infinitos incontáveis de vários tamanhos diferentes. É fácil ver isso por outros meios: há um teorema em teoria dos conjuntos, também demonstrado por Cantor, que diz que, para um conjunto A qualquer, a cardinalidade de $\mathscr{P}(A)$ é estritamente maior do que a cardinalidade de A. Segue-se, então, que a cardinalidade de $\mathscr{P}(\mathbb{N})$ é maior que a de $\mathbb{N}$. De onde concluímos que $\mathscr{P}(\mathbb{N})$ também não é enumerável. E esse procedimento pode ser generalizado, com o que obtemos toda uma sequência de conjuntos infinitos de cardinalidade progressivamente maior:

$$\mathbb{N}, \mathscr{P}(\mathbb{N}), \mathscr{P}(\mathscr{P}(\mathbb{N})), \mathscr{P}(\mathscr{P}(\mathscr{P}(\mathbb{N}))), \ldots$$

Essa é, a propósito, uma outra razão pela qual não existe conjunto universal: se houvesse um tal conjunto $\mathscr{U}$, ele deveria conter todos os conjuntos. Porém, $\mathscr{P}(\mathscr{U})$ teria mais elementos ainda — ou seja, elementos não pertencentes a $\mathscr{U}$ —, o que é contraditório, uma vez que estamos supondo que $\mathscr{U}$ contém *tudo*.

E, com isso, encerramos nossa revisão de teoria de conjuntos, assim como esta sequência de capítulos introdutórios — você está agora pronto/a para a lógica elementar, de que trataremos em seguida, começando pela lógica proposicional.

5
O CÁLCULO PROPOSICIONAL CLÁSSICO

Neste capítulo, vamos começar a estudar uma primeira teoria lógica contemporânea, o *cálculo proposicional clássico*, um dos sistemas de lógica de que nos ocuparemos neste livro. Após algumas considerações sobre lógicas em geral, passaremos a ver qual a linguagem formal utilizada pelo cálculo proposicional e como representar nela sentenças do português.

5.1 Lógicas

Nos capítulos introdutórios, você teve um primeiro contato, ainda que breve, com a ideia de que a validade de um argumento é determinada por sua *forma*: não importa se estamos falando de gatos ou filósofos, qualquer argumento da forma 'Todo *A* é *B*; *c* é um *A*; logo, *c* é *B*' será válido — por isso falamos em uma *forma válida* de argumento. Dessa maneira, para analisar a validade de um argumento, podemos deixar de lado o seu "conteúdo", concentrando--nos apenas em seus aspectos formais. Aristóteles, com sua teoria do silogismo, já havia dado um passo nessa direção ao substituir alguns termos, como 'gato' e 'mamífero', por variáveis tais como *A*, *B* etc. Da mesma forma, os estoicos haviam usado expressões como 'o primeiro', 'o segundo' etc. para substituir proposições inteiras, identificando formas válidas de argumento como 'Ou o primeiro ou o segundo; ora, não o primeiro, logo, o segundo'. A lógica contemporânea levou esse processo mais adiante: não apenas usamos letras para indicar certos termos, como fazia Aristóteles, ou proposições, como os estoicos, mas também temos símbolos para outras expressões, como 'todo', 'algum', 'ou' e 'não'. Ou seja, como mencionei em um capítulo anterior, a lógica, hoje em dia, faz uso de linguagens artificiais (ou linguagens formais).

A motivação para o uso de tais linguagens é que os argumentos, originalmente apresentados em português, são traduzidos para uma linguagem cuja estrutura está precisamente especificada (o que nos permite evitar os problemas de ambiguidade existentes nas linguagens naturais), uma linguagem na qual um argumento terá uma forma imediatamente reconhecível e para a qual se pode dar uma definição precisa de consequência lógica. Assim, uma vez identificadas as premissas e a conclusão de um argumento, o passo seguinte, na determinação de sua validade, consiste na tradução do mesmo para a linguagem formal da teoria lógica que estivermos usando.

A lógica contemporânea, a propósito, não consiste em apenas *uma* teoria lógica: existem, hoje em dia, vários sistemas lógicos — ou *lógicas* — diferentes, alguns complementando-se, outros rivalizando entre si. (A teoria do silogismo de Aristóteles é apenas um exemplo de uma teoria lógica simples.) A diversidade desses sistemas explica-se a partir de duas coisas: primeiro, algumas lógicas se distinguem por usarem linguagens (artificiais) com poder de expressão diferente. Mesmo a teoria do silogismo já se limitava a argumentos construídos a partir de um tipo determinado de proposição — as proposições categóricas, que são aquelas expressas por sentenças da forma 'Todo *A* é *B*', ou 'Algum *A* não é *B*', para dar dois exemplos. E não era diferente com a lógica dos estoicos. De modo similar, as teorias lógicas contemporâneas também fazem limitações em termos dos tipos de proposição que elas podem adequadamente formalizar,[1] exatamente em função da linguagem que empregam.

---

1 O uso da palavra 'formalizar', neste livro, necessita um esclarecimento. É comum ouvir alguém falar em 'formalizar um argumento', ou 'formalizar uma sentença ou proposição'. O que se pretende com isso não é nada mais e nada

E, em segundo lugar, ainda que utilizem a mesma linguagem formal, as lógicas podem diferir quanto aos princípios fundamentais que aceitam. Na lógica clássica, uma dupla negação equivale a uma afirmação — ou seja, 'Não é o caso que Sócrates não é um filósofo' diz o mesmo que 'Sócrates é um filósofo' —; no entanto, algumas outras lógicas rejeitam esse princípio. O que você vai aprender neste livro é, basicamente, o que se chama *lógica clássica* (mas vamos, ao final, dar uma olhada em algumas lógicas não clássicas também). A lógica clássica, além de ter sido historicamente a primeira a ser desenvolvida, ainda é, hoje em dia, a lógica mais difundida e mais usada — alguns autores até a consideram (erroneamente, na minha opinião) como a Única Lógica Verdadeira. Ela serve de base para a matemática, por exemplo, e boa parte das lógicas não clássicas (como algumas que veremos depois) são construídas como extensões dela.

O cerne da lógica clássica é o *cálculo de predicados de primeira ordem* (vamos chamá-lo de **CQC**, para abreviar), cujo estudo é o objetivo de grande parte deste livro. Essa lógica é também conhecida como *lógica de primeira ordem*, *lógica elementar* ou *teoria da quantificação* — daí o '**Q**' em '**CQC**', que você pode ler como 'cálculo quantificacional clássico', se quiser. (A propósito, a qualificação 'de primeira ordem' refere-se ao fato de que temos, no **CQC**, quantificação sobre indivíduos, como veremos mais adiante.)

Antes de chegar lá, contudo, vamos nos ocupar de uma lógica mais simples que o **CQC**, o *cálculo proposicional clássico*, o **CPC** (também chamado de *cálculo sentencial* ou *cálculo de enunciados*). Se o **CQC** é uma lógica de primeira ordem, podemos dizer que o **CPC** é uma lógica de ordem zero (pois não tem quantificação). Essa lógica, que tem suas origens na lógica dos filósofos estoicos, é um

menos do que indicar o processo de tradução do argumento (sentença, proposição) para uma linguagem artificial, como a que você vai aprender a partir deste capítulo. Ou seja, a menos que o contrário esteja explicitamente indicado, vou usar a palavra 'formalizar', e eventualmente também 'simbolizar', como uma abreviação estilística de 'traduzir para uma linguagem formal (artificial)'.

subsistema interessante do **CQC**. Por subsistema quero dizer, entre outras coisas, que a linguagem do **CPC** corresponde a uma parte da linguagem do cálculo de predicados — em outras palavras, uma linguagem mais simples, mas que, mesmo assim, já nos permite representar um grande número de formas de argumento comumente empregadas, e demonstrar sua validade (ou invalidade).

5.2 Introduzindo o CPC

Antes de apresentar a linguagem do **CPC** com todos os seus detalhes, vamos falar um pouco, informalmente, a seu respeito, tomando como ponto de partida um argumento como o seguinte:

(A1) $\mathbf{P}_1$ Cleo é um peixe.
$\mathbf{P}_2$ Miau é um gato.
▸ Cleo é um peixe e Miau é um gato.

Esse é um argumento muito, mas muito simples mesmo — duas premissas e uma conclusão que, obviamente, se segue delas. O primeiro passo para analisar a validade do argumento seria, como foi dito anteriormente, traduzir o que está em português para uma linguagem formal. Agora, que tipos de símbolos são necessários, nessa linguagem, para que possamos fazer uma tal tradução?

Considere a primeira premissa desse argumento, isto é:

Cleo é um peixe.

Examinando sua estrutura — a já conhecida análise gramatical que você aprendeu na escola —, você nota que há um indivíduo, Cleo (o sujeito da sentença), do qual se está afirmando que é um peixe (o que corresponde ao predicado da sentença). Esse tipo de sentença é chamado de *sentença atômica*, ou *simples*,[2] porque não pode

---

2 Ou *proposição atômica*, ou *enunciado atômico*. Recorde que, de acordo com a simplificação que fizemos no capítulo 1, estaremos falando indiferentemente de sentenças, proposições, ou enunciados.

ser decomposta em outras sentenças mais simples. A segunda premissa de (A1), 'Miau é um gato', também é uma sentença atômica.

Compare essas duas sentenças, entretanto, com a conclusão, ou seja:

Cleo é um peixe e Miau é um gato.

Aqui já temos uma sentença complexa: ela é formada juntando-se as duas sentenças 'Cleo é um peixe' e 'Miau é um gato' por meio da expressão 'e'. A esse tipo de sentença — isto é, uma sentença que contém uma ou mais sentenças como partes — chamamos de *sentença molecular* ou *complexa*. Para usar uma outra imagem, se você imaginar que sentenças atômicas são tijolos, as sentenças moleculares serão como paredes e muros, construídas a partir de sentenças atômicas usando-se certas expressões ('e', 'ou' etc.) como argamassa.

Vejamos um outro exemplo:

(A2) **P**$_1$ Miau está na cozinha ou no quintal.
P$_2$ Se Miau está no quintal, então está caçando passarinhos.
▸ Se Miau não está na cozinha, então está caçando passarinhos.

Todas as sentenças que ocorrem nesse argumento são moleculares. A primeira premissa pode ser formulada mais explicitamente da seguinte maneira:

Ou [Miau está na cozinha] ou [Miau está no quintal].

Claramente, temos duas sentenças atômicas — 'Miau está na cozinha', 'Miau está no quintal' — ligadas pela expressão, 'ou... ou...'. Para que essa estrutura ficasse evidente, coloquei as sentenças atômicas entre colchetes. Se abstrairmos delas, a estrutura da sentença anterior é algo como:

Ou [...] ou [...].

A segunda premissa é algo parecido: temos mais uma vez duas sentenças atômicas — 'Miau está no quintal', 'Miau está caçando passarinhos' — ligadas por uma outra expressão, 'se... então...'. Deixando isso explícito:

Se [Miau está no quintal] então [Miau está caçando passarinhos],

cuja estrutura, naturalmente, é:

Se [...] então [...].

Finalmente, na conclusão, temos mais uma vez duas sentenças ligadas por 'se... então...': contudo, a primeira delas, 'Miau não está na cozinha', já não é considerada uma sentença simples. Veja que tomamos a sentença 'Miau está na cozinha' e a negamos, introduzindo a expressão 'não'. Na verdade, podemos considerá-la como dizendo a mesma coisa que 'não é verdade que Miau está na cozinha' — e fica mais explícito que não se trata de uma sentença atômica. Veja:

Não é verdade que [...].

Podemos agora deixar mais clara a estrutura da conclusão de (A2), escrevendo tudo como segue:

Se [não é verdade que [Miau está na cozinha]] então [Miau está caçando passarinhos].

Ou seja, abstraindo das sentenças simples:

Se [não é verdade que [...]] então [...].

A esse tipo de expressão do português como 'e', 'ou', 'se-então', 'não', que formam sentenças a partir de sentenças mais simples, damos o nome de *operador lógico* ou *conectivo*. De modo geral, operadores são expressões (do português) que, aplicadas a uma ou mais sentenças, geram uma sentença mais complexa. Como exemplos de operadores, temos os seguintes (as reticências indicam o lugar a ser ocupado por uma sentença):

- não é verdade que...
- se... então ...
- nem... nem ...
- ou... ou...
- ... e...
- é impossível que...
- Darth Vader acredita que...
- será o caso que...

Existe um número muito grande de operadores nas linguagens naturais: a lista anterior é apenas uma pequena amostra. Contudo, nem todos eles vão ser de interesse para o **CPC**, como veremos na seção seguinte. O que importa neste momento é que, para formalizar adequadamente as sentenças que ocorrem em (A1) e (A2), temos que introduzir, inicialmente, símbolos para palavras especiais como 'e', 'ou' etc., nossos operadores.

Mas, e o que acontece com as sentenças atômicas? Elas também têm uma certa estrutura. Por exemplo, 'Miau é um gato' e 'Miau está na cozinha' têm algo em comum, pois ambas falam de Miau. Da mesma maneira, 'Miau está na cozinha' e, digamos 'Cleo está na cozinha' também têm algo em comum — afirmam a mesma coisa (estar na cozinha) de dois indivíduos diferentes.

Na lógica proposicional, contudo, não vamos entrar nos detalhes da estrutura interna de sentenças atômicas. Na verdade, poderíamos dizer que a lógica proposicional se ocupa da validade de argumentos que envolvem sentenças simples e combinações dessas sentenças simples por meio de certos operadores. Mas é claro que precisaremos representar tais sentenças de alguma maneira em nossa linguagem artificial. Assim, precisaremos também de um segundo tipo de símbolo, que chamaremos de *letras sentenciais*. Eles terão a função de representar nossas sentenças atômicas.

Finalmente, nosso objetivo ao utilizar linguagens artificiais é o de evitar construções sintaticamente ambíguas, como acontece no português. Portanto, um terceiro tipo de símbolos que precisaremos serão os *sinais de pontuação*.

Resumindo o que foi dito, na linguagem do **CPC**, que chamaremos de uma *linguagem proposicional*, teremos os seguintes tipos de símbolos:

(i) letras sentenciais;

(ii) operadores;
(iii) sinais de pontuação.

Os detalhes você encontra a partir da próxima seção.

5.3 Letras sentenciais e fórmulas atômicas

Para caracterizar uma linguagem formal, necessitamos, primeiro, especificar seu *alfabeto*, ou conjunto de símbolos básicos; depois, especificar ainda uma *gramática* para definir que expressões (ou seja, sequências finitas de símbolos da linguagem) são bem-formadas.

Para a versão do **CPC** que estudaremos aqui, o alfabeto consiste no seguinte conjunto de 37 caracteres, a maioria já velhos conhecidos seus:

$A \quad B \quad C \quad D \quad E \quad F \quad G \quad H \quad I \quad J \quad K \quad L \quad M$
$N \quad O \quad P \quad Q \quad R \quad S \quad T$
$0 \quad 1 \quad 2 \quad 3 \quad 4 \quad 5 \quad 6 \quad 7 \quad 8 \quad 9$
$\neg \quad \vee \quad \wedge \quad \rightarrow \quad \leftrightarrow \quad (\quad)$

A partir desse alfabeto, desse conjunto de caracteres, é que vamos construir as expressões da linguagem. Recorde que uma expressão de uma linguagem é *qualquer* sequência finita de símbolos dessa linguagem; contudo, nem todas as expressões de uma linguagem são *bem-formadas*. Por exemplo, tanto '<+2×' quanto '2 < 5' são expressões de uma linguagem da aritmética, mas apenas a segunda é bem-formada.

Assim, se o primeiro passo, ao se definir a linguagem de uma teoria lógica, é especificar o conjunto de símbolos que serão utilizados, o segundo consiste em dizer, a respeito das expressões formadas por esses símbolos, quais são bem-formadas e quais não são. No caso do português escrito, em que os símbolos básicos são justamente o alfabeto, tanto 'gato' como 'existem gatos pretos' como 'xrtga' são expressões; entretanto, somente as duas primeiras são ditas "bem-formadas" — ou seja, correspondem, respectivamente, a uma *palavra* e a uma *sentença* do português. A terceira, 'xrtga', não é nem palavra nem sentença.

Contudo, critérios para decidir se algo é uma palavra ou uma sentença, em uma linguagem natural, às vezes podem ser imprecisos. Isso ocorre porque as línguas evoluem e demora sempre um pouco até que, digamos, uma nova expressão ache o caminho do dicionário. Em uma linguagem artificial, por outro lado, o objetivo é eliminar qualquer inexatidão; logo, a caracterização de uma expressão bem-formada é feita por meio de uma definição rigorosa.

Vamos, então, começar a definir quais são as expressões bem--formadas da linguagem do **CPC**. Como vimos na seção anterior, a lógica proposicional considera dois tipos de sentenças: as *sentenças atômicas*, cuja estrutura não é analisada, e as *sentenças moleculares*, que são construídas com base nas atômicas usando operadores. Assim, nosso primeiro grupo de expressões bem-formadas serão os símbolos para representar sentenças atômicas. Vamos chamá-los de *letras sentenciais*, mas outro nome bem comum é o de *variáveis proposicionais*. Usaremos as letras maiúsculas $A, \ldots, T$ como letras sentenciais, admitindo também o uso de subscritos: por exemplo, A_1, B_7, Q_{22} etc. (Subscritos serão numerais arábicos para os números naturais positivos.) A possibilidade do uso de subscritos nos garante que podemos ter, se desejarmos, um conjunto infinito, enumerável, de constantes individuais, apresentadas da seguinte maneira:

$$A, B, C, \ldots, T, A_1, B_1, \ldots, T_1, A_2, \ldots$$

Seguindo essa ordem, A é a primeira letra sentencial, B é a segunda, e assim por diante. Na prática, porém, costumamos empregar um conjunto finito de letras sentenciais — afinal de contas, um argumento contém apenas um número geralmente pequeno de sentenças atômicas.

Relembremos o argumento (A1), apresentado no início do seção anterior:

(A1) $\mathbf{P}_1$ Cleo é um peixe.
$\mathbf{P}_2$ Miau é um gato.
▸ Cleo é um peixe e Miau é um gato.

Podemos usar a letra *A* para simbolizar 'Cleo é um peixe', e *B* para representar 'Miau é um gato'; dessa maneira, esse argumento, meio traduzido para a linguagem do **CPC**, fica assim:

(A1') $\mathbf{P}_1$ *A*
$\mathbf{P}_2$ *B*
▶ *A* e *B*

Os correspondentes, na linguagem do **CPC**, às sentenças do português são as chamadas *fórmulas bem-formadas*, ou, simplesmente, *fórmulas*. Repetindo: no **CPC**, não entramos nos detalhes da estrutura interna de sentenças simples; assim, não precisamos expressões para palavras como 'Miau', 'Cleo' etc. (o que só faremos quando formos estudar o cálculo de predicados).

A definição de fórmula que teremos aqui é o que se chama uma *definição indutiva*, ou *recursiva*. Isso consiste em apresentar elementos iniciais do conjunto a ser definido, e depois listar regras que permitem obter novos elementos a partir daqueles já existentes. No caso de nossa definição de fórmula, começarei apresentando a base de tudo, as fórmulas atômicas. Mais tarde, vou mostrar como fórmulas complexas podem ser construídas a partir delas.

Evidentemente, já temos as letras setenciais que servem para representar sentenças atômicas do português. As fórmulas atômicas são assim definidas por meio da seguinte cláusula:

(F1) Uma letra sentencial sozinha é uma fórmula.

Portanto, expressões como *A*, *B*, T_{40} etc. são todas fórmulas (atômicas) de nossa linguagem. Agora, talvez você esteja se perguntando: mas afinal, *A* é uma *fórmula atômica*, uma *letra sentencial*, ou um *elemento do alfabeto* do **CPC**?

A resposta é que é todas essas coisas. A diferença entre uma letra sentencial e uma fórmula atômica, por exemplo, é a mesma diferença que você encontra, no português, entre a letra 'o' e a palavra — o artigo definido — 'o'; ou a letra 'a' e a palavra 'a', que pode ser um artigo definido ou uma preposição.

Tudo claro? Então vamos em frente!

5.4 Operadores e fórmulas moleculares

Voltemos agora a considerar a conclusão do argumento (A1) anteriormente apresentado, a saber, 'Cleo é um peixe e Miau é um gato'. Como vimos, essa é uma sentença molecular ou complexa, e contém as duas premissas do argumento como partes, ligadas por um operador — no caso, 'e'.

Como mencionei anteriormente, existe um número muito grande de operadores nas linguagens naturais, mas nem todos eles vão ser de interesse para o **CPC**. A versão do **CPC** que veremos aqui vai ter apenas cinco operadores; vamos falar agora sobre cada um deles.

5.4.1 Negação

O primeiro dos operadores utilizados no **CPC** é o operador de *negação*, em português geralmente indicado pela expressão 'não'. Dada uma sentença como 'Cleo é um peixe', podemos formar sua negação, dizendo

(1) Cleo *não* é um peixe,

ou então, de uma maneira um pouco menos coloquial,

(2) *Não é verdade que* Cleo é um peixe.

Há várias maneiras de indicar a negação em português. Além de 'não é verdade que' e 'não', temos ainda expressões como 'é falso que' e 'não é o caso que'. Além disso, a negação pode ser indicada por certos prefixos, como 'in-', 'a-' etc. Por exemplo, se dizemos algo como 'Sua afirmação é incorreta', estamos, de fato, dizendo 'Sua afirmação não é correta'. Nem sempre, contudo, há uma equivalência entre as duas versões. Se dissermos, por um lado, 'Sócrates não é feliz' e, por outro, 'Sócrates é infeliz', queremos dizer exatamente a mesma coisa com as duas sentenças? Há quem defenda que não ser feliz não implica necessariamente ser infeliz — haveria um meio-termo, neutro, entre felicidade e infelicidade. Portanto, você deve tomar um certo cuidado ao formalizar prefixos negativos usando o operador de negação, pois uma formalização deve procurar, obviamente, ser o mais fiel possível ao texto original. Dito de outra forma, com a formalização pretendemos fazer uma tradução do português para a linguagem artificial do **CPC** — e, claro, gostaríamos de preservar ao máximo o significado da expressão original.

Para representar o operador de negação, vamos utilizar o símbolo $\neg$. Assim, a sentença (1) anterior poderia ser formalizada no **CPC** da seguinte maneira (lembrando que estamos usando A para representar a sentença 'Cleo é um peixe'):

$$\neg A.$$

Note que o símbolo de negação apareceu *antes* da sentença negada, enquanto, na versão em português, ele ocorre "dentro" dela, por assim dizer. Se quiser, você pode ler $\neg A$ como 'Não é verdade que Cleo é um peixe'.

Uma fórmula como $\neg A$ é chamada de fórmula *molecular*. É fácil ver que ela não é atômica: ela contém outra fórmula — a saber, A — como uma parte própria. Esse tipo de construção pode ser repetido. Por exemplo, se quisermos agora fazer a negação da fórmula $\neg A$, basta colocar $\neg$ na frente dela: $\neg\neg A$.

A propósito, $\neg\neg A$ e A são fórmulas *diferentes*. É claro que elas parecem ser a mesma coisa; afinal, negar duas vezes não é o mesmo que afirmar? Afirmar '*não é verdade que* a Terra *não* é redonda' não é o mesmo que afirmar 'a Terra é redonda'? Em certo sentido, claro que sim, mas note que são duas sentenças distintas em português (uma começa com 'não', a outra com 'a'). Do mesmo modo, as fórmulas são distintas: uma tem três símbolos e começa com '$\neg$'; a outra consiste em um símbolo isolado, 'A'.

O operador de negação tem uma característica interessante: configura o que chamamos de uma *função de verdade*. No caso da negação, isso quer dizer que podemos determinar se uma sentença negativa, como $\neg A$, é verdadeira ou falsa se soubermos se a sentença A, que está sendo negada, é verdadeira ou falsa. Por exemplo, se é verdade que Cleo é um peixe, então a sentença 'Cleo não é um peixe' será falsa. Por outro lado, se é falso que Cleo é um peixe, então a sentença 'Cleo não é um peixe' será verdadeira. Assim, a negação é uma função de verdade, como os outros operadores que vão nos interessar no **CPC**. Nem todo operador, contudo, tem essa característica: os últimos três operadores na lista apresentada anteriormente não são funções de verdade. Tome um operador como 'João acredita que ...'. O fato de uma proposição ser verdadeira não acarreta que João acredite nela — e João bem pode acreditar em proposições falsas. (Falaremos mais sobre funções de verdade, caracterizando-as com mais precisão, no próximo capítulo.)

Vamos continuar agora com nossa definição de fórmula, apresentando a segunda cláusula, que trata das negações, um primeiro tipo de fórmula molecular:

(F2) Se α é uma fórmula, então $\neg\alpha$ é uma fórmula.

Alguns comentários sobre essa cláusula. Primeiro, note que o símbolo 'α' (isto é, a letra grega alfa) não faz parte da linguagem do **CPC**: é uma *variável metalinguística* (ou *variável sintática*, ou ainda *metavariável*) que representa uma fórmula qualquer — que pode ser A, B, C etc., mas que também pode ser outra negação! (As letras que fazem parte do alfabeto do **CPC**, como você deve ter percebido, estão sendo escritas em *itálico*.) A cláusula dada, como foi dito, define as fórmulas moleculares que são negações: elas consistem no símbolo $\neg$ seguido de uma fórmula qualquer. E, repetindo, isso tanto pode se referir a fórmulas atômicas, quanto a fórmulas moleculares; assim, se α é a fórmula $\neg\neg A$, a negação de α, ou seja, $\neg\alpha$, é $\neg\neg\neg A$.

Neste livro, vamos adotar a convenção de usar letras gregas minúsculas (como α, β, γ etc.) como variáveis para fórmulas (eventualmente, usando subscritos também, se necessário; α_1, por exemplo). É importante lembrar que elas são variáveis *metalinguísticas*, isto é, elas não fazem parte da linguagem do **CPC**. Assim, se alguém perguntar a você se a expressão '$\neg\alpha$' é uma fórmula do **CPC**, você pode dizer tranquilamente que *não*. Ela é, no máximo, um *esquema* de fórmula; algo que podemos transformar em uma fórmula substituindo 'α' por alguma fórmula.

5.4.2 Conjunção

O operador de negação é o que se chama de um operador *unário*, pois é aplicado a *uma* sentença apenas, para gerar uma sentença nova. Os demais operadores que vamos considerar são *binários*, ou seja, aplicam-se a *duas* sentenças para formar uma terceira. Vamos começar pelo 'e' mencionado anteriormente, que tem o nome de *conjunção*. A conjunção é expressa em português por locuções como 'e', 'mas', 'todavia' etc. Claro que 'e' e 'mas' não têm exatamente o mesmo sentido em português, porém essas duas expressões têm em comum a característica de ligar duas sentenças, afirmando ambas. Se dizemos 'Pedro é inteligente e preguiçoso', ou 'Pedro é inteligente, mas preguiçoso', em ambos os casos estamos afirmando duas coisas de Pedro: que é inteligente *e também* que é preguiçoso. Ou seja, em ambos os casos, temos uma conjunção. Como você vê, a linguagem do **CPC** faz uma certa idealização com respeito à linguagem natural — as nuances de sentido diferenciando 'mas' e 'e' ficam, infelizmente, perdidas.

O símbolo que usaremos para a conjunção será $\wedge$. Podemos, enfim, escrever a conclusão do argumento (A1) na linguagem do **CPC** da seguinte maneira:

$$A \wedge B.$$

5.4.3 Disjunção

Um outro operador que aparece no **CPC** é o de *disjunção*, que corresponde a 'ou' em português. O símbolo que vamos utilizar é $\vee$. Assim, a frase que constitui a primeira premissa do argumento (A2) apresentado anteriormente, 'Miau está na cozinha ou está no quintal' poderia ser simbolizada da seguinte forma:

$$C \vee D,$$

em que C simboliza 'Miau está na cozinha', e D representa 'Miau está no quintal'. Outras locuções em português usadas para indicar disjunção são 'ou ... ou ... ', 'ora ... ora ... ', e até mesmo '... e/ ou ... '.

Talvez você estranhe o fato de incluirmos a expressão 'e/ou' entre os modos de expressar uma disjunção em português. É que há um sentido da disjunção, em português, que admite que ambas as alternativas se verifiquem. Quando dizemos, por exemplo, 'chove ou faz sol', admitimos que possa acontecer as duas coisas. Isto é, uma sentença disjuntiva será verdadeira quando pelo menos uma das alternativas o for, e, se as duas são verdadeiras, é óbvio que pelo menos uma o é. Mas falaremos disso mais tarde, e com mais detalhes, quando estudarmos a semântica para o **CPC**.

5.4.4 Implicação

O próximo operador é conhecido como *implicação* (*material*), e pretende-se que corresponda ao 'se ... então ... ' em português. Uma sentença do tipo 'se ... então ... ' é também chamada de *sentença condicional*, ou, simplesmente, de um *condicional*. (Como veremos mais tarde, o nome 'implicação' para esse operador não é lá muito apropriado, mas é o que se usa.) O símbolo que utilizaremos para a implicação é $\rightarrow$. Desta forma, se usarmos a letra sentencial N para indicar 'Neva', e F para 'Faz muito frio', a sentença 'Se neva, então faz muito frio' seria formalizada assim:

$$N \rightarrow F.$$

Dado um condicional, chamamos de *antecedente* à sentença que ocorre à esquerda de $\rightarrow$, ou seja, aquela que está com a partícula 'se': 'neva', no exemplo dado. À sentença que ocorre à direita de $\rightarrow$, ou seja, vinculada à partícula 'então', chamamos de *consequente*: 'faz muito frio', no exemplo citado. Nem sempre, contudo, o antecedente é dito primeiro em português: uma versão costumeira da sentença anterior seria 'Faz muito frio, se neva', em que temos primeiro o consequente e só depois o antecedente. Outras maneiras em português que indicam o condicional 'Se neva, então faz muito frio' seriam (usando N e F como antes):

> se N, F,
> N somente se F,
> F, se N,
> N é condição suficiente para F,
> F é condição necessária para N.

Vamos falar um pouco sobre isso. Intuitivamente, quando afirmamos uma sentença condicional, queremos indicar que, se o antecedente for verdadeiro, o consequente também o é. Ou seja, que não acontece termos uma situação em que o antecedente seja verdadeiro e o consequente falso. Note que não estamos pretendendo que haja uma conexão *causal* ou *temporal* entre o antecedente e o consequente, que primeiro acontece o antecedente e depois o consequente — não pretendemos dizer que o fato de estar nevando seja uma causa do fazer frio. No **CPC**, fazemos abstração dessas considerações temporais. O que queremos dizer com 'se neva, então faz muito frio' é, simplesmente, que se é verdade que neva, isto é suficiente para que possamos afirmar que faz muito frio: trata-se de uma conexão lógica entre uma sentença e a outra. Por outro lado, indiquei acima que fazer muito frio é uma condição necessária para que esteja nevando. Mais uma vez, isso não significa que primeiro esteja fazendo muito frio para depois nevar; queremos dizer apenas que não acontece que esteja nevando, mas que não esteja muito frio. Este é o sentido: você não pode ter neve sem ter muito frio. As mesmas observações se aplicam a 'neva somente se faz muito frio'.

5.4.5 Bi-implicação

O último operador que nos falta considerar é a *bi-implicação*. Uma proposição em que aparece uma bi-implicação é chamada *bicondicional*. Como o nome já sugere, é um condicional nas duas direções, correspondendo às expressões '... se e somente se ...' e '... é equivalente a ...'. O símbolo que usamos é $\leftrightarrow$. Portanto, $N \leftrightarrow F$ formaliza a sentença 'Neva se e somente se faz muito frio'.

A razão de '*N* se e somente se *F*' ser um bicondicional é que, se olharmos bem, há dois condicionais envolvidos. Isso corresponde a:

[*N*, se *F*] e [*N* somente se *F*].

Ora, '*N*, se *F*' é a mesma coisa que 'se *F*, então *N*'. Igualmente, '*N* somente se *F*' é o mesmo que 'se *N*, então *F*'. Portanto, '*N* se e somente se *F*' equivale a

[se *F*, então *N*] e [se *N*, então *F*],

o que caracteriza uma implicação nas duas direções: uma bi-implicação.

Vamos continuar agora com nossa definição de fórmula, apresentando a outra cláusula que trata das fórmulas moleculares, as que têm operadores binários:

(F3) Se α e β são fórmulas, então $(\alpha \wedge \beta)$, $(\alpha \vee \beta)$, $(\alpha \rightarrow \beta)$, e $(\alpha \leftrightarrow \beta)$ são fórmulas.

Aqui, aparecem outra vez metavariáveis: 'α' e 'β' são usadas para indicar uma fórmula qualquer. Mais uma vez, α e β podem ser tanto fórmulas atômicas, quanto fórmulas moleculares; assim, se α é a fórmula A e β a fórmula $(B \leftrightarrow \neg C)$, a conjunção de α e β, por exemplo, é $(A \wedge (B \leftrightarrow \neg C))$.

Mas é isso mesmo? Com esses parênteses todos? Bem, você deve ter notado que, no caso dos operadores binários, as fórmulas, pela definição, são escritas *entre parênteses* — o que não tínhamos feito até agora. Isso é o que vai garantir que não haja ambiguidades: se dois operadores binários ocorrem numa fórmula, sempre haverá parênteses para indicar qual dos dois é o principal, qual deles age sobre o outro.

Vamos falar sobre esses detalhes todos na próxima seção. Antes disso, contudo, eu gostaria que você fizesse alguns exercícios bem simples — ainda sem usar parênteses — para se habituar a empregar os operadores.

Exercício 5.1 Usando a notação sugerida, transcreva as sentenças a seguir para a linguagem do **CPC**.

C: faz calor; *F*: faz frio; *S*: o Sol está brilhando.

(a) Faz calor.
(b) Não faz calor.
(c) Faz calor ou faz frio.
(d) Faz calor e o Sol está brilhando.
(e) O Sol está brilhando, mas não faz calor.
(f) Não faz calor, e não faz frio.
(g) Se não faz calor, então faz frio.
(h) Faz frio, se o Sol não está brilhando.
(i) Faz calor somente se não faz frio.
(j) Faz calor se e somente se não faz frio.

M: Miau é um gato; *C*: Cleo é um peixe; *T*: Tweety é um pássaro.

(k) Miau não é um gato.
(l) Cleo é um peixe.
(m) Ou Miau é um gato ou Tweety é um pássaro.
(n) Não é verdade que Miau não é um gato.
(o) Miau é um gato, mas Cleo não é um peixe.
(p) Cleo é um peixe se e somente se Miau não é um gato.
(q) Miau é um gato, se Cleo não é um peixe.
(r) Nem Tweety é um pássaro nem Cleo é um peixe.

5.5 Sinais de pontuação

Os exemplos de sentença que você viu até agora eram bastante simples, envolvendo, em sua maioria, apenas um operador binário (além, claro, das letras sentenciais). Contudo, o usual é que tenhamos sentenças de maior complexidade, onde um operador é aplicado a sentenças que já são moleculares, formando sentenças mais complexas ainda. É aqui que os parênteses introduzidos na cláusula (F3) anterior vão nos ajudar a evitar ambiguidades estruturais em nossas fórmulas.

Considere o exemplo:

Se Sócrates é um filósofo e é grego, então Sócrates é mortal.

Obviamente, essa sentença é um condicional, e seu antecedente uma conjunção. Veja:

Se [(Sócrates é um filósofo) e (é grego)], então [Sócrates é mortal].

Admitindo que usemos F, G e M para simbolizar as sentenças 'Sócrates é um filósofo', 'Sócrates é grego', e 'Sócrates é mortal', temos, de acordo com nossa definição de fórmula:

$$((F \wedge G) \rightarrow M).$$

Note que a fórmula também é um condicional e que corresponde ao condicional em português: o antecedente é a fórmula $(F \wedge G)$, e o consequente, a fórmula M. A figura 5.1 a seguir — denominada árvore de formação da fórmula $((F \wedge G) \rightarrow M)$ — ilustra como essa fórmula foi construída a partir de fórmulas atômicas. Primeiro fizemos a conjunção de F e G, gerando $(F \wedge G)$. E num segundo momento, obtivemos o condicional $((F \wedge G) \rightarrow M)$.

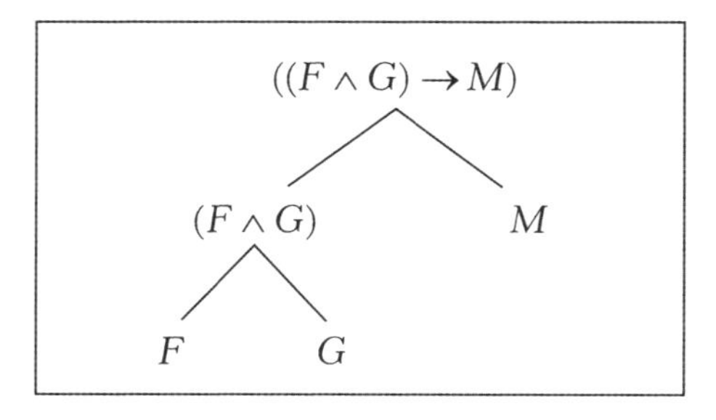

Figura 5.1: Árvore de formação de $((F \wedge G) \rightarrow M)$.

Imagine agora que *não tivéssemos* os parênteses como sinais de pontuação. A fórmula anterior seria, então, escrita como

$$F \wedge G \rightarrow M.$$

Contudo, a expressão dada é ambígua, pois ela pode ser lida de duas maneiras, que distinguimos pela colocação de parênteses:

$$(F \wedge G) \rightarrow M \quad \text{ou} \quad F \wedge (G \rightarrow M).$$

No primeiro caso temos o condicional que queríamos, enquanto no segundo, temos uma *conjunção*: o elemento esquerdo da conjunção é a fórmula atômica F, e o direito, o condicional $G \rightarrow M$. Essa ambiguidade fica bem clara se observamos que, se não houvesse parênteses, duas árvores de formação distintas dariam origem à mesma fórmula, conforme podemos ver na figura 5.2.

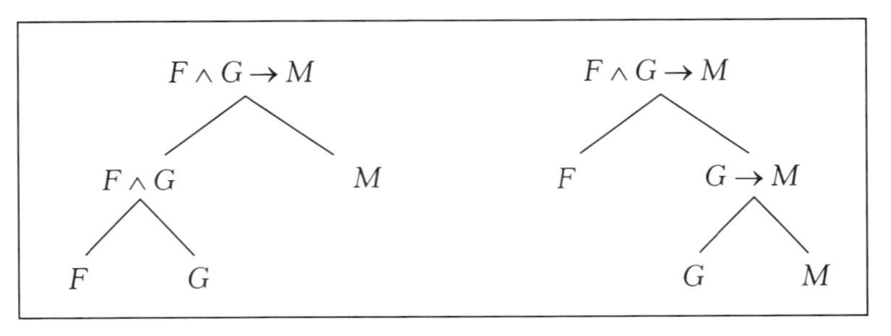

Figura 5.2: Se não tivéssemos parênteses ...

Uma situação parecida acontece na matemática. Se alguém lhe pedisse para calcular o valor da expressão $2 \times 3 + 5$, você provavelmente diria que é 11 — mas por quê? Bem, você deve ter aprendido na escola alguma regra parecida com "primeiro a multiplicação, depois a adição". Assim, você lê essa fórmula como se fosse $(2 \times 3) + 5$. Essa regra é que diferencia esse caso de $2 \times (3 + 5)$: aqui, você *tem* que usar parênteses para indicar que 2 multiplica o valor da expressão $3 + 5$, e o resultado final é então 16.

Na lógica, temos que fazer a mesma coisa.[3] Nada indica, à primeira vista, que $F \wedge G \rightarrow M$ deva ser lida como pretendíamos — 'Se

3 Na verdade, não temos. Existe um tipo de notação, a *notação polonesa*, que dispensa o uso de parênteses. Basicamente, consiste em escrever o símbolo de operador primeiro, seguido então da ou das expressões a que ele está sendo aplicado. Por exemplo, em vez de escrevermos $F \rightarrow M$, escrevemos $\rightarrow FM$. É fácil então ver a diferença entre $(F \wedge G) \rightarrow M$ e $F \wedge (G \rightarrow M)$. A primeira seria escrita assim: $\rightarrow\wedge FGM$. A segunda, por outro lado, ficaria assim: $\wedge F\rightarrow GM$. E não há como confundir as duas, certo? Mesmo sem parênteses. Porém, a notação polonesa caiu em desuso faz algum tempo, pois a leitura das fórmulas é mais difícil.

Sócrates é um filósofo e é grego, então Sócrates é mortal' — em vez de 'Sócrates é um filósofo e, se Sócrates é grego, então Sócrates é mortal'. Note que são duas sentenças diferentes, como mencionei: uma é um condicional (cujo antecedente é uma conjunção); a outra é uma sentença conjuntiva (e um dos elementos dessa conjunção é um condicional). Assim, devemos também, nesse caso, utilizar parênteses para indicar qual é a leitura desejada. Parênteses são *sinais de pontuação* e constituem mais um tipo de símbolo que faz parte da linguagem do **CPC**.

Talvez você tenha notado que só introduzimos parênteses em nossa definição de fórmula quando foram introduzidos os operadores binários. E é isso mesmo. Com exceção das negações, todas as fórmulas moleculares têm parênteses ao redor. Para fazer negações não precisamos de parênteses; eles só são necessários quando temos operadores binários. Assim, para cada operador binário que ocorrer em uma fórmula, deverá haver nela o par de parênteses correspondente a ele. Considere a fórmula a seguir:

$$((A \wedge \neg B) \leftrightarrow ((\neg C \vee D) \rightarrow (\neg\neg A \rightarrow B))).$$

Fazendo as contas, vemos que essa fórmula tem cinco correncias de operadores binários: $\wedge$, $\leftrightarrow$ e $\vee$ ocorrem uma vez, e $\rightarrow$ ocorre duas vezes. Assim, deveríamos ter cinco pares de parênteses na fórmula. E se você contá-los, vai ver que é isso mesmo. Portanto: para cada ocorrência de um operador binário na fórmula deveremos ter um par de parênteses.

Contudo, um excesso de parênteses às vezes torna mais difícil "ler" a fórmula. Há várias convenções para eliminação de parênteses. A regra de "primeiro a multiplicação, depois a adição", que você já conhece da aritmética da escola, é um exemplo desse tipo de convenção. Há várias convenções semelhantes que se pode fazer em lógica (como "primeiro a conjunção, depois a implicação" etc.), mas usaremos aqui somente uma delas. Para facilitar um pouquinho a nossa vida, faremos a seguinte convenção: dada uma fórmula isolada, não escreveremos os *parênteses externos*. Apenas isso; os demais parênteses permanecem. A fórmula anterior, portanto, poderia ser escrita como

$$(A \wedge \neg B) \leftrightarrow ((\neg C \vee D) \rightarrow (\neg\neg A \rightarrow B)).$$

Tecnicamente, claro, a expressão acima não é uma fórmula de acordo com a nossa definição, mas é a *abreviação* de uma fórmula. Continuaremos, porém, a falar de fórmulas, mesmo que sejam abreviações. A convenção citada — não escrever os parênteses externos de uma fórmula isolada — passa a valer a partir de agora.

Finalmente, antes de passarmos aos exercícios, vamos ver mais um exemplo de como traduzir uma sentença para a linguagem do **CPC**. Digamos que você queira formalizar o seguinte:

Salma Hayek é morena, mas Claudia Schiffer e
Scarlett Johansson não são.

Como proceder para chegar à fórmula correspondente? Bem, obviamente, a sentença dada (ou a proposição que ela expressa) é uma sentença molecular — note a presença de operadores como 'mas', 'e' e 'não'.

Se olharmos bem para a estrutura da sentença em questão, veremos que ela é assim (usando colchetes para indicar os agrupamentos):

[Salma Hayek é morena] mas [Claudia Schiffer e
Scarlett Johansson não são],

ou seja,

[Salma Hayek é morena] mas [Claudia Schiffer não é morena e
Scarlett Johansson não é morena].

Assim, a sentença molecular em questão é construída a partir de três diferentes sentenças atômicas e envolve três indivíduos distintos — as três damas em questão. Portanto, precisaremos de uma letra sentencial para cada uma dessas sentenças. Por exemplo, S, C, e J. Ou seja, temos:

S: Salma Hayek é morena;
C: Claudia Schiffer é morena;
J: Scarlett Johansson é morena.

Trocando agora 'Salma Hayek é morena' etc. pelas fórmulas correspondentes, ficamos com

S mas [não C e não J].

Finalmente, só precisamos dos operadores e parênteses:

$$S \wedge (\neg C \wedge \neg J).$$

Para encerrar esta seção, vamos recordar as cláusulas que vimos da definição de fórmula e apresentar uma que ainda faltava. A definição completa é a seguinte:

Definição 5.1 Uma *fórmula* da linguagem do **CPC** é uma expressão que pode ser obtida através das seguintes regras:

(F1) Uma letra sentencial sozinha é uma fórmula.
(F2) Se α é uma fórmula, então $\neg\alpha$ é uma fórmula.
(F3) Se α e β são fórmulas, então $(\alpha \wedge \beta)$, $(\alpha \vee \beta)$, $(\alpha \to \beta)$ e $(\alpha \leftrightarrow \beta)$ são fórmulas.
(F4) Nada mais é uma fórmula.

A primeira cláusula, (F1), trata das fórmulas atômicas. A segunda e a terceira definem o que são fórmulas moleculares: as negações, conjunções etc. Finalmente, a última cláusula, (F4), é uma cláusula de fechamento. Sem ela, poderíamos talvez pensar que há ainda outras fórmulas que não tinham sido cobertas por (F1)-(F3). Mas (F4) proíbe isso, o que essa cláusula diz é que "não terás outras fórmulas além das que aqui te foram dadas por (F1)-(F3)".

Visto isso tudo, vamos a alguns exercícios!

Exercício 5.2 Usando a notação sugerida, transcreva as sentenças a seguir para a linguagem do **CPC**.

C: faz calor; *F*: faz frio; *S*: o Sol está brilhando.

(a) O Sol está brilhando, mas não faz calor.
(b) O Sol está brilhando se e somente se não faz frio.
(c) Não faz calor, e não faz frio.
(d) Não é verdade que faz calor e faz frio.
(e) Não é o caso que faz calor ou faz frio.
(f) Ou não faz calor, ou não faz frio.
(g) Se faz frio e o Sol está brilhando, então faz frio.
(h) Se não faz calor, então não é o caso que faz frio e o Sol está brilhando.
(i) Ou faz calor, ou faz frio e o Sol não está brilhando.
(j) Ou faz calor e o Sol está brilhando, ou faz frio mas o Sol está brilhando.
(k) Nem faz frio nem faz calor, mas o Sol está brilhando.

Exercício 5.3 Formalize as sentenças a seguir, usando a notação sugerida:

M: Miau é um gato; *C*: Cleo é um peixe; *T*: Tweety é um pássaro.

(a) Miau é um gato, mas não é verdade que Cleo não é um peixe.
(b) Cleo é um peixe se e somente se Miau não é um gato.
(c) Miau não é um gato, se Cleo não é um peixe.
(d) Nem Tweety é um pássaro nem Cleo é um peixe.
(e) Se Miau é um gato, então ou Cleo é um peixe ou Tweety é um pássaro.
(f) Se Miau não é um gato, então não é o caso que Cleo é um peixe e Tweety é um pássaro.
(g) Não é o caso que Cleo é ou não é um peixe.
(h) Tweety é um pássaro ou não é um pássaro, se Miau é um gato.
(i) Ou Miau é um gato e Cleo é um peixe, ou Miau não é um gato e Cleo não é um peixe.
(j) Cleo é um peixe somente se não é verdade que Tweety não é um pássaro.
(k) Se Miau é um gato e Cleo é um peixe, então Cleo é um peixe e Miau é um gato.
(l) Se não é o caso que Miau é um gato e Cleo é um peixe, então, ou Miau não é um gato ou Cleo não é um peixe.
(m) Ou Tweety é um pássaro, ou Tweety não é um pássaro e Cleo é um peixe.
(n) Tweety não é um pássaro nem Cleo é um peixe se e somente se não é o caso que Miau é e não é um gato.

Exercício 5.4 Traduzir as fórmulas da linguagem do **CPC** para o português, sendo que:

A: Aristóteles é um filósofo; B: Platão é um filósofo; C: Sócrates é um filósofo; D: Sócrates gosta de Platão; E: Platão gosta de Sócrates; F: Platão detesta Aristóteles.

(a) $\neg A$

(b) $A \wedge B$

(c) $A \wedge \neg C$

(d) $C \wedge D$

(e) $\neg E \wedge F$

(f) $\neg D \vee \neg E$

(g) $\neg A \rightarrow \neg F$

(h) $E \leftrightarrow F$

(i) $F \rightarrow (A \vee B)$

(j) $(C \wedge B) \rightarrow (D \wedge E)$

6
INTERPRETAÇÕES PROPOSICIONAIS

Neste capítulo vamos tratar da semântica do **CPC**. Começaremos com as ideias básicas que norteiam a construção de interpretações para linguagens artificiais e a definição de verdade para suas fórmulas. A seguir investigaremos um tipo muito simples de interpretação, as interpretações proposicionais, ou *valorações*. Apesar de simples, tais interpretações já nos dão elementos suficientes para determinar o valor de verdade de fórmulas moleculares e, a partir disso, no próximo capítulo, definir uma primeira noção de consequência lógica, adequada para o **CPC**.

6.1 Significado e verdade

Como você se recorda, durante nossa discussão inicial, vimos que uma das motivações para o estudo da lógica é a determinação da validade ou invalidade de argumentos, ou seja, procura-se determinar em que condições uma certa proposição (ou sentença) é consequência lógica de um conjunto dado de proposições (ou sentenças). No capítulo anterior, você teve contato com uma primeira linguagem artificial, a linguagem do cálculo proposicional, e viu como traduzir sentenças simples do português para ela. A ideia principal que está por trás do uso de uma linguagem artificial $\mathcal{L}$ é a de tomar um argumento em português, traduzi-lo para $\mathcal{L}$ e então procurar mostrar sua validade (ou invalidade, se for o caso), analisando o conjunto de fórmulas resultante desse processo de tradução. Como um argumento é (intuitivamente) válido se não é possível que suas premissas sejam verdadeiras e que, ao mesmo tempo, sua conclusão seja falsa, para poder investigar a validade desse argumento precisamos dizer em que condições certas fórmulas são verdadeiras ou falsas, uma vez que premissas e conclusão são agora fórmulas em uma linguagem proposicional. Note que isso só é possível se *interpretarmos* as fórmulas em questão, isto é, se dermos a elas (e a suas componentes) algum tipo de *significado*.

Para ilustrar esse ponto, considere o seguinte exemplo. Se você não sabe absolutamente nada de alemão, você não terá condições de dizer se a sentença

Tübingen ist eine schöne Stadt

é verdadeira ou falsa, pois você não sabe o que essas palavras significam. A mesma observação aplica-se a fórmulas de uma linguagem artificial. Se dermos uma interpretação a uma fórmula, poderemos, então, determinar se essa fórmula, *segundo essa interpretação*, é verdadeira ou falsa. Como você vê, precisamos nos ocupar da *semântica* das linguagens proposicionais, pois é a semântica que trata do significado das expressões linguísticas.

Essa interpretação de que precisamos, contudo, não é feita para uma fórmula isoladamente, mas para todos os símbolos da linguagem que estivermos utilizando. No caso da sentença em alemão, precisamos dizer, em primeiro lugar, o que as palavras significam. Depois, precisamos dizer também como é que o significado da sentença é obtido a partir dos significados das palavras que a compõem e do modo como essas palavras se combinam para formar a sentença.

No caso de uma linguagem proposicional — que inclui símbolos lógicos (operadores) e símbolos não lógicos (letras sentenciais) —, os símbolos lógicos já têm um "significado fixo": $\neg$ é 'não', $\vee$ é 'ou', e assim por diante. Essa é a interpretação que tínhamos atribuído a esses sinais ao introduzi-los, interpretação que faz com que tenhamos um sistema de lógica e não alguma outra coisa. Note que poderíamos interpretar os símbolos lógicos de qualquer maneira: por exemplo, poderíamos dizer que $\rightarrow$ é um outro sinal representando a sentença 'Sócrates é um filósofo'. Mas aí não teríamos mais um sistema de lógica: fórmulas como '$A \rightarrow B$' dificilmente teriam algum sentido. Resumindo, o que faz com que uma linguagem artificial qualquer seja uma linguagem da lógica é o significado fixo que atribuímos a certos símbolos: os símbolos lógicos.

Agora, se os símbolos lógicos têm um significado fixo, precisamos apenas encontrar os significados dos símbolos não lógicos: as letras sentenciais. É claro que, ao especificarmos uma linguagem proposicional — ou seja, ao escolhermos as letras sentenciais que farão parte dela —, usualmente, já temos em vista um certo domínio de aplicação (digamos, um conjunto de argumentos cuja validade pretendemos determinar), e os símbolos serão escolhidos já com um certo significado informal a eles associado. Por exemplo: suponhamos que você queira determinar a validade do argumento a seguir:

P$_1$ Ou Netuno não é um planeta joviano, ou tem anéis.
P$_2$ Netuno é um planeta joviano.
▸ Netuno tem anéis.

Para isso, você pode traduzir esse argumento para uma linguagem proposicional, usando J para representar a sentença 'Netuno é um planeta joviano' e A para 'Netuno tem anéis'. O resultado é o seguinte:

P$_1$ $\neg J \vee A$
P$_2$ J
▸ A

As letras sentenciais que ocorrem no conjunto de fórmulas anterior, de certa forma, já têm um significado — que vou chamar de uma "interpretação informal" — e que corresponde exatamente ao que foi feito: J significa 'Netuno é um planeta joviano' e A significa

'Netuno tem anéis'. Ora, para verificar se J é de fato verdadeira ou falsa, basta conferir se, no mundo real, Netuno é um planeta joviano,[1] ou não. De modo similar, A será verdadeira se Netuno tiver anéis. Quanto a $\neg J \vee A$, ela será verdadeira se uma ou outra coisa (isto é, ou $\neg J$ ou A) ocorrer: se Netuno *não for* um planeta joviano, ou tiver anéis.

Entretanto, essa maneira informal de dar significado às fórmulas e determinar sua verdade ou falsidade não é suficiente para os nossos interesses ao fazer lógica, tais como tentar determinar a validade do argumento dado. Lembre-se, antes de mais nada, de nossa caracterização informal de argumento válido: aquele do qual *não é possível que as premissas sejam verdadeiras e, ao mesmo tempo, a conclusão falsa*.

Um primeiro problema quanto a isso é que tentar determinar a verdade de uma fórmula dessa maneira — verificando o que acontece na realidade — pode, na prática, ser extremamente difícil, e muitas vezes até impossível. (Pense em um argumento que tenha como premissa 'Todo planeta joviano tem anéis': como determinar a verdade disso pelo universo afora?) De mais a mais, é muito comum que raciocinemos a partir de hipóteses: proposições de cuja verdade não temos certeza alguma e, muitas vezes, até sabemos serem falsas (em situações do tipo "suponhamos que eu fizesse isto ou aquilo: quais seriam as consequências?").

No caso anterior, em que conhecemos os planetas em questão, sabemos que as premissas e a conclusão são verdadeiras (pois Netuno, de fato, é um planeta joviano e tem anéis). Contudo, mesmo sendo verdadeiras as premissas, será que *necessariamente* a conclusão também teria que ser verdadeira? Note que não temos condições de responder a isso olhando apenas para o mundo real. Não seria possível que houvesse uma situação na qual as premissas fossem verdadeiras, e a conclusão, falsa?

---

1 Com certeza, você sabe o que são planetas jovianos – gigantes gasosos, como Júpiter (ou Jove – daí o nome).

Para início de conversa, é bastante simples imaginar situações nas quais uma das proposições envolvidas no argumento, ou até mais de uma, sejam falsas. Temos duas maneiras de fazer isso:

- Podemos imaginar que Netuno não tivesse anéis. Nesse caso, a conclusão seria falsa *se o universo fosse diferente*.
- Alternativamente, podemos imaginar que a palavra 'anel', em vez de ter o sentido que tem em português, significasse 'asa'. Nesse caso, a conclusão estaria, de fato, querendo dizer que Netuno tem asas — o que seria, mais uma vez, falso. Ou seja, a conclusão seria falsa *se a palavra 'anel' tivesse um significado diferente*.

Note, portanto, que a verdade de uma sentença parece depender de duas coisas: do significado das palavras e da realidade. Para atender a nossos propósitos enquanto lógicos, deveríamos, a princípio, imaginar todos os modos em que a realidade pudesse ser diferente, ou em que as palavras significassem outras coisas diferentes daquilo que de fato significam. Aí, então, estaríamos examinando todos os casos possíveis, e verificando, em cada um deles, se temos premissas verdadeiras e conclusão falsa.

A questão toda tem a ver com o fato, mencionado na introdução, de que a lógica não procura determinar se as premissas e a conclusão de um argumento são, *de fato*, verdadeiras. A única coisa que interessa é: se as premissas *fossem* verdadeiras, a conclusão também *seria*? Por conseguinte, precisamos de alguma coisa que nos permita interpretar fórmulas e determinar sua verdade ou falsidade *em todos os casos possíveis*, e não apenas com relação aos fatos, ao mundo real. Essa coisa de que necessitamos é uma *interpretação formal*, ao invés daquela maneira informal de os atribuir significados que vimos anteriormente. Uma interpretação formal para uma linguagem $\mathcal{L}$ qualquer, como veremos, é feita utilizando-se ferramentas da teoria de conjuntos (e é por isso que você passou um capítulo inteiro revendo conjuntos).

Exercício 6.1 Com relação ao argumento apresentado anteriormente a respeito de Netuno, tente imaginar uma situação em que as premissas sejam verdadeiras e a conclusão, falsa. Isso é possível? Por quê?

6.2 Ideias básicas

A semântica formal que teremos para o **CPC** é uma semântica *extensional*. Resumidamente, isso quer dizer que o significado (falamos também em *valor semântico*) associado por uma interpretação a uma expressão bem-formada simplesmente a *extensão* (ou *denotação*, ou *referência*) dessa expressão. Como você deve lembrar, no capítulo sobre conjuntos vimos que a extensão de um termo como 'gato' é um conjunto de objetos: o conjunto de todos os gatos. Vimos também que, às vezes, acontece que expressões com significados distintos têm a mesma extensão: é o caso de 'triângulo equilátero' e 'triângulo equiângulo', por exemplo. Trata-se aqui do mesmo conjunto, pois um triângulo é equilátero se e somente se for equiângulo.

No caso de um nome próprio (como 'Machado de Assis', 'Netuno') ou o que chamamos de uma descrição definida (como 'o autor de *Memorial de Aires*', 'a capital de Santa Catarina'), a extensão é um indivíduo (e, nesse caso, fala-se mais em 'referência' da expressão). Note que, nesse exemplo, tanto 'Machado de Assis' quanto 'o autor de *Memorial de Aires*' têm a mesma referência: ambas as expressões se referem ao mesmo indivíduo. Isso não acontece, claro, com 'Netuno' e 'a capital de Santa Catarina', que se referem a indivíduos diferentes (respectivamente, um certo planeta e uma certa cidade).

No **CPC**, contudo, trabalhamos apenas a partir de sentenças atômicas, sem examinar que palavras constituem sua estrutura interna. O que acontece, então, com as sentenças? Qual é a extensão de uma sentença?

Para esclarecer isso, compare as duas sentenças a seguir:

A Terra é um planeta.
A Lua é um satélite.

Você concorda que elas dizem coisas diferentes, têm significados diferentes, mas, de fato, na situação real, ambas são *verdadeiras*. Em uma outra situação, uma delas, ou ambas, poderiam ser *falsas*. E é isso que vai importar em nossa semântica extensional para o **CPC**: não o que uma certa sentença intuitivamente significa, mas apenas se ela é verdadeira ou falsa. Em outras palavras, quando tivermos um conjunto de fórmulas correspondendo a um certo argumento, vamos nos perguntar, em uma dada situação, não o que as fórmulas querem dizer, mas somente se são verdadeiras ou falsas naquela situação. Assim, o valor semântico de uma sentença, sua extensão, é dado por aquilo que chamamos de um *valor de verdade*.

Uma suposição inicial que fazemos na semântica para o **CPC**, sendo ele parte da lógica clássica, é de que existem dois *valores de verdade*: o *verdadeiro* e o *falso*. Esses valores de verdade são simplesmente dois objetos quaisquer, desde que sejam distintos: poderíamos usar 1 e 0, ou o Sol e a Lua, ou Claudia Schiffer e Salma Hayek. O importante é que possamos distinguir um do outro. Usaremos o símbolo '**V**' para indicar *verdadeiro*, e '**F**' para indicar *falso*.

Uma suposição adicional é o chamado *Princípio de Bivalência*, que diz que toda sentença (ou proposição, ou enunciado) é ou verdadeira ou falsa. Isso significa que a toda sentença deverá ser associado um, e apenas um, dos valores de verdade. (Uma sentença, portanto, não pode deixar de ter um valor, nem ter mais de um valor associado a ela.) Assim, dada uma interpretação, uma sentença terá o valor **V** segundo essa interpretação, ou terá o valor **F**.

Mas como isso é feito? De que maneira associamos um valor de verdade a uma fórmula de nossa linguagem artificial? Bem, além do princípio de bivalência, uma outra característica da semântica para o **CPC** é que ela é uma *semântica de condições de verdade*. Isso quer dizer, resumidamente, que especificar o significado de uma sentença declarativa consiste em dizer como o mundo deve ser para que ela seja verdadeira, ou seja, especificar suas condições de verdade. Tomemos, por exemplo, a sentença

A Lua gira em torno da Terra.

Essa sentença será verdadeira (recebe o valor de verdade **V**) se existirem, no universo, dois objetos, que estamos chamando de 'Lua' e 'Terra', tais que o primeiro deles tem uma órbita em torno do segundo. Se isso não acontece, a sentença recebe o valor **F**.

Voltemos ao exemplo da seção anterior a respeito de Tübingen. Poderíamos indicar o significado dessa sentença por meio de suas condições de verdade, dizendo:

'Tübingen ist eine schöne Stadt' é verdadeira sse Tübingen é uma linda cidade.

Note que, com isso, especificamos as condições em que a sentença em alemão é verdadeira. E, claro, você fica sabendo imediatamente o significado dessa sentença: que Tübingen é uma linda cidade. (A propósito, estou usando 'sse' como uma abreviatura, na metalinguagem, de 'se e somente se'.)

É claro que essa ideia de condições de verdade só pode aplicar-se a sentenças declarativas: não faz sentido perguntar em que condições as palavras 'gato' ou 'Saturno' são verdadeiras, por exemplo. Palavras como 'gato', 'planeta' etc. costumam ter seu significado especificado de outra forma (como veremos mais adiante, no capítulo 10).

Um problema, contudo, coloca-se a respeito dessa maneira de ver as coisas: se dar o significado de uma sentença é especificar suas condições de verdade, e se temos infinitas sentenças (igualmente, infinitas fórmulas em uma linguagem artificial), como é que vamos fazer essa especificação?

A resposta é dada por uma outra característica marcante da semântica do **CPC**, que é o chamado *Princípio da Composicionalidade*, ou *Princípio de Frege*: o significado de uma expressão complexa é uma função do significado de suas partes e do modo como elas se combinam. Isso é o que eu quis dizer na seção anterior, ao afirmar que o significado de uma sentença depende do significado das palavras envolvidas e do modo como elas estão arranjadas na sentença. Para dar um exemplo, considere as sentenças a seguir:

O cachorro mordeu o homem,
O homem mordeu o cachorro.

Ainda que as palavras sejam as mesmas nas duas sentenças, estas têm significados diferentes, claro, pois a ordem em que as palavras ocorrem é diferente em cada caso.

A ideia por trás desse princípio é fazer uma ligação bastante estreita entre a sintaxe e a semântica de uma linguagem artificial. Como você recorda, as fórmulas são construídas, basicamente, a partir de fórmulas atômicas, utilizando-se os operadores. Assim, o que precisamos fazer são duas coisas:

(i) primeiro, especificar quais são as condições de verdade para as fórmulas atômicas;
(ii) depois, especificar como obter o significado de uma fórmula molecular — por exemplo, $\neg\alpha$ — a partir do significado (condições de verdade) de α.

Vamos ilustrar isso por meio de um exemplo, tomando duas sentenças como, digamos, 'Claudia Schiffer é uma mulher' e 'Claudia Schiffer é ruiva'. Essas sentenças podem ser formalizadas numa linguagem proposicional utilizando-se, respectivamente, as letras sentenciais M e R.

O primeiro passo seria especificar as condições de verdade para essas duas fórmulas. Por analogia ao exemplo anterior a respeito de Tübingen, temos:

'M' é verdadeira sse Claudia Schiffer é uma mulher;
'R' é verdadeira sse Claudia Schiffer é ruiva.

Agora, como Claudia Schiffer é, de fato, uma mulher, podemos dizer que, em relação ao mundo real, M é uma fórmula *verdadeira*. Isso pode ser parafraseado, como vimos, dizendo que a essa fórmula é atribuído um certo valor de verdade: *verdadeiro*. Assim, dizer que M é verdadeira é dizer, simplesmente, que M recebe o valor de verdade **V**.

Qual seria, agora, o valor de $\neg M$, já que M é verdadeira? Olhando as coisas intuitivamente, se é verdade que Claudia Schiffer é uma mulher, então é falso dizer que ela não o é. Nesse caso, uma vez que M é verdadeira, $\neg M$ deve ser considerada *falsa*. Ou seja, $\neg M$ recebe o valor **F**.

Vejamos, agora, a fórmula R: uma vez que Claudia Schiffer é loura, e não ruiva, essa fórmula recebe o valor **F** no mundo real. Qual você acha que é, então, o valor de $\neg R$? Simples: se é falso que Claudia Schiffer é ruiva, logo deve ser verdade que ela não é ruiva. Ou seja, $\neg R$ é *verdadeira*.

Como você vê pelos exemplos anteriores, o valor de uma fórmula negativa $\neg\alpha$ qualquer pode ser *calculado* a partir do valor da fórmula (mais simples) α que está sendo negada. A ideia geral, e que veremos em detalhes na próxima seção, pode ser resumida com a seguinte afirmação:

> O valor de verdade de uma fórmula molecular pode ser calculado a partir dos valores de seus componentes mais simples.

No caso de uma negação, a regra de cálculo diz simplesmente que o valor da fórmula negativa deve ser o oposto da fórmula que está sendo negada: se α tem **V**, $\neg\alpha$ tem **F**; se α tem **F**, $\neg\alpha$ tem **V**.

Vamos a mais um exemplo para esclarecer isso tudo, tomando um outro operador. Considere a conjunção $M \wedge R$, que, de acordo com nossa interpretação informal dos símbolos envolvidos, diz que Claudia Schiffer é uma mulher ruiva. Ora, essa fórmula é verdadeira se for verdade que Claudia Schiffer é uma mulher *e que* Claudia Schiffer é ruiva. Assim, para saber se $M \wedge R$ tem o valor **V**, ou não, precisamos primeiro verificar se M é verdadeira, e se R é verdadeira. Como vimos, M é, de fato, verdadeira, mas R, não. Uma vez que, ao afirmar uma conjunção, estamos afirmando as duas proposições que a compõem, se uma delas é falsa não pode ser verdade que ambas sejam verdadeiras. Portanto, a fórmula $M \wedge R$ é falsa. Obviamente, se tivéssemos uma outra letra sentencial L na linguagem, representando a proposição 'Claudia Schiffer é loura', a conjunção $M \wedge L$ teria o valor **V**, pois é tanto verdade que Claudia Schiffer é uma mulher, quanto que ela é loura.

6.3 Funções de verdade

Resumindo, a partir do valor de verdade das fórmulas atômicas, poderemos especificar as condições em que as fórmulas moleculares são verdadeiras. A razão pela qual podemos fazer isso é que os operadores do **CPC** são *funções de verdade* (ou operadores *verofuncionais*). Você está acostumado a lidar com funções numéricas, como a soma, em virtude de ter estudado aritmética na escola. A soma é uma função numérica porque toma dois números como argumentos e associa a eles um terceiro número, que corresponde à soma dos dois. Assim, aos números 2 e 5, a função soma associa o número 7. Aos números 4 e 5, a soma associa 9. E assim por diante.

Funções de verdade são parecidas: são funções que tomam como argumentos *valores de verdade* e associam a estes um outro *valor de verdade*. (Daí o nome "função de verdade".) Vamos ver como isso acontece, examinando caso a caso os nossos operadores.

Dito isso, vemos que tudo depende, no final das contas, dos valores das fórmulas atômicas. Mas de onde tiramos os valores destas, já que não estamos entrando na estrutura interna de uma sentença atômica?

Trataremos disso depois. Primeiro, vamos descobrir como funcionam semanticamente os nossos operadores.

6.3.1 Negação

Suponhamos que temos uma sentença como 'Pedro é músico', representada aqui simplesmente pela letra sentencial A, que sabemos ser verdadeira. Qual seria o valor de sua negação, isto é, 'Pedro não é músico'? Como vimos no exemplo da seção anterior, que falava (mais uma vez) a respeito de Claudia Schiffer, se A tem o valor **V**, $\neg A$ recebe o valor **F**. Do mesmo modo, caso A tenha o valor **F**, sua negação recebe **V**.

Essa propriedade da negação pode ser resumida na seguinte tabelinha, que deve lembrar a você a tabuada da escola primária. É basicamente a mesma coisa, exceto que aqui estamos trabalhando com valores de verdade e não com números.

α	$\neg\alpha$
V	**F**
F	**V**

Explicando: na primeira *coluna* da tabela, temos uma fórmula α qualquer, que pode ser verdadeira ou falsa. Essas duas possibilidades são representadas pelas duas *linhas* na tabela. Na primeira, supomos que α tem o valor **V**; na segunda, que tem **F**. Temos só duas linhas porque são somente essas as possibilidades: ficam excluídos os casos em que uma fórmula não recebe valor nenhum, ou que recebe dois valores. (Recorde o princípio de bivalência.)

Quanto à segunda coluna, temos, em cada linha, o valor correspondente de $\neg\alpha$. Quando α tem **V**, isto é, como na linha 1, $\neg\alpha$ tem **F**. Quando α tem **F**, como na linha 2, $\neg\alpha$ tem **V**. E pronto! Você já aprendeu a "tabuada" da negação.

É claro que essa tabela nos permite calcular o valor de fórmulas ainda mais complicadas. Por exemplo, sabendo que B é verdadeira, qual seria o valor de $\neg\neg B$? Bem, se B tem **V**, $\neg B$ tem obviamente **F**. Segue-se que a negação de $\neg B$, que é $\neg\neg B$, terá **V**. Simples, não é?

6.3.2 Conjunção

Como mencionado anteriormente, quando afirmamos uma conjunção $\alpha \wedge \beta$, estamos pretendendo dizer que as duas fórmulas, α e β, são verdadeiras. Se uma delas for falsa, então não diríamos que $\alpha \wedge \beta$ é verdadeira. Isso é resumido na seguinte tabela:

α	β	$\alpha \wedge \beta$
V	**V**	**V**
F	**V**	**F**
V	**F**	**F**
F	**F**	**F**

Temos, agora, uma tabela com quatro linhas. Por quê? Ora, isso corresponde às quatro combinações possíveis de valores que duas fórmulas α e β quaisquer podem ter: ambas verdadeiras (na primeira linha), ambas falsas (na quarta linha), ou, alternadamente, uma verdadeira e a outra falsa (segunda e terceira linhas). No caso da negação, que é uma função de verdade de um argumento, temos apenas duas linhas: o argumento — uma fórmula α qualquer — é verdadeiro ou falso. A conjunção, contudo, é uma função de verdade de dois argumentos. Assim, temos que considerar os quatro casos possíveis e dizer que valor a conjunção leva em cada um deles.

Uma questão interessante, que se coloca neste momento, diz respeito à correspondência (ou não) entre esse sentido "lógico" da conjunção, e o 'e' em português. Podemos, em princípio, dizer que essa análise da conjunção (apresentada na tabelinha anterior) se aproxima muito do nosso sentido intuitivo de conjunção. Contudo, alguns cuidados devem ser tomados. Considere, por exemplo, a sentença a seguir:

(1) João pulou do edifício e morreu.

Com certeza, estamos afirmando duas proposições atômicas: que João pulou do edifício e que João morreu. Isso pode ser representado em uma linguagem proposicional por uma fórmula como $A \wedge B$. Contudo, é fácil ver que, se $A \wedge B$ é verdadeira, a fórmula $B \wedge A$ também o é. E esta, retraduzida, diz o seguinte:

(2) João morreu e pulou do edifício.

Ora, em uma leitura, a sentença (2) dada é verdadeira: é tanto verdade que João morreu, quanto que pulou do edifício. Mas a interpretação usual de (1), e também de (2), é que há uma conexão *temporal* entre A e B: João pulou do edifício *e então* João morreu. Nessa segunda leitura, é claro que (1) é verdadeira, mas (2) é falsa.

A moral da história é que a conjunção, como definida pela tabela apresentada anteriormente, é uma "pasteurização", digamos, da conjunção (ou das conjunções) que temos em uma linguagem natural como o português. Algo similar ocorre com 'mas', que também é formalizado usando-se $\wedge$. Nesse caso, as duas sentenças a seguir, cujo sentido é diferente em português,

Pedro é inteligente e preguiçoso,
Pedro é inteligente, mas preguiçoso,

seriam formalizadas como, digamos, $I \wedge P$ numa linguagem proposicional. Em ambos os casos, estamos, de fato, afirmando duas proposições: que Pedro é inteligente e que ele é preguiçoso. As nuances de sentido que distinguem 'mas' de 'e' ficam, feliz ou infelizmente, perdidas.

6.3.3 Disjunção

A disjunção, como você recorda, corresponde a 'ou' em português. Contudo, existem no português dois sentidos diferentes de 'ou': um *exclusivo* e um *inclusivo*. O sentido inclusivo é aquele de 'e/ou', isto é, temos uma possibilidade, ou a outra ou, eventualmente, as duas coisas. Por exemplo, podemos dizer que ou chove ou faz sol: normalmente temos uma coisa ou a outra — mas, às vezes, acontece de termos as duas coisas ao mesmo tempo (nos casamentos de viúva, como se costuma dizer).

Por outro lado, existe um outro sentido da disjunção, o exclusivo, que representa uma alternação legítima: ou uma coisa, ou a outra, mas não as duas. Por exemplo, em um segundo turno de uma eleição municipal, ou João será eleito prefeito de Florianópolis, ou José será eleito. Obviamente, não pode acontecer que os dois sejam eleitos ao mesmo tempo: as alternativas se excluem mutuamente.

Na interpretação inclusiva, uma disjunção é verdadeira se um de seus elementos o for, ou, eventualmente, se os dois forem. Já no caso da disjunção exclusiva, se os dois elementos da disjunção forem verdadeiros, a disjunção será falsa. Assim, o que ocorre é que temos duas funções de verdade correspondentes à disjunção. Contudo, no **CPC**, o operador $\vee$ é costumeiramente usado para representar a disjunção *inclusiva*, que é caracterizada pela seguinte tabela:

α	β	$\alpha \vee \beta$
V	**V**	**V**
F	**V**	**V**
V	**F**	**V**
F	**F**	**F**

Como você vê, na primeira linha, em que tanto α quanto β são verdadeiras, a disjunção $\alpha \vee \beta$ também é verdadeira. Uma disjunção só será falsa se seus dois elementos forem falsos.

Uma tabela para uma disjunção exclusiva, a propósito, seria igual àquela apresentada anteriormente, apenas trocando **V** por **F** na primeira linha. Isto é, se α e β são verdadeiras, $\alpha \vee \beta$ recebe **F**.

Com relação aos problemas de tradução, note que, pelo sentido da disjunção que foi definido pela tabela apresentada, uma sentença como

A Terra é um planeta ou Beethoven é italiano

é considerada verdadeira, ainda que, intuitivamente, não consideramos haver uma alternativa legítima entre as sentenças 'A Terra é um planeta' e 'Beethoven é italiano', pois uma coisa não tem nada a ver com a outra.

6.3.4 Implicação

Vamos, agora, examinar a tabela de verdade para $\rightarrow$, nossa implicação material, a qual usamos para formalizar sentenças condicionais. Aqui, você tem que prestar bastante atenção, pois as coisas são um pouco complicadas.

A discussão sobre a verdade de proposições condicionais é antiga. Para falar a verdade, vem desde a Grécia, e há muitas opiniões divergentes — começando por filósofos como Diodoro Cronos (séc. IV a.C.) e seu discípulo, Filo de Mégara. Todo mundo parece concordar, para início de conversa, que, se o antecedente de uma implicação for verdadeiro, e o consequente falso, então a implicação, como um todo, será falsa. Ou seja, estamos de acordo com esse primeiro esboço da tabela para $\rightarrow$:

α	β	$\alpha \rightarrow \beta$
V	**V**	?
F	**V**	?
V	**F**	**F**
F	**F**	?

Porém, o que dizer dos outros casos? Suponhamos que α e β sejam verdadeiras: o que concluir a respeito do valor de $\alpha \rightarrow \beta$? Pode ser que α implique β, e pode ser que não. O que fazer?

A lógica clássica, seguindo inclusive a análise dos condicionais feita por Filo, toma uma decisão radical e o caminho mais simples: fora o caso visto antes, em que uma implicação é falsa, em todos os outros, ela será verdadeira. Assim, nossa tabela para $\rightarrow$ é:

α	β	$\alpha \rightarrow \beta$
V	**V**	**V**
F	**V**	**V**
V	**F**	**F**
F	**F**	**V**

Você há de concordar que essa parece ser uma situação muito esquisita. Por exemplo, nessa análise, uma sentença como 'Se $2+2=5$, então a Lua é feita de queijo' é uma implicação verdadeira. Mas, certamente, não estamos dispostos a concordar que $2+2=5$ *implica* que a Lua é feita de queijo, pois uma coisa não tem nada a ver com a outra.[2] De modo análogo, os dois condicionais seguintes são considerados verdadeiros:

2 Há algumas situações, contudo, em que afirmamos tranquilamente condicionais em que o antecedente nada tem a ver com o consequente. Por exemplo, 'se isto é uma obra de arte, então sou um mico de circo'. Isso, porém, é apenas uma outra maneira de afirmar 'isto *não* é uma obra de arte'.

(i) Se o califa Omar não queimou a Biblioteca de Alexandria, então alguma outra pessoa o fez.
(ii) Se o califa Omar não tivesse queimado a Biblioteca de Alexandria, então alguma outra pessoa o teria feito.

Contudo, intuitivamente, diríamos que o primeiro deles é verdadeiro, ao passo que o segundo é falso. Condicionais como esses são chamados de *contrafactuais*, pois seus antecedentes são falsos em virtude dos fatos (eles afirmam algo contra os fatos). Porém, pela tabela de verdade, qualquer condicional com antecedente falso é verdadeiro.

O problema todo com relação à implicação — essa estranheza a respeito da tabela anteriormente apresentada — é que existem vários tipos de condicional em português. A expressão 'se... então...' é usada para exprimir várias relações de dependência entre proposições, mas a maioria delas não é adequadamente reproduzida pela interpretação dada pelo **CQC** para $\rightarrow$. A razão de a lógica clássica ter escolhido o caminho que escolheu é que essa análise do condicional, diz-se, é adequada para trabalhar na matemática. Como os iniciadores da lógica contemporânea eram, em sua maioria, matemáticos, eles acharam que tal análise era suficiente. (É a análise mais simples que se pode fazer, na verdade.) Mas essa maneira de representar a implicação, realmente, deixa muito a desejar. Como veremos no final deste livro, existem tentativas diferentes de formalizar uma implicação mais sensata, começando com lógicas modais, mas, principalmente, por meio de lógicas relevantes. Mas isso é um assunto para mais tarde; voltaremos a falar nele no capítulo 18.

Talvez ajude a entender isso se você pensar em $\alpha \rightarrow \beta$ como apenas uma maneira mais simples de dizer $\neg(\alpha \wedge \neg \beta)$. Isto, afinal, é o que diz a tabela de verdade: temos $\alpha \rightarrow \beta$ quando não acontece, na situação presente, que α é verdadeira e β é falsa. Nada mais.

E quem sabe um outro exemplo ajude. Considere o condicional a seguir,

Se está nevando, então está fazendo frio,

que podemos representar como

$$N \to F,$$

usando N para 'está nevando' e F para 'faz frio'. Você concorda, creio, que esse condicional é verdadeiro. Só diríamos que ele é falso se houvesse alguma situação em que estivesse nevando e não estivesse fazendo frio. Ou seja, se o antecedente fosse verdadeiro e o consequente falso. Isso está de acordo com a nossa tabela para $N \to F$, que

N	F	$N \to F$
V	**V**	**V**
F	**V**	**V**
V	**F**	**F**
F	**F**	**V**

Mas o que aconteceria em uma situação correspondendo à primeira linha da tabela? Digamos, uma situação em que é verdade que está nevando e é verdade que está fazendo frio? Ora, o condicional ainda é verdadeiro, certo? E se não estivessse nevando, nem fazendo frio? Continuaria sendo verdade que, se neva, faz frio. E finalmente, se não estiver nevando, mas estiver fazendo frio? Ainda assim o condicional $N \to F$ é verdadeiro.

Como você vê, embora possa haver alguma estranheza com relação à tabela para a implicação, ela é, afinal, bastante razoável. E é a análise mais simples que temos. (Falaremos um pouco sobre outros operadores condicionais ao final do livro, mas a semântica para eles será um tanto mais complicada.)

6.3.5 Bi-implicação

A análise dos bicondicionais tem, obviamente, os mesmos problemas da análise dos condicionais. Uma bi-implicação corresponde a uma implicação nas duas direções: $\alpha \leftrightarrow \beta$ é o mesmo que $(\alpha \to \beta) \land (\beta \to \alpha)$. Resolvida a questão da implicação, fica fácil calcular, usando as tabelas de conjunção e implicação, os valores da tabela do bicondicional:

α	β	$\alpha \leftrightarrow \beta$
V	**V**	**V**
F	**V**	**F**
V	**F**	**F**
F	**F**	**V**

Uma outra maneira, mais simples, de entender isso é pensar que $\alpha \leftrightarrow \beta$ afirma que α é equivalente a β. Sendo α e β equivalentes, elas deveriam ter o *mesmo* valor. Assim, nas linhas onde α e β têm o mesmo valor (ambas verdadeiras, ou ambas falsas), o bicondicional $\alpha \leftrightarrow \beta$ tem o valor **V** (primeira e quarta linhas). Caso α e β tenham valores diferentes, então não são equivalentes — e $\alpha \leftrightarrow \beta$ terá o valor **F** (segunda e terceira linhas).

Exercício 6.2 Suponha que tenhamos um operador ∇ tal que $\alpha \nabla \beta$ representa a disjunção *exclusiva* de α e β. Como seria a tabela básica para esse operador?

Exercício 6.3 Suponha que tenhamos um operador $\downarrow$ tal que $\alpha \downarrow \beta$ representa 'nem α nem β'. Como seria a tabela básica para esse operador?

6.4 Valorações

A partir das tabelas básicas para os operadores, que apresentamos anteriormente, podemos definir um primeiro tipo de interpretação: uma *interpretação proposicional*, ou *valoração*. Ora, as fórmulas moleculares são construídas a partir de fórmulas atômicas pelo uso de operadores. Uma vez que o valor de uma fórmula molecular pode ser obtido a partir do valor de seus componentes, uma valoração só precisa atribuir um valor de verdade a cada uma das fórmulas atômicas de uma determinada linguagem proposicional. E é justamente isto que uma valoração faz: uma atribuição de valor de verdade a todas as fórmulas atômicas. Assim, podemos definir uma valoração como segue:

Definição 6.1 Uma *valoração* ν é uma função do conjunto de todas as fórmulas atômicas de uma linguagem proposicional no conjunto {**V**, **F**} dos valores de verdade.

Por exemplo, digamos que nossa linguagem proposicional tem as seguintes fórmulas atômicas: A, B, C e D. Uma certa valoração, vamos chamá-la de ν_1, poderia atribuir a essas fórmulas os seguintes valores: **V**, **F**, **V**, e **F**, respectivamente. Isto é:

$$\begin{array}{ccccc} & A & B & C & D \\ \nu_1: & \downarrow & \downarrow & \downarrow & \downarrow \\ & \mathbf{V} & \mathbf{F} & \mathbf{V} & \mathbf{F} \end{array}$$

Também podemos representar isso da seguinte maneira:

$$\nu_1(A) = \mathbf{V}, \quad \nu_1(B) = \mathbf{F}, \quad \nu_1(C) = \mathbf{V}, \quad \nu_1(D) = \mathbf{F}.$$

A expressão '$\nu_1 (A) = \mathbf{V}$', claro, significa que o valor de verdade da fórmula A na valoração ν_1 é **V**. Outras valorações diferentes, que poderíamos denominar ν_2 e ν_3, poderiam atribuir a essas fórmulas os seguintes valores:

$$\begin{array}{llll} \nu_2(A) = \mathbf{F}, & \nu_2(B) = \mathbf{V}, & \nu_2(C) = \mathbf{V}, & \nu_2(D) = \mathbf{V}, \\ \nu_3(A) = \mathbf{F}, & \nu_3(B) = \mathbf{F}, & \nu_3(C) = \mathbf{F}, & \nu_3(D) = \mathbf{F}. \end{array}$$

É bom lembrar que uma valoração atribui (inicialmente) um valor de verdade a *todas* as fórmulas atômicas de uma linguagem proposicional. Assim, se considerarmos que temos um conjunto enumerável de letras sentenciais, o que apresentamos foi apenas uma parte minúscula de ν_1, ν_2 e ν_3, restrita às letras A, B, C e D.

Agora, como o valor de uma fórmula molecular numa valoração ν qualquer pode ser calculado a partir dos valores que suas fórmulas mais simples tomam, uma vez que tenhamos uma fórmula α, e saibamos que valores ν atribui às letras sentenciais que ocorrem em α, podemos calcular o valor de α com respeito a ν. Isto é, podemos estender ν de forma a que ela atribua um valor a qualquer fórmula, não somente às formulas atômicas. Assim, escreveremos '$\nu(\alpha) = \mathbf{V}$'

para indicar que α recebe o valor **V** em ν, e '$\nu(\alpha)$ = **F**' para indicar que α tem o valor **F** em ν, onde α é uma fórmula *qualquer*, não apenas atômica.

Vamos a mais um exemplo: tomemos a fórmula $(C \land B) \to \neg D$, e seja ν_1 como dado. Uma vez que ν_1 (C) = **V**, e ν_1 (B) = **F**, a tabela da conjunção nos diz que ν_1 $(C \land B)$ = **F**. E, uma vez que ν_1 (D) = **F**, $\neg D$ terá o valor **V** com respeito a ν_1. Tendo, assim, os valores tanto do antecedente quanto do consequente da implicação principal, o resultado final é que $\nu_1((C \land B) \to \neg D)$ = **V**. Como você vê na figura 6.1.

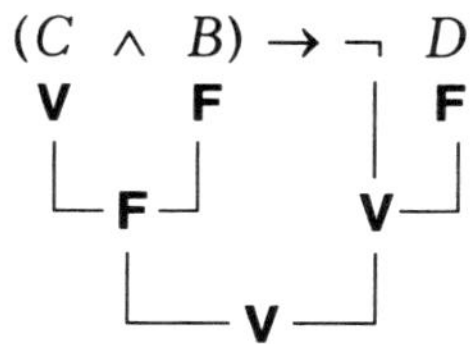

Figura 6.1: Calculando o valor de $(C \land B) \to \neg D)$ em ν_1.

E qual seria o valor da mesma fórmula na valoração ν_2? Bem, como $\nu_2(C) = \nu_2(B)$ = **V**, temos que $\nu_2(C \land B)$ = **V**. E como $\nu_2(D)$ = **V**, $\nu_2(\neg D)$ = **F**. Logo, $\nu_2((C \land B) \to \neg D)$ = **F**. Confira na figura 6.2.

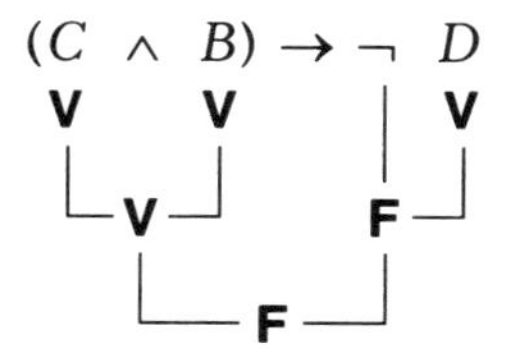

Figura 6.2: Calculando o valor de $(C \land B) \to \neg D)$ em ν_2.

Podemos, enfim, dizer que uma fórmula α é verdadeira em uma valoração ν se $\nu(\alpha)$ = **V**. O valor de uma fórmula atômica é dado pela valoração, e o valor de uma fórmula molecular pode ser calculado usando-se as tabelas básicas — ou as condições de verdade para as fórmulas moleculares, o que é equivalente. A definição a seguir nos dá as condições de verdade das fórmulas moleculares.

Definição 6.2 Seja ν uma valoração. O valor de verdade de uma fórmula molecular qualquer em ν é dado pelas condições a seguir:

(a) $\nu(\neg\alpha) = \mathbf{V}$ sse $\nu(\alpha) = \mathbf{F}$;
(b) $\nu(\alpha \wedge \beta) = \mathbf{V}$ sse $\nu(\alpha) = \mathbf{V}$ e $\nu(\beta) = \mathbf{V}$;
(c) $\nu(\alpha \vee \beta) = \mathbf{V}$ sse $\nu(\alpha) = \mathbf{V}$ ou $\nu(\beta) = \mathbf{V}$;
(d) $\nu(\alpha \rightarrow \beta) = \mathbf{V}$ sse $\nu(\alpha) = \mathbf{F}$ ou $\nu(\beta) = \mathbf{V}$;
(e) $\nu(\alpha \leftrightarrow \beta) = \mathbf{V}$ sse $\nu(\alpha) = \nu(\beta)$.

Algumas observações sobre essa definição. Primeiro, note que ela foi especificada em termos de condições necessárias e suficientes, usando 'sse' (isto é, 'se e somente se'). Considere a letra (a), por exemplo:

$$\nu(\neg\alpha) = \mathbf{V} \quad \text{sse} \quad \nu(\alpha) = \mathbf{F}.$$

A ideia é que $\neg\alpha$ recebe o valor **V** exatamente quando α tem o valor **F**. Obviamente, então, $\neg\alpha$ recebe o valor **F** quando α tem o valor **V**. Isso é equivalente ao seguinte:

$$\nu(\neg\alpha) = \mathbf{V}, \quad \text{se} \quad \nu(\alpha) = \mathbf{F};$$
$$\nu(\neg\alpha) = \mathbf{F}, \quad \text{se} \quad \nu(\alpha) = \mathbf{V}.$$

As condições para as outras fórmulas são analogamente formuladas.

Segundo, observe que as condições especificadas nessa definição de verdade espelham os requisitos das tabelas básicas. Por exemplo, uma condição necessária e suficiente para $\alpha \wedge \beta$ ser verdadeira é que tanto α quanto β sejam verdadeiras; $\alpha \wedge \beta$ será falsa se α for, ou se β for. O caso da implicação é curioso: $\alpha \rightarrow \beta$ é verdadeira se α (o antecedente) for falsa, ou se β (o consequente) for verdadeira. Se você conferir na tabela da implicação, você verá que isso faz sentido: se o antecedente de uma implicação é falso, ela é automaticamente verdadeira, independentemente de que valor de verdade possa ter o consequente. Analogamente, se o consequente for verdadeiro.

Exercício 6.4 Supondo que A, B, C e D têm valores **V**, **F**, **F**, e **V**, respectivamente, numa certa valoração v, calcule o valor em v das fórmulas a seguir.

(a) $\neg A \wedge B$

(b) $\neg B \rightarrow (A \vee B)$

(c) $(C \vee A) \leftrightarrow \neg\neg C$

(d) $A \vee (A \rightarrow B)$

(e) $(D \vee \neg A) \rightarrow \neg C$

(f) $\neg(A \wedge B) \rightarrow \neg(C \wedge B)$

(g) $\neg\neg D \wedge \neg(A \rightarrow A)$

(h) $(\neg A \vee C) \leftrightarrow \neg(A \wedge \neg C)$

Exercício 6.5 Para cada uma das fórmulas na lista a seguir, defina uma valoração (com respeito às letras sentenciais que ocorrem na fórmula) que torne a fórmula verdadeira; depois, defina uma outra valoração que torne a fórmula falsa.

(a) $\neg A \rightarrow B$

(b) $A \wedge \neg\neg C$

(c) $(C \rightarrow B) \leftrightarrow \neg A$

(d) $\neg B \rightarrow (\neg A \vee C)$

(e) $\neg B \wedge \neg(C \vee A)$

(f) $(B \rightarrow A) \rightarrow \neg(C \leftrightarrow B)$

(g) $\neg A \rightarrow \neg(B \leftrightarrow C)$

(h) $(A \wedge B) \vee (\neg A \wedge \neg B)$

7
TAUTOLOGIAS E CONSEQUÊNCIA TAUTOLÓGICA

Neste capítulo, finalmente, vamos apresentar uma primeira definição de consequência lógica, que funcionará para o **CPC** e que chamaremos de *consequência tautológica*. Veremos também que há um método, o das tabelas de verdade, para decidir se uma fórmula é ou não consequência lógica de outras fórmulas. Além disso, falaremos de outras noções relacionadas, como tautologias, contradições e contingências.

7.1 Tabelas de verdade

No capítulo anterior, vimos como determinar o valor de uma fórmula α qualquer em uma valoração ν dada. Para determinar a validade de um argumento, contudo, precisamos saber o valor de certas fórmulas, não apenas com respeito a uma certa valoração (que poderia, digamos, corresponder ao mundo real), mas em todos os casos possíveis. Suponha, por exemplo, que temos algum conjunto de premissas de onde se pretende tirar, como conclusão, a fórmula $(\neg A \wedge B) \rightarrow \neg A$. Como calcular, em todos os casos possíveis, o valor dessa fórmula, para que possamos determinar se, sempre que as premissas são verdadeiras, essa fórmula também é verdadeira?

A solução é simples: basta examinar o que são os 'casos possíveis' mencionados anteriormente. Em princípio, isso corresponderia a examinar *todas* as valorações, pois cada valoração, por assim dizer, descreve um modo como o mundo poderia ser: em uma delas, A e B são verdadeiras; em outra, A é verdadeira, mas B é falsa, e assim por diante. Uma dificuldade com isso é que o número de valorações distintas pode ser até infinito (e não contável!), se tivermos um conjunto enumerável de fórmulas atômicas (isto é, de letras sentenciais) em nossa linguagem. Entretanto, as coisas não são tão ruins assim. Examinando $(\neg A \wedge B) \rightarrow \neg A$, vemos que estão envolvidas apenas *duas* fórmulas atômicas, A e B. Uma vez que, seja lá que valoração tivermos, essas fórmulas podem apenas ser ou verdadeiras ou falsas, o número de combinações possíveis, que listamos na tabela a seguir, é *quatro*:

A	B
V	**V**
F	**V**
V	**F**
F	**F**

Assim, apesar do número infinito de valorações distintas, com relação a A e B, as valorações se dividem em quatro grupos: as que dão **V** às duas fórmulas (linha 1 da tabela); as que dão **F** a A e **V** a B (linha 2); as que dão **V** a A e **F** a B (linha 3); e, finalmente, aquelas que dão **F** às duas fórmulas (linha 4). Seja lá qual for a valoração, com relação a A e B, ela cai em uma dessas quatro possibilidades, não havendo outras: nossos pressupostos são de que uma fórmula não pode ficar sem receber valor algum, e tampouco pode receber mais de um valor.

A partir daí, fica fácil calcular o valor de $(\neg A \wedge B) \rightarrow \neg A$ em cada linha — mas é claro que, para isso, precisamos primeiro achar, em cada linha, os valores de $\neg A \wedge B$ e $\neg A$, que são chamadas as *subfórmulas imediatas* de $(\neg A \wedge B) \rightarrow \neg A$. E para achar o valor de $\neg A \wedge B$, por exemplo, precisamos dos valores de $\neg A$ e B — que são suas subfórmulas imediatas.

Vamos então falar um pouco sobre subfórmulas e subfórmulas imediatas, tomando de início a fórmula $(\neg A \wedge \neg(B \vee C)) \rightarrow \neg C$ como exemplo. Na figura 7.1, temos essa fórmula, que é um condicional, na parte de cima, e imediatamente abaixo dela, seus componentes esquerdo e direito — que chamamos de suas *subfórmulas imediatas*, a saber, $\neg A \wedge \neg(B \vee C)$ e $\neg C$. Para cada uma dessas duas fórmulas temos também suas subfórmulas imediatas (ou subfórmula imediata, se for só uma: no caso, $\neg C$ tem apenas um componente, que é C). Repetindo esse procedimento, você vê que chegamos a um nível básico, onde temos as fórmulas atômicas.

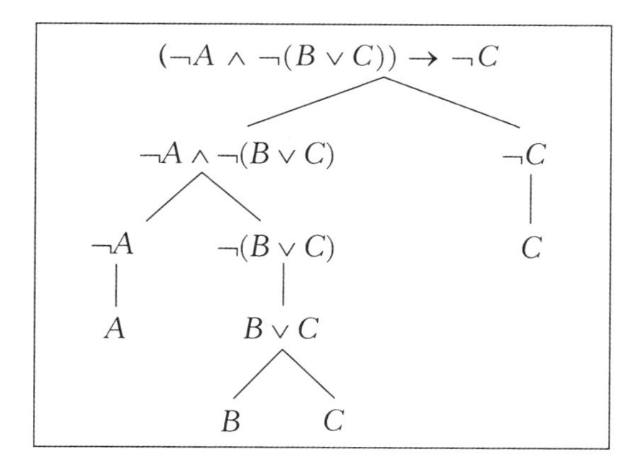

Figura 7.1: $(\neg A \wedge \neg(B \vee C)) \rightarrow \neg C$ e suas subfórmulas.

Vamos aproveitar a ocasião e definir, do modo seguinte, o que são as *subfórmulas imediatas* de uma fórmula qualquer:

(i) fórmulas atômicas não têm subfórmulas imediatas;
(ii) a subfórmula imediata de $\neg\alpha$ é α;
(iii) as subfórmulas imediatas de $\alpha \wedge \beta$, $\alpha \vee \beta$, $\alpha \rightarrow \beta$, e $\alpha \leftrightarrow \beta$ são α e β.

De modo análogo, podemos definir o conjunto de todas as *subfórmulas* de α: isso inclui as subfórmulas imediatas de α, as subfórmulas imediatas destas, e assim por diante, até chegarmos às fórmulas atômicas. Dito de outra forma, o conjunto das subfórmulas de α inclui sua(s) subfórmula(s) imediata(s), bem como todas as subfórmulas dela(s). A figura 7.1, portanto, apresenta todas as subfórmulas de $(\neg A \wedge \neg(B \vee C)) \rightarrow \neg C$. Nessa figura, temos o que se chama a *árvore de formação* da fórmula. Ela mostra como a fórmula foi construída a partir das fórmulas atômicas que a compõem.

Voltando a nossa tabela, o que precisamos fazer é completar seu lado direito com as subfórmulas imediatas de $(\neg A \wedge B) \rightarrow \neg A$ (isto é, $\neg A \wedge B$ e $\neg A$) — mas, antes disso, com as subfórmulas imediatas destas, e assim por diante, na ordem que vai das mais simples para as mais complexas. Ou seja, precisamos fazer a lista de todas as subfórmulas de $(\neg A \wedge B) \rightarrow \neg A$, pois, para calcular o valor de qualquer fórmula, precisamos, obviamente, do valor de suas subfórmulas imediatas. Ora, a lista das subfórmulas de $(\neg A \wedge B) \rightarrow \neg A$ é

$$A, B, \neg A, \neg A \wedge B,$$

e o que fazemos, então, é simplesmente acrescentar isso à tabela, colocando $(\neg A \wedge B) \rightarrow \neg A$ no final:

A	B	$\neg A$	$\neg A \wedge B$	$(\neg A \wedge B) \rightarrow \neg A$
V	**V**			
F	**V**			
V	**F**			
F	**F**			

Agora, calculemos. Para obter o valor de $\neg A$ em uma linha, olhamos que valor A tem nessa linha, e usamos a tabela da negação. Ficamos assim com o seguinte:

A	B	$\neg A$	$\neg A \wedge B$	$(\neg A \wedge B) \rightarrow \neg A$
V	**V**	**F**		
F	**V**	**V**		
V	**F**	**F**		
F	**F**	**V**		

Queremos agora calcular o valor de $\neg A \wedge B$. Para isso, vamos usar a tabela da conjunção. Por exemplo, na primeira linha $\neg A$ tem

F, e B tem **V**. O valor de $\neg A \wedge B$ na primeira linha, portanto, será **F**. Calculadas as outras linhas, ficamos então com:

A	B	$\neg A$	$\neg A \wedge B$	$(\neg A \wedge B) \to \neg A$
V	**V**	**F**	**F**	
F	**V**	**V**	**V**	
V	**F**	**F**	**F**	
F	**F**	**V**	**F**	

O procedimento, assim, é usar as tabelas básicas dos operadores e ir seguindo as colunas da esquerda para a direita, até o final. No exemplo em questão, ficamos, ao fim de tudo, com o seguinte resultado:

A	B	$\neg A$	$\neg A \wedge B$	$(\neg A \wedge B) \to \neg A$
V	**V**	**F**	**F**	**V**
F	**V**	**V**	**V**	**V**
V	**F**	**F**	**F**	**V**
F	**F**	**V**	**F**	**V**

Como você vê, a coluna final, embaixo da fórmula $(\neg A \wedge B) \to \neg A$, nos dá o valor que ela tem para cada valoração. Curiosamente, essa fórmula ficou com o valor **V** em todas as linhas. Falaremos logo mais sobre isso, mas, antes, vamos ver mais um exemplo. Tomemos a fórmula $(\neg A \vee C) \leftrightarrow \neg B$. A lista de todas as suas subfórmulas é a seguinte:

$$A, B, C, \neg A, \neg B, \neg A \vee C.$$

As colunas de nossa tabela ficarão então assim:

A	B	C	$\neg A$	$\neg B$	$\neg A \vee C$	$(\neg A \vee C) \leftrightarrow \neg B$

Examinando a lista de subfórmulas de $(\neg A \vee C) \leftrightarrow \neg B$, vemos que existem três fórmulas atômicas: A, B, C. Como temos três fórmulas, teremos *oito* combinações diferentes de valores de verdade. Como você vê a seguir:

A	B	C	$\neg A$	$\neg B$	$\neg A \vee C$	$(\neg A \vee C) \leftrightarrow \neg B$
V	**V**	**V**				
F	**V**	**V**				
V	**F**	**V**				
F	**F**	**V**				
V	**V**	**F**				
F	**V**	**F**				
V	**F**	**F**				
F	**F**	**F**				

Dado um número n de fórmulas atômicas, fica fácil calcular o número l de linhas que a tabela vai ter, por meio da seguinte equação:

$$l = 2^n$$

No nosso exemplo, uma vez que $n = 3$, o número de linhas l será 2^3, isto é, $l = 8$.

Talvez você esteja se perguntando agora se há alguma maneira fácil de listar todas as combinações possíveis de valores de verdade para n fórmulas atômicas. Há, sim, e é bem simples: na primeira coluna (A no exemplo anterior), você simplesmente alterna os valores de um em um: **V**, depois **F**, depois **V** etc., até atingir o número l de linhas. Na segunda coluna, você alterna os valores de dois em dois: dois **V**, dois **F**, dois **V** etc. Na terceira, você vai distribuindo os valores de quatro em quatro: quatro **V**, quatro **F** etc. E assim por diante, até esgotar as fórmulas atômicas. Ou seja, a técnica é ir sempre dobrando o número de valores atribuídos de cada vez: de um em um, de dois em dois, de quatro em quatro, de oito em oito, e assim por diante. Dessa maneira, você obtém facilmente todas as combinações de valores para as fórmulas atômicas em uma tabela, não importa quão grande seja o número l de linhas.

Voltando ao nosso exemplo, a tabela completa, tendo sido calculados todos os valores, fica assim:

A	B	C	$\neg A$	$\neg B$	$\neg A \vee C$	$(\neg A \vee C) \leftrightarrow \neg B$
V	**V**	**V**	**F**	**F**	**V**	**F**
F	**V**	**V**	**V**	**F**	**V**	**F**
V	**F**	**V**	**F**	**V**	**V**	**V**
F	**F**	**V**	**V**	**V**	**V**	**V**
V	**V**	**F**	**F**	**F**	**F**	**V**
F	**V**	**F**	**V**	**F**	**V**	**F**
V	**F**	**F**	**F**	**V**	**F**	**F**
F	**F**	**F**	**V**	**V**	**V**	**V**

Exercício 7.1 Construa tabelas de verdade para as fórmulas do exercício 6.4 do capítulo anterior.

7.2 Tautologias, contradições e contingências

Se voltarmos a examinar as tabelas de verdade construídas no exercício anterior, poderemos notar a existência de algumas fórmulas cujo valor de verdade é sempre verdadeiro, qualquer que seja o valor atribuído às fórmulas atômicas que nela ocorrem. Em outras palavras, há fórmulas que obtêm **V** em todas as linhas de sua tabela, o que significa que elas têm o valor **V** em toda e qualquer valoração. Por exemplo, considere a tabela de verdade para a fórmula $A \rightarrow (A \vee C)$:

A	C	$A \vee C$	$A \rightarrow (A \vee C)$
V	**V**	**V**	**V**
F	**V**	**V**	**V**
V	**F**	**V**	**V**
F	**F**	**F**	**V**

Como você vê, em cada uma das possíveis atribuições de valores de verdade às fórmulas atômicas A e C, a fórmula $A \rightarrow (A \vee C)$ resulta verdadeira. Uma vez que sua verdade é independente dos valores de verdade de seus componentes mais elementares (as fórmulas atômicas), poderíamos dizer que uma tal fórmula é verdadeira apenas em função do significado dos operadores que nela ocorrem.

Fórmulas com essa característica são chamadas *logicamente verdadeiras*, ou *válidas*, ou ainda, na lógica proposicional, *tautologias*.

Um outro tipo de fórmula é o daquelas cujo valor de verdade é sempre falso, como $A \wedge \neg A$ no exemplo seguinte:

A	$\neg A$	$A \wedge \neg A$
V	**F**	**F**
F	**V**	**F**

A fórmulas com essa característica damos o nome de *contradição*. Note que a negação de uma tautologia é, obviamente, uma contradição; e a negação de uma contradição, uma tautologia. Se uma fórmula tem sempre o valor **V**, sua negação sempre terá o valor **F**, e vice-versa. Um outro nome para contradições é *fórmulas logicamente falsas*, ou *inconsistentes*. (Há autores que preferem reservar o nome 'contradição' a fórmulas da forma $\alpha \wedge \neg\alpha$, ou seja, a conjunção de uma fórmula com sua negação.)

Naturalmente, como você já percebeu no exercício anterior, nem todas as fórmulas são tautologias ou contradições. Um terceiro tipo de fórmula é o daquelas cuja tabela de verdade tem **V** em pelo menos uma linha, e **F**, igualmente, em ao menos uma linha. A esse tipo de fórmula denominamos *contingência*. Contingências são fórmulas cuja verdade ou falsidade não pode ser determinada apenas por meio de uma análise lógica: é necessário recorrer à observação para isso. Ou seja, elas fazem uma descrição do mundo. Por isso costuma-se dizer que o conteúdo informacional de tautologias e contradições é vazio — sendo verdadeiras ou falsas independentemente da realidade, elas não dizem nada sobre o mundo real, ao contrário das contingências.

Podemos resumir as considerações anteriores na seguinte definição:

Definição 7.1 Seja α uma fórmula α qualquer. Então:

(a) α é uma *tautologia* se, para toda valoração ν, $\nu(\alpha) = $ **V**.
(b) α é uma *contradição* se, para toda valoração ν, $\nu(\alpha) = $ **F**.

(c) α é uma *contingência* se não for nem tautologia nem contradição, ou seja, se existe pelo menos uma valoração v_1 tal que $v_1(\alpha) = \mathbf{V}$, e ao menos uma valoração v_2 tal que $v_2(\alpha) = \mathbf{F}$.

Por serem sempre verdadeiras — logicamente verdadeiras — as tautologias são aquelas fórmulas a que se costuma dar o nome de *leis lógicas*. Nesse sentido, se caracterizarmos um sistema de lógica como um conjunto de "leis", o conjunto das tautologias caracteriza uma determinada lógica: o cálculo proposicional clássico, **CPC**.

A seguir, você tem uma lista contendo algumas das tautologias mais conhecidas (note que estamos apresentando *esquemas* de fórmulas):

Princípio de identidade	$\alpha \to \alpha$
Princípio de não contradição	$\neg(\alpha \wedge \neg\alpha)$
Princípio do terceiro excluído	$\alpha \vee \neg\alpha$
Dupla negação	$\alpha \leftrightarrow \neg\neg\alpha$
Idempotência da disjunção	$(\alpha \vee \alpha) \leftrightarrow \alpha$
Idempotência da conjunção	$(\alpha \wedge \alpha) \leftrightarrow \alpha$
Comutatividade da disjunção	$(\alpha \vee \beta) \leftrightarrow (\beta \vee \alpha)$
Comutatividade da conjunção	$(\alpha \wedge \beta) \leftrightarrow (\beta \wedge \alpha)$
Comutatividade da equivalência	$(\alpha \leftrightarrow \beta) \leftrightarrow (\beta \leftrightarrow \alpha)$
Associatividade da disjunção	$(\alpha \vee (\beta \vee \gamma)) \leftrightarrow ((\alpha \vee \beta) \vee \gamma)$
Associatividade da conjunção	$(\alpha \wedge (\beta \wedge \gamma)) \leftrightarrow ((\alpha \wedge \beta) \wedge \gamma)$
Associatividade da equivalência	$(\alpha \leftrightarrow (\beta \leftrightarrow \gamma)) \leftrightarrow ((\alpha \leftrightarrow \beta) \leftrightarrow \gamma)$
Leis de De Morgan	$\neg(\alpha \wedge \beta) \leftrightarrow (\neg\alpha \vee \neg\beta)$
	$\neg(\alpha \vee \beta) \leftrightarrow (\neg\alpha \wedge \neg\beta)$
Contraposição	$(\alpha \to \beta) \leftrightarrow (\neg\beta \to \neg\alpha)$
Distributividade	$(\alpha \wedge (\beta \vee \gamma)) \leftrightarrow ((\alpha \wedge \beta) \vee (\alpha \wedge \gamma))$
	$(\alpha \vee (\beta \wedge \gamma)) \leftrightarrow ((\alpha \vee \beta) \wedge (\alpha \vee \gamma))$
Modus ponens	$(\alpha \wedge (\alpha \to \beta)) \to \beta$
Modus tollens	$(\neg\beta \wedge (\alpha \to \beta)) \to \neg\alpha$
Silogismo disjuntivo	$((\alpha \vee \beta) \wedge \neg\alpha) \to \beta$
Silogismo hipotético	$((\alpha \to \beta) \wedge (\beta \to \gamma)) \to (\alpha \to \gamma)$
Lei de Peirce	$((\alpha \to \beta) \to \alpha) \to \alpha$

Lei de Duns Scot	$\neg\alpha \rightarrow (\alpha \rightarrow \beta)$
Prefixação	$\alpha \rightarrow (\beta \rightarrow \alpha)$
Antilogismo	$((\alpha \wedge \beta) \rightarrow \gamma) \leftrightarrow ((\alpha \wedge \neg\gamma) \rightarrow \neg\beta)$
Exportação/Importação	$((\alpha \wedge \beta) \rightarrow \gamma) \leftrightarrow (\alpha \rightarrow (\beta \rightarrow \gamma))$

As três primeiras fórmulas dessa lista exprimem (em uma linguagem proposicional) três dos princípios fundamentais da lógica, que já haviam sido reconhecidos por Aristóteles. Quanto às outras tautologias notáveis, a lei de Dupla Negação confirma o fato de que uma proposição como 'Não é o caso que não chove' é realmente equivalente a 'Chove'. As leis comutativas e associativas mostram que, no caso de disjunções, conjunções e equivalências, a ordem dos elementos não importa, e que, numa sequência de fórmulas ligadas por um desses operadores, não importa de que modo colocamos os parênteses para agrupá-las. Que a implicação, contudo, não é associativa você pode ver no item (h) do exercício 7.2 a seguir. A implicação também não é comutativa, claro. As leis de De Morgan são assim chamadas em razão do lógico inglês Augustus De Morgan (1806-1871), que primeiro as formulou. Observações similares valem para as leis de Peirce e Duns Scot. A propósito, a lei de Duns Scot e a prefixação são dois dos chamados "paradoxos" da implicação material e mostram que a formalização, no **CPC**, da noção de implicação não corresponde realmente a nossas ideias intuitivas sobre o que uma implicação deveria ser. (Voltaremos a falar no assunto no cap. 18.)

Existem, naturalmente, muitas outras tautologias além das poucas mencionadas nessa lista. De fato, há um número infinito delas, e por isso é importante que se disponha de um teste efetivo, como o das tabelas de verdade, para determinar se uma fórmula é uma tautologia — ou, como definiremos logo a seguir, se uma fórmula é ou não consequência lógica de outras.

Exercício 7.2 Determine se as fórmulas seguintes são tautologias, contradições ou contingências:

(a) $\neg\neg A \leftrightarrow (A \vee A)$	(e) $\neg(A \vee B) \leftrightarrow (\neg A \vee \neg B)$
(b) $B \vee \neg(B \wedge C)$	(f) $\neg(B \rightarrow B) \vee (A \wedge \neg A)$

(c) $(A \to B) \wedge \neg(\neg A \vee B)$
(d) $((A \to B) \wedge \neg B) \to \neg A$
(g) $\neg(\neg D \to G) \to (\neg G \vee \neg D)$
(h) $(A \to (B \to C)) \leftrightarrow ((A \to B) \to C)$

7.3 Implicação e equivalência tautológicas

Agora que dispomos das valorações — que são interpretações simples, no nível proposicional —, já temos os elementos necessários para dar uma definição precisa de consequência lógica, ou seja, definir quando é que alguma fórmula α é consequência lógica de algum conjunto de fórmulas Γ. Vamos começar com um caso mais simples, tomando apenas duas fórmulas, α e β: quando é que, digamos, β é consequência lógica de α? Isso é definido da seguinte maneira:

Definição 7.2 Uma fórmula β é uma *consequência tautológica* de uma fórmula α (ou α *implica tautologicamente* β) se, para toda valoração ν tal que $\nu(\alpha) = \mathbf{V}$, temos que $\nu(\beta) = \mathbf{V}$.

Vamos explicar isso. Em primeiro lugar, estamos definindo consequência (ou implicação) *tautológica*: esse é um caso particular de consequência lógica, a saber, consequência lógica no nível de interpretações proposicionais, ou seja, para o **CPC**. Como veremos posteriormente, a noção de consequência lógica para o **CQC** é mais ampla do que a noção de consequência tautológica. Em segundo lugar, note como a definição é parecida com nossa ideia informal de consequência lógica: β é consequência de α se, sempre que α for verdadeira, β também for verdadeira. (Ou, dito de modo mais preciso, se em toda valoração ν tal que $\nu(\alpha) = \mathbf{V}$, temos $\nu(\beta) = \mathbf{V}$.)

Para dizer que α implica tautologicamente β, vamos usar o símbolo '$\models$' e escrever

$$\alpha \models \beta.$$

Essa noção de implicação ou consequência pode ser naturalmente estendida a conjuntos de fórmulas, que é o que realmente nos interessa. Primeiro, precisamos dizer quando uma valoração é *modelo* de um conjunto de fórmulas.

Definição 7.3 Uma valoração ν é *modelo* de um conjunto de fórmulas Γ se, para toda $\gamma \in \Gamma$, $\nu(\gamma) = \mathbf{V}$.

Ou seja, uma valoração ν é modelo de Γ se todas as fórmulas desse conjunto têm o valor **V** em ν. Escrevemos '$\nu \vDash \Gamma$' para indicar que ν é modelo de Γ. Obviamente, se existir alguma $\gamma \in \Gamma$ tal que $\nu(\gamma) = \mathbf{F}$, então ν *não é* modelo de Γ, o que escrevemos assim: $\nu \nvDash \Gamma$.

Para exemplificar, considere o conjunto Γ e as duas valorações ν_1 e ν_2 a seguir:

$$\Gamma = \{A \to B, \neg A, \neg B\},$$
$$\nu_1(A) = \mathbf{F}, \quad \nu_1(B) = \mathbf{F},$$
$$\nu_2(A) = \mathbf{F}, \quad \nu_2(B) = \mathbf{V}.$$

É fácil ver que $\nu_1 \vDash \Gamma$: como A e B têm **F** em ν_1, $\neg A$ e $\neg B$ ganham **V**. Analogamente, $A \to B$ também ganha **V**. Assim, todas as fórmulas de Γ são verdadeiras em ν_1. Pela definição, ν_1 é modelo de Γ, $\nu_1 \vDash \Gamma$. Por outro lado, como $\nu_2(B) = \mathbf{V}$, $\neg B$ tem **F** em ν_2. Como há ao menos uma fórmula de Γ que é falsa em ν_2, ν_2 não é modelo de Γ, $\nu_2 \nvDash \Gamma$.

Ainda que ν_2 não seja modelo de Γ, ν_1 é: dizemos, nesse caso, que Γ é um conjunto satisfatível.

Definição 7.4 Um conjunto de fórmulas Γ é *satisfatível* sse tem modelo, ou seja, se há pelo menos uma valoração ν que é modelo de Γ. Caso contrário, Γ é *insatisfatível*.

Um exemplo óbvio de um conjunto de fórmulas insatisfatível é o conjunto $\{A, \neg A\}$, e é fácil ver por quê: não importa qual seja a valoração ν, ou $\nu(A) = \mathbf{V}$ — e, nesse caso, $\nu(\neg A) = \mathbf{F}$ — ou $\nu(A) = \mathbf{F}$. Em qualquer caso, sempre haverá uma fórmula em $\{A, \neg A\}$ que é falsa. Assim, nenhuma valoração é modelo de $\{A, \neg A\}$.

Da mesma maneira, o conjunto $\{A, \neg B, A \to B\}$ é insatisfatível. Para que uma valoração seja modelo desse conjunto, precisaria atribuir **V** a A e $\neg B$ — e, então, precisaria atribuir **F** a B. Mas nesse caso, $A \to B$ resultaria falsa, e não verdadeira. Portanto, nenhuma valoração vai ser modelo desse conjunto.

Mas passemos, finalmente, a nossa definição de consequência tautológica.

Definição 7.5 Seja Γ um conjunto de fórmulas, e α uma fórmula. Dizemos que α é uma *consequência tautológica* de Γ (ou que Γ *implica tautologicamente* α) se, para toda valoração v tal que $v \vDash \Gamma$, $v(\alpha) = \mathbf{V}$.

Escrevemos '$\Gamma \vDash \alpha$' para indicar que α é uma consequência tautológica do conjunto Γ. O que a definição acima está dizendo, claro, é que α é consequência tautológica de Γ se α tiver o valor **V** em toda valoração que for modelo de Γ, ou seja, em toda valoração que dá **V** a todas as fórmulas de Γ. Isso corresponde à ideia informal de "sempre que as fórmulas em Γ são verdadeiras, α é verdadeira". Dito ainda de outra forma, $\Gamma \vDash \alpha$ se não existe nenhuma valoração v tal que $v \vDash \Gamma$ e $v(\alpha) = \mathbf{F}$.

Uma vez que definimos consequência tautológica, podemos aplicar isso, por exemplo, no teste de validade de um argumento. Vamos tomar como exemplo o argumento a seguir, que havia sido apresentado no capítulo 5:

P_1 Miau está na cozinha ou no quintal.
P_2 Se Miau está no quintal, então está caçando passarinhos.
▸ Se Miau não está na cozinha, então está caçando passarinhos.

Usando as letras A, B e C para, respectivamente, 'Miau está na cozinha', 'Miau está no quintal' e 'Miau está caçando passarinhos', nosso argumento fica formalizado assim:

P_1 $A \vee B$
P_2 $B \rightarrow C$
▸ $\neg A \rightarrow C$

e quiséssemos testar sua validade. É claro que o argumento, assim formalizado, será válido se sua conclusão, $\neg A \rightarrow C$, for consequência tautológica de suas premissas. O que significa dizer que $\neg A \rightarrow$

C deve ser verdadeira em toda valoração que for modelo das premissas. Ou seja, queremos saber se $A \lor B, B \to C \vDash \neg A \to C$ ou não.

É claro que não precisaremos examinar *todas* as valorações para isso. Como você viu anteriormente, tendo um número finito n de fórmulas atômicas, teremos 2^n valorações diferentes com respeito a elas — o que corresponde a 2^n linhas em uma tabela de verdade. O que precisamos fazer, então, é construir uma tabela de verdade na qual apareçam todas as fórmulas envolvidas: as premissas e a conclusão do argumento formalizado. Com respeito àquele argumento apresentado anteriormente, temos então:

A	B	C	$\mathbf{P}_1$ $A \lor B$	$\mathbf{P}_2$ $B \to C$	$\neg A$	▶ $\neg A \to C$
V	**V**	**V**	[**V**]	[**V**]	**F**	[**V**]
F	**V**	**V**	[**V**]	[**V**]	**V**	[**V**]
V	**F**	**V**	[**V**]	[**V**]	**F**	[**V**]
F	**F**	**V**	**F**	**V**	**V**	**V**
V	**V**	**F**	**V**	**F**	**F**	**V**
F	**V**	**F**	**V**	**F**	**V**	**F**
V	**F**	**F**	[**V**]	[**V**]	**F**	[**V**]
F	**F**	**F**	**F**	**V**	**V**	**F**

Construída a tabela, que lista todas as valorações possíveis para as fórmulas atômicas A, B, e C, e calculado o valor das premissas e da conclusão em cada linha, só precisamos verificar se toda valoração que é modelo do conjunto de premissas atribui **V** também à conclusão. As linhas em que todas as premissas recebem **V** são as linhas 1, 2, 3 e 7 (o que está indicado, na tabela, por meio dos quadradinhos). E, como você vê, em todas essas linhas a conclusão $\neg A \to C$ também recebe o valor **V**. Dito de outra forma, não existe nenhuma linha na qual $A \lor B$ e $B \to C$ sejam verdadeiras, e $\neg A \to C$ seja falsa. Assim, $\neg A \to C$ é uma consequência tautológica de $\mathbf{P}_1$ e $\mathbf{P}_2$.

Vamos ver, agora, um contraexemplo. Digamos que temos um argumento que foi formalizado assim:

$\mathbf{P}_1$ $B \rightarrow A$
$\mathbf{P}_2$ $\neg B$
▸ $\neg A$

Para testar sua validade, construímos uma tabela na qual apareçam as premissas e a conclusão. Como temos apenas duas fórmulas atômicas, B e A, esta tabela terá quatro linhas:

A	B	$\mathbf{P}_1$ $B \rightarrow A$	$\mathbf{P}_2$ $\neg B$	▸ $\neg A$
V	**V**	**V**	**F**	**F**
F	**V**	**F**	**F**	**V**
V	**F**	[**V**]	[**V**]	**F***
F	**F**	[**V**]	[**V**]	[**V**]

Note que existem duas linhas que são modelo das premissas: 3 e 4. E, embora na linha 4 a conclusão tenha o valor **V**, na linha 3 (marcada com um asterisco) ela tem **F**. Ou seja, existe uma linha (uma valoração) na qual as premissas são verdadeiras e a conclusão é falsa. Em consequência, $\neg A$ *não é* consequência lógica de $B \rightarrow A$ e $\neg B$.

Um conceito relacionado ao de implicação tautológica é o de *equivalência tautológica* entre duas fórmulas, que definimos como se segue:

Definição 7.6 Uma fórmula α é *tautologicamente equivalente* a uma fórmula β se, qualquer que seja a valoração v, $v(\alpha) = v(\beta)$.

É importante distinguir uma simples *equivalência* de uma *equivalência tautológica*. Duas fórmulas α e β são equivalentes em uma valoração v se elas têm o mesmo valor nessa valoração: ou seja, se $v(\alpha) = v(\beta)$. Mas o fato de terem o mesmo valor em alguma valoração não significa que o tenham em todas, certo? Duas fórmulas α e β são tautologicamente equivalentes se $v(\alpha) = v(\beta)$ em *todas* as valorações.

De modo similar ao que foi feito anteriormente, se quisermos mostrar que duas fórmulas α e β são tautologicamente equivalentes, podemos construir uma tabela de verdade em que as duas apareçam, e verificar se elas têm o mesmo valor em todas as linhas. Se tiverem, são tautologicamente equivalentes; caso contrário, não.

Um exemplo simples é dado pelas fórmulas A e $\neg\neg A$. Se fizermos uma tabela para essas duas fórmulas, temos:

A	$\neg A$	$\neg\neg A$
V	**F**	**V**
F	**V**	**F**

Examinando a tabela, vemos que A e $\neg\neg A$ têm valores iguais em todas as linhas. Logo, são tautologicamente equivalentes.

Um outro exemplo: será que as fórmulas $\neg(A \leftrightarrow B)$ e $(A \vee B) \wedge \neg(A \wedge B)$ são logicamente equivalentes? Construindo uma tabela para as duas fórmulas, chegamos ao seguinte resultado:

A	B	$A \leftrightarrow B$	$\neg(A \leftrightarrow B)$	$A \vee B$	$A \wedge B$	$\neg(A \wedge B)$	$(A \vee B) \wedge \neg(A \wedge B)$
V	**V**	**V**	**F**	**V**	**V**	**F**	**F**
F	**V**	**F**	**V**	**V**	**F**	**V**	**V**
V	**F**	**F**	**V**	**V**	**F**	**V**	**V**
F	**F**	**V**	**F**	**F**	**F**	**V**	**F**

Note que a coluna de valores sob as fórmulas $\neg(A \leftrightarrow B)$ e $(A \vee B) \wedge \neg(A \wedge B)$ é a mesma. Portanto, elas são tautologicamente equivalentes: qualquer que seja a valoração, o valor dessas fórmulas é o mesmo em tal valoração.

Por outro lado, $A \wedge B$ e $A \vee B$, como seria de esperar, não são equivalentes. Veja a tabela:

A	B	$A \wedge B$	$A \vee B$
V	**V**	**V**	**V**
F	**V**	**F**	**V**
V	**F**	**F**	**V**
F	**F**	**F**	**F**

Nas linhas 2 e 3, as fórmulas têm valores diferentes. Logo, há pelo menos uma valoração na qual elas diferem em valor, não sendo, então, tautologicamente equivalentes.

Exercício 7.3 Usando tabelas de verdade, verifique se as conclusões indicadas a seguir de fato são consequência tautológica das premissas, ou não:

(a) $A \vee B, \neg A \vDash B$
(b) $A \leftrightarrow B, \neg A \vDash \neg B$
(c) $\neg(A \wedge B) \vDash \neg B \wedge \neg A$
(d) $A \to B \vDash A \vee B$
(e) $\neg A \to \neg B \vDash A \to B$
(f) $A, A \to B \vDash A \leftrightarrow B$
(g) $B \to \neg C \vDash \neg(B \wedge C)$
(h) $\neg(A \vee B), C \leftrightarrow A \vDash \neg C$
(i) $\neg(A \wedge B), D \leftrightarrow A \vDash \neg D$
(j) $A \vDash (A \to (B \wedge A)) \to (A \wedge B)$
(k) $(B \wedge C) \to A, \neg B, \neg C \vDash \neg A$
(l) $A \leftrightarrow B, B \leftrightarrow C \vDash A \leftrightarrow C$
(m) $A \to (B \vee C), (B \wedge C) \to D \vDash A \to D$
(n) $(\neg A \vee B) \vee C, (B \vee C) \to D \vDash A \to D$
(o) $(A \to B) \to A \vDash A$
(p) $(A \wedge B) \to C, A \wedge \neg C, B \vDash C \wedge \neg C$

Exercício 7.4 Usando tabelas de verdade, verifique se os pares de fórmulas a seguir são tautologicamente equivalentes ou não:

(a) $A \to B$ e $\neg A \vee B$
(b) $A \wedge B$ e $\neg(\neg A \vee \neg B)$
(c) $A \to B$ e $B \to A$
(d) $\neg(A \to B)$ e $\neg B \wedge A$
(e) $A \leftrightarrow B$ e $(A \to B) \wedge (B \to A)$
(f) $A \to (B \to C)$ e $(A \to B) \to C$
(g) $\neg\neg A$ e A
(h) $(A \to B) \vee A$ e $\neg A$

Exercício 7.5 Usando a notação sugerida, represente os argumentos a seguir na linguagem do **CPC**. Depois, use a tabela de verdade para verificar se os argumentos são ou não válidos.

(a) Não é verdade que Miau é um gato azul. Logo, Miau não é azul. (A: Miau é um gato; B: Miau é azul).
(b) Não é verdade que Tweety é um papagaio vermelho. Tweety não é um papagaio. Logo, Tweety é vermelho. (A: Tweety é um papagaio; B: Tweety é vermelho).
(c) Se você sabe que está morto, então, está morto. Se você sabe que está morto, então, não está morto. Logo, você não sabe que está morto. (A: Você sabe que está morto; B: Você está morto).
(d) Ou Miau é um gato, ou é preto. Logo, se Miau é um gato, então, não é preto. (A: Miau é um gato: B: Miau é preto).
(e) Se Miau é um gato e gosta de nadar, ele pratica pesca submarina.

(f) Miau não pratica pesca submarina. Logo, se Miau não gosta de nadar, ele não é um gato. (*A*: Miau é um gato; *B*: Miau gosta de nadar; *C*: Miau pratica pesca submarina)

(g) Se Tweety é um gato, então, é um felino. Se Tweety é um papagaio, então, é vermelho. Não é verdade que Tweety é um felino vermelho. Logo, ou Tweety não é um gato, ou não é um papagaio. (*A*: Tweety é um gato; *B*: Tweety é um felino; *C*: Tweety é um papagaio; *D*: Tweety é vermelho).

(h) Miau é um gato se e somente se é um felino e tem quatro patas. Ou Miau não tem quatro patas, ou gosta de caçar ratos. Miau gosta de caçar ratos. Logo, Miau é um gato. (*A*: Miau é um gato; *B*: Miau é um felino; *C*: Miau tem quatro patas. *D*: Miau gosta de caçar ratos).

8
A SINTAXE DO CÁLCULO DE PREDICADOS (I)

Neste capítulo, vamos finalmente dar início a nosso estudo do **CQC**, isto é, do *cálculo de predicados de primeira ordem clássico*. Vamos, primeiramente, falar de um modo mais informal sobre a linguagem artificial utilizada por essa lógica, tratando-a com mais rigor no próximo capítulo.

8.1 Introduzindo o CQC

Assim como fizemos com relação ao cálculo proposicional clássico, no capítulo 5, vamos começar com algumas observações introdutórias sobre o **CQC**, antes de apresentar em detalhes uma linguagem de primeira ordem. Como antes, tomaremos, como ponto de partida, dois exemplos possíveis de aplicação.

Primeiro (e é o que viemos considerando até agora como aplicação da lógica), você pode se defrontar com um argumento e procurar saber de sua validade. Vejamos como exemplo o argumento a seguir, o qual, intuitivamente, diríamos que é válido:

(A1) $\mathbf{P}_1$ Cleo é um peixe.
$\mathbf{P}_2$ Miau é um gato.
▸ Cleo é um peixe e Miau é um gato.

No cálculo proposicional, vimos que esse argumento pode ser representado da seguinte maneira (usando A para 'Cleo é um peixe' e B para 'Miau é um gato'):

(A1′) **P**$_1$ A
P$_2$ B
▸ $A \wedge B$

Vimos também que podemos testar no **CPC** a validade desse argumento. Se fizermos uma tabela de verdade que contenha as premissas e a conclusão do argumento anterior, veremos que ele é mesmo válido.

Contudo, veja o que acontece com o exemplo a seguir:

(A2) **P** Aristóteles é um filósofo.
▸ Alguém é um filósofo.

Esse argumento, intutivamente, também é válido: se Aristóteles é um filósofo, então, já temos aí um exemplo de alguém que é um filósofo. Porém, se formos testar isso no **CPC**, teremos um resultado incorreto. No **CPC**, esse argumento pode ser representado assim (usando A para 'Aristóteles é um filósofo' e B para 'alguém é um filósofo'):

(A2′) **P** A
▸ B

E é fácil ver, em uma tabela de verdade, que há uma linha em que A é verdadeira e B falsa. A conclusão, assim, não é consequência tautológica da premissa.

Como você recorda, nossa representação do argumento é assim porque, no **CPC**, não analisamos a estrutura interna de sentenças como 'Aristóteles é um filósofo' — estamos desconsiderando que essa sentença tem uma estrutura de sujeito ('Aristóteles') e predicado ('é um filósofo'). Do mesmo modo, a estrutura interna de 'alguém é um filósofo' não é analisada no **CPC**, correspondendo, assim, a uma fórmula atômica. Mas é claro que a validade intuitiva do argumento (A2) depende justamente de levarmos em consideração essa estrutura interna dessas duas sentenças (como veremos em detalhes depois).

No **CQC**, a representação das sentenças que ocorrem em (A2) — e também em (A1) — vai ser diferente. Se precisamos representar, digamos, 'Aristóteles é um filósofo' especificando sua estrutura interna, e não mais somente por uma letra sentencial como A, teremos que ter símbolos que representem os *indivíduos* que constituem os sujeitos das sentenças, bem como símbolos que representem *propriedades* que esses indivíduos podem ter. Além desses, naturalmente, teremos os *símbolos lógicos*, aqueles símbolos para palavras especiais como 'e' (os nossos *operadores*, que continuaremos a empregar), bem como (o que já vimos em outros exemplos de argumento) símbolos para 'todo', 'algum' etc. (que são *quantificadores*).

Uma segunda maneira de usar o **CQC**, além de ser para analisar a validade de um argumento dado, é quando estamos interessados em sistematizar o conhecimento que temos a respeito de algum domínio de estudo, bem como fazer inferências a respeito desse domínio, obtendo, então, conhecimento novo. Ou seja, quando estamos fazendo uma *teoria* a respeito de um domínio de estudo (num sentido bastante amplo de 'teoria'). Esse conhecimento consiste em proposições que falam dos *indivíduos* ou *objetos* que se supõe existirem, das *propriedades* que eles têm ou deixam de ter, e das *relações* em que estão, ou deixam de estar, entre si. (Poderíamos mesmo dizer que tais proposições são as "premissas" que podemos usar para obter novas conclusões a respeito dos elementos do domínio.)

Assim, ao usarmos o **CQC** com um tal objetivo, o primeiro ponto consiste em delimitar um universo de discurso, isto é, dizer de que objetos ou indivíduos se pretende falar. Depois, precisamos especificar que propriedades deles, e que relações entre eles, nos interessam estudar. Esse processo pode ser chamado de *conceitualização* (cf. Genesereth e Nilsson, 1984, p.9).

Figura 8.1: Tweety e Miau.

Para tornar isso mais claro, considere, por exemplo, o que acontece na figura 8.1. Temos aqui ao menos dois indivíduos, um gato — Miau, digamos — e um pássaro, Tweety. Podemos também considerar um indivíduo, se quisermos, o poleiro onde Tweety está, por exemplo, ou a cauda de Miau. Ainda que seja difícil dar uma definição, um *indivíduo*, ou *objeto*,[1] é aquilo que podemos destacar do restante, dando-lhe, por exemplo, um nome. Não é necessário que um objeto *tenha* um nome, mas basta que, em princípio, isso possa ser feito. E não vamos querer aqui ficar restritos apenas aos chamados *objetos físicos existentes*, como a Lua, o Taj Mahal, a Praça da República, o Aconcágua, ou Claudia Schiffer: nossa noção de objeto será bastante ampla. Assim, além dos objetos físicos existentes como os anteriormente citados, podemos ter também indivíduos abstratos, como os números 2, π, a raiz quadrada positiva de 5, a beleza, a vermelhidão, a economia de mercado, a alma, e assim por diante. Podemos também incluir indivíduos que "não existem" — pessoas mortas, como Platão e Tutankhamon, ou ficcionais, como Sherlock Holmes, D. Quixote, Darth Vader, Lara Croft e Caprica Six.

Os objetos podem ainda ser *simples* ou *compostos*. Um objeto simples é aquele que, dentro de um certo universo, não pode ser

1 Estou considerando os termos 'indivíduo' e 'objeto' como totalmente sinônimos — não há nenhuma implicação de que indivíduos sejam pessoas, e objetos sejam coisas, por exemplo.

decomposto em partes que sejam objetos desse universo. Por exemplo, se nosso universo inclui apenas automóveis, esses objetos são simples: qualquer indivíduo desse universo é um automóvel; assim, não faz sentido falar dos faróis de um automóvel, pois faróis não são indivíduos nesse universo. Por outro lado, se, além de automóveis, tivermos faróis, rodas, e tudo mais, um automóvel seria um objeto composto — e 'composto' quer dizer 'formado por outros objetos desse universo'. Uma pessoa pode ser vista como um conjunto de células, ou de átomos, ou pode ser vista como um objeto simples, "sem partes". É tudo uma questão de como se está conceitualizando um certo domínio. Note que, ao fazer isso, não precisamos colocar no universo *todos* os objetos existentes no mundo real: normalmente estamos interessados apenas em um domínio bem específico. Por exemplo, poderíamos estar interessados apenas nos números racionais, excluindo os gatos, as estrelas, as folhas das árvores, os números irracionais, e todo o resto. Ou poderíamos restringir o universo aos corpos celestes, deixando de lado os números e pessoas, e assim por diante.

Voltando ao exemplo da figura 8.1, digamos que, para simplificar, Miau e Tweety são os únicos indivíduos. Podemos agora dizer dos indivíduos representados que eles têm algumas propriedades: por exemplo, que Miau *é um gato*, que Miau *está sorrindo* (provavelmente com segundas intenções a respeito de Tweety), que Tweety *é um pássaro*, que *está no poleiro* e assim por diante. Como exemplos de relação, podemos dizer que Miau *está perto de* Tweety, ou que Miau *é maior que* Tweety.

(Fazendo um parêntese, note que 'x está no poleiro' indica uma propriedade que Tweety tem — isso não implica que exista um indivíduo no universo que seja um poleiro. Claro, um modo alternativo de representar isso seria admitir o poleiro como indivíduo, e expressar o fato de que Tweety está no poleiro por meio da relação 'x está em y', vigorando entre os indivíduos Tweety e poleiro.)

Proposições como as anteriores, que expressam nosso conhecimento sobre o universo da figura 8.1, poderão ser formalizadas na linguagem do **CQC**. Para isso, claro, vamos precisar — como já nos demos conta ao examinar (A1) e, especialmente, (A2) — de símbolos que possamos usar como nomes de indivíduos, e símbolos para propriedades e relações. E, mais uma vez, símbolos para certas palavras especiais, como 'todo': podemos querer dizer, por exemplo, a respeito do universo da figura 8.1, que nem todo indivíduo é um pássaro, ou que todo indivíduo tem dois olhos etc.

Exercício 8.1 Você acha que seria possível incluir no universo de estudo objetos impossíveis, como o círculo quadrado, o número inteiro cujo quadrado é –1 e o único gato branco que não é gato? Esses são, é claro, objetos realmente curiosos. Pense a respeito.

8.2 Algumas características da lógica clássica

Antes de passarmos à linguagem do **CQC**, existem ainda outros detalhes que é preciso mencionar. O **CQC**, como já mencionei anteriormente, faz parte da lógica clássica. Bem, o fundador da lógica clássica, Gottlob Frege, estava originalmente preocupado com o uso da lógica na fundamentação da matemática — basicamente, buscando tornar mais precisa a noção de *prova* ou *demonstração* matemática. Ora, proposições matemáticas são normalmente entendidas como verdadeiras, independentemente do tempo e lugar, do falante etc., ou seja, livres de qualquer contexto. Dito de outra forma, uma sentença matemática expressa uma e somente uma proposição — ao contrário, como vimos, de sentenças como 'Eu estou com fome', que podem ser usadas por diferentes pessoas em diferentes ocasiões para expressar diferentes proposições.

Assim, dado esse caráter particular das proposições matemáticas, temos a razão pela qual se fez, na lógica clássica, a simplificação de que falamos anteriormente: trabalhar com sentenças diretamente, em vez de proposições. Essa decisão, como vimos, poupa trabalho, pois nos libera de fazer uma teoria das proposições e nos permite ficar no nível das sentenças, objetos que, por exemplo, têm uma estrutura facilmente reconhecível.

Note que essa decisão deixa de fora aspectos (como o tempo) que podem ser importantes em outras aplicações que não na matemática. O universo da figura 8.1 é um universo *estático*: não há um momento posterior àquele representado, em que Miau esteja mais perto de Tweety, ou em que Tweety tenha voado embora. Se você quiser, um tal universo é um recorte do universo real, restrito a um pequeno lugar e a um certo instante — como uma fotografia.

Dessa maneira, para utilizar o **CQC** para formalizar conhecimento e fazer inferências sobre um domínio de estudo, um universo, um assunto, ou mesmo para formalizar um argumento (isto é, traduzi-lo para uma linguagem artificial da lógica), precisamos primeiro fazer uma "modelagem matemática" deste: coisas como tempo, imprecisões, ambiguidades são todas eliminadas. Podemos, então, usar a lógica clássica para raciocinar sobre esse modelo resultante.

Note que essa não é uma decisão tão drástica e arbitrária quanto parece: várias outras ciências fazem a mesma coisa. Na matemática, falamos de entidades como pontos sem dimensão, linhas sem largura; na mecânica temos superfícies sem atrito, e assim por diante. Modelos são sempre aproximações ou idealizações da realidade, e mesmo assim (ou talvez justamente por isso) extremamente úteis.

Feitas essas considerações todas, vamos pôr mãos à obra e ver qual é a linguagem artificial que usamos no cálculo de predicados.

8.3 Símbolos individuais

Como você recorda, para caracterizar uma linguagem formal necessitamos, primeiro, especificar seu *alfabeto*, ou conjunto de símbolos básicos; depois, especificar ainda uma *gramática* para definir que expressões (ou seja, sequências finitas de símbolos da linguagem) são bem-formadas. Recorde que uma expressão de uma linguagem é *qualquer* sequência finita de símbolos dessa linguagem, mas nem todas elas são bem-formadas. (Assim, '< +2 ×' e '2 < 5' são expressões de uma linguagem da aritmética, mas apenas a segunda é bem-formada.)

Na versão apresentada aqui, o alfabeto do **CQC** consiste no seguinte conjunto de 65 caracteres:

a	b	c	d	e	f	g	h	i	j	k	l	m
n	o	p	q	r	s	t	u	v	w	x	y	z
A	B	C	D	E	F	G	H	I	J	K	L	M
N	O	P	Q	R	S	T						
$\neg$	$\vee$	$\wedge$	$\rightarrow$	$\leftrightarrow$	$\forall$	$\exists$	(	)				
0	1	2	3	4	5	6	7	8	9			

A partir desse alfabeto, desse conjunto de caracteres, é que vamos construir as expressões da linguagem — começando pelas expressões básicas.

O primeiro grupo de expressões básicas da linguagem do **CQC** são as chamadas *constantes individuais*, que têm a função de designar indivíduos. Usaremos as letras minúsculas a, ..., t como constantes individuais, admitindo também o uso de subscritos: por exemplo, a_1, q_{22} etc. (Subscritos serão numerais arábicos para os números naturais positivos.) A possibilidade do uso de subscritos nos garante que vamos ter um conjunto infinito, enumerável, de constantes individuais. Vamos apresentá-las segundo uma ordem canônica, que é a seguinte:

$$a, b, c, \ldots, t, a_1, b_1, \ldots, t_1, a_2, \ldots$$

Seguindo essa ordem, a é a primeira constante, b é a segunda, e assim por diante. Note que há uma diferença entre um caractere da linguagem (um elemento do alfabeto, que é um conjunto finito de caracteres) e uma expressão básica como uma constante individual, de que temos um número infinito. Uma expressão básica, ainda que básica, já é construída a partir dos caracteres do alfabeto. (É a mesma diferença que você encontra, no português, entre a letra 'o' e a palavra — o artigo definido — 'o'.)

Voltando ao argumento (A1) apresentado no início deste capítulo, poderíamos usar a letra c para simbolizar 'Cleo', e a primeira premissa do argumento, meio traduzida para a linguagem do **CQC**, ficaria assim:

c é um peixe.

Constantes individuais funcionam como *nomes*. Isso, contudo, não se restringe apenas aos *nomes próprios* em português (como 'João', 'Maria', 'Cleo' etc.), mas pode incluir também o que chamamos de *descrições definidas*. Por exemplo, a expressão 'o autor de *D. Quixote*', embora não seja um nome próprio, designa univocamente um indivíduo — bem como a expressão 'o navegador português que descobriu o Brasil'. Assim, uma frase como

O autor de *D. Quixote* é espanhol

seria traduzida, para começar, por

a é espanhol,

em que usamos *a* para 'o autor de *D. Quixote*'. (Veremos, mais tarde, que descrições definidas também podem ser analisadas e representadas de outras maneiras, mas, por enquanto, vamos fazer uso de constantes individuais para isso.)

É importante notar, uma vez que constantes individuais funcionam como nomes, que você não pode usar a mesma constante para dois indivíduos diferentes. Por exemplo, se você estiver formalizando um argumento envolvendo João e José, não é permitido usar a letra *j* para indicar a ambos. Mas você pode, claro, usar j_1 e j_2. Por outro lado, é possível (e permitido) que um indivíduo tenha vários nomes — correspondendo às diferentes descrições que podemos ter de uma mesma pessoa, como 'Machado de Assis', 'o autor de *Dom Casmurro*' etc. Dessa forma, podemos usar várias constantes para fazer referência a um mesmo indivíduo.

O segundo grupo de expressões básicas da linguagem que vamos ver agora são as *variáveis individuais*. Usaremos as letras minúsculas de *u* até *z*, com ou sem subscritos, para as variáveis. Da mesma forma que as constantes, temos um conjunto enumerável de variáveis, e uma ordem canônica, a saber:

$$x, y, z, w, u, v, x_1, y_1, \ldots, v_1, x_2, y_2, \ldots$$

(Essa ordem não é a alfabética; é mais uma questão de costume iniciar com x.)

As variáveis individuais funcionam, gramaticalmente, como as constantes, isto é, como nomes. Porém, obviamente, elas não são nomes de indivíduos específicos, mas têm associado a si um domínio de variação. Como vimos no capítulo 3, precisamos especificar quais são os substituendos e quais são os valores das variáveis. Os substituendos — as coisas pelas quais podemos substituir uma ocorrência de variável em uma expressão da linguagem — serão (por enquanto) as constantes individuais da linguagem, e os valores, todos os indivíduos do universo que estivermos investigando. Assim, se nosso universo for um conjunto de peixinhos dourados, o valor que uma variável como, digamos, x pode tomar será algum desses peixinhos.

Da mesma forma em que escrevemos 'c é um peixe' para indicar que o indivíduo (determinado) cujo nome é c é um peixe, podemos também escrever, usando uma variável,

x é um peixe,

que afirma, de algum indivíduo não especificado ainda, que ele é um peixe.

Se você quiser um análogo em português de variáveis, compare a sentença

(1) Cleo é um peixe.

com a seguinte, tomada fora de qualquer contexto:

Ela é linda.

Enquanto 'Cleo' (supostamente) se refere univocamente a um indivíduo, que dizer de um pronome como 'ela'? Podemos considerar um pronome (aliás, é de onde vem essa denominação) como "marcador" do lugar de um nome. No caso, a palavra 'ela' não se refere a um indivíduo específico, da mesma forma que

x é um número

não se refere a um número específico. Enquanto (1) expressa uma proposição, e é, então, verdadeira ou falsa, 'x é um número' não pode ser dita simplesmente verdadeira ou falsa; isso depende do valor que x tomar num determinado contexto. Da mesma maneira, só podemos dizer se a sentença 'Ela é linda' é verdadeira ou falsa se soubermos a quem o pronome 'ela' se refere.

As constantes individuais e variáveis individuais da linguagem do **CQC** são denominadas *termos* dessa linguagem. Constantes e variáveis são também comumente chamadas de *símbolos individuais*, mas, por favor, não confunda esse uso de 'símbolo' com o de 'símbolos da linguagem' — isto é, os caracteres da linguagem. Mais uma vez, temos um conjunto finito de caracteres da linguagem do **CQC** (o alfabeto), e um conjunto infinito de, por exemplo, constantes. Constantes já não são parte do alfabeto da linguagem, mas são *expressões* formadas a partir deste; elas envolvem ao menos uma letra minúscula e, eventualmente, um subscrito.

Exercício 8.2 Diga, de cada uma das expressões a seguir, se ela é ou não um termo da linguagem do **CQC**. Caso seja, diga também se ela é uma constante, ou uma variável:

(a)	a	(e)	e'	(i)	w_{725}
(b)	z_2	(f)	p_0	(j)	pq
(c)	x_{VI}	(g)	9	(k)	q_{-1}
(d)	t_{47}	(h)	$-a$	(l)	k

8.4 Constantes de predicado e fórmulas atômicas

Nosso próximo passo será introduzir símbolos para *propriedades* e *relações*. Como vimos, ser um pássaro é uma propriedade que Tweety tem, e é necessário também poder representá-la na linguagem. Mas precisamos, primeiro, conversar um pouco sobre o que são propriedades.

Como você recorda, uma suposição básica que estamos fazendo é a de que os indivíduos de que falamos têm propriedades e estão em certas relações com outros indivíduos. Até agora, estivemos falando informalmente sobre propriedades e relações — por exemplo, quando falamos de conjuntos no capítulo 4 — e talvez fosse esta a ocasião para precisar um pouco mais o que são essas coisas. Porém, não pretendo entrar aqui em questões metafísicas sobre a existência (ou não) de propriedades no mundo; vou simplesmente supor que existam. Para nós, o importante é que uma propriedade — também chamada de *predicado de grau* 1, ou *predicado de* 1 *lugar*, ou ainda *predicado unário* —, seja lá o que for, possa ser especificada como se segue:

x é um gato,
x é um filósofo.

Ou seja, por meio de uma expressão do português, na qual aparecem variáveis — no caso dado, x — tais que, se as substituirmos pelo nome de algum indivíduo, o resultado é uma sentença declarativa. As variáveis têm aqui a função de "marcadores de lugar", isto é, indicam as posições, dentro da expressão linguística, onde podem ser colocados nomes para formar uma sentença declarativa. (Para simplificar, usaremos na metalinguagem as variáveis do **CQC** como marcadores de lugar ao especificar predicados, mas não deve haver confusão sobre essas suas duas funções.) Expressões do português (ou de qualquer língua) que contêm variáveis e que podem ser transformadas em sentenças declarativas pela substituição das variáveis por nomes são, usualmente, também chamadas de *formas sentenciais* ou *funções proposicionais*.

Ter propriedades nos leva, então, a nosso terceiro grupo de expressões básicas, as *constantes de predicado* (também denominadas '*símbolos* de predicado'). Para elas, usaremos letras maiúsculas $A, \ldots, T$; naturalmente podendo admitir subscritos, como A_1, R_{44} etc. A ordem canônica é a seguinte:

$$A, B, C, \ldots, T, A_1, B_1, \ldots, T_1, A_2, \ldots$$

Assim, se usarmos a letra P para representar a propriedade 'x é um peixe', a primeira premissa de (A1), 'Cleo é um peixe', seria formalizada da seguinte maneira (onde c é Cleo, lembra?):

$$Pc.$$

Note que o símbolo de predicado é escrito *antes* da constante individual. Nada nos impede de fazer o contrário, desde que usemos a notação de modo homogêneo. O usual, contudo, é colocar a constante de predicado primeiro, e é o que faremos aqui. De maneira similar, se utilizarmos G para simbolizar 'x é um gato', e m para 'Miau', teríamos a segunda premissa do argumento (A1) assim:

$$Gm.$$

Expressões como Pc e Gm dadas são chamadas de *fórmulas*. Na verdade, são as fórmulas mais simples que temos e, por corresponderem a sentenças atômicas, vamos chamá-las de *fórmulas atômicas*. Nos dois casos exemplificados, uma fórmula atômica foi obtida aplicando-se um símbolo de propriedade a uma constante individual. Podemos obter também fórmulas atômicas com variáveis — por exemplo, Px, o que corresponde à forma sentencial 'x é um peixe'. (Isso nos será útil logo mais adiante.)

Lembre-se de que uma das características do **CQC** é que, ao traduzir uma sentença para a sua linguagem, abstraímos o tempo verbal. Por exemplo, se tivermos o símbolo F representando a propriedade 'x é um filósofo', e s representando Sócrates, a sentença 'Sócrates *foi* um filósofo' seria escrita da seguinte maneira:

$$Fs,$$

o que, se "retraduzido" para o português, significaria que Sócrates *é* um filósofo. Resumindo: antes de formalizar sentenças no **CQC**, precisamos passar todos os tempos verbais para o presente.

Antes de nos ocuparmos da conclusão de (A1), vamos falar um pouco mais sobre as constantes de predicado. Como você vê, se elas são chamadas 'constantes de *predicado*', em vez de 'constantes de propriedade', é porque deve haver mais a ser dito a esse respeito. De fato, existem predicados que *não são* propriedades. Considere a sentença a seguir:

(2) João é mais alto que Maria.

Enquanto, com 'Tweety é um pássaro', dizíamos que o indivíduo cujo nome é 'Tweety' tem a propriedade de ser um pássaro, aqui, precisamos usar uma outra terminologia. O que dizemos é que João e Maria se encontram numa certa *relação*. Não podemos dizer que um deles, individualmente, tenha a propriedade de ser mais alto que — ficaria esquisito afirmar 'João é mais alto que'. Poderíamos, é claro, dizer que João tem a propriedade 'x é mais alto que Maria', mas isso esconde a existência do indivíduo Maria. Além do mais, suponhamos que você tivesse que formalizar também a sentença

João é mais alto que Carlos.

Se você fosse formalizá-la também com símbolos de propriedade, você teria que ter um *novo* símbolo para a propriedade 'x é mais alto que Carlos' — que é uma propriedade diferente de 'x é mais alto que Maria'.

Assim, o mais natural é usar um segundo tipo de símbolo de predicado, símbolos para relações entre *dois* indivíduos: as relações binárias, ou *predicados de grau* 2 — também chamados de *predicados de* 2 *lugares*, ou *binários*. Com respeito à sentença (2), poderíamos representá-la da seguinte maneira, utilizando o símbolo A para representar a relação 'x é mais alto que y', e j e m para denotar, respectivamente, João e Maria:

$$Ajm.$$

Temos, então, um segundo tipo de fórmula atômica, que consiste em tomar uma constante de predicado binário (de relação binária, portanto) e acrescentar-lhe dois símbolos individuais (constantes ou variáveis). Note que, tendo agora dois termos escritos após a constante de predicado, temos que cuidar da *ordem* em que eles aparecem. As fórmulas *Ajm* e *Amj* dizem coisas diferentes: a primeira, que João é mais alto que Maria; a segunda, que Maria é mais alta que João. (Obviamente, se uma delas for verdadeira, a outra será falsa.) As variáveis que estamos usando como marcadores de lugar indicam também a ordem em que os termos devem ser colocados depois da constante de predicado, o que é possível, já que elas foram introduzidas em uma ordem padrão (ou canônica). Ou seja, como *x* precede *y* na ordem canônica, o *x* que ocorre em '*x* é mais alto que *y*' diz que o *primeiro* símbolo individual depois da constante de predicado — *j*, em *Ajm* — se refere ao indivíduo, João, que é mais alto que o outro indivíduo, Maria.

Um detalhe interessante a respeito de relações binárias é que um indivíduo pode ter, ou não, essa relação consigo mesmo. Por exemplo, considere uma relação como '*x* tem a mesma altura que *y*', que podemos representar usando *T*. A fórmula a seguir,

$$Tjj,$$

diz que João tem a mesma altura que João — ou seja, que João tem a mesma altura que si mesmo — o que é verdade, ao passo que *Ajj*, que diz que João é mais alto que si mesmo, não deve ser o caso.

Resumindo o que vimos até agora, temos, então, um tipo de constante de predicado que é um símbolo de propriedade: propriedades aplicam-se a indivíduos isoladamente. E temos símbolos para relações entre dois indivíduos. Mas será que não poderia haver uma relação entre *três* indivíduos? Claro. Um exemplo seria:

(3) João está sentado entre Maria e Cláudia.

Nesse caso, poderíamos introduzir a constante de predicado *E* para denotar a relação ternária '*x* está sentado entre *y* e *z*', o que nos daria, supondo que *j*, *m* e *c* denotem os indivíduos em questão:

$$Ejmc.$$

Ainda a respeito desse exemplo, gostaria de mencionar que as variáveis que indicam os lugares a preencher não precisam aparecer necessariamente na ordem padrão quando especificamos um predicado. A sentença (3) pode ser também adequadamente formalizada usando-se um símbolo S que represente a relação 'y está sentado entre x e z'. O resultado seria

$$Smjc,$$

que tem a vantagem visual de colocar j entre m e c. Isso acontece porque y vem depois de x na ordem canônica; assim, como temos as variáveis x, y e z, x marca o primeiro lugar depois da constante de predicado, y o segundo, e z o terceiro. Enfim, há várias maneiras de especificar um predicado, e o importante é que, uma vez fixado um símbolo e o que ele representa, você o use de modo coerente.

Note também que o número de lugares de um predicado será indicado pelo número de marcadores de lugar diferentes. Assim, se tivermos o seguinte predicado:

> x bateu o carro de y, que ficou irritado e deu uma surra em x,

fica fácil ver que esse é um predicado de grau *dois* (ainda que x ocorra duas vezes, temos apenas dois indivíduos envolvidos).

Como você viu, constantes de predicados podem representar relações envolvendo n indivíduos, para algum n. No geral, dizemos que temos: símbolos de predicados *unários* (propriedades), *binários* (relações entre dois indivíduos), *ternários* (relações entre três indivíduos), ..., *n-ários* ou *enários* (relações entre n indivíduos, para algum número natural n). Todos eles são chamados de constantes (ou símbolos) de predicado. Se desejarmos — e alguns autores fazem isso —, podemos convencionar que os símbolos de predicados são constituídos de uma letra maiúscula seguida de um índice superior, como A^1, F^2, R^3 etc., indicando o seu *grau*. Isto é, indicando que se trata, respectivamente, de predicados unários, binários, ternários etc. Não usaremos essa convenção aqui, esperando ficar sempre claro, pelo contexto, a quantos indivíduos nossos símbolos de predicado se aplicam.

Resta ainda um caso a considerar: se temos símbolos de predicados n-ários, para qualquer número natural n, isso significa que n pode ser igual a zero? Pode. Um predicado *zero-ário* nada mais é do que uma letra maiúscula isolada, que usamos principalmente para representar sentenças como

Está chovendo,

que, na verdade, são orações sem sujeito, isto é, não atribuem algo a alguém.

Constantes de predicado zero-árias são também chamadas de *letras sentenciais*. Contudo, há outros usos para elas, além de simbolizar orações sem sujeito. Em princípio, você pode usar uma letra sentencial para formalizar *qualquer* sentença. Por exemplo, seria correto usar B para formalizar a sentença 'Sócrates é um filósofo' — assim como, em princípio, nada impede que formalizemos 'João é mais alto que Maria' usando um símbolo para a propriedade 'x é mais alto que Maria'. Ninguém é obrigado a formalizar 'Sócrates é um filósofo' como Fs, ou 'João é mais alto que Maria' como Ajm. Por exemplo, se quiséssemos formalizar essa última sentença no **CPC** (que é, como falei, um subsistema do **CQC**), iríamos fazê-lo usando apenas uma letra sentencial. (A linguagem do **CPC**, como tivemos ocasião de ver, é mais fraca.) Acontece apenas que muitos argumentos que seriam intuitivamente válidos podem acabar sendo considerados inválidos se a tradução para a linguagem formal não for detalhada o suficiente.

Voltaremos mais tarde a falar disso. Agora, antes de encerrar esta seção, vamos caracterizar de modo preciso o que são as fórmulas atômicas da linguagem do **CQC**. Elas são definidas por meio da seguinte cláusula:

(F1) Se $\mathbf{P}$ é um símbolo de predicado n-ário, para algum número natural n, e $\mathbf{t}_1, \dots, \mathbf{t}_n$ são termos, então $\mathbf{P}\mathbf{t}_1, \dots, \mathbf{t}_n$ é uma fórmula.

Vejamos alguns comentários sobre isso. Primeiro, note que o símbolo '**P**' (que está em **negrito**) não faz parte da linguagem do **CQC**: é uma *variável metalinguística* (ou *variável sintática*) que representa uma constante de predicado qualquer — que pode ser *A*, *B*, *C* etc. (Note que as letras que fazem parte do alfabeto do **CQC** estão sendo escritas em *itálico*.) Do mesmo modo, '$\mathbf{t}_1$', ... , '$\mathbf{t}_n$' também são metavariáveis que indicam termos (constantes ou variáveis individuais) quaisquer. A cláusula dada, como foi dito, define as fórmulas atômicas: elas consistem em um símbolo de predicado *n*-ário seguido de *n* termos — notando-se que *n* pode ser zero, claro. Assim, se o símbolo de predicado é, por exemplo, ternário, deve ser seguido de *exatamente* três termos, nem mais, nem menos. Se for zero-ário, zero termos (ou seja, nenhum). Se for unário, um termo. E assim por diante.

Resta-nos considerar o caso da conclusão do argumento (A1), que afirma que Cléo é um peixe e Miau é um gato — como no **CPC**, isso será feito pelo uso de operadores do que trataremos na próxima seção, depois de alguns exercícios. Já a conclusão de (A2) é um caso um pouco mais complicado e vamos tratá-lo depois de considerarmos os operadores.

Exercício 8.3 Usando a notação sugerida, traduza as sentenças a seguir para a linguagem do **CQC**.

c: Cleo; *m*: Miau; *t*: Tweety; *F*: *x* é um peixe; *P*: *x* é um pássaro; *G*: *x* é um gato; *M*: *x* é maior do que *y*; *L*: *x* gosta mais de *y* do que de *z*.

(a) Cleo é um pássaro.
(b) Miau é um peixe.
(c) Miau é maior que Cleo.
(d) Tweety é um gato.
(e) Tweety é maior que Miau.
(f) Miau é maior que Tweety.
(g) Miau é maior que si mesmo.
(h) Miau gosta mais de Cleo do que de Tweety.
(i) Tweety gosta mais de Miau do que de Cleo.
(j) Cleo gosta mais de si mesma do que de Miau.

Exercício 8.4 Traduza as seguintes sentenças para a linguagem do **CQC**, usando a notação sugerida:

(a) Carla é pintora. (c: Carla; P: x é pintora)
(b) Paulo é jogador de futebol. (p: Paulo; J: x é jogador de futebol)
(c) Carla é mais alta que Paulo. (A: x é mais alto que y)
(d) Paulo é irmão de Carla. (I: x é irmão de y)
(e) Paulo ama Denise. (d: Denise; A: x ama y)
(f) Denise ama Paulo.
(g) Carla gosta de si própria. (G: x gosta de y)
(h) A Lua é um satélite da Terra. (l: a Lua; t: a Terra; S: x é um satélite de y)
(i) Carla deu a Paulo o livro de Denise. (D: x dá a y o livro de z)
(j) Paulo deu a Carla o livro de Denise.
(k) Paulo é filho de Alberto e Beatriz. (a: Alberto; b: Beatriz; F: x é filho de y e z)
(l) Florianópolis fica entre Porto Alegre e Curitiba. (f: Florianópolis; p: Porto Alegre; c: Curitiba; E: x fica entre y e z)
(m) Curitiba fica entre Florianópolis e São Paulo. (s: São Paulo)
(n) Paulo comprou em Curitiba um quadro de Matisse para presentear Denise. (m: Matisse; C: x comprou em y um quadro de z para presentear w)
(o) Alberto comprou em São Paulo um quadro de van Gogh para presentear Beatriz. (g: van Gogh)

8.5 Operadores e fórmulas moleculares

Como eu disse antes, o **CQC** é uma extensão do cálculo proposicional que vimos nos capítulos precedentes. Assim, vamos continuar usando os cinco operadores que lá tínhamos, a saber, $\neg$, $\wedge$, $\vee$, $\rightarrow$ e $\leftrightarrow$. Deste modo, além das fórmulas atômicas teremos também nossas velhas conhecidas, as fórmulas moleculares, construídas usando os operadores.

Continuando, então, com nossa definição de fórmula, temos a segunda e terceira cláusulas, que tratam das fórmulas moleculares:

(F2) Se α é uma fórmula, então $\neg\alpha$ é uma fórmula.

(F3) Se α e β são fórmulas, então $(\alpha \wedge \beta)$, $(\alpha \vee \beta)$, $(\alpha \rightarrow \beta)$, e $(\alpha \leftrightarrow \beta)$ são fórmulas.

Aqui, aparecem outra vez metavariáveis: 'α' e 'β' são usadas para indicar uma fórmula qualquer. Note que isso tanto pode se referir a fórmulas atômicas, quanto a fórmulas moleculares; assim, se α é a fórmula Pc e β a fórmula $(Gmx \leftrightarrow \neg Km)$, a conjunção de α e β, por exemplo, é $(Pc \wedge (Gmx \leftrightarrow \neg Km))$.

Vamos, também, continuar adotando a convenção de usar as letras gregas minúsculas α, β, γ e δ como metavariáveis para fórmulas (eventualmente, usando subscritos também, se necessário; α_1, por exemplo). Recorde que elas são variáveis *metalinguísticas*, isto é, elas não fazem parte da linguagem do **CQC**. Em outras palavras, a expressão '$(\neg\alpha \rightarrow \beta)$' *não é* uma fórmula do **CQC**; ela é, no máximo, um *esquema* de fórmula, algo que podemos transformar em uma fórmula substituindo 'α' e 'β' por fórmulas.

Da mesma maneira que no **CPC**, no caso dos operadores binários as fórmulas são escritas *entre parênteses*: nada muda. Continuaremos também a utilizar a convenção de não escrever os *parênteses externos* de uma fórmula. Em vez de, digamos,

$$((\neg Fs \leftrightarrow Gs) \rightarrow Ms),$$

escrevemos simplesmente

$$(\neg Fs \leftrightarrow Gs) \rightarrow Ms.$$

Exercício 8.5 Diga, das expressões a seguir, se são fórmulas ou não, e por quê, supondo que A é um símbolo de predicado zero-ário, P e Q são símbolos de propriedade, e R, de relação binária:

(a) Rab
(b) $\neg Px$
(c) aRb
(d) $(Ra \rightarrow Qb)$
(e) $((\neg Rxa \leftrightarrow Qb) \wedge Pc)$
(f) $(\alpha \vee \neg\beta)$
(g) $((\neg Rxy \rightarrow Qc) \wedge \neg(Pb \vee A))$
(h) $(A \rightarrow (Pb \vee Rcc))$

Exercício 8.6 Usando a notação sugerida, transcreva as sentenças a seguir para a linguagem do **CQC**.

c: Cleo; *m*: Miau; *t*: Tweety; *F*: *x* é um peixe; *P*: *x* é um pássaro; *G*: *x* é um gato; *M*: *x* é maior do que *y*; *L*: *x* gosta mais de *y* do que de *z*.

(a) Cleo não é um pássaro.
(b) Miau não é um peixe.
(c) Miau é um gato ou é um pássaro.
(d) Miau é um gato e é maior que Cleo.
(e) Tweety não é um gato.
(f) Ou Tweety é maior que Miau, ou Miau é maior que Tweety.
(g) Não é verdade que Miau é maior que si mesmo.
(h) Se Miau é maior que Tweety, então Tweety não é maior que Miau.
(i) Miau é maior que Tweety, se Tweety não é maior que Miau.
(j) Se Miau é um gato, então não é um peixe.
(k) Miau gosta mais de Cleo do que de Tweety se e somente se Tweety é um pássaro.
(l) Tweety gosta mais de Miau do que de Cleo, mas Miau não gosta mais de Cleo do que Tweety.
(m) Nem Miau nem Cleo são pássaros.
(n) Tweety não é um gato ou não é um peixe.
(o) Não é verdade que Tweety é um gato e um peixe.
(p) Não é o caso que, se Miau é um gato, então é um peixe.

Exercício 8.7 Formalize as sentenças a seguir, usando a notação sugerida:

(a) Carla é pintora, mas Paulo é jogador de futebol. (*c*: Carla; *p*: Paulo; *P*: *x* é pintora; *J*: *x* é jogador de futebol)
(b) Ou Paulo é um engenheiro, ou Carla o é. (*E*: *x* é engenheiro)
(c) Carla é pintora, mas Paulo é engenheiro ou jogador de futebol.
(d) Se Sócrates é o mestre de Platão, então Platão é um filósofo. (*s*: Sócrates; *p*: Platão; *M*: *x* é o mestre de *y*; *F*: *x* é um filósofo)
(e) Paulo ama Denise, que ama Ricardo. (*d*: Denise; *r*: Ricardo; *A*: *x* ama *y*)
(f) Paulo ama Denise, se Denise não ama Ricardo.
(g) Paulo ama a si próprio se e somente se ele é narcisista. (*A*: *x* ama *y*; *N*: *x* é narcisista)
(h) Chove ou faz sol. (*C*: chove; *S*: faz sol)
(i) Não chove, mas não faz sol e faz muito frio. (*F*: faz muito frio)

(j) João vai à praia, se o tempo estiver bom. (*j*: João; *P*: *x* vai à praia; *T*: o tempo está bom)
(k) Se o tempo estiver bom, e não fizer muito frio, João irá à praia.
(l) Se o tempo não estiver bom, então, se fizer muito frio, João não irá à praia.
(m) A Terra é um planeta, e a Lua gira em torno da Terra. (*t*: a Terra; *l*: a Lua; *P*: *x* é um planeta; *G*: *x* gira em torno de *y*)
(n) Saturno é um planeta, mas não gira em torno de Alfa Centauri. (*s*: Saturno; *a*: Alfa Centauri)
(o) A Lua não é um planeta, nem gira em torno de Saturno.
(p) Miau é um gato preto. (*m*: Miau; *G*: *x* é um gato; *P*: *x* é preto)
(q) Miau é um gato angorá que não é preto. (*A*: *x* é angorá)
(r) Carla é mais alta que Paulo somente se Paulo é mais baixo que Carla. (*A*: *x* é mais alto que *y*; *B*: *x* é mais baixo que *y*)
(s) Carla não é mais alta que Paulo somente se for mais baixa ou tiver a mesma altura que ele. (*T*: *x* tem a mesma altura que *y*)

Exercício 8.8 Traduzir as fórmulas a seguir da linguagem do **CQC** para o português, sendo que:

a: Antonio; *b*: Bernardo; *c*: Cláudia; *d*: Débora;
F: *x* é um filósofo; *G*: *x* gosta de *y*; *D*: *x* detesta *y*.

(a) Gbd
(b) $Fb \wedge Fd$
(c) $Fb \wedge \neg Fa$
(d) $Fa \wedge Gac$
(e) $Gbd \wedge Ddb$
(f) $\neg Gcb \vee \neg Gbc$
(g) $Gbb \rightarrow Dcb$
(h) $Gbd \leftrightarrow Dcd$
(i) $Dbd \rightarrow (Fb \vee Fd)$
(j) $(Fa \wedge Fc) \rightarrow (Gac \wedge Gca)$

8.6 Quantificadores e fórmulas gerais

Com o que vimos até agora da linguagem do **CQC**, podemos formalizar um grande número de argumentos. Mas que isso ainda é pouco você pode ver pelo exemplo a seguir, que havíamos visto no início deste capítulo:

(A2) P Aristóteles é um filósofo.
▸ Alguém é um filósofo.

A premissa do argumento não oferece problema: podemos formalizá-la por Fa, onde F representa a propriedade 'x é um filósofo' e a designa Aristóteles. Porém, que fazer com a conclusão? Estamos afirmando que alguém é um filósofo; logo, a simbolização deveria ser algo como

$$F\ldots$$

Porém, o que vamos colocar no lugar das reticências? Obviamente não podemos colocar aí a constante a, pois Fa significa que *Aristóteles* é um filósofo, o que não é a mesma coisa que dizer que *alguém* é um filósofo. É fácil ver que também não podemos colocar uma outra constante individual, tal como b, para preencher as reticências. Lembre-se de que as constantes funcionam como nomes de indivíduos determinados; assim, b estaria designando, digamos, Beatriz, e Fb estaria dizendo que Beatriz é uma filósofa. Note que, com a sentença 'alguém é um filósofo', estamos falando, sim, de algum indivíduo, mas não sabemos *qual*; sabemos que ele existe, mas não sabemos seu *nome*.

A solução para esse pequeno impasse é a utilização de variáveis, claro. Contudo, escrever somente

$$Fx$$

para representar a conclusão do argumento apresentado ainda não é o suficiente. Essa fórmula diz apenas que

x é um filósofo,

o que não parece afirmar que haja alguém que o seja. Para entender melhor esse ponto, considere a expressão aritmética $x < 2$. Suponha que estejamos falando dos números naturais: fica difícil dizer se essa expressão é verdadeira ou falsa, não é mesmo? O problema é que não sabemos o que é x; não sabemos se estamos falando de um certo x ou de qualquer x. Compare isso agora com as duas afirmações a seguir:

(4) existe ao menos um x tal que $x < 2$,

(5) qualquer que seja x, $x < 2$.

Nesses dois casos, podemos decidir sobre a verdade ou falsidade das afirmações. A primeira é verdadeira, pois existe, de fato, um número natural menor do que 2 (o número 1, por exemplo), enquanto a segunda é falsa: nem todo número natural é menor que 2 (o número 4, por exemplo, é maior que 2). O que fizemos em (4) e (5), ao contrário do caso $x < 2$ anterior, foi introduzir um *quantificador* para agir sobre a variável.

O quantificador em (4) é chamado *quantificador existencial* e corresponde, em português, às expressões 'existe pelo menos um', 'alguns', 'algum', 'alguém' etc. (É claro que, em português, a palavra 'alguns', estando no plural, dá a entender que há mais de um indivíduo envolvido, mas, de qualquer forma, está garantido que há pelo menos um — e é assim que entendemos o quantificador existencial.) Agora, como você vê em (4), a expressão 'existe ao menos um' vem associada a uma *variável*: 'existe ao menos um x tal que'. Para representar o quantificador existencial, portanto, vamos utilizar o símbolo $\exists$, que sempre empregamos seguido de uma variável: $\exists x$, por exemplo, ou $\exists y$. Dito de outra forma, um quantificador existencial é uma expressão da forma $\exists \mathbf{x}$, em que $\mathbf{x}$ é uma variável individual. (Usaremos '$\mathbf{x}$', '$\mathbf{y}$' e '$\mathbf{z}$', em negrito, como metavariáveis para as variáveis da linguagem do **CQC**.)

Dispondo do quantificador existencial, a conclusão do argumento (A2) pode ser formalizada assim:

$$\exists xFx,$$

que afirma que existe ao menos um x no universo de discurso que tem a propriedade de ser filósofo. Ou seja, alguém é filósofo.

O outro tipo de quantificador, aquele que aparece em (5), é o *quantificador universal*, que corresponde às locuções 'para todo', 'qualquer que seja', 'todos', 'cada', e assim por diante. Para representá-lo, usaremos o símbolo $\forall$ — naturalmente, seguido de uma variável. Ou seja, um quantificador universal é uma expressão da forma $\forall \mathbf{x}$, onde $\mathbf{x}$ é uma variável individual. Assim, se quisermos formalizar a sentença 'Todos são filósofos', teremos

$$\forall xFx.$$

Uma variante disso pode ser

$$\forall yFy.$$

Essas duas fórmulas dizem a mesma coisa: não importa se usamos a variável x, ou y, estamos afirmando que todo indivíduo do universo tem a propriedade de ser filósofo.

Com a introdução de quantificadores temos, então, um terceiro tipo de fórmula, além das atômicas e moleculares que já vimos no capítulo anterior: as fórmulas *gerais*, que são, naturalmente, aquelas que se iniciam por um quantificador. A cláusula correspondente, em nossa definição de fórmula, é a seguinte:

(F4) Se $\mathbf{x}$ é uma variável e α é uma fórmula na qual $\mathbf{x}$ ocorre, então $\forall\mathbf{x}\alpha$ e $\exists\mathbf{x}\alpha$ são fórmulas.

Dizendo de outra forma o que está escrito, basta tomar uma fórmula α qualquer e prefixá-la com um quantificador universal ou existencial (ou seja, uma expressão da forma $\forall\mathbf{x}$ ou $\exists\mathbf{x}$) para obter uma fórmula geral — claro, com a restrição de que a variável $\mathbf{x}$ do quantificador ocorra na fórmula. Por exemplo, se tomarmos a fórmula $(Px \rightarrow Qy)$ e colocarmos um quantificador à frente dela, como em $\forall x(Px \rightarrow Qy)$, teremos uma fórmula geral. E se prefixarmos agora essa fórmula com um quantificador existencial como $\exists y$, ficamos com $\exists y\forall x(Px \rightarrow Qy)$, que, obviamente, também é uma fórmula geral.

Note agora que, segundo a definição citada, expressões como $\exists xPa$ e $\forall x(Py \vee Qy)$ não são fórmulas gerais. Em ambos os casos, claro, o quantificador é desnecessário; mas a razão pela qual não são fórmulas é que a variável do quantificador, x no caso, *não ocorre* na fórmula sendo quantificada: x não ocorre nem em Pa, nem em $Py \vee Qy$. Por outro lado, é claro que $\forall y(Py \vee Qy)$ é uma fórmula geral. Como $(Py \vee Qy)$ é uma fórmula (molecular), e y é uma variável que ocorre nela, $\forall y(Py \vee Qy)$ também é fórmula.

A nossa definição de fórmula geral, contudo, não elimina alguns casos estranhos de quantificadores supérfluos. Por exemplo, está claro que $(\forall xPx \vee \forall xQx)$ é uma fórmula — molecular, no caso. O que aconteceria agora se prefixássemos essa fórmula com um quantificador, ficando com, digamos, $\exists x(\forall xPx \vee \forall xQx)$. Você diria que o resultado é uma fórmula?

Pensando bem, é, pois $(\forall xPx \vee \forall xQx)$ é fórmula na qual x ocorre, e $\exists x$ é um quantificador. Mas é claro que, nesse caso, o quantificador existencial para x não vai ter influência alguma sobre o restante da fórmula: ele é supérfluo. (Existem, de fato, outras maneiras de definir fórmula que eliminam casos como esses, porém, às custas de uma definição um pouco mais complicada.)

Como você viu pela definição, podemos classificar as fórmulas em três grandes grupos: as atômicas, as moleculares e as gerais. Você pode dizer que as fórmulas atômicas são aquelas cujo primeiro símbolo é um símbolo de predicado (ou único símbolo, no caso de um predicado zero-ário). Já as moleculares iniciam com $\neg$ ou com o parêntese esquerdo (, como em $\neg Fx$ ou $(Fa \rightarrow Qb)$. As fórmulas gerais, então, são aquelas cujo primeiro símbolo é $\forall$ ou $\exists$.

Para encerrar este capítulo, vamos ver mais alguns exemplos simples de como formalizar no **CQC** sentenças envolvendo quantificação. Usando L para a relação binária 'x gosta de y', vamos formalizar a sentença 'alguém gosta de Miau'. O resultado é

$$\exists xLxm.$$

Ou seja, existe algum indivíduo, x, tal que x gosta de m, Miau. Por outro lado, se quisermos escrever na linguagem do **CQC** que todos gostam de Miau, podemos fazê-lo através de

$$\forall xLxm,$$

ou seja, qualquer que seja x, x gosta de Miau. Note que isso é diferente de

$$\forall xLmx,$$

pois essa fórmula afirma que, qualquer quer seja x, Miau gosta de x. Em outras palavras, Miau gosta de todos. De modo análogo, 'Miau gosta de alguém' torna-se

$$\exists x Lmx.$$

E como faríamos com 'Se alguém gosta de Miau, então Miau gosta de alguém'? É simples. Obviamente, temos um condicional (usando colchetes para indicar seus elementos):

Se [alguém gosta de Miau], então [Miau gosta de alguém].

Assim, basta transcrever o antecedente e o consequente, colocando $\rightarrow$ entre ambos, e parênteses ao redor:

$$\exists x Lxm \rightarrow \exists x Lmx.$$

Se agora combinarmos um quantificador com o operador de negação, poderemos transcrever para a linguagem do **CQC** outras expressões que também envolvem quantificação — expressões como 'ninguém', 'nem todos', 'nada', e assim por diante. Para dar um exemplo, vamos simbolizar a sentença

Ninguém é um filósofo.

Obviamente, ao dizer que ninguém é um filósofo, estamos negando que alguém o seja. Portanto:

$$\neg \exists x Fx.$$

Isto é, não há nenhum x no universo que tenha a propriedade de ser filósofo. Porém, isso também pode ser dito usando o quantificador universal: se ninguém é um filósofo (isto é, se não existem filósofos), então, qualquer que seja o indivíduo x no universo, x *não é* um filósofo. Assim:

$$\forall x \neg Fx.$$

Ou seja, dizer que ninguém é um filósofo é a mesma coisa que dizer que todos não são filósofos.

Agora, é claro que existe uma diferença entre dizer que *ninguém* é filósofo e que *nem todos* são filósofos. Afirmar 'nem todos são filósofos' é negar que todos sejam filósofos, isto é, estamos fazendo a negação de 'todos são filósofos'; estamos dizendo que não é verdade que todo mundo é filósofo. Isso pode ser formalizado assim:

$$\neg\forall xFx.$$

Mas há uma outra maneira equivalente de representar que nem todos são filósofos, usando o quantificador existencial e a negação. Se não é verdade que todo mundo é filósofo, então deve haver pelo menos um indivíduo que *não é filósofo*. Assim, podemos também afirmar que nem todos são filósofos escrevendo

$$\exists x\neg Fx.$$

Vamos resumir isso tudo no quadrinho a seguir, em que **P** é uma propriedade qualquer:

Todos têm **P**	$\forall x\mathbf{P}x$
Ninguém tem **P**	$\forall x\neg\mathbf{P}x$ ou $\neg\exists x\mathbf{P}x$
Alguém tem **P**	$\exists x\mathbf{P}x$
Alguém não tem **P**	$\exists x\neg\mathbf{P}x$
Nem todos têm **P**	$\neg\forall x\mathbf{P}x$ ou $\exists x\neg\mathbf{P}x$

Para finalizar, os exemplos que vimos anteriormente envolviam quantificação sobre fórmulas atômicas, ou sobre a negação de uma fórmula atômica. Mas é claro que podemos ter fórmulas gerais em que o quantificador age sobre uma fórmula molecular qualquer, ou mesmo sobre outras fórmulas gerais. Como você representaria na linguagem do **CQC** a afirmação de que Miau é um gato preto? Dispondo das constantes G e P para as propriedades em questão, ficaríamos com:

$$Gm \wedge Pm.$$

E como diríamos que existem gatos pretos? Ora, colocando uma variável, como x, no lugar de m, e quantificando sobre essa variável. Assim:

$$\exists x(Gx \wedge Px).$$

Analogamente, poderíamos dizer que todos os indivíduos de nosso universo são gatos pretos, escrevendo

$$\forall x(Gx \wedge Px).$$

E assim por diante. No próximo capítulo veremos mais exemplos envolvendo quantificação sobre fórmulas moleculares e gerais, e como representar em nossa linguagem algumas sentenças bem mais complicadas. Espero que esses exemplos iniciais tenham dado a você uma pequena ideia do que se pode fazer com os quantificadores. Por enquanto, e para fixar o que vimos até agora, faça os exercícios a seguir.

Exercício 8.9 Supondo que C é um predicado zero-ário, que P e Q são predicados unários, e que T e R são predicados binários, diga quais das expressões a seguir são fórmulas e, caso sejam, se são atômicas, moleculares ou gerais.

(a) $\forall x(Px \vee Tay)$
(b) $(\exists xQx)$
(c) $\neg C \rightarrow \forall xC$
(d) $\exists Rax \leftrightarrow Pab$
(e) $\neg Rax \leftrightarrow Tab$
(f) $\neg\forall w(\neg Rxy \rightarrow (Qx \vee Tzw))$

Exercício 8.10 Transcreva as sentenças a seguir para a linguagem do **CQC**, usando a notação sugerida:

(a) Algo é branco. (B: x é branco)
(b) Tudo é azul. (A: x é azul)
(c) Alguma coisa não é azul.
(d) Algo é bonito. (B: x é bonito)
(e) Todos são mortais. (M: x é mortal)
(f) Nada é insubstituível. (I: x é insubstituível)
(g) Nem tudo dura para sempre. (D: x dura para sempre)
(h) Centauros não existem. (C: x é um centauro)
(i) Alguma coisa não é verde. (G: x é verde)
(j) Cada objeto é igual a si mesmo. (I: x é igual a y)
(k) Há objetos que não são iguais a si mesmos.

(l) Nem tudo é cor-de-rosa. (*R*: *x* é cor-de-rosa)
(m) Nada é cor-de-rosa.
(n) Alguém é mais velho que Pedro. (*p*: Pedro; *O*: *x* é mais velho que *y*)
(o) Ninguém é mais velho que Pedro.
(p) Matusalém é mais velho que alguém. (*m*: Matusalém)
(q) Matusalém é mais velho que todos.
(r) Não é verdade que Matusalém é mais velho que todos.
(s) Alguém gosta de si mesmo. (*G*: *x* gosta de *y*)
(t) Todos gostam de si mesmos.
(u) Ninguém gosta de Miau. (*m*: Miau)
(v) Alguém não gosta de si mesmo.
(w) Não existe alguém que goste de si mesmo.
(x) Não existe alguém que não goste de si mesmo.
(y) Ninguém gosta mais de Paulo do que de Denise. (*p*: Paulo; *d*: Denise; *L*: *x* gosta mais de *y* do que de *z*)
(z) Nem todos gostam mais de Paulo do que de Denise.

9
A SINTAXE DO CÁLCULO DE PREDICADOS (II)

Neste capítulo, vamos nos ocupar, de forma mais sistemática, da linguagem do cálculo de predicados de primeira ordem.

9.1 Linguagens de primeira ordem

Vamos começar relembrando como é constituída a linguagem do **CQC** na versão que estamos vendo aqui.

Definição 9.1 A *linguagem geral* do cálculo de predicados de primeira ordem consiste em:

(1) um conjunto enumerável de constantes individuais;
(2) para cada número natural $n \geq 0$, um conjunto enumerável de constantes de predicado n-árias;
(3) um conjunto enumerável de variáveis individuais;
(4) operadores;
(5) quantificadores;
(6) sinais de pontuação.

As expressões em (3), (4), (5) e (6) são chamadas *símbolos lógicos*, enquanto aquelas em (1) e (2) são chamadas *símbolos não lógicos*. Observe que temos um número infinito de variáveis e constantes individuais: isso nos garante um suprimento inesgotável delas, caso precisemos. Temos também um número infinito de símbolos de predicado. Na verdade, para cada número natural $n \geq 0$, temos infinitos predicados n-ários. A intenção disso é também a de ter tantos símbolos quantos possamos eventualmente precisar, sejam eles símbolos de propriedades, relações binárias, relações ternárias, e assim por diante.

Você poderia objetar que, na prática (por exemplo, nos exercícios feitos até agora), sempre acabamos usando não mais que uma dúzia de constantes individuais e de predicado. Por que insistir em ter um número infinito delas?

Bem, a definição dada é do que podemos chamar a linguagem *geral* do **CQC**, ou, mais apropriadamente, é a definição de um determinado *tipo* de linguagem. O que acontece é que usualmente trabalhamos apenas com algum subconjunto próprio dessa linguagem geral — e a esses subconjuntos (que, a propósito, incluem todos os símbolos lógicos) chamamos de *uma* linguagem de primeira ordem.

Definição 9.2 Uma *linguagem de primeira ordem* é qualquer subconjunto da linguagem geral do **CQC** que inclua todos os símbolos lógicos e pelo menos uma constante de predicado.

A restrição colocada anteriormente de que tenhamos ao menos uma constante de predicado tem a seguinte razão de ser: ainda que você não disponha de constantes individuais, você pode construir fórmulas, se dispuser de pelo menos uma constante de predicado. Por exemplo, se o único símbolo não lógico for o símbolo de propriedade F, ainda assim você pode gerar as fórmulas Fx, $(\neg Fx \vee \forall yFy)$ etc. Contudo, mesmo dispondo de constantes individuais, sem símbolos de predicado nenhuma fórmula pode ser gerada: lembre-se de que as fórmulas moleculares são construídas a partir das atômicas e que estas *começam com um símbolo de predicado*.

Vamos ver agora um exemplo de uma linguagem de primeira ordem. Suponha que estamos formalizando sentenças e argumentos que falam de gatos, peixes e estrelas, e de alguns deles em particular, como Miau, Cleo e Alfa Centauri. Assim, precisamos ter símbolos para propriedades como 'x é um gato' (um peixe, uma estrela), para o que podemos usar G, P e E, bem como constantes para os indivíduos mencionados: digamos, m, c e a. Mas, se tudo o que pretendemos dizer a respeito desses indivíduos pode ser dito usando os símbolos mostrados, é claro que não vamos precisar de outros. Deste modo, nossa linguagem — vamos chamá-la de '$\mathcal{L}_1$' — resume-se ao seguinte conjunto:

$$\mathcal{L}_1 = \{a, c, m, G, E, P\},$$

que inclui, além desses símbolos, todos os símbolos lógicos (que não vamos repetir aqui). Por outro lado, se estivermos formalizando, por exemplo, demonstrações aritméticas, envolvendo números naturais, então introduziremos símbolos para relações entre números, como M para 'x é menor que y', ou P para 'x é um número par' etc. Além disso, provavelmente gostaríamos de ter constantes individuais para denotar cada um dos números; digamos, a para 0, a_1 para 1, ou seja, no geral, a_n para um número n. (Note que não podemos aqui usar 0, 1 etc., como constantes individuais, pois convencionamos que nossas constantes têm que ser *letras minúsculas*, eventualmente com subscritos — mas é claro que tal convenção poderia ser alterada.) Teremos então a linguagem

$$\mathcal{L}_2 = \{a, a_1, \ldots, a_n, a_{n+1}, \ldots, M, P\}.$$

Desse modo, em cada domínio de investigação em que estejamos pretendendo trabalhar — em cada *teoria* que fazemos —, usamos um subconjunto da linguagem geral de primeira ordem definida anteriormente. Conforme foi observado, esses subconjuntos devem incluir, obrigatoriamente, todos os símbolos lógicos: variáveis, operadores, quantificadores e parênteses. No entanto, como todas as linguagens de primeira ordem incluem os símbolos lógicos, ao especificar uma delas, basta que indiquemos quais são seus símbolos *não lógicos*. É o que fizemos anteriormente com as linguagens $\mathcal{L}_1$ e $\mathcal{L}_2$.[1]

---

1 Pode parecer um abuso usar o termo 'linguagem' para designar simplesmente um conjunto de símbolos — afinal, não havíamos dito que, para especificar uma linguagem formal, precisamos do alfabeto *e de uma gramática*? Mas, claro, no

Uma última observação: claro que uma das linguagens de primeira ordem possíveis é justamente a linguagem geral; aquela que contém *todos* os símbolos não lógicos que podemos especificar. Mas, como eu disse, na prática, dificilmente precisaremos de mais que algum número pequeno de símbolos não lógicos.

Uma *expressão* de uma linguagem de primeira ordem é qualquer sequência finita de símbolos do alfabeto dessa linguagem: por exemplo, tanto $(\neg Ex \vee Ea)$ quanto m $\rightarrow\rightarrow\forall\neg$ são expressões de $\mathcal{L}_1$ (i.e., expressões construídas a partir dos símbolos de $\mathcal{L}_1$). Porém, nem todas as expressões de uma linguagem são bem-formadas, ou seja, no nosso caso, termos e fórmulas. Vamos recordar primeiro o que são os *termos* de uma linguagem.

Definição 9.3 Os *termos* de uma linguagem de primeira ordem são suas variáveis e constantes individuais.

E, a seguir, a definição das fórmulas de uma linguagem:

Definição 9.4 Seja $\mathcal{L}$ uma linguagem de primeira ordem. Dizemos que:

(1) Se $\mathbf{P}$ é um símbolo de predicado n-ário, para um número natural $n \geq 0$, e $\mathbf{t}_1, \ldots, \mathbf{t}_n$ são termos, então $\mathbf{Pt}_1, \ldots, \mathbf{t}_n$ é uma fórmula (atômica);
(2) Se α é uma fórmula, então $\neg\alpha$ é uma fórmula (molecular);
(3) Se α e β são fórmulas, então $(\alpha \vee \beta)$, $(\alpha \wedge \beta)$, $(\alpha \rightarrow \beta)$, e $(\alpha \leftrightarrow \beta)$ são fórmulas (moleculares);
(4) Se $\mathbf{x}$ é uma variável e α é uma fórmula na qual $\mathbf{x}$ ocorre, então $\forall\mathbf{x}\alpha$ e $\exists\mathbf{x}\alpha$ são fórmulas (gerais);
(5) Nada mais é uma fórmula.

---

caso de linguagens de primeira ordem, a gramática já está dada: as definições de 'termo' e 'fórmula'.

Essa definição repete as quatro cláusulas que já havíamos visto no capítulo anterior, e acrescenta uma nova. Note, primeiramente, que, na cláusula (1), o valor de n pode ser igual a zero, caso em que teremos uma letra sentencial. A cláusula (5), por outro lado, garante que apenas as expressões que são definidas pelas cláusulas (1)-(4) sejam fórmulas; tudo o mais não. Isso evita que, eventualmente, pudéssemos ter outras expressões que fossem fórmulas, mas cuja regra de formação não conhecemos. Por exemplo, será que $x\exists xP$ é uma fórmula? Bem, basta verificar se essa expressão se enquadra em alguma das quatro primeiras cláusulas da definição mencionada. Ela certamente não é uma fórmula atômica, pois o primeiro caractere de uma fórmula atômica tem que ser uma letra maiúscula. Ela não é uma fórmula molecular, pois o primeiro caractere de uma fórmula molecular é ou o símbolo de negação, $\neg$, ou o parêntese esquerdo (. Finalmente, $x\exists xP$ não é uma fórmula geral, pois o primeiro caractere de uma fórmula geral deve ser ou $\forall$ ou $\exists$. Assim, se ela não se enquadra em nenhuma das quatro primeiras cláusulas da definição, ela poderia ser uma fórmula? Não: a cláusula (5) proíbe isso explicitamente.

Como eu havia mencionado, o tipo de definição que demos para as fórmulas chama-se *definição indutiva*, ou *recursiva*. Temos um caso-base — as fórmulas atômicas — e as demais fórmulas são obtidas a partir destas, usando-se operadores, quantificadores e parênteses. Isso nos permite construir fórmulas bastante longas e complexas — não há limite para o tamanho que uma fórmula possa ter (embora, claro, todas elas tenham um comprimento finito).

Antes de continuarmos, recorde a convenção sobre uso de parênteses que fizemos no capítulo 5. Conforme havíamos visto, o uso de parênteses elimina as ambiguidades; contudo, um excesso de parênteses pode acabar prejudicando a facilidade em ler uma fórmula. Em razão disso, é usual introduzir-se uma série de abreviações, ou seja, convenções que nos permitem, em alguns casos, eliminar parênteses "desnecessários". Pela convenção que estamos adotando, podemos dispensar os parênteses externos de uma fórmula molecular, se ela está escrita isoladamente. Assim, podemos escrever

$$(Fs \land Gs) \to Ms$$

como uma abreviação de

$$((Fs \land Gs) \to Ms),$$

e

$$\forall x \forall y Rxy \land \exists z(Qz \lor Pz)$$

como uma abreviação de

$$(\forall x \forall y Rxy \land \exists z(Qz \lor Pz)).$$

Suponha que tenhamos escrito uma fórmula sem os parênteses externos; digamos, $Rab \to (Px \land Qx)$. Se quisermos agora tomar essa fórmula e negá-la (por exemplo), teremos que *recolocar* os parênteses: $\neg(Rab \to (Px \land Qx))$. Se não fizermos isso, a ausência de parênteses deixaria $\to$ como o operador principal da fórmula. Ou seja, $\neg Rab \to (Px \land Qx)$ é, obviamente, um condicional. Por quê? Bem, como os únicos parênteses que deixamos de escrever, pela nossa convenção, são os externos, se fôssemos reintroduzi-los em $\neg Rab \to (Px \land Qx)$ teríamos $(\neg Rab \to (Px \land Qx))$ — um condicional.

De modo similar, se quisermos quantificar universalmente a fórmula $Rab \to (Px \land Qx)$, ela deve, obviamente, ser recolocada entre parênteses. O resultado seria a fórmula $\forall x(Rab \to (Px \land Qx))$. Resumindo, se quisermos tomar $Rab \to (Px \land Qx)$ para fazer com ela qualquer operação, primeiro *recolocamos* os parênteses. Lembre-se de que ela não é uma fórmula verdadeira, apenas a *abreviação* de uma fórmula. Os parênteses externos, embora não apareçam mais, devem ser entendidos como ainda "estando lá", escondidos.

Continuemos, então, recapitulando algumas noções já vistas quando falamos do **CPC**. Noções relacionadas à noção de fórmula são as de *subfórmula* e *subfórmula imediata*. Vamos ilustrar isso tomando $(\neg Qb \land \forall x(Px \to Qx)) \to \neg Pb$ como exemplo.

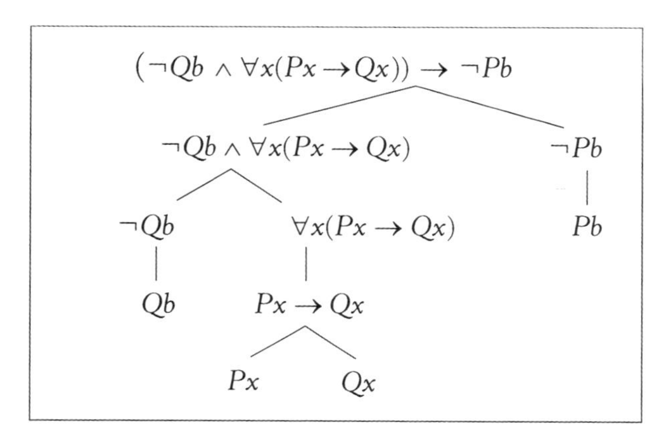

Figura 9.1: $(\neg Qb \wedge \forall x(Px \to Qx)) \to \neg Pb$ e suas subfórmulas.

Na figura 9.1, temos essa fórmula, que é um condicional, na parte de cima, e imediatamente abaixo dela, seus componentes esquerdo e direito — que chamamos de suas *subfórmulas imediatas*, a saber, $\neg Qb \wedge \forall x(Px \to Qx)$ e $\neg Pb$. Para cada uma dessas duas fórmulas temos também suas subfórmulas imediatas (ou subfórmula imediata, se for só uma: no caso, $\neg Pb$ tem apenas um componente, que é Pb). Repetindo esse procedimento, você vê que chegamos a um nível básico, no qual temos as fórmulas atômicas.

Vamos aproveitar a ocasião e definir, do modo seguinte, o que são as *subfórmulas imediatas* de uma fórmula qualquer:

(i) fórmulas atômicas não têm subfórmulas imediatas;
(ii) a subfórmula imediata de $\neg\alpha$ é α;
(iii) as subfórmulas imediatas de $\alpha \wedge \beta$, $\alpha \vee \beta$, $\alpha \to \beta$, e $\alpha \leftrightarrow \beta$ são α e β;
(iv) a subfórmula imediata de $\forall \mathbf{x}\alpha$ e de $\exists \mathbf{x}\alpha$ é α.

De modo análogo, podemos definir o conjunto de todas as *subfórmulas* de α: isso inclui as subfórmulas imediatas de α, as subfórmulas imediatas destas, e assim por diante, até chegarmos às fórmulas atômicas. Dito de outra forma, o conjunto das subfórmulas de α inclui sua(s) subfórmula(s) imediata(s), bem como todas as subfórmulas dela(s). A figura 9.1, portanto, apresenta todas as subfórmulas de $(\neg Qb \land \forall x(Px \rightarrow Qx)) \rightarrow \neg Pb$. Nessa figura temos o que se chama a *árvore de formação* da fórmula. Ela mostra como a fórmula foi construída a partir das fórmulas atômicas que a compõem.

Além de atômicas, moleculares, gerais, há uma outra maneira de classificar as fórmulas: por meio daquelas que são *abertas* e das que são *fechadas*. Mas, para definir isso, precisamos, primeiro, falar sobre *escopo* de quantificadores e sobre ocorrências *livres* e *ligadas* de variáveis.

Os quantificadores agem apenas sobre a fórmula que inicia imediatamente após a variável do quantificador. O âmbito de ação de um quantificador é chamado de *escopo* do quantificador e pode ser definido da seguinte maneira: numa fórmula da forma $\forall \mathbf{x}\alpha$ ou $\exists \mathbf{x}\alpha$, o escopo do quantificador é α. Em outras palavras, o escopo de um quantificador é apenas a fórmula que o segue, aquela cujo primeiro símbolo ocorre imediatamente após o quantificador. Vamos ver alguns exemplos, começando por

(1) $$\forall x(Px \rightarrow Qx).$$

Nesse caso, o escopo do quantificador $\forall x$ é a fórmula que se inicia imediatamente após a ocorrência de $\forall x$, ou seja, a fórmula cujo primeiro símbolo é o parêntese esquerdo: $(Px \rightarrow Qx)$ — ou, simplificando segundo nossas convenções, $Px \rightarrow Qx$.

Considere agora a seguinte fórmula:

(2) $$\forall xPx \rightarrow Qa.$$

Nesse caso, o escopo de $\forall x$ — a fórmula que se inicia imediatamente após a variável — é Px. E apenas isto: a fórmula Qa já está *fora* do escopo de $\forall x$. Note que (2) *não é uma fórmula geral*: seu primeiro símbolo, *pela definição de fórmula*, é o parêntese esquerdo, logo, ela é uma fórmula molecular.

Mas como assim? De que parêntese esquerdo estamos falando?

É simples. Recorde que (2) não seria uma fórmula de acordo com a definição — ela tem uma ocorrência de um operador binário, $\rightarrow$, e justamente por isso deveria ter *um par de parênteses*. Mas onde estariam os parênteses correspondentes a $\rightarrow$? Não aparecem lá. Como os únicos parênteses que podemos deixar de escrever, segundo a nossa convenção, são os parênteses externos, (2), na verdade, está abreviando a seguinte fórmula:

$$(\forall xPx \rightarrow Qa).$$

E como você bem pode notar, o primeiro símbolo dessa fórmula *é* o parêntese esquerdo! Uma fórmula molecular, portanto. Agora, é fácil confundi-la com a seguinte:

$$\forall x(Px \rightarrow Qa),$$

mas esta é uma fórmula geral — e o escopo de $\forall x$ é justamente a fórmula $Px \rightarrow Qa$.

Mas vejamos um outro exemplo:

(3) $$\exists x \neg Qx \rightarrow \forall y \exists z Fzy.$$

O escopo de $\exists x$ é, naturalmente, a fórmula que segue o quantificador: $\neg Qx$. Já o escopo de $\exists z$, na fórmula (3), é claramente a fórmula Fzy. E o escopo de $\forall y$? Obviamente, a fórmula que se inicia imediatamente após $\forall y$, ou seja, a fórmula cujo primeiro símbolo é $\exists$: a fórmula $\exists zFzy$.

Dizemos agora que uma ocorrência de uma variável $\mathbf{x}$ é *ligada*, numa fórmula α, se $\mathbf{x}$ ou faz parte de um quantificador, ou está no escopo de um quantificador para $\mathbf{x}$ em α. Isto é, se $\mathbf{x}$ ocorre em alguma parte de α que é da forma $\forall \mathbf{x}\beta$ ou $\exists \mathbf{x}\beta$. Por exemplo, na fórmula

(4) $$\forall x \forall z Lxz \wedge \exists w Lzw$$

temos duas ocorrências da variável x: a primeira faz parte do quantificador, e a segunda, após o L, em Lxz. Ambas as ocorrências de x são ligadas: a primeira, por ser a variável do quantificador, e a segunda, por estar dentro de seu escopo. Dito de outra forma, porque ocorre em uma parte de $\forall x \forall z Lxz \wedge \exists w Lzw$ que é da forma $\forall x\, \beta$, a saber, $\forall x \forall z Lxz$ (onde $\beta = \forall z Lxz$).

Por outro lado, qualquer ocorrência de alguma variável **x** numa fórmula α que esteja fora do escopo de qualquer quantificador para **x** é chamada de uma ocorrência *livre* dessa variável em α. A última ocorrência da variável z na fórmula (4), portanto, é livre, pois o quantificador $\forall z$ não está agindo sobre ela (a fórmula é molecular, o operador principal é $\wedge$, e o escopo de $\forall z$ é apenas a fórmula Lxz). Resumimos tudo isso na figura 9.2 a seguir.

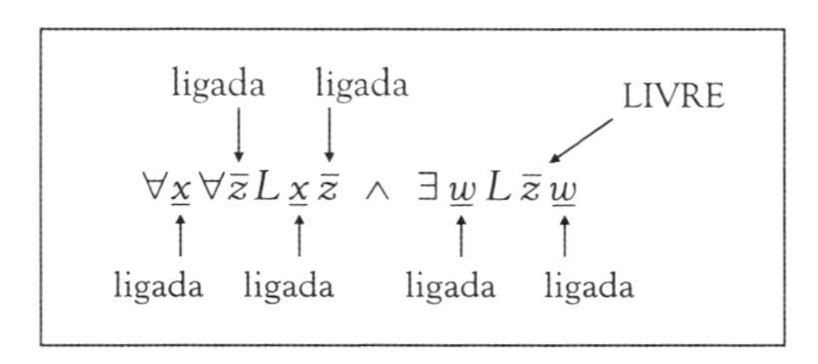

Figura 9.2: Ocorrências livres e ligadas.

Talvez você esteja se perguntando por que a última ocorrência da variável z na fórmula (4) está livre. Afinal, ela não está no escopo de um quantificador? Sim, está — mas note que se trata de um quantificador para w, *e não para* z!

É preciso mencionar que uma ocorrência de variável é sempre livre ou ligada *relativamente a alguma fórmula*. Por exemplo, embora todas as ocorrências de x em $\forall x \neg Lxx$ sejam ligadas, as ocorrências de x em $\neg Lxx$ são livres.

Uma fórmula é chamada *aberta* se possui pelo menos uma ocorrência livre de alguma variável, como $\forall x \exists z Qxyz$ ou $Fw \rightarrow \forall w Fw$, nas quais as variáveis y e w, respectivamente, ocorrem livres. Note que as outras duas ocorrências de w em $Fw \rightarrow \forall w Fw$ estão ligadas — mas isso não importa; basta *uma* ocorrência livre, seja de que variável for, e a fórmula é aberta.

De modo análogo, uma fórmula é chamada de *fechada* caso não possua nenhuma ocorrência livre de variável, como $\forall x(Px \rightarrow Qx) \wedge \exists w Rw$. As fórmulas fechadas são chamadas ainda de *sentenças*.

Exercício 9.1 Construa a árvore de formação para cada uma das fórmulas a seguir, e faça a lista de suas subfórmulas:

(a) $\neg Fa \wedge Gb$

(b) $\neg(Fa \wedge (\neg Gb \rightarrow Rab))$

(c) $Rtp \leftrightarrow \forall x(Rtx \wedge \exists yRxy)$

(d) $(\forall x\exists yRxy \vee \neg Fa) \rightarrow \neg Rab$

(e) $\neg(Fa \wedge Gb) \rightarrow \neg(Rbc \wedge Gb)$

(f) $\neg\neg\forall x\exists yRxy \wedge (Fa \rightarrow Rbc)$

Exercício 9.2 Diga se as fórmulas a seguir são sentenças ou não, qual é o escopo de cada quantificador e quais são as variáveis que ocorrem livres ou ligadas nelas.

(a) Fx

(b) $\forall xFx$

(c) Pa

(d) $\forall y\neg Py$

(e) $\neg\forall xFx \vee Ga$

(f) $\forall xPx \rightarrow Qb$

(g) $\forall x(\forall yRxy \rightarrow Ryx)$

(h) $\exists x\forall yGxy \rightarrow \forall y\exists xGyx$

(i) $\forall xFx \vee \neg Fx$

(j) $Pa \rightarrow (Pa \rightarrow Pa)$

(k) $Ax \rightarrow \forall xAx$

(l) $(\exists x(Qa \leftrightarrow Qx) \leftrightarrow Qa) \leftrightarrow Qx$

(m) $\neg Pa \wedge \neg Qb$

(n) $\forall x\exists y\forall z((Sxyz \wedge Szya) \rightarrow Cx)$

9.2 Proposições categóricas

No restante deste capítulo, vamos ver alguns exemplos mais complicados de como traduzir, para a linguagem do **CQC**, sentenças que envolvem quantificação. Alguns desses exemplos, clássicos na história da lógica, dizem respeito às proposições (ou sentenças) *categóricas*, da teoria do silogismo de Aristóteles. As proposições categóricas são aquelas que correspondem a uma das quatro formas básicas seguintes:

- Todo A é B (universal afirmativa)
- Nenhum A é B (universal negativa)
- Algum A é B (particular afirmativa)
- Algum A não é B (particular negativa)

em que as letras A e B funcionam como variáveis para expressões que especificam classes ou propriedades, como 'homem', 'gato', 'mamífero aquático', 'dono de restaurante que mora no Canto da Lagoa' etc. Como tais proposições são o material de que os silogismos são construídos, e como a teoria do silogismo era considerada a lógica até meados do século passado, seria interessante ver como dar conta delas usando a linguagem do **CQC**.[2]

A propósito, há várias maneiras em português de expressar uma proposição categórica. Por exemplo, no caso de uma universal afirmativa, como 'Todo gato é mamífero', poderíamos dizer também 'Todos os gatos são mamíferos', 'Os gatos são mamíferos', 'Gatos são sempre mamíferos', 'Somente (só, apenas) os mamíferos são gatos', 'Se algo é um gato, então é um mamífero' etc.

Você pode estar se perguntando se não houve um erro a respeito de uma das variações dadas. 'Somente os mamíferos são gatos' diz a mesma coisa que 'todos os gatos são mamíferos'? É isso mesmo?

É isso mesmo. Veja, há uma diferença entre dizer que *somente* os mamíferos são gatos e que *todos* os mamíferos são gatos, concorda? A segunda afirmação é falsa, pois nem todos os mamíferos são gatos (há os morcegos e ornitorrincos, por exemplo). Por outro lado, que dizer de 'somente os mamíferos são gatos'? Parafraseando isso, chegamos a algo como 'não existe algo que não seja mamífero, mas que seja um gato'. Ou seja, se algo é um gato, tem que ser um mamífero. Ou seja, mais uma vez, todo gato é um mamífero.

Variações estilísticas semelhantes são também possíveis para os outros tipos de proposição categórica. No caso de universais negativas, como 'nenhum gato é um réptil', as variações são em menor número. Podemos dizer também que 'não há gatos que sejam répteis', 'se algo é um gato, então não é um réptil', e assim por diante.

Falando agora de particulares afirmativas, já vimos as variantes com 'algum' e 'alguns'. Em português, ao usar 'alguns' — como em 'alguns gatos são pretos' — damos a impressão de que há *mais de um* gato que é preto, o que pareceria não estar implicado por 'algum gato é preto'. Nossa leitura, porém, é de que, tanto com 'algum' quanto com 'alguns', estamos dizendo que 'há pelo menos um',

2 Caso tenha interesse, você encontra uma apresentação mais detalhada das proposições categóricas, bem como algumas noções da teoria do silogismo, no Apêndice A.

'existe pelo menos um gato que é preto'. Isso é verdade se há um gato, se há dois, se há duzentos...

Finalmente, as particulares negativas. Além das versões com 'algum' e 'alguns', temos também uma outra, usando o quantificador 'nem todo' (ou 'nem todos'). Ao dizer que nem todo gato é preto, o que queremos afirmar? Ora, que não é verdade que todos os gatos sejam pretos. E o que é preciso para que isso seja o caso? Pensando bem... que haja pelo menos um gato não preto, certo? Isto é, que algum gato não seja preto. Ou seja, temos uma particular negativa.

Vamos, então, ver como traduzir proposições categóricas para a nossa linguagem artificial, começando pelas particulares afirmativas. Por exemplo, digamos que queremos formalizar a sentença 'alguns peixes são azuis' — ou, de modo equivalente em português, 'algum peixe é azul', ou 'alguma coisa é um peixe azul'. Bem, se quiséssemos formalizar 'Cleo é um peixe azul', teríamos, como você se recorda do capítulo anterior,

$$Pc \wedge Ac$$

(já tendo eliminado os parênteses externos). Mas como ficaria, então, 'alguns peixes são azuis'? Obviamente, teremos que utilizar variáveis e o quantificador existencial. Parafraseando a sentença em questão, temos algo assim:

Há ao menos um x que é um peixe e é azul,

ou seja,

Há ao menos um x tal que: x é um peixe e x é azul.

O resultado final, portanto, é

$$\exists x(Px \wedge Ax),$$

que diz que existe ao menos um x que tem as duas propriedades: ser peixe e ser azul.

Note que, na fórmula mencionada, os parênteses não podem ser esquecidos! Você ainda recorda a distinção entre, digamos, $\neg Pc \wedge Ac$

e $\neg(Pc \wedge Ac)$? No primeiro caso, temos uma conjunção; no segundo, a negação de uma conjunção. Assim, se escrevermos

$$\exists xPx \wedge Ax,$$

apenas a variável em Px está sendo quantificada; a ocorrência de x em Ax está fora do escopo do quantificador e, portanto, livre.

Se quiséssemos, agora, formalizar a sentença a seguir:

(5) Algo é um cachorro, e algo é um peixe,

teríamos

(6) $$\exists xCx \wedge \exists xPx.$$

Note, primeiro, que a sentença (5) não é categórica. Depois, as duas ocorrências de $\exists x$ anteriores são completamente independentes: de um lado estamos afirmando que alguma coisa é um cachorro, $\exists xCx$, enquanto, de outro, afirmamos que algo é um peixe: $\exists xPx$. E esses indivíduos podem ser (no caso de peixes e cachorros, certamente são) distintos. Observe que a fórmula anterior é diferente de

$$\exists x(Cx \wedge Px).$$

Esta, sim, diz que há um indivíduo que tem as duas propriedades: a de ser um cachorro e a de ser um peixe, o que, no mundo real, não é verdade. Se quiser enfatizar a possibilidade de que os indivíduos sejam distintos, você poderia ter formalizado a sentença (5) por meio de

$$\exists xCx \wedge \exists yPy,$$

mas isso não altera muita coisa, uma vez que as duas fórmulas são equivalentes. Como eu disse, as duas ocorrências de $\exists x$ em (6) são independentes uma da outra, e tanto faz que variável você utiliza — o uso de variáveis distintas não quer dizer que haja dois indivíduos diferentes envolvidos na história.

Vejamos agora um exemplo de uma proposição categórica do tipo particular negativa, como 'algum pinguim não mora na Antártida'. O que queremos dizer com isso é que existe pelo menos um indivíduo que tem a propriedade de ser um pinguim, mas que não tem a propriedade de morar na Antártida. Parafraseando isso, temos:

Há pelo menos um *x* tal que: *x* é um pinguim e *x* não mora na Antártida.

Ou seja, usando *P* para '*x* é um pinguim', e *A* para '*x* mora na Antártida':

$$\exists x(Px \land \neg Ax).$$

Mas nem todas as expressões que representam classes nas proposições categóricas precisam ser propriedades simples como '*x* é um peixe'. Podemos ter coisas mais complexas, envolvendo vários símbolos de predicado. Digamos que pretendemos formalizar a sentença 'algum pinguim que mora na Antártida não gosta de frio'. Isso é um outro exemplo de uma particular negativa: algum *A* (um pinguim que mora na Antártida) não é um *B* (um indivíduo que gosta de frio). Ou seja:

Algum [pinguim que mora na Antártida] não é [um indivíduo que gosta de frio].

Usando *F* para '*x* gosta de frio', temos, então:

$$\exists x((Px \land Ax) \land \neg Fx).$$

Vamos agora examinar alguns exemplos com o quantificador universal, começando com uma universal afirmativa como 'todo peixe é azul'. Tentemos fazer uma paráfrase dessa sentença. Podemos começar com 'Qualquer peixe é azul', ou 'qualquer coisa que seja um peixe azul', ou 'para qualquer coisa, é verdade que, se essa coisa é um peixe, então é azul'.

Essa última paráfrase já nos coloca mais próximos do que desejamos. Note que apareceu nela um operador, o nosso 'se ... então ... '. Assim, nossa paráfrase ficará mais ou menos como segue, substituindo 'essa coisa' por *x*:

Para qualquer *x*, se *x* é um peixe, então *x* é azul.

Isso corresponde a

$$\forall x(x \text{ é peixe} \rightarrow x \text{ é azul}),$$

que é imediatamente formalizável da seguinte maneira:

$$\forall x(Px \rightarrow Ax).$$

Note, portanto, que na estrutura da sentença 'todo peixe é azul' está escondida uma implicação.

Obviamente, não podemos formalizar a sentença 'todo peixe é azul' com

$$\forall x(Px \land Ax).$$

Essa fórmula, na verdade, está dizendo que

qualquer que seja o indivíduo *x*, *x* é um peixe *e* *x* é azul,

ou seja, que todos os indivíduos do universo têm as duas propriedades: ser peixe e ser azul. Isso só é verdade, claro, num universo de peixes azuis — isto é, num universo onde todos os indivíduos, sem exceção, são peixes azuis. Contudo, não é isso que a sentença original afirmava. Você percebe a diferença entre '*Todos* são peixes azuis' e '*Todos os peixes* são azuis', não é mesmo? O segundo caso significa dizer que, para qualquer *x*, vale o seguinte: *se* ele for peixe, *então* é azul. Mas um certo *x* pode, claro, não ser um peixe e ter outra cor.

De modo análogo, uma sentença como 'nenhum peixe é azul' pode ser parafraseada como 'se algo é um peixe, então *não é* azul', e podemos formalizar isso assim:

$$\forall x(Px \rightarrow \neg Ax).$$

Ou seja: para qualquer x, se x é um peixe, então, x não é azul. Alternativamente, poderíamos usar

$$\neg\exists x(Px \wedge Ax),$$

ou seja, não existe algo que seja um peixe azul.

Na teoria clássica do silogismo, letras como A e B serviam para propriedades. Mas como o **CQC** também nos permite trabalhar com relações, sentenças que as envolvem também podem ser formalizadas. Por exemplo,

Todos os filhos de João são estudantes.

Essa sentença tem a mesma forma de uma universal afirmativa; veja:

Todo [filho de João] é [estudante].

Se começarmos a formalizar isso, teremos

$\forall x$(x é filho de João $\rightarrow$ x é estudante).

Precisamos, agora, apenas de uma constante individual e de constantes de predicado. Por exemplo, j para João, F para 'x é filho de y' e E para 'x é estudante'. Assim:

$$\forall x(Fxj \rightarrow Ex).$$

Considere agora um exemplo mais complicado:

Nenhum filho adolescente de João é estudante.

Essa sentença tem a forma 'Nenhum A é B', uma universal negativa:

Nenhum [filho adolescente de João] é [estudante].

Como um início de formalização, temos:

$\forall x$(x é filho adolescente de João $\rightarrow$ $\neg x$ é estudante).

Ou seja:

$\forall x((x$ é filho de João $\wedge$ x é adolescente$) \rightarrow \neg x$ é estudante$)$.

E, usando A para 'x é adolescente', temos, finalmente:

$$\forall x((Fxj \wedge Ax) \rightarrow \neg Ex).$$

Como você vê, muitas sentenças de estrutura mais complexa podem ser reduzidas a uma das quatro formas básicas de proposição categórica. O quadro seguinte resume o que vimos até agora:

Todo A é B	$\forall x(Ax \rightarrow Bx)$
Nenhum A é B	$\forall x(Ax \rightarrow \neg Bx)$
Algum A é B	$\exists x(Ax \wedge Bx)$
Algum A não é B	$\exists x(Ax \wedge \neg Bx)$

Entretanto, isso é apenas uma pequena parte da história, pois há muitos outros tipos de proposição (ou sentença). Antes de passarmos aos exercícios, porém, um último exemplo. Tomemos a sentença

Os gatos e os cachorros são animais domésticos.

Obviamente, estamos falando de todos os gatos e cachorros. Assim, usando os predicados G, C e A, temos:

$$\forall x((Gx \vee Cx) \rightarrow Ax).$$

Note, agora, uma coisa curiosa: embora na sentença em português tenha aparecido uma conjunção — 'gatos *e* cachorros' —, na fórmula usamos $\vee$. Para perceber a razão disso, compare a fórmula anterior com a seguinte:

$$\forall x((Gx \wedge Cx) \rightarrow Ax).$$

Essa última está dizendo que qualquer coisa que seja *um gato e um cachorro* é um animal doméstico. Mas certamente não existe um indivíduo que seja gato e cachorro ao mesmo tempo. Assim, para exprimir corretamente o que estava em português, precisamos usar a disjunção: qualquer x que seja um gato *ou* que seja um cachorro é um animal doméstico, o que é justamente o que pretendíamos.

Exercício 9.3 Traduza as sentenças a seguir para a linguagem do **CQC**, usando a notação sugerida:

(a) Alguns homens não são sinceros. (H: x é homem; S: x é sincero)
(b) Todas as mulheres são lindas. (M: x é mulher; L: x é linda)
(c) Nenhum peixe é anfíbio. (P: x é peixe; A: x é anfíbio)
(d) Alguns metais são líquidos. (M: x é um metal; L: x é líquido)
(e) Nenhum animal é vegetal. (A: x é um animal; T: x é um vegetal)
(f) Nem todos os animais são invertebrados. (I: x é invertebrado)
(g) Alguns papagaios não são vermelhos. (P: x é um papagaio; R: x é vermelho)
(h) Nenhum papagaio é vermelho.
(i) Há ao menos um papagaio vermelho.
(j) Há ao menos um papagaio, e ao menos uma coisa vermelha.
(k) Alguns números naturais são ímpares. (N: x é um número natural; I: x é ímpar)
(l) Tudo que é azul é bonito. (A: x é azul; B: x é bonito)
(m) Todo poeta é romântico. (P: x é um poeta; R: x é romântico)
(n) Nenhum poeta romântico vende muitos livros. (L: x vende muitos livros)
(o) Qualquer pessoa que seja persistente pode aprender lógica. (P: x é uma pessoa; T: x é persistente; L: x pode aprender lógica)
(p) Há crianças que gostam de brincar. (C: x é criança; G: x gosta de brincar)
(q) Toda criança gosta de brincar.
(r) Toda criança travessa gosta de brincar. (T: x é travessa)
(s) Toda criança travessa gosta de brincar e de ir ao cinema. (K: x gosta de ir ao cinema)
(t) Qualquer amigo de Pedro é amigo de João. (p: Pedro; j: João; A: x é amigo de y)
(u) Nem todos os espiões são mais perigosos do que Boris. (b: Boris; S: x é um espião; D: x é mais perigoso do que y)
(v) Nenhum espião é mais perigoso do que Natasha. (n: Natasha)

(w) Qualquer um que seja mais perigoso do que Natasha é mais perigoso do que Boris.
(x) Nenhum espião que seja mais perigoso do que Natasha é mais perigoso do que Boris.
(y) Alguém é mais perigoso do que Boris e Natasha.
(z) Há um espião que não é mais perigoso do que Boris e nem do que Natasha.

9.3 Quantificação múltipla

Na seção anterior, nos restringimos a formalizar principalmente proposições categóricas, que, como você notou, envolvem apenas um quantificador (existencial ou universal). No entanto, é também comum termos sentenças em que aparecem mais de um quantificador. Já havíamos visto alguns exemplos na seção anterior (como a sentença (j) do exercício 9.3). Mas é óbvio que podemos tomar, digamos, duas proposições categóricas quaisquer e fazer sua conjunção (ou disjunção etc.):

Os gatos são pretos, e os cisnes são brancos.

A tradução para a linguagem do **CQC** é óbvia:

$$\forall x(Gx \to Px) \land \forall x(Cx \to Bx)$$

Deve estar claro também que você pode tomar quaisquer sentenças gerais e com elas, por meio de operadores e quantificadores, formar sentenças mais complexas. Por exemplo, considere a sentença

Se todos os gatos são pretos, então não existem gatos cor de laranja.

Usando G, P e L para as propriedades envolvidas, teremos:

$$\forall x(Gx \to Px) \to \neg\exists x(Gx \land Lx),$$

que, claro, não é uma fórmula geral, mas uma implicação. Um outro exemplo:

Nem todos os gatos são pretos, nem há gatos maiores que Miau que sejam cor de laranja.

Usando agora, além do que já tínhamos, M para a relação 'x é maior que y', obtemos

$$\neg\forall x(Gx \rightarrow Px) \wedge \neg\exists x((Gx \wedge Mxm) \wedge Lx).$$

Os casos mais interessantes envolvendo quantificadores, porém, ocorrem quando há mais de um quantificador e um ocorre dentro do escopo do outro. Por exemplo, considere a sentença 'todos gostam de alguém'. Ela pode ser parafraseada do seguinte modo: 'qualquer que seja x, há um y do qual ele gosta', isto é:

qualquer que seja x, há um y tal que x gosta de y.

Na linguagem do **CQC**, usando G para 'x gosta de y':

$$\forall x\exists y Gxy.$$

A propósito, a ordem dos quantificadores é de fundamental importância. A fórmula seguinte, parecida com a anterior, mas com a ordem dos quantificadores invertida, diz algo bem diferente:

$$\exists y\forall x Gxy.$$

Isso afirma que existe algum indivíduo, y, tal que, qualquer que seja x, x gosta de y. Em outras palavras (e símbolos), existe algum indivíduo y do qual todos gostam: João gosta de y, Maria gosta de y etc. O que é falso, pois, de modo geral, ninguém é uma unanimidade. Por outro lado, 'todos gostam de alguém' é provavelmente verdadeira: para qualquer pessoa, há alguém de quem ela gosta, e duas pessoas diferentes podem bem gostar de outras pessoas distintas: João gosta de Maria, Maria gosta de Pedro, Pedro gosta de Etelvina etc. (Basta acrescentar que Carlos também gosta de Etelvina e já teremos material para uma novela!)

É preciso notar, contudo, que a sentença 'todos gostam de alguém' pode ser lida das duas maneiras indicadas: cada um gosta de alguém diferente, ou todos gostam do mesmo alguém. É um caso em que a sentença em português é ambígua. Encontramos isso com frequência quando uma sentença contém mais de um quantificador, como veremos em exemplos a seguir.

Digamos que queremos agora formalizar as sentenças 'há alguém que não gosta de ninguém' e 'há alguém que não gosta de todos'. A primeira fica como se segue:

$$(7) \qquad \exists x \forall x \neg Gxy,$$

que diz que há um x tal que, qualquer que seja y, x não gosta de y. Isto é, x não gosta de nenhum y mesmo — não gosta de ninguém. Diferentemente disso, a segunda sentença, que diz que alguém não gosta de todos, é ambígua. Por um lado, ela pode estar significando que há alguém que não gosta de todas as pessoas, sem exceção (embora possa gostar de algumas delas). Isto é, temos o seguinte:

$$(8) \qquad \exists x \neg \forall y Gxy,$$

ou seja, para algum x, não é verdade que ele goste de todo e qualquer y. Por outro lado, a sentença 'há alguém que não gosta de todos' pode também significar que há alguém que não gosta de qualquer pessoa — ou seja, que não gosta de ninguém. Nesse caso, essa sentença diz o mesmo que a primeira anteriormente mencionada, e a fórmula correspondente é a mesma, ou seja, (7).

Com relação à fórmula em (8), ela diz apenas que há algum x tal que não é verdade que ele goste de qualquer y. Isso ainda deixa em aberto a possibilidade de que x não goste de ninguém. Como faríamos, então, para dizer que esse x gosta de pelo menos algum y, mas que não gosta de todo y?

Se você pensar um pouco, vai ver que a fórmula a seguir dá conta disso:

$$\exists x(\exists y Gxy \wedge \neg \forall y Gxy).$$

Mais um exemplo, nesse caso envolvendo três quantificadores: dados três indivíduos quaisquer, se o primeiro é pai do segundo, e o segundo é mãe do terceiro, então o primeiro é avô (materno) do terceiro. Usando P, M, e A para as relações 'x é pai de y', 'x é mãe de y' e 'x é avô materno de y', respectivamente, ficamos com

$$\forall x \forall y \forall z((Pxy \land Myz) \rightarrow Axz).$$

E algo ligeiramente parecido: se um indivíduo é avô materno de outro, então há um terceiro de quem o primeiro é o pai, e que é mãe do segundo. Isto é: quaisquer que sejam x e y, se x é avô materno de y, então há um z tal que x é pai de z e z é mãe de y. Ou seja:

$$\forall x \forall y(Axy \rightarrow \exists z(Pxz \land Mzy)).$$

Talvez você tenha notado que, no parágrafo anterior, eu tomei a sentença 'se um indivíduo é avô materno de outro etc.' e a representei usando um quantificador universal, embora a sentença não tivesse ocorrências de 'todo', 'todos' etc. É o mesmo que acontece no seguinte exemplo: digamos que queiramos representar a sentença 'se algum indivíduo é pai de outro, este não é pai daquele'. Note que a sentença em português contém uma ocorrência de 'algum'. Mas a formalização adequada é:

$$\forall x \forall y(Pxy \rightarrow \neg Pyx).$$

A razão disso é que a expressão 'algum indivíduo', na sentença do exemplo, está falando de um indivíduo *qualquer*. A ideia é que, não importa quem sejam os indivíduos x e y, se x é pai de y, então y não é pai de x. (Recorde que, mais ao início deste capítulo, havíamos visto que 'se algo é um gato, então é um mamífero' diz a mesma coisa que 'todos os gatos são mamíferos'.)

Para encerrar, vamos tomar uma sentença bem complicada e ver como podemos traduzi-la para a linguagem do **CQC**. Digamos que eu peça a você para formalizar a sentença

Todo marciano verde que é rico possui uma casa em Syrtis Major.

Suponhamos também que você deva fazer isso utilizando a seguinte notação:

M: x é um marciano;	C: x é uma casa;
G: x é verde;	S: x fica em Syrtis Major;
R: x é rico;	P: x possui y.

Parece complicado, mas, na verdade, não é tanto. Para começar, note que estamos tratando de uma proposição categórica — uma universal afirmativa:

Todo [marciano verde que é rico] [possui uma casa em Syrtis Major],

ou seja, o resultado final terá que ter a seguinte estrutura:

(9) $\forall x$(x é marciano, verde e rico $\rightarrow$ x possui uma casa em Syrtis Major).

A primeira parte é fácil, pois 'x é marciano, verde e rico' equivale a 'x é marciano e x é verde e x é rico'. Em símbolos: '$Mx \wedge (Gx \wedge Rx)$'. Podemos substituir isso em (9), ficando com:

(10) $\forall x((Mx \wedge (Gx \wedge Rx)) \rightarrow$ x possui uma casa em Syrtis Major).

Mas como vamos representar 'x possui uma casa em Syrtis Major'? A resposta é mais ou menos imediata:

há um y, tal que y é uma casa, y fica em Syrtis Major, e x possui y.

Ou seja: $\exists y(Cy \wedge (Sy \wedge Pxy))$. Substituindo isso em (10), temos a solução:

$$\forall x((Mx \wedge (Gx \wedge Rx)) \rightarrow \exists y(Cy \wedge (Sy \wedge Pxy))).$$

Não é uma beleza? E agora, divirta-se com os exercícios a seguir. (Afinal, o que você faria nas tardes de sábado se não houvesse exercícios de lógica, não é mesmo?)

Exercício 9.4 Traduza as sentenças a seguir para a linguagem do **CQC** usando a notação sugerida. (Nota: pode haver mais de uma tradução, se a sentença original admite mais de uma leitura.)

m: Miau; *G*: *x* gosta de *y*; *A*: *x* ama *y*.

(a) Todos amam alguém.
(b) Alguém ama alguém.
(c) Todos são amados por alguém.
(d) Alguém é amado por todos.
(e) Todos são amados por todos.
(f) Alguém não ama todos.
(g) Alguém não é amado por todos.
(h) Se todos gostam de Miau, Miau gosta de todos.
(i) Alguém gosta de alguém, se Miau gosta de todos.
(j) Todos gostam de Miau, mas Miau não gosta de ninguém.
(k) Todos amam alguém que não os ama.
(l) Todos amam alguém que não ama ninguém.
(m) Todos amam alguém, mas ninguém ama a todos.
(n) Ou alguém é amado por todos, ou alguém ama todos e alguém não ama ninguém.

Exercício 9.5 Traduza as sentenças a seguir para a linguagem do **CQC** usando a notação sugerida (pode haver mais de uma tradução):

(a) Nenhum amigo de Pedro é amigo de João. (*p*: Pedro; *j*: João; *A*: *x* é amigo de *y*)
(b) Qualquer amigo de Pedro que não seja um político é amigo de João. (*P*: *x* é um político)
(c) Qualquer amigo de Pedro ou Carlos é amigo de João. (*c*: Carlos)
(d) Qualquer amigo de Pedro é amigo de algum amigo de João.
(e) Qualquer amigo de Pedro ou Carlos é amigo de qualquer amigo de João.
(f) Nenhuma mulher é feia, mas algumas mulheres não são bonitas. (*M*: *x* é uma mulher; *F*: *x* é feia; *B*: *x* é bonita)
(g) Se todos os humanos são imortais, então Sócrates é imortal ou Sócrates não é humano. (*s*: Sócrates; *H*: *x* é humano; *I*: *x* é imortal)
(h) Nem todas as aves voam, se Tweety não voa. (*t*: Tweety; *A*: *x* é uma ave; *F*: *x* voa)
(i) Todo fazendeiro tem um burro no qual ele bate. (*F*: *x* é um fazendeiro; *B*: *x* é um burro; *T*: *x* pertence a *y*; *H*: *x* bate em *y*)
(j) Algum fazendeiro tem um burro no qual ele não bate.

(k) Todo homem ama uma mulher que o ama. (*H*: *x* é um homem; *M*: *x* é uma mulher; *A*: *x* ama *y*)
(l) Nem todo homem ama uma mulher que o ama.
(m) Todo homem ama uma mulher que ama alguém.
(n) Se todos os filósofos espertos são cínicos e apenas mulheres são filósofos espertos, então, se há algum filósofo esperto, alguma mulher é cínica. (*F*: *x* é um filósofo; *M*: *x* é uma mulher; *E*: *x* é esperto; *C*: *x* é cínico)

Exercício 9.6 Traduza as sentenças a seguir (algumas são um pouco complicadas!) para a linguagem do **CQC**, usando a notação sugerida:

a: Alice; *b*: Beatriz; *c*: Cláudia; *L*: *x* é um livro; *P*: *x* é um psicólogo; *F*: *x* é um filósofo; *G*: *x* gosta de *y*; *D*: *x* dá *y* para *z*.

(a) Alice gosta de algum filósofo que gosta dela.
(b) Todo filósofo gosta de algum livro.
(c) Há um livro do qual todos os filósofos gostam.
(d) Os filósofos gostam de todos os livros.
(e) Há um livro do qual nenhum psicólogo gosta.
(f) Nenhum psicólogo gosta de livros.
(g) Filósofos não gostam de psicólogos.
(h) Um filósofo deu um livro para Alice.
(i) Um filósofo deu um livro para Alice, do qual ela não gostou.
(j) Alice e Beatriz deram um livro para Cláudia.
(k) Um filósofo e um psicólogo deram um livro para Beatriz.
(l) Nem os filósofos nem os psicólogos gostam de si mesmos.
(m) Se algum psicólogo gosta de Beatriz, então algum filósofo também gosta.
(n) Se algum psicólogo gosta de alguém, então algum filósofo gosta dessa mesma pessoa.
(o) Se algum psicólogo gosta de alguém, então algum filósofo também gosta de alguém.
(p) Ou os filósofos gostam de todos os livros ou não gostam de nenhum.
(q) Alice e Beatriz gostam de todos os filósofos, se algum filósofo dá algum livro para alguém.
(r) Todos gostam dos filósofos, se todo filósofo dá algum livro para alguém.

10
ESTRUTURAS E VERDADE

Neste capítulo, você vai ver, enfim, como interpretar linguagens de primeira ordem. Iniciaremos examinando, de maneira informal, as noções de *estrutura* e de *verdade em uma estrutura*, deixando para apresentar as definições completas num segundo momento.

10.1 O valor semântico das expressões

Vamos começar com um exemplo de argumento simples e sua tradução para uma linguagem de primeira ordem (usando n para 'Netuno', J para 'x é um planeta joviano' e A para 'x tem anéis'):

P_1	Todo planeta joviano tem anéis.	P_1	$\forall x(Jx \rightarrow Ax)$
P_2	Netuno é um planeta joviano.	P_2	Jn
▸	Netuno tem anéis.	▸	An

Conforme mencionei anteriormente, ao especificar uma linguagem de primeira ordem, já temos em vista um certo domínio de aplicação e os símbolos (não lógicos) vão sendo escolhidos já com um certo significado informal a eles associado. (Foi o que eu fiz, indicando que íamos usar n para 'Netuno' etc.) Vimos também que essa interpretação informal não é suficiente para nossos propósitos de analisar a validade (ou invalidade) de um argumento. Assim, no capítulo 6, nos ocupamos de um tipo simples de interpretação formal: as *valorações*.

Tais interpretações são adequadas para linguagens proposicionais: cada fórmula atômica da linguagem recebe arbitrariamente um valor de verdade, e o valor de verdade das fórmulas moleculares é determinado a partir disso.

Bem, de fato podemos estender essa noção de valoração para linguagens de primeira ordem: em vez de atribuir um valor de verdade arbitrariamente a cada fórmula atômica da linguagem, uma valoração passa a atribuir um valor **V** ou **F** a qualquer fórmula *que não seja molecular*, ou seja, a fórmulas atômicas e gerais. Assim, podemos estender a noção de tautologia a fórmulas de uma linguagem de primeira ordem: uma fórmula como $\forall xPx \vee \neg\forall xPx$ vai ser uma tautologia, pois é um caso particular do esquema $\alpha \vee \neg\alpha$, que é tautológico, como vimos ao falar sobre a semântica do **CPC**.

Contudo, apenas estender a noção de valoração não vai ser suficiente para o **CQC**: entre outras coisas, não conseguiremos mostrar a validade do argumento já apresentado. Ora, todos concordamos que ele é intuitivamente válido; porém, construindo uma tabela de verdade para ele, vamos nos deparar com a seguinte situação: nenhuma das três fórmulas envolvidas, $\forall x(Jx \to Ax)$, Jn e An, é molecular, e é fácil encontrar uma valoração ν tal que $\nu(\forall x(Jx \to Ax)) =$ **V**, $\nu(Jn) =$ **V** e $\nu(An) =$ **F**, já que fórmulas não moleculares receberiam valores arbitrários. Ou seja, o argumento formalizado resulta inválido!

Claramente, há um descompasso entre nossa convicção intuitiva da validade do argumento e o resultado obtido por uma análise dele em termos de valorações. O problema é justamente que as valorações não são sofisticadas o suficiente para dar conta de fórmulas gerais, por exemplo. A análise que precisamos fazer tem que ser mais fina; temos que descer a um nível de detalhamento maior na interpretação de uma linguagem de primeira ordem $\mathcal{L}$ qualquer e isso vai ser possível utilizando a noção de uma *estrutura para* $\mathcal{L}$. Isso vai ser algo bem mais complexo do que as valorações que vimos anteriormente: não podemos nos limitar a dizer que tais ou quais fórmulas atômicas (e gerais) são verdadeiras ou falsas — precisamos dizer por quê. Ou seja, precisamos especificar suas condições de verdade. Para isso, precisamos associar a cada uma das *expressões básicas* da linguagem, das quais são compostas as fórmulas atômicas, um *valor semântico*, isto é, uma interpretação ou significado.

Esse nível maior de detalhamento é um refinamento daquela versão do princípio de composicionalidade (ou princípio de Frege) apresentada no capítulo 6. Vimos ali que o valor de verdade de uma fórmula molecular pode ser determinado a partir dos valores de suas subfórmulas. Veremos aqui que isso pode ser feito também com as fórmulas gerais — e algo similar acontece com as fórmulas atômicas, que, claro, não têm subfórmulas próprias, mas são compostas de outras coisas, como constantes de predicado e constantes individuais.

Tomemos uma fórmula atômica como exemplo, digamos, Pa. De acordo com o princípio de composicionalidade, o valor semântico dessa fórmula — seu valor de verdade — vai depender dos valores semânticos atribuídos aos símbolos que a compõem, ou seja, dos valores de P e de a. Mas, que valores serão esses e onde obtê-los?

Ora, a ideia é que as expressões da linguagem — as fórmulas, por um lado, e as expressões básicas, por outro — devem ter um valor semântico, uma interpretação. No caso de fórmulas, isso é simples: esse valor semântico é um valor de verdade, como vimos até agora. E as constantes individuais, por exemplo? Bem, do ponto de vista intuitivo, se as constantes funcionam como *nomes*, então o valor semântico de uma constante deve ser um *indivíduo*. Se P é um símbolo de propriedade, seu valor semântico deverá ser uma *propriedade*. Se é um símbolo de relação binária, uma *relação binária*. E assim por diante. (Recorde, a propósito, que símbolos lógicos como $\wedge$ e $\neg$ já têm um significado fixo, e assim não precisamos nos preocupar com eles.)

O papel das estruturas, que veremos a seguir, é o de especificar os valores semânticos desejados e, dessa maneira, nos permitir determinar se as fórmulas são verdadeiras ou falsas de acordo com essas estruturas. Finalmente, poderemos, então, definir consequência lógica por meio das estruturas (como havíamos feito ao definir consequência tautológica por meio das valorações). Essa nova noção de consequência lógica valerá para todo o **CQC**, ao contrário da definição anterior, de consequência tautológica, que se restringe ao cálculo proposicional, o **CPC**.

10.2 Estruturas

Ao construir uma estrutura $\mathfrak{A}$ para uma linguagem de primeira ordem $\mathcal{L}$, a primeira coisa a fazer é delimitar o domínio das entidades sobre as quais estamos falando, ou seja, determinar que indivíduos "existem". No mundo real, isso não é normalmente um problema: existe tudo o que existe. Mas, na nossa situação, na qual tentamos considerar os vários casos possíveis, certamente teremos de imaginar que tais ou quais indivíduos, ao contrário do mundo real, existem ou deixam de existir. (Um mundo no qual houvesse unicórnios, por exemplo, mas nenhum político.) A esse domínio de entidades (o 'universo do nosso discurso', se você quiser usar essa expressão) denominamos *universo* ou *domínio* da estrutura. (A propósito, vamos utilizar as letras góticas $\mathfrak{A}$, $\mathfrak{B}$, $\mathfrak{C}$ etc. para designar estruturas.)

O universo $U_{\mathfrak{A}}$ de uma estrutura $\mathfrak{A}$ é usualmente definido como um conjunto não vazio: isto é, um conjunto que tem *ao menos um* elemento. Fora isso, não se costuma colocar nenhuma restrição. Farei, porém, a restrição adicional de que esse conjunto seja *contável* (isto é, finito ou, se infinito, enumerável), por razões que depois serão mencionadas. Assim, podemos tomar como universo de uma estrutura qualquer um dos conjuntos a seguir:

o conjunto dos seres humanos;
o conjunto dos gatos, gambás e quatis;
o conjunto dos números naturais;
o conjunto dos números racionais maiores que 32;
{Immanuel Kant, Moreira da Silva, $\sqrt{3}$, Mr. Bean};
{Salma Hayek}.

Note que alguns dos conjuntos anteriores são finitos, isto é, existe apenas um número finito de indivíduos no universo, enquanto outros são infinitos. O universo do último exemplo anterior contém apenas um indivíduo (mas isso já é o suficiente). Para resumir, os únicos conjuntos que não aceitaremos como universo de uma estrutura são o conjunto vazio $\emptyset$ e os conjuntos infinitos não enumeráveis.[1]

Fixado um universo, o próximo passo é dizer como interpretar as expressões básicas de uma linguagem com respeito a ele, ou seja, como dar a elas um valor semântico. Isso é feito através de uma *função interpretação* $I_{\mathfrak{A}}$ que associa às constantes não lógicas de uma linguagem $\mathcal{L}$ certas coisas na estrutura $\mathfrak{A}$. Note que já temos, então, dois elementos em uma estrutura: um domínio de entidades (universo), uma função interpretação. Mais precisamente, podemos definir uma estrutura $\mathfrak{A}$ para uma linguagem de primeira ordem $\mathcal{L}$ como um par ordenado $\langle U_{\mathfrak{A}}, I_{\mathfrak{A}}\rangle$, em que $U_{\mathfrak{A}}$, o universo da estrutura, é um conjunto não vazio e contável, e $I_{\mathfrak{A}}$ é uma função interpretação (cujas características vamos especificar logo em seguida).

Para simplificar, e onde não houver perigo de confusão, vamos escrever simplesmente U para o universo de uma estrutura, e I para a função interpretação, em vez de $U_{\mathfrak{A}}$ e $I_{\mathfrak{A}}$, por exemplo.

Mas antes de dar definições rigorosas para tudo, vamos ver como as coisas funcionam por meio de um exemplo. Suponha que temos a linguagem de primeira ordem a seguir,

$$\mathcal{L} = \{a, b, c, d, R, M, C, H, G\},$$

em que G é um predicado binário e os demais são predicados unários. Seja, agora, $\mathfrak{A}$ uma estrutura com um universo U, tal que U é algum subconjunto dos seres humanos, por exemplo, o conjunto de todos os meus sobrinhos e sobrinhas:

U = {Ana Maria, Conrado, Dorothee, Elisa, Felipe, Fernando, Gabriela, Gustavo, Juliana, Leila, Luís Guilherme, Mariana, Sebastian, Veronika}.

1 Aceitar que o universo de uma estrutura possa ser vazio caracteriza outros sistemas de lógica, diferentes da lógica clássica, chamados de *lógicas livres*. Ainda a esse respeito, cabe mencionar que geralmente podemos admitir conjuntos não enumeráveis, ou até mesmo *classes próprias* (que não são conjuntos) como universos de estrutura, o que, como disse antes, não farei aqui.

Esse é nosso domínio de entidades: ele contém quatorze indivíduos. Para termos uma ideia melhor, podemos desenhar algo como a figura 10.1, em que o universo U é representado por um retângulo em cujo interior se encontram os indivíduos (representados por seus nomes, claro).

Figura 10.1: O universo de $\mathfrak{A}$.

Agora, podemos caracterizar a função interpretação I. Comecemos pelas constantes individuais: elas funcionam como nomes; logo, a elas devemos associar indivíduos. Sejam, então, Ana Maria, Juliana, Sebastian e Felipe os indivíduos associados por I às constantes a, b, c e d, respectivamente. Podemos escrever isso da seguinte maneira:

$$\begin{aligned} I(a) &= \text{Ana Maria}, \\ I(b) &= \text{Juliana}, \\ I(c) &= \text{Sebastian}, \\ I(d) &= \text{Felipe}, \end{aligned}$$

ou então assim:

$$I \ : \ \begin{array}{lcl} a & \mapsto & \text{Ana Maria} \\ b & \mapsto & \text{Juliana} \\ c & \mapsto & \text{Sebastian} \\ d & \mapsto & \text{Felipe} \end{array}$$

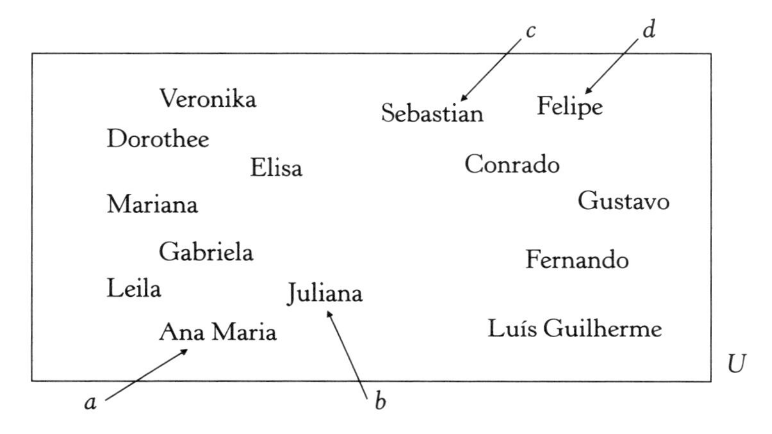

Figura 10.2: As constantes interpretadas.

e representamos isso tudo, graficamente, na figura 10.2.

Caso não esteja ainda claro para você, a função interpretação I é uma função que toma como argumento símbolos não lógicos de uma linguagem de primeira ordem e associa a eles um valor semântico. No caso de constantes individuais, um indivíduo do universo. Assim, uma expressão como '$I(a)$ = Ana Maria' está dizendo que a função I está associando à constante a um indivíduo que pertence ao universo da estrutura — no caso, Ana Maria. Ou seja:

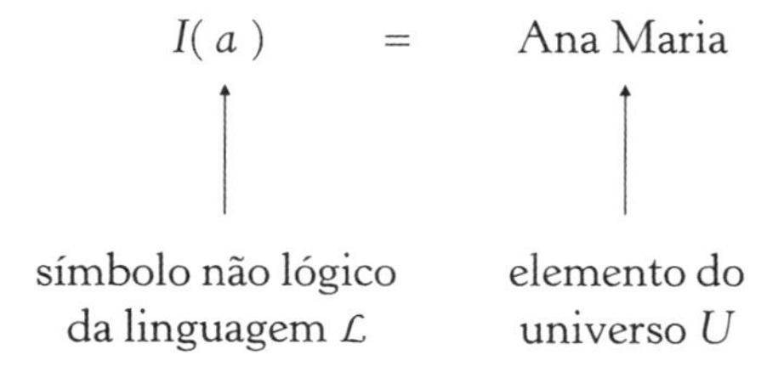

É claro que, sendo I uma função, ela não pode atribuir à *mesma* constante dois ou mais indivíduos. Por outro lado, não há problema se duas ou mais constantes tiverem o mesmo valor semântico, isto é, se a elas for associado o mesmo indivíduo. Por exemplo, seria possível ter $I(a) = I(b)$ = Ana Maria. Isso representaria uma situação em que um indivíduo tem mais de um nome. Note ainda que dez indivíduos não tiveram associada a eles nenhuma constante — o que seria de esperar, uma vez que nossa linguagem contém apenas quatro constantes. Mas isso não constitui nenhum problema. (Bem ... quase nenhum, como veremos depois.)

Tendo interpretado as constantes individuais, precisamos dar um valor semântico a cada constante de predicado. Comecemos pelos predicados unários, ou seja, símbolos para propriedades. Em nossa interpretação informal, ao especificar a linguagem, os símbolos R, M, C e H poderiam estar associados às propriedades 'x é um rapaz', 'x é uma moça', 'x mora em Campinas' e 'x mora em Heidelberg', respectivamente. Mas precisamos associar a eles, na interpretação formal, alguma coisa baseada na estrutura $\mathfrak{A}$. E o mecanismo é simples: a cada *símbolo de propriedade* vamos associar um *subconjunto do universo* U. (Lembre-se de que uma propriedade pode ser especificada pelo conjunto dos indivíduos, de um conjunto dado, que a possuem.) Por exemplo, a propriedade 'x é um rapaz' define o subconjunto de U formado pelos rapazes: $\{x \in U \mid x$ é um rapaz$\}$. Assim, a função interpretação I associa a R um certo subconjunto de U, que denotaremos por $I(R)$, e que é o conjunto

{Conrado, Felipe, Fernando, Gustavo, Luís Guilherme, Sebastian}.

No caso geral, I associa a cada símbolo de propriedade $\mathbf{P}$ um subconjunto $I(\mathbf{P})$ do universo U. Isto é, $I(\mathbf{P}) \subseteq U$.

É importante observar aqui que o tipo de semântica que estamos fazendo, para o **CQC**, é uma semântica *extensional*. Ou seja, o significado (valor semântico) das expressões está sendo definido por meio de suas extensões.

Voltemos ao nosso exemplo. Fazendo a interpretação I corresponder a nossa interpretação informal das constantes de predicado, I poderia associar ao símbolo M o subconjunto de U formado pelas moças, ao símbolo C os que moram em Campinas, e assim por diante. Então, temos:

$I(R)$ = {Conrado, Felipe, Fernando, Gustavo, Luís Guilherme, Sebastian},
$I(M)$ = {Ana Maria, Dorothee, Elisa, Gabriela, Juliana, Leila, Mariana, Veronika},
$I(C)$ = {Leila, Gabriela, Mariana},
$I(H)$ = {Veronika, Dorothee, Sebastian}.

E podemos representar isso tudo na figura 10.3.

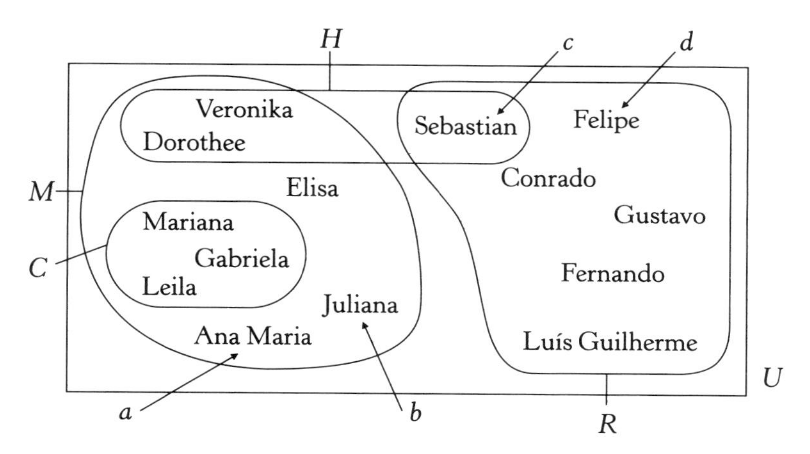

Figura 10.3: Interpretando símbolos de propriedade.

Note que a cada um dos símbolos de propriedade associamos realmente um subconjunto de U. E veja que, do ponto de vista formal, não interessa se os elementos do universo associados a R — isto é, $I(R)$ — são realmente rapazes: nossa estrutura é uma interpretação formal; estamos simplesmente associando símbolos a conjuntos. Uma outra interpretação, digamos I', também baseada nesse universo U, poderia associar a R, por exemplo, o subconjunto de U formado por Felipe e Ana Maria. Isto é, $I'(\mathrm{R})$ = {Felipe, Ana Maria}. Que tenhamos associado informalmente ao símbolo R a propriedade 'x é um rapaz' no mundo real, e estejamos tentando refletir isto *nesta estrutura particular* $\mathfrak{A}$, é apenas uma das inúmeras possibilidades.

Bem, o que vimos anteriormente dá conta do caso dos símbolos de propriedade. Mas como interpretar símbolos de relações? Fácil. Como você recorda (ou se não recorda, releia o capítulo 4), uma relação binária, por exemplo, pode ser especificada por meio de um conjunto de *pares ordenados*. Assim, não é nenhuma surpresa que a função I vá associar a um símbolo de relação binária **R** uma relação $I(\mathbf{R}) \subseteq U^2$. (Lembre-se de que $U^2 = U \times U$.) Por exemplo, à relação 'x é pai de y' poderíamos associar o conjunto de todos os pares de indivíduos do universo tais que o primeiro é pai do segundo.

No nosso exemplo anterior, o símbolo de relação binária G, que, informalmente, poderia simbolizar a relação 'x gosta de brincar com y', pode ser associado, digamos, ao seguinte conjunto de pares ordenados:

$$I(G) = \{\langle \text{Elisa, Juliana} \rangle, \langle \text{Felipe, Conrado} \rangle, \langle \text{Leila, Gabriela} \rangle, \langle \text{Dorothee, Veronika} \rangle\}.$$

Em outras palavras, com esse conjunto de pares estamos simplesmente dando uma listagem de quem gosta de brincar com quem, na estrutura $\mathfrak{A}$. (No mundo real, todos eles gostam de brincar uns com os outros.)

A essas alturas, você provavelmente já está desconfiando de que, se tivermos um símbolo de predicado *ternário*, sua interpretação será um conjunto de *triplas ordenadas*, isto é, um subconjunto de U^3. E você tem toda razão. De modo similar, a símbolos de predicados quaternários, a interpretação I associa um conjunto de quádruplas ordenadas, e assim por diante. Não é simples? No caso geral, um símbolo de predicado n-ário **R** será associado a um conjunto de ênuplas de indivíduos de U, isto é, $I(\mathbf{R}) \subseteq U^n$.

A estrutura descrita, contudo, é apenas uma das possíveis estruturas para essa nossa linguagem $\mathcal{L}$; podemos construir muitas e muitas outras. Por exemplo, podemos ter uma estrutura $\mathfrak{B}$ cujo universo seja o conjunto $U_{\mathfrak{B}} = \{1, 2, 3\}$, e tal que a função interpretação I (na verdade, $I_{\mathfrak{B}}$, mas vamos simplificar) seja como se segue:

$$I(a)=1, \quad I(R)=\{1, 2\},$$
$$I(b)=2, \quad I(M)=\{1,3\},$$
$$I(c)=3, \quad I(C)=\emptyset$$
$$I(d)=2, \quad I(H)=U_{\mathfrak{B}},$$
$$I(G)=\{\langle 2, 1\rangle, \langle 3, 1\rangle, \langle 3, 2\rangle\}.$$

Como você vê, o universo dessa estrutura contém apenas os números 1, 2 e 3. A propósito, ainda que nossa interpretação intuitiva estivesse falando dos meus sobrinhos e sobrinhas, essa estrutura $\mathfrak{B}$ está perfeitamente bem construída, pois temos um universo e uma interpretação. Note ainda que às constantes b e d foi associado um mesmo indivíduo, o número 2. Como mencionei, não há problema nenhum nisso; é como se b e d fossem dois nomes diferentes do número 2. O que não se pode fazer, repito, é associar, à mesma constante, dois ou mais indivíduos na estrutura — caso em que I não seria uma função, e a interpretação tem que ser uma função.

Você talvez esteja agora se perguntando se $I(C) = \emptyset$ é aceitável. Mais uma vez, não há problema: $\emptyset$ é um subconjunto de $U_{\mathfrak{B}}$ (o conjunto vazio é subconjunto de qualquer conjunto). Lembre-se de que o *universo* da estrutura não pode ser vazio; quanto aos símbolos de predicados, eventualmente sua interpretação pode ser o conjunto vazio: não há ninguém no universo com uma certa propriedade, ou não há indivíduos numa tal relação etc. (No mundo real, por exemplo, o conjunto de indivíduos que têm a propriedade 'x é um centauro' é o conjunto vazio.) De modo similar, não há nada de errado em que a interpretação de um símbolo de predicado seja o próprio universo: $I(H) = U_{\mathfrak{B}}$, como mencionado. Isso apenas quer dizer que todos os indivíduos têm a propriedade H — por exemplo, a propriedade de ser um número natural.

Finalmente, temos de ver o que acontece com os predicados zero-ários, isto é, as letras sentenciais. A única coisa que podemos dizer deles, em termos de significado, é que são ou verdadeiros ou falsos. Lembre-se de que as letras sentenciais são usadas, por exemplo, para representar sentenças como 'Chove' ou 'Faz frio'. Imaginando uma estrutura como uma situação, o que podemos dizer a esse respeito é que, nessa situação, ou chove, ou não. Assim, a sentença 'Chove' será verdadeira ou falsa nessa estrutura. Continuando a usar os valores de verdade **V** e **F** introduzidos no capítulo 6, definimos que, a cada símbolo sentencial **S**, a função I associa um valor de verdade $I(\mathbf{S})$. Como existem dois valores de verdade, **V** e **F**, temos que, ou $I(\mathbf{S}) = \mathbf{V}$, ou $I(\mathbf{S}) = \mathbf{F}$.

Exercício 10.1 Construa duas outras estruturas para a linguagem $\mathcal{L}$ dada, usando como universo: (a) o conjunto das capitais de estados do Brasil; (b) o conjunto dos números naturais.

Exercício 10.2 Quantas estruturas você acha que podemos construir para a linguagem $\mathcal{L}$ anterior?

10.3 Verdade

Tendo caracterizado as estruturas do modo como fizemos na seção anterior, estamos bem perto de poder definir verdade para as fórmulas de uma linguagem $\mathcal{L}$. Basicamente, a coisa é simples: uma fórmula α será verdadeira em uma estrutura $\mathfrak{A}$ se o valor semântico de α for **V**; α será falsa em $\mathfrak{A}$ se tiver o valor semântico **F**. Em outras palavras, o que temos é:

$$\alpha \text{ é verdadeira na estrutura } \mathfrak{A} \quad \text{sse} \quad \mathfrak{A}(\alpha) = \mathbf{V}.$$

O que precisamos fazer, claro, é dizer como determinar o valor de verdade de uma fórmula qualquer em uma estrutura — como associar **V** ou **F** a uma fórmula.

Para isso, porém, ainda nos falta alguma coisa. Se a ideia é determinar o valor semântico de uma fórmula (o valor de verdade) a partir do valor semântico de seus componentes, isso funciona no caso de fórmulas moleculares e de fórmulas atômicas como Pa, para as quais já temos os valores de P e de a numa estrutura — suas interpretações, respectivamente, $I(P)$ e $I(a)$. (Já veremos *como* fazer isso, mas você deve concordar com que podemos.) Porém, que dizer com relação a uma fórmula como $\forall x Px$? De acordo com o princípio de composicionalidade, o valor dessa fórmula deveria ser obtido a partir do valor semântico de Px, e o valor desta, a partir dos valores de

P e de x. Porém, aqui temos uma variável envolvida, e ainda não dissemos qual é o valor semântico de uma variável — recorde que a interpretação I está definida para as *constantes* (individuais e de predicado) de uma linguagem $\mathcal{L}$.

Obviamente, as variáveis funcionam sintaticamente como as constantes individuais, isto é, elas aparecem nas mesmas posições, numa fórmula, onde uma constante individual estaria. Se você quiser, podemos relembrar mais uma vez aquela analogia e dizer que as variáveis funcionam de certa forma como pronomes. De qualquer maneira, o valor de uma variável deveria ser um indivíduo do universo da estrutura.

Há várias maneiras de tratar essa questão. Uma delas é associar, como no caso das constantes individuais, a cada variável, um indivíduo no universo. Mas não é o que farei aqui; prefiro usar uma outra alternativa, que, creio, é didaticamente mais simples, e que consiste no seguinte (detalhes depois): para calcular o valor de uma fórmula com variáveis, fazemos simplesmente a substituição das variáveis por certas coisas como constantes individuais (cujo valor semântico já foi dado pela interpretação). Isso também envolve começar tratando apenas de fórmulas fechadas e deixando para especificar a verdade de uma fórmula aberta posteriormente.

Vamos começar, portanto, tratando apenas das sentenças, isto é, das fórmulas fechadas. No restante desta seção, sempre que falarmos em 'fórmula', estaremos nos referindo a fórmulas fechadas, a menos que o contrário seja dito explicitamente.

10.3.1 Fórmulas atômicas

Vamos continuar considerando a linguagem $\mathcal{L}$, e a estrutura $\mathfrak{A}$ (cujo universo são meus sobrinhos e sobrinhas). Tendo essa estrutura, fica fácil ver se uma fórmula atômica de $\mathcal{L}$, como Mb, recebe o valor **V** ("é verdadeira") ou não: ela terá o valor **V** se o indivíduo associado por I à constante b — isto é, $I(b)$, que é Juliana — pertencer ao subconjunto de U associado por I ao símbolo de predicado M — $I(M)$, que é o conjunto

{Ana Maria, Dorothee, Elisa, Gabriela, Juliana, Leila, Mariana, Veronika}.

Podemos indicar isso especificando as condições de verdade dessa fórmula para a estrutura $\mathfrak{A}$:

$$Mb \text{ é verdadeira em } \mathfrak{A} \quad \text{sse} \quad I(b) \in I(M).$$

Como podemos verificar na figura 10.3, temos, de fato, $I(b) \in I(M)$. Logo, podemos dizer que *Mb* recebe o valor de verdade **V** na estrutura $\mathfrak{A}$ (e, assim, que *Mb* é verdadeira na estrutura $\mathfrak{A}$). Vamos escrever isso da seguinte forma:

$$\mathfrak{A}(Mb) = \mathbf{V}.$$

Resumindo, as condições de verdade da fórmula *Mb*, então, podem ser assim especificadas:

$$\mathfrak{A}(Mb) = \mathbf{V} \quad \text{sse} \quad I(b) \in I(M).$$

Note que isso está apenas dizendo *quais são as condições para que a fórmula Mb seja verdadeira na estrutura* $\mathfrak{A}$: não estamos ainda dizendo nem que *Mb* é verdadeira nem que é falsa. Para saber se *Mb* é mesmo verdadeira ou falsa em $\mathfrak{A}$, precisamos verificar se as condições de verdade são satisfeitas. Passo a passo, fica assim:

$$\begin{aligned} \mathfrak{A}(Mb) = \mathbf{V} \quad & \text{sse} \quad I(b) \in I(M), \\ & \text{sse} \quad \text{Juliana} \in I(M), \\ & \text{sse} \quad \text{Juliana} \in \{\text{Ana Maria, Dorothee, Elisa,} \\ & \qquad\quad \text{Gabriela, Juliana, Leila, Mariana, Veronika}\}. \end{aligned}$$

E você pode facilmente verificar que Juliana de fato pertence ao conjunto $I(M)$. Assim, concluímos que $\mathfrak{A}(Mb) = \mathbf{V}$.

Vejamos, agora, um outro exemplo de fórmula atômica, digamos, a fórmula *Ca*. Essa fórmula terá o valor **V** em $\mathfrak{A}$ se o indivíduo associado a *a* — $I(a)$, que é Ana Maria — pertencer ao conjunto $I(C)$, isto é, se $I(a) \in I(C)$. Façamos as contas:

$$\begin{aligned} \mathfrak{A}(Ca) = \mathbf{V} \quad & \text{sse} \quad I(a) \in I(C), \\ & \text{sse} \quad \text{Ana Maria} \in I(C), \\ & \text{sse} \quad \text{Ana Maria} \in \{\text{Leila, Gabriela, Mariana}\}. \end{aligned}$$

Porém, isso *não* acontece: Ana Maria não pertence ao conjunto $I(C)$, ou seja, $I(a) \notin I(C)$. Nesse caso, relativamente a $\mathfrak{A}$, Ca é uma fórmula que não é verdadeira; logo, é falsa. Podemos escrever isso da seguinte maneira:

$$\mathfrak{A}(Ca) = \mathbf{F}.$$

Note que o valor de verdade de uma fórmula é obtido sempre com relação a alguma estrutura. Vimos anteriormente que Mb é verdadeira em $\mathfrak{A}$, ou seja, que $\mathfrak{A}(Mb) = \mathbf{V}$, mas, considerando a estrutura $\mathfrak{B}$, apresentada na seção anterior, vemos que $I(b) = 2$, $I(M) = \{1, 3\}$, e que $2 \notin \{1, 3\}$. Logo, $\mathfrak{B}(Mb) = \mathbf{F}$, ou seja, Mb é falsa em $\mathfrak{B}$. Resumindo, uma fórmula recebe um valor **V** ou **F** sempre com relação a uma certa estrutura: *verdade* é sempre *verdade em uma estrutura*.

Vamos ver, agora, uma fórmula que contém um símbolo de relação binária, como Gda. De acordo com nossa interpretação informal, ela é verdadeira se Felipe gosta de brincar com Ana Maria. Na estrutura $\mathfrak{A}$, Gda recebe o valor **V** se o indivíduo associado por I à constante d — $I(d)$ — está na relação associada por I ao predicado G — $I(G)$ — com o indivíduo associado por I à constante a — $I(a)$. Como relações são especificadas por conjuntos de pares de indivíduos, basta verificar se o par $\langle I(d), I(a)\rangle$ pertence ou não a $I(G)$. Ora, $I(d)$ = Felipe, e $I(a)$ = Ana Maria; assim, precisamos verificar se ⟨Felipe, Ana Maria⟩ está ou não em $I(G)$. Temos então o seguinte:

$$\begin{aligned}
\mathfrak{A}(Gda) = \mathbf{V} \quad & \text{sse} \quad \langle I(d), I(a)\rangle \in I(G), \\
& \text{sse} \quad \langle \text{Felipe, Ana Maria}\rangle \in I(G), \\
& \text{sse} \quad \langle \text{Felipe, Ana Maria}\rangle \in \{\langle \text{Elisa, Juliana}\rangle, \\
& \qquad\qquad \langle \text{Felipe, Conrado}\rangle, \\
& \qquad\qquad \langle \text{Leila, Gabriela}\rangle, \\
& \qquad\qquad \langle \text{Dorothee, Veronika}\rangle\}.
\end{aligned}$$

Como podemos facilmente verificar, o par ⟨Felipe, Ana Maria⟩ *não pertence* ao conjunto $I(G)$; assim, temos $\mathfrak{A}(Gda) = \mathbf{F}$; isto é, Gda é falsa em $\mathfrak{A}$.

Por outro lado, para ilustrar mais uma vez o fato de que a verdade ou falsidade de uma fórmula é relativa a uma estrutura, considerando mais uma vez a estrutura $\mathfrak{B}$, temos o seguinte:

$$\begin{aligned}\mathfrak{B}(Gda)=\mathbf{V} \quad &\text{sse} \quad \langle I(d),I(a)\rangle \in I(G),\\ &\text{sse} \quad \langle 2,1\rangle \in I(G),\\ &\text{sse} \quad \langle 2,1\rangle \in \{\langle 2,1\rangle,\langle 3,1\rangle,\langle 3,2\rangle\}.\end{aligned}$$

Obviamente $\langle 2, 1\rangle \in I(G)$; portanto $\mathfrak{B}(Gda) = \mathbf{V}$.

Resumindo, no caso de fórmulas atômicas que não sejam predicados zero-ários, determinar o valor de verdade consiste em verificar se um determinado indivíduo (ou par de indivíduos, ou tripla de indivíduos etc.) pertence a um determinado conjunto. No caso de uma letra sentencial **S**, precisamos apenas verificar se o valor de **S** é **V** ou **F**. Dito de outra forma, $\mathfrak{A}(\mathbf{S}) = \mathbf{V}$ se e somente se $I(\mathbf{S}) = \mathbf{V}$.

Exercício 10.3 Determine o valor das fórmulas a seguir na estrutura $\mathfrak{A}$ que estamos considerando. Faça depois o mesmo com relação à estrutura $\mathfrak{B}$.

(a)	*Ra*	(d)	*Hc*	(g)	*Gab*	(j)	*Gad*
(b)	*Rc*	(e)	*Cb*	(h)	*Gba*	(k)	*Gbc*
(c)	*Mb*	(f)	*Rd*	(i)	*Gcc*	(l)	*Gbb*

10.3.2 Fórmulas moleculares

O caso das fórmulas moleculares é simples e já tratamos dele no capítulo sobre a semântica do **CPC**: basta usar as tabelas básicas dos operadores para determinar o valor de uma fórmula a partir de suas subfórmulas. Por exemplo, considere a fórmula

$$\neg(Rb \wedge Ca) \vee (Rd \rightarrow Gda).$$

Essa fórmula é uma disjunção, claro. E quais são as condições de verdade para uma disjunção? Ora, uma disjunção é verdadeira se pelo menos um de seus componentes for verdadeiro. Assim (tomando mais uma vez a estrutura $\mathfrak{A}$ como exemplo):

$$\mathfrak{A}(\neg(Rb \wedge Ca) \vee (Rd \rightarrow Gda)) = \mathbf{V} \quad \text{sse} \quad \mathfrak{A}(\neg(Rb \wedge Ca)) = \mathbf{V} \text{ ou } \mathfrak{A}(Rd \rightarrow Gda) = \mathbf{V}.$$

Continuando, $\mathfrak{A}(\neg(Rb \wedge Ca)) = \mathbf{V}$ se e somente se $\mathfrak{A}(Rb \wedge Ca) = \mathbf{F}$, e assim por diante até chegarmos às fórmulas atômicas — cujo valor de verdade é determinado como vimos na seção anterior. Em função disso, podemos verificar que valor $\neg(Rb \wedge Ca) \vee (Rd \rightarrow Gda)$ tem na estrutura.

Assim, tudo depende do valor das fórmulas atômicas: no exemplo anterior, precisamos determinar o valor de Rb, Ca, Rd e Gda. Ora, como vimos há pouco, $\mathfrak{A}(Ca) = \mathbf{F}$ e $\mathfrak{A}(Gda) = \mathbf{F}$; faltam ainda Rb e Rd. Temos:

$$\begin{aligned} \mathfrak{A}(Rb) = \mathbf{V} \quad & \text{sse} \quad I(b) \in I(R), \\ & \text{sse} \quad \text{Juliana} \in I(R). \end{aligned}$$

E verificamos facilmente na estrutura que Juliana não pertence ao conjunto $I(R)$. Logo, $\mathfrak{A}(Rb) = \mathbf{F}$. Por outro lado:

$$\begin{aligned} \mathfrak{A}(Rd) = \mathbf{V} \quad & \text{sse} \quad I(d) \in I(R), \\ & \text{sse} \quad \text{Felipe} \in I(R). \end{aligned}$$

E vemos que Felipe de fato pertence a $I(R)$; logo, $\mathfrak{A}(Rd) = \mathbf{V}$.

De posse dessas informações todas, temos, então, condições de calcular o valor de verdade de $\neg(Rb \wedge Ca) \vee (Rd \rightarrow Gda)$ na estrutura $\mathfrak{A}$. Podemos proceder assim:

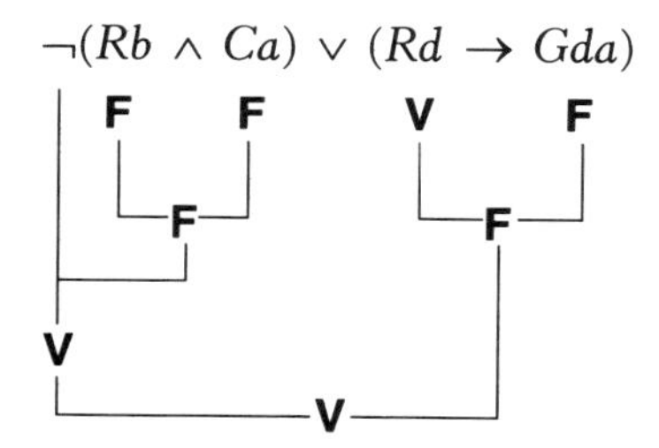

Figura 10.4: Calculando o valor de $\neg(Rb \wedge Ca) \vee (Rd \rightarrow Gda)$ na estrutura $\mathfrak{A}$.

Como você vê, para fórmulas moleculares, uma estrutura funciona exatamente como uma valoração. A diferença é que, numa valoração, o valor de uma fórmula atômica, por exemplo, é dado arbitrariamente; numa estrutura, esse valor é determinado a partir do valor semântico dos símbolos envolvidos. O cálculo do valor de uma fórmula molecular, por outro lado, continua sendo feito da mesma maneira — usando as tabelas dos operadores.

Vejamos um outro exemplo, antes dos exercícios. Digamos que queiramos saber o valor da fórmula

$$(\neg Mb \leftrightarrow (Ca \vee Gab)) \rightarrow \neg(Gcb \rightarrow Rc),$$

mas na estrutura $\mathfrak{B}$ que vimos na seção anterior. Como as fórmulas atômicas que ocorrem nessa fórmula são, respectivamente, *Mb*, *Ca*, *Gab*, *Gcb* e *Rc*, precisamos saber o valor delas em $\mathfrak{B}$. Tomemos *Ca* e *Gcb* como exemplos. Para calcular o valor de *Ca* em $\mathfrak{B}$, temos:

$$\mathfrak{B}(Ca) = \mathbf{V} \text{ sse } I(a) \in I(C) \text{ sse } 1 \in \emptyset.$$

Mas esse não é o caso: $1 \notin \emptyset$; logo, $\mathfrak{B}(Ca) = \mathbf{F}$.

Vejamos agora o valor de *Gcb*. Temos:

$$\mathfrak{B}(Gcb) = \mathbf{V} \text{ sse } \langle I(c), I(b)\rangle \in I(G) \text{ sse } \langle 3, 2\rangle \in \{\langle 2, 1\rangle, \langle 3, 1\rangle, \langle 3, 2\rangle\}.$$

E este é o caso: o par $\langle 3,2\rangle$ é um elemento do conjunto $\{\langle 2,1\rangle, \langle 3,1\rangle, \langle 3, 2\rangle\}$; logo, $\mathfrak{B}(Gcb) = \mathbf{V}$.

As outras três fórmulas (*Mb*, *Gab* e *Rc*) apareceram no último exercício da seção anterior. Como você certamente já fez aquele exercício, já sabe que $\mathfrak{B}(Mb) = \mathbf{F}$, $\mathfrak{B}(Rc) = \mathbf{F}$ e $\mathfrak{B}(Gab) = \mathbf{F}$.

De posse dos valores das fórmulas atômicas na estrutura $\mathfrak{B}$, calculamos o valor de $(\neg Mb \leftrightarrow (Ca \vee Gab)) \rightarrow \neg(Gcb \rightarrow Rc)$ como é mostrado na figura 10.5, e verificamos que essa fórmula é verdadeira naquela estrutura.

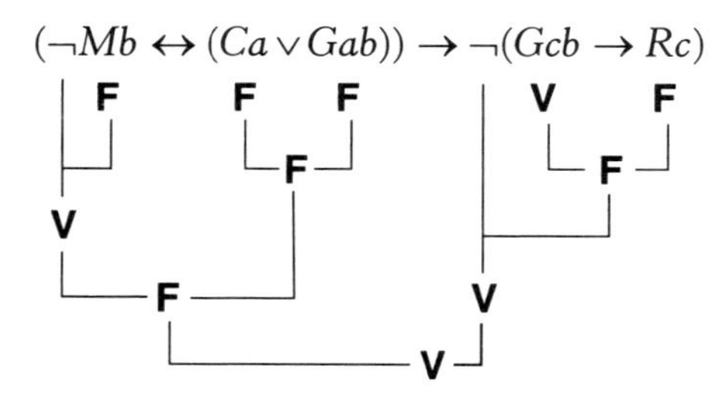

Figura 10.5: O valor de $(\neg Mb \leftrightarrow (Ca \vee Gab)) \rightarrow \neg(Gcb \rightarrow Rc)$ em $\mathfrak{B}$.

Exercício 10.4 Usando os valores obtidos para as fórmulas atômicas do exercício anterior, determine o valor das fórmulas a seguir na estrutura $\mathfrak{A}$ que estamos considerando. Faça o mesmo com relação a $\mathfrak{B}$.

(a) $\neg Ra$

(b) $Rc \wedge \neg Mb$

(c) $\neg\neg Mb \vee Gdd$

(d) $Ca \rightarrow (Cb \vee \neg Ra)$

(e) $(Cb \wedge Hc) \leftrightarrow (\neg Hc \vee \neg Mb)$

(f) $\neg(Gcc \rightarrow Gab)$

10.3.3 Fórmulas gerais

Vamos agora examinar a situação das fórmulas gerais. Tomemos um exemplo da linguagem que estivemos usando até agora, digamos, $\exists x Mx$ (o que informalmente significaria que alguém é uma moça). Quando podemos dizer que essa fórmula é verdadeira na estrutura $\mathfrak{A}$? Intuitivamente, se algum elemento do universo U tiver a propriedade associada a M; isto é, se algum indivíduo em U pertencer ao conjunto $I(M)$. No caso, temos, por exemplo, Juliana, Leila, Elisa etc. como elementos de $I(M)$, e então podemos concluir que $\mathfrak{A}(\exists x Mx) =$ **V** — há pelo menos um elemento do universo que tem a propriedade associada por I à constante de predicado M.

Porém, um caso como $\exists x Mx$ é bastante simples, pois M é um símbolo de propriedade e fica fácil examinar o conjunto $I(M)$ e ver se ele tem algum elemento ou não. Mas imagine que você tivesse que decidir qual o valor da fórmula $\exists x \forall y \forall z((Gyx \wedge Gyz) \rightarrow (Rx$

$\vee\ Mz$)) em $\mathfrak{A}$: como não há desenhado na figura 10.3 um conjunto correspondente a $\forall y \forall z((Gyx \wedge Gyz) \rightarrow (Rx \vee Mz))$, temos que encontrar outra maneira de fazer isso.

Voltemos a $\exists xMx$. A ideia é poder determinar a verdade dessa fórmula a partir de uma de suas partes mais simples. Assim como o valor de, digamos, $\neg Rb$ é calculado a partir do valor de Rb, poderíamos tentar determinar o valor de $\exists xMx$ partindo do valor de Mx. Contudo, Mx é uma fórmula *aberta*, e até agora vínhamos caracterizando a verdade de fórmulas fechadas. Assim, *não podemos* determinar o valor de verdade de $\exists xMx$ a partir do valor semântico de Mx simplesmente, pois Mx (ainda) não tem um valor.

Uma solução — aquela que vamos empregar aqui — é trocar a variável x por alguma coisa que dê como resultado uma fórmula fechada — e os candidatos naturais são, é claro, as constantes individuais. Em outras palavras, a ideia é que $\exists xMx$ seja verdadeira se $M\mathbf{c}$ for verdadeira *para alguma* constante $\mathbf{c}$ que colocamos no lugar de x. Havíamos visto anteriormente que $\mathfrak{A}(Mb) = \mathbf{V}$, pois $I(b) \in I(M)$. Assim, em $\mathfrak{A}$, $M\mathbf{c}$ pode ser dita verdadeira de Juliana, isto é, quando a constante $\mathbf{c}$, pela qual a variável x foi substituída, for a constante que denota Juliana, que é b. Ou seja, $M\mathbf{c}$ é verdadeira quando $\mathbf{c} = b$. Assim, há algum indivíduo que tem a propriedade associada a M: é verdade que, para o indivíduo $I(b)$, Mb é verdadeira em $\mathfrak{A}$. Podemos finalmente dizer que $\mathfrak{A}(\exists xMx) = \mathbf{V}$.

Note que partimos do fato de que $I(b) \in I(M)$ para a verdade da fórmula Mb, e então, para a verdade de $\exists xMx$. Isso nos dá uma pista para definir a verdade de uma fórmula existencial a partir de uma de suas partes mais simples: $\exists xMx$ recebe o valor $\mathbf{V}$ em $\mathfrak{A}$ se, ao substituirmos o x em Mx por alguma constante, como b por exemplo, a fórmula resultante Mb tiver o valor $\mathbf{V}$. Assim, poderíamos afirmar *provisoriamente* que:

(1) $\mathfrak{A}(\exists xMx) = \mathbf{V}$ sse $\mathfrak{A}(Mx[x/\mathbf{c}]) = \mathbf{V}$, para alguma constante $\mathbf{c}$.

Vejamos algumas explicações para isso, começando pela notação '$Mx[x/\mathbf{c}]$'.

Seja α uma fórmula qualquer (não importa se aberta ou fechada), **x** uma variável e **c** uma constante individual qualquer. Denotaremos por $\alpha[\mathbf{x}/\mathbf{c}]$ — chamada de uma *instância* de α — o resultado de substituir todas as *ocorrências livres* da variável **x** em α pela constante **c**. Por exemplo, se tivermos

$$\alpha = \forall y((Py \wedge Lzy) \rightarrow Tz), \quad \mathbf{x} = z, \quad \mathbf{c} = a,$$

obtemos o seguinte:

$$\begin{aligned} \alpha[\mathrm{x}/\mathrm{c}] &= \forall y((Py \wedge Lzy) \rightarrow Tz)[z/a], \\ &= \forall y((Py \wedge Lay) \rightarrow Ta). \end{aligned}$$

Ou seja, toda vez que z ocorre livre em α, nós a trocamos por a. No caso dado, $Mx[x/\mathbf{c}]$ será $M\mathbf{c}$, para alguma constante **c**. Por exemplo, se $\mathbf{c} = d$, $Mx[x/\mathbf{c}] = Md$.

A restrição com relação à troca apenas de ocorrências livres é que, pela nossa definição, uma expressão como $Px \rightarrow \exists xQx$ é uma fórmula bem-formada. Agora, é claro que a única ocorrência livre de x nessa fórmula é aquela na fórmula Px, pois $\exists xQx$ *já era fechada* ao formarmos $Px \rightarrow \exists xQx$. Assim, para dar um exemplo, $(Px \rightarrow \exists xQx)[x/a]$, o resultado de substituir todas as ocorrências livres de x em $Px \rightarrow \exists xQx$ pela constante a é a fórmula $Pa \rightarrow \exists xQx$. E, de forma similar, $Rab[x/c]$ — o resultado de substituir as ocorrências livres de x em Rab por c — é a própria Rab, já que Rab não tem ocorrências livres de x.

Voltando a discutir o valor de verdade de $\exists xMx$, o que a equação (1) nos diz é que devemos verificar a verdade de $M\mathbf{c}$, para alguma constante **c**. Como temos quatro constantes na linguagem, a saber, a, b, c, e d, isso nos deixa com quatro casos:

$$\begin{aligned} \mathfrak{A}(\exists xMx) = \mathbf{V} \quad \text{sse} \quad & \text{ou } \mathfrak{A}(Ma) = \mathbf{V}, \\ & \text{ou } \mathfrak{A}(Mb) = \mathbf{V}, \\ & \text{ou } \mathfrak{A}(Mc) = \mathbf{V}, \\ & \text{ou } \mathfrak{A}(Md) = \mathbf{V}. \end{aligned}$$

E, uma vez que pelo menos um desses casos se verifica — já tínhamos visto que $\mathfrak{A}(Mb) = \mathbf{V}$ —, segue-se que $\mathfrak{A}(\exists xMx) = \mathbf{V}$, como havíamos desconfiado desde o começo.

Até aí, tudo bem, mas, infelizmente, a coisa não é tão simples assim. Vamos tomar um outro exemplo: 'Alguém mora em Campinas', o que estamos representando por $\exists xCx$. Bem, essa fórmula será verdadeira em $\mathfrak{A}$ se existir algum indivíduo em U do qual é verdadeiro que ele ou ela mora em Campinas. Isto é, algum indivíduo de U deve pertencer a $I(C)$. De modo similar ao caso (1) anterior, deveríamos ter, então, que:

(2) $\mathfrak{A}(\exists xCx) = \mathbf{V}$ sse $\mathfrak{A}(C\mathbf{c}) = \mathbf{V}$, para alguma constante **c**.

Mas aqui temos um problema. Nossa linguagem $\mathcal{L}$ tem apenas quatro constantes e é fácil de ver (confira!) que:

$$\mathfrak{A}(Ca) = \mathbf{F}, \quad \mathfrak{A}(Cb) = \mathbf{F}, \quad \mathfrak{A}(Cc) = \mathbf{F}, \quad \mathfrak{A}(Cd) = \mathbf{F}.$$

Ou seja, nem Ana Maria, nem Juliana, nem Sebastian, nem Felipe (as interpretações de nossas constantes) pertencem ao conjunto $I(C)$. Agora, inspecionando visualmente a figura 10.3, vemos que de fato *há* alguns indivíduos — a saber, Leila, Gabriela e Mariana — que pertencem a $I(C)$. Contudo, não temos constantes que denotem esses indivíduos. E, se não dispomos de uma constante, o que vamos colocar no lugar da variável x na fórmula Cx para obter uma fórmula fechada? Obviamente, não é possível trocar x por Leila (que é uma pessoa e não um símbolo da linguagem): teríamos de ter algum *nome* para ela em nossa linguagem. E agora?

A solução é óbvia: basta acrescentar a nossa linguagem $\mathcal{L}$ um *nome* para cada indivíduo em U ao qual não esteja associada nenhuma constante. Ao fazer isso, estamos criando uma nova linguagem, uma expansão de $\mathcal{L}$ — vamos chamá-la de $\mathcal{L}(\mathfrak{A})$ — que, claro, consiste dos símbolos de $\mathcal{L}$ acrescidos dos nomes. Mas que nomes serão esses? Bem, como nossa linguagem geral de primeira ordem dispõe de um conjunto infinito de constantes, os nomes serão simplesmente constantes novas que ainda não ocorriam em $\mathcal{L}$.[2] Por exemplo, em $\mathcal{L}$ temos apenas as constantes a, b, c, e d, e precisamos, portanto, de dez nomes adicionais, uma vez que temos quatorze indivíduos em U. Poderíamos, digamos, usar as próximas dez letras minúsculas, começando por e e terminando em n. Ou poderíamos simplesmente usar e_1, e_2, ..., e_{10}. É claro que, para indivíduos diferentes, diferentes nomes serão escolhidos. Só não precisaríamos de nomes, claro, no caso particular de uma estrutura na qual todo indivíduo é a interpretação de alguma constante. (É o que acontece, por exemplo, na estrutura $\mathfrak{B}$ vista na seção anterior, cujo universo tem apenas três indivíduos, todos eles denotados por alguma constante.) Mas isso é a exceção e não a regra.

Tendo construído a linguagem $\mathcal{L}(\mathfrak{A})$, é claro que precisamos também acrescentar à interpretação I da estrutura $\mathfrak{A}$ o valor semântico dos nomes. Isso, obviamente, gera uma nova estrutura, uma vez que a interpretação foi alterada. Para ser preciso, deveríamos ter agora uma estrutura $\mathfrak{A}' = \langle U, I_{\mathfrak{A}'} \rangle$. Por abuso de linguagem, contudo, vamos simplificar as coisas e continuar falando da estrutura $\mathfrak{A}$ e da interpretação I (que, recorde, inclui agora o significado dos nomes que acrescentamos à linguagem).

Digamos, então, que acrescentamos dez novas constantes individuais a $\mathcal{L}$, as letras de e a n, e estendemos nossa interpretação I da seguinte maneira:

$$
\begin{array}{rcl@{\qquad}rcl}
I(e) & = & \text{Conrado,} & I(j) & = & \text{Gustavo,} \\
I(f) & = & \text{Dorothee,} & I(k) & = & \text{Leila,} \\
I(g) & = & \text{Elisa,} & I(l) & = & \text{Luís Guilherme,} \\
I(h) & = & \text{Fernando,} & I(m) & = & \text{Mariana,} \\
I(i) & = & \text{Gabriela,} & I(n) & = & \text{Veronika.}
\end{array}
$$

---

2 Isso exige, porém, que os universos de estruturas sejam contáveis, uma vez que temos um conjunto apenas enumerável de constantes. Há outras maneiras de usar nomes, mesmo tendo universos não numeráveis, mas não vamos nos ocupar disso aqui.

Assim, tendo sido introduzidas as novas constantes como nomes, agora podemos falar de Leila: vemos anteriormente que o nome de Leila é k, ou seja, temos $I(k)$ = Leila. É fácil, então, verificar que a fórmula existencial $\exists xCx$, como suspeitávamos, é mesmo verdadeira em $\mathfrak{A}$. Basta modificar (2) para:

(3) $\mathfrak{A}(\exists xCx) = \mathbf{V}$ sse $\mathfrak{A}(C\mathbf{i}) = \mathbf{V}$, para algum $\mathbf{i}$,

onde $\mathbf{i}$ é ou uma *constante individual* da linguagem $\mathcal{L}$ original, ou o *nome* de um indivíduo em U — uma constante nova que foi acrescentada a $\mathcal{L}$. Como $\mathfrak{A}(Ck) = \mathbf{V}$ (pois Leila está no conjunto $I(C)$), concluímos que $\mathfrak{A}(\exists xCx) = \mathbf{V}$.

Para terminar esse passeio informal por estruturas e verdade, precisamos ver ainda como ficam as fórmulas universais: por exemplo, $\forall xRx$. Intuitivamente, essa fórmula será verdadeira em $\mathfrak{A}$ se *todo* indivíduo em U tiver a propriedade R. Podemos escrever isso da seguinte maneira:

(4) $\mathfrak{A}(\forall xRx) = \mathbf{V}$ sse $\mathfrak{A}(R\mathbf{i}) = \mathbf{V}$, para todo $\mathbf{i}$.

Mas como em $\mathfrak{A}$ isso não ocorre — por exemplo, $\mathfrak{A}(Rk) = \mathbf{F}$, pois $I(k)$, que é Leila, não pertence a $I(R)$ —, concluímos que $\mathfrak{A}(\forall xMx) = \mathbf{F}$. E você pode verificar na figura 10.3 que, de fato, nem todos os elementos do universo U estão no conjunto $I(R)$.

10.4 Definição de verdade

Vamos definir agora rigorosamente o que estivemos vendo de um modo mais ou menos informal.[3] Vamos tratar de uma linguagem de primeira ordem $\mathcal{L}$ qualquer.

---

3 A definição de verdade que apresento é uma variante da definição apresentada originalmente por Alfred Tarski, em 1931 (ver Tarski, 2006). Na versão de Tarski, ao invés de substituir variáveis por constantes, recorre-se primeiro à noção de *satisfação* de uma fórmula, mesmo uma fórmula aberta, por uma sequência infinita de indivíduos, para, então, definir verdade.

Definição 10.1 Uma *estrutura* $\mathfrak{A}$ para $\mathcal{L}$ é um par ordenado $\langle U, I\rangle$, onde U é um conjunto não vazio e contável, e I é uma função tal que:

(a) a toda constante individual **c** de $\mathcal{L}$, I associa um indivíduo $I(\mathbf{c}) \in U$;
(b) a cada símbolo de predicado zero-ário (letra sentencial) **S** de $\mathcal{L}$, I associa um valor de verdade $I(\mathbf{S}) \in \{\mathsf{V}, \mathsf{F}\}$;
(c) a cada símbolo de predicado unário **P** de $\mathcal{L}$, I associa um subconjunto $I(\mathbf{P}) \subseteq U$;
(d) a cada símbolo de predicado n-ário **P** de $\mathcal{L}$, $n > 1$, I associa um subconjunto $I(\mathbf{P}) \subseteq U^n$.

Dada uma estrutura $\mathfrak{A}$ para uma linguagem $\mathcal{L}$, formamos a linguagem $\mathcal{L}$ ($\mathfrak{A}$), acrescentando a $\mathcal{L}$ nomes para todos os indivíduos de $\mathfrak{A}$ aos quais não foi associada por I uma constante, e estendendo a interpretação I para associar a cada nome o indivíduo do qual ele é o nome. Fica entendido que indivíduos diferentes recebem, claro, nomes diferentes.

Podemos especificar agora como obter o valor de verdade de uma fórmula fechada α de $\mathcal{L}$ ($\mathfrak{A}$) em $\mathfrak{A}$. Nessa definição, note que $\alpha[\mathbf{x}/\mathbf{i}]$ denota o resultado de substituir as ocorrências livres da variável **x** em α pelo *nome* ou *constante* **i**. Vamos utilizar o termo *parâmetro* para nos referirmos às coisas que são ou constantes individuais da linguagem original, ou nomes que foram acrescentados depois.

Definição 10.2 Seja então $\mathcal{L}$ uma linguagem de primeira ordem, e $\mathfrak{A}$ uma estrutura para $\mathcal{L}$.

(a) $\mathfrak{A}(\mathbf{S}) = \mathsf{V}$ sse $I(\mathbf{S}) = \mathsf{V}$, onde **S** é um símbolo de predicado zero-ário;
(b) $\mathfrak{A}(\mathbf{Pt}) = \mathsf{V}$ sse $I(\mathbf{t}) \in I(\mathbf{P})$, onde **P** é um símbolo de predicado unário e **t** é um parâmetro;
(c) $\mathfrak{A}(\mathbf{Pt}_1 \ldots \mathbf{t}_n) = \mathsf{V}$ sse $\langle I(\mathbf{t}_1) \ldots, I(\mathbf{t}_n)\rangle \in I(\mathbf{P})$, onde **P** é um símbolo de predicado n-ário, para $n > 1$, e $\mathbf{t}_1, \ldots, \mathbf{t}_n$ são parâmetros;

(d) $\mathfrak{A}(\neg\alpha) = \mathbf{V}$ sse $\mathfrak{A}(\alpha) = \mathbf{F}$;
(e) $\mathfrak{A}(\alpha \vee \beta) = \mathbf{V}$ sse $\mathfrak{A}(\alpha) = \mathbf{V}$ ou $\mathfrak{A}(\beta) = \mathbf{V}$;
(f) $\mathfrak{A}(\alpha \wedge \beta) = \mathbf{V}$ sse $\mathfrak{A}(\alpha) = \mathbf{V}$ e $\mathfrak{A}(\beta) = \mathbf{V}$;
(g) $\mathfrak{A}(\alpha \rightarrow \beta) = \mathbf{V}$ sse $\mathfrak{A}(\alpha) = \mathbf{F}$ ou $\mathfrak{A}(\beta) = \mathbf{V}$;
(h) $\mathfrak{A}(\alpha \leftrightarrow \beta) = \mathbf{V}$ sse $\mathfrak{A}(\alpha) = \mathfrak{A}(\beta)$;
(i) $\mathfrak{A}(\forall \mathbf{x}\alpha) = \mathbf{V}$ sse $\mathfrak{A}(\alpha[\mathbf{x}/\mathbf{i}]) = \mathbf{V}$ para todo parâmetro $\mathbf{i}$;
(j) $\mathfrak{A}(\exists \mathbf{x}\alpha) = \mathbf{V}$ sse $\mathfrak{A}(\alpha[\mathbf{x}/\mathbf{i}]) = \mathbf{V}$ para algum parâmetro $\mathbf{i}$.

Alguns comentários. As cláusulas (a), (b) e (c) especificam as condições de verdade para as fórmulas atômicas. As cláusulas (d)-(h), se você comparar, são idênticas às cláusulas correspondentes da definição de valoração do capítulo 6: a única diferença é que trocamos, por exemplo, '$\nu(\neg\alpha)$' por '$\mathfrak{A}(\neg\alpha)$'.

As duas últimas cláusulas, (i) e (j), especificam as condições de verdade para as fórmulas gerais. Ou seja, dizem em que condições tais fórmulas são verdadeiras. Para ilustrar, eis aqui também as condições em que tais fórmulas são falsas:

$$\mathfrak{A}(\forall \mathbf{x}\alpha) = \mathbf{F} \text{ sse } \mathfrak{A}(\alpha[\mathbf{x}/\mathbf{i}]) = \mathbf{F}, \text{ para algum parâmetro } \mathbf{i};$$
$$\mathfrak{A}(\exists \mathbf{x}\alpha) = \mathbf{F} \text{ sse } \mathfrak{A}(\alpha[\mathbf{x}/\mathbf{i}]) = \mathbf{F}, \text{ para todo parâmetro } \mathbf{i}.$$

Essas condições, claro, seguem-se de (i) e (j), e são mais ou menos óbvias. Por exemplo, se $\forall xPx$ é verdadeira sse $P\mathbf{i}$ é verdadeira para todo $\mathbf{i}$, é claro que $\forall xPx$ será falsa se $P\mathbf{i}$ *não* for verdadeira para todo $\mathbf{i}$. Ou seja, se for falsa para *algum* $\mathbf{i}$. Analogamente, se $\exists xPx$ é verdadeira sse $P\mathbf{i}$ é verdadeira para algum $\mathbf{i}$, é claro que $\exists xPx$ será falsa se *não* houver nenhum $\mathbf{i}$ para o qual $P\mathbf{i}$ seja verdadeira. Ou seja, se $P\mathbf{i}$ for falsa para *todo* $\mathbf{i}$.

O que fizemos, então, na definição anterior, foi especificar como obter o valor de verdade de uma *sentença* (isto é, uma fórmula fechada) α em uma estrutura. Como ficam, porém, as fórmulas abertas? Considere a fórmula Gxa, da linguagem $\mathcal{L}$ que vimos usando como exemplo. Na interpretação informal de G, isso significa que x gosta de brincar com Ana Maria. E agora, Gxa é verdadeira ou falsa em $\mathfrak{A}$? Não podemos dizer, pois não sabemos qual o sentido dessa afirmação: há algum x que gosta de brincar com Ana Maria? Todos os x gostam de brincar com Ana Maria? Algum x específico? Fórmulas abertas, em princípio, não são verdadeiras nem falsas. Mas podemos atribuir a elas também um valor de verdade, como veremos em seguida.

Seja α uma fórmula aberta tal que $\mathbf{x}_1, ..., \mathbf{x}_n$ sejam todas as suas variáveis livres na ordem em que ocorrem em α. Dizemos, então, que $\forall\mathbf{x}_1...\forall\mathbf{x}_n\alpha$ é o *fecho* de α. Note que o fecho de α é agora uma fórmula fechada (daí o nome), pois todas as variáveis livres foram universalmente quantificadas. Vejamos alguns exemplos (à esquerda você tem as fórmulas abertas; à direita, seus fechos):

$$\begin{array}{rcl} \neg Gxx & — & \forall x \neg Gxx \\ Cx \wedge Hy & — & \forall x \forall y(Cx \wedge Hy) \\ Gxy \to \neg Gzw & — & \forall x \forall y \forall z \forall w(Gxy \to \neg Gzw) \\ Py \vee \forall x \neg Qx & — & \forall y(Py \vee \forall x \neg Qx) \end{array}$$

Como você vê, simplesmente tomamos a fórmula e a prefixamos com quantificadores universais para todas as variáveis que ocorrem livres, na ordem em que elas ocorrem na fórmula. E eu gostaria de chamar a sua atenção para o caso de fórmulas moleculares com operadores binários — as três últimas. Na coluna da esquerda, essas fórmulas foram escritas sem os parênteses externos: $Cx \wedge Hy$, por exemplo. É claro que, ao fazer o fecho da fórmula, os quantificadores devem agir sobre a fórmula inteira. Por isso *recolocamos* os parênteses, obtendo $\forall x \forall y(Cx \wedge Hy)$. E com respeito à última das três, note que o fecho da fórmula $Py \vee \forall x \neg Qx$ (a qual é uma fórmula molecular) é $\forall y(Py \vee \forall x \neg Qx)$, uma fórmula geral, *mas não é* $\forall yPy \vee \forall x \neg Qx$ (a qual, é claro, é uma fórmula molecular). O fecho de uma fórmula aberta é uma fórmula geral universal.

Mas voltemos à questão da verdade de fórmulas abertas. Seja agora $\mathfrak{A}$ uma estrutura, e α uma fórmula aberta cujas variáveis livres são $\mathbf{x}_1, ..., \mathbf{x}_n$: dizemos que

$$\mathfrak{A}(\alpha) = \mathbf{V} \quad \text{sse} \quad \mathfrak{A}(\forall\mathbf{x}_1 \dots \forall\mathbf{x}_n\alpha) = \mathbf{V}.$$

Assim, uma fórmula aberta recebe o valor **V** em uma estrutura se e somente se seu fecho tem o valor **V**. (Obviamente, se o fecho de α tem **F**, α também recebe **F**.)

Finalmente, agora que vimos como atribuir um valor de verdade para toda e qualquer fórmula, dizemos que uma fórmula α qualquer é verdadeira numa estrutura $\mathfrak{A}$ se $\mathfrak{A}(\alpha) = \mathbf{V}$. Se isso parece estranho ou óbvio para você, recorde que **V** e **F** são apenas dois objetos distintos. Poderíamos estar usando 1 e 0, ou o Sol e a Lua, e uma fórmula poderia ser dita verdadeira numa estrutura se seu valor fosse 1, ou o Sol etc.

Antes de passarmos aos exercícios, vamos considerar um exemplo final de estrutura e verificar se certas fórmulas são verdadeiras ou falsas nela.

Seja $\mathcal{L}_1$ a linguagem $\{a, b, P, Q, M\}$, e seja $\mathfrak{N} = \langle U, I\rangle$ uma estrutura para $\mathcal{L}_1$ onde $U = \mathbb{N}$ é o conjunto dos números naturais (ou seja, $\{0, 1, 2, 3, \ldots\}$) e a função interpretação I é como segue:

$$\begin{aligned} I(a) &= 5, \\ I(b) &= 8, \\ I(P) &= \{x \in \mathbb{N} \mid x \text{ é par}\}, \\ I(Q) &= \{x \in \mathbb{N} \mid x \text{ é ímpar}\}, \\ I(M) &= \{\langle x, y\rangle \in \mathbb{N}^2 \mid x < y\}. \end{aligned}$$

Suponhamos que eu pedisse a você para determinar se as fórmulas a seguir são verdadeiras ou falsas em $\mathfrak{N}$:

(a) Qa

(b) $\neg Pa \rightarrow (Mab \wedge Pb)$

(c) $\exists xPx$

(d) $\forall xPx$

(e) $\exists x\forall yMxy$

(f) $Px \vee Qx$

Obviamente, as fórmulas anteriores serão verdadeiras em $\mathfrak{N}$ se tiverem o valor **V**; portanto, precisamos determinar o valor de verdade delas. Note, contudo, que temos apenas duas constantes na linguagem $\mathcal{L}_1$, e o universo da estrutura é um conjunto infinito. Precisamos, claro, dar nomes a todos esses indivíduos. Como proceder?

Bem, podemos escolher a letra minúscula c, associar c a 0 e dizer que, para cada número natural $n > 0$ (exceto 5 e 8, que já têm uma constante), $I(c_n) = n$. Ou seja:

$$\begin{array}{lcl} I(c) & = & 0, \\ I(c_1) & = & 1, \\ I(c_2) & = & 2, \\ I(c_3) & = & 3, \\ \text{etc.} & & \end{array}$$

Como temos um suprimento infinito de constantes, isso funciona. Por exemplo, o nome do número 1034 é 'c_{1034}'.

Comecemos, então, com a primeira fórmula, Qa. Pela nossa definição de verdade, temos que

$$\mathfrak{N}(Qa) = \mathbf{V} \quad \text{sse} \quad I(a) \in I(Q).$$

Agora, $I(a) = 5$, e como 5 é um número ímpar, $5 \in I(Q)$. Portanto, $\mathfrak{N}(Qa) = \mathbf{V}$.

Vamos ver o caso (b). Como essa é uma fórmula molecular, poderemos determinar seu valor de verdade se soubermos os valores de Pa, Mab e Pb, certo? Bem, como $I(a) = 5$, e $I(P)$ é o conjunto dos números naturais pares, é óbvio que $I(a) \notin I(P)$, e que, portanto, $\mathfrak{N}(Pa) = \mathbf{F}$. Por outro lado, $I(b) = 8$, e como 8 é par, $I(b) \in I(P)$, e $\mathfrak{N}(Pb) = \mathbf{V}$. Finalmente, precisamos determinar o valor de Mab. Pela definição de verdade, temos que

$$\mathfrak{N}(Mab) = \mathbf{V} \quad \text{sse} \quad \langle I(a), I(b) \rangle \in I(M)$$

ou, dito de outra maneira, Mab tem o valor **V** se o par $\langle 5, 8 \rangle \in I(M)$. Agora, $I(M)$ é a relação que se verifica entre dois números naturais quando o primeiro é menor que o segundo. Como de fato $5 < 8$, dizemos que $\mathfrak{N}(Mab) = \mathbf{V}$.

Muito bem, agora que sabemos o valor de verdade em $\mathfrak{N}$ das fórmulas atômicas que ocorrem em $\neg Pa \rightarrow (Mab \wedge Pb)$, podemos determinar o seu valor. Como $\mathfrak{N}(Pa) = \mathbf{F}$, pela tabelinha da negação vemos que $\mathfrak{M}(\neg Pa) =$ **V**. Por outro lado, como $\mathfrak{M}(Mab) =$ **V** e $\mathfrak{M}(Pb) =$ **V**, concluímos que $\mathfrak{M}(Mab \wedge Pb) =$ **V**. Finalmente, $\mathfrak{M}(\neg Pa \rightarrow (Mab \wedge Pb)) =$ **V**, pois, pela tabela da implicação, se tanto o antecedente quanto o consequente de um condicional são verdadeiros, o condicional tem **V** como valor de verdade.

Vamos à fórmula $\exists xPx$. A definição de verdade nos diz o seguinte:

$$\mathfrak{M}(\exists xPx) = \mathbf{V} \text{ sse } \mathfrak{M}(P\mathbf{i}) = \mathbf{V}, \text{ para algum parâmetro } \mathbf{i}.$$

A questão que se coloca, claro, é se podemos encontrar algum **i** tal que $I(\mathbf{i}) \in I(P)$. Uma das maneiras de fazer isso é percorrer sistematicamente o universo, testando cada indivíduo para ver se ele é um número par ou não. Nesse caso, temos sorte, pois já o primeiro indivíduo, 0, é um número par. Assim, como $I(c) \in I(P)$, podemos dizer que $\mathfrak{M}(Pc) =$ **V**, e que, portanto, $\mathfrak{M}(\exists xPx) =$ **V**.

Consideremos agora $\forall xPx$. Pela definição de verdade, temos o seguinte:

$$\mathfrak{M}(\forall xPx) = \mathbf{V} \text{ sse } \mathfrak{M}(P\mathbf{i}) = \mathbf{V}, \text{ para todo parâmetro } \mathbf{i}.$$

A maneira de proceder nesse caso seria realmente a de testar todo parâmetro **i** e verificar se $P\mathbf{i}$ é verdadeira ou não. Vimos anteriormente que $\mathfrak{M}(Pc) =$ **V**. Porém, você pode facilmente verificar que $\mathfrak{M}(Pc_1) =$ **F**, pois 1 não é um número par. Tendo já encontrado um indivíduo, c_1, tal que $\mathfrak{M}(Pc_1) =$ **F**, não precisamos ir adiante, e concluímos imediatamente que $\mathfrak{M}(\forall xPx) =$ **F**. Lembre-se de que, para uma fórmula universal ser verdadeira, ela tem que ser verdadeira para todos os indivíduos — o que não é o caso em questão.

Vamos agora considerar a fórmula $\exists x\forall yMxy$, que envolve dois quantificadores. Qual será o valor dela em $\mathfrak{M}$? Apliquemos a definição de verdade: para algum

$$\mathfrak{M}(\exists x\forall yMxy) = \mathbf{V} \text{ sse } \mathfrak{M}\ (\forall yMxy[x/\mathbf{i}]) = \mathbf{V}, \text{ para algum } \mathbf{i},$$

ou seja,

$$\mathfrak{N}(\exists x \forall y Mxy) = \mathbf{V} \text{ sse } \mathfrak{N}(\forall y M\mathbf{i}y) = \mathbf{V}, \text{ para algum } \mathbf{i}.$$

O que temos a fazer é ir testando os diferentes indivíduos e ver, se para algum deles, $\forall y M\mathbf{i}y$ é verdadeira. Comecemos pelo primeiro, c. Será que $\forall y Mcy$ tem o valor **V** em $\mathfrak{N}$? Pela definição de verdade, temos (usando **j** em vez **i**, para evitar qualquer confusão):

$$\mathfrak{N}(\forall y Mcy) = \mathbf{V} \text{ sse } \mathfrak{N}(Mc\mathbf{j}) = \mathbf{V}, \text{ para todo parâmetro } \mathbf{j}.$$

E agora? Bem, temos que verificar se $Mc\mathbf{j}$ é verdadeira para cada parâmetro **j**. Por sorte, não precisaremos ficar infinitamente a testar isso, pois já com o primeiro deles isso não funciona. Seja $\mathbf{j} = c$. Obviamente, $\mathfrak{N}(Mcc) = \mathbf{F}$, pois o par $\langle 0, 0 \rangle \notin I(M)$, isto é, é falso que $0 < 0$. Nesse caso, já não é verdade que $\forall y Mcy$. Contudo, c foi apenas o primeiro dos parâmetros que consideramos — lembre-se de que estamos tentando estabelecer o valor de verdade em $\mathfrak{N}$ da fórmula $\forall y M\mathbf{i}y$, para algum **i**. O próximo candidato (já que substituir **i** por c não deu certo) é c_1, que é o nome do número 1. Mas é claro que 1 não é menor que qualquer número natural: por exemplo, é falso que $1 < 0$, ou que $1 < 1$. Dessa forma, $\forall y Mc_1y$ também é falsa. E é óbvio que $\forall y M\mathbf{i}y$ será falsa para qualquer parâmetro **i** que possamos testar — nenhum número natural é menor que todos os números naturais. Assim, podemos concluir que $\mathfrak{N}(\exists x \forall y Mxy) = \mathbf{F}$. Note que não testamos todos os casos possíveis, mas usamos nosso conhecimento a respeito da estrutura $\mathfrak{N}$ em questão, cujo universo são os números naturais, e onde M está sendo interpretado como uma relação conhecida, 'x é menor que y'.

Consideremos agora a última fórmula, $Px \vee Qx$. Como esta é uma fórmula aberta, ela terá o valor **V** em $\mathfrak{N}$ se e somente se seu fecho, $\forall x(Px \vee Qx)$, tiver **V** em $\mathfrak{N}$. Como essa agora é uma fórmula universal, temos que

$$\mathfrak{N}(\forall x(Px \vee Qx)) = \mathbf{V} \text{ sse } \mathfrak{N}(P\mathbf{i} \vee Q\mathbf{i}) = \mathbf{V}, \text{ para todo } \mathbf{i}.$$

Bem, esse é outro exemplo em que não podemos examinar, caso a caso, cada elemento do universo de $\mathfrak{N}$ para verificar se a condição de fato ocorre. Sabemos, porém, que todo número natural é par ou ímpar,[4] ou seja, cada número natural tem ou a propriedade $I(P)$, ou $I(Q)$. Assim, $\mathfrak{N}(\forall x(Px \vee Qx)) = \mathbf{V}$, e, consequentemente, $\mathfrak{N}(Px \vee Qx) = \mathbf{V}$.

Exercício 10.5 Determine o fecho das fórmulas a seguir:

(a) Rxc
(b) $Rzw \rightarrow Rby$
(c) $\neg Rxz \vee \forall uQu$
(d) $\exists y(Qy \rightarrow Lyz)$
(e) $(Rxy \wedge Ryz) \rightarrow Rxz$
(f) $B \vee (Hbx \leftrightarrow Hyx)$

Exercício 10.6 Considere uma linguagem $\{a, b, c, d, B, G, L\}$ e uma estrutura $\mathfrak{A} = \langle U, I \rangle$, onde $U = \{\text{Miau, Tweety, Cleo, Fido}\}$, e tal que a função interpretação I é como segue:

$I(a) = \text{Miau}$
$I(b) = \text{Tweety}$
$I(c) = \text{Cleo}$
$I(d) = \text{Fido}$
$I(B) = \{\text{Miau, Tweety}\}$
$I(G) = \{\text{Cleo, Fido}\}$
$I(L) = \{\langle\text{Miau, Miau}\rangle, \langle\text{Tweety, Tweety}\rangle, \langle\text{Cleo, Cleo}\rangle, \langle\text{Miau, Cleo}\rangle, \langle\text{Miau, Fido}\rangle, \langle\text{Tweety, Cleo}\rangle, \langle\text{Cleo, Miau}\rangle, \langle\text{Fido, Miau}\rangle\}$

Diga se as fórmulas a seguir são verdadeiras ou falsas em $\mathfrak{A}$, e por que (note que, nesse primeiro exercício, não precisamos de nomes, já que a cada indivíduo foi atribuída uma constante):

(a) $\neg Bc$
(b) $\neg Gd \rightarrow \neg Bb$
(c) $\neg Lca \leftrightarrow \neg Bb$
(d) $Ga \rightarrow (\neg Bb \wedge Bc)$
(e) $\neg(Lca \vee Lbb)$
(f) $\exists xBx$
(g) $\exists x \neg Gx$
(h) $\forall xLax$
(i) $\forall yLyy$
(j) $\forall xBx \wedge \forall xGx$

4 A questão de *como* sabemos isso, já que o universo dos naturais é infinito e não podemos, obviamente, examinar cada caso, é uma questão interessante. Falaremos um pouco sobre isso no capítulo 17.

Exercício 10.7 Considere uma linguagem $\{a, b, c, A, F, G, H, K\}$ e uma estrutura $\mathfrak{B} = \langle U, I \rangle$, onde $U = \{0, 1, 2, 3, 4\}$, e tal que a função interpretação I é como segue:

$I(a) = 0$	$I(F) = \{0, 1, 2\}$
$I(b) = 2$	$I(G) = \{2, 4\}$
$I(c) = 4$	$I(H) = \{\langle 0, 1 \rangle, \langle 1, 3 \rangle, \langle 4, 2 \rangle\}$
$I(A) = \mathbf{V}$	$I(K) = \{\langle 1, 1, 2 \rangle, \langle 2, 2, 4 \rangle\}$

Diga se as fórmulas a seguir são verdadeiras ou falsas em $\mathfrak{B}$ e por quê. (Note que nem todos os indivíduos têm uma constante associada a eles; assim, a primeira coisa a fazer é acrescentar os nomes faltantes à linguagem.)

(a) Fa
(b) $Gb \vee A$
(c) Hbc
(d) $Kbbc$
(e) $\neg Fa \vee Ga$
(f) $Fa \rightarrow (Hab \vee Ga)$
(g) $\neg(\neg Fa \wedge \neg Kbbc)$
(h) $\exists y Fy$
(i) $\neg \exists y Fy$
(j) $\exists x \neg Gx$
(k) $\forall x Hax$
(l) $\exists x(Fx \wedge Gx)$
(m) $\exists x(\neg Fx \wedge \neg Gx)$
(n) $\exists x \neg Fx \wedge \exists x \neg Gx$
(o) $\forall x(Fx \rightarrow \exists y Gy)$
(p) $\neg \forall x \neg Gx$
(q) $\forall x(Gx \rightarrow Fx)$
(r) $Hba \rightarrow \forall x Hbx$
(s) $\exists x Kxxx$
(t) $\exists z \neg Kzab$
(u) $\neg \forall x Gx \leftrightarrow \neg \exists x Kxxx$
(v) $\exists x \exists y Hxy$
(w) $\forall y Hxy$
(x) $Fx \leftrightarrow \neg Hzz$

Exercício 10.8 Seja uma linguagem $\{a, b, c, H, L\}$ e uma estrutura $\mathfrak{C} = \langle U, I \rangle$ tal que $U = \{$Vênus, Hera, Minerva$\}$, e tal que a função interpretação I é como segue:

$I(a) =$ Vênus
$I(b) =$ Hera
$I(c) =$ Minerva
$I(H) = \{$Hera, Minerva$\}$
$I(L) = \{\langle$Vênus, Hera$\rangle, \langle$Minerva, Hera$\rangle, \langle$Hera, Hera$\rangle, \langle$Hera, Vênus$\rangle\}$

Com relação a essa estrutura, dê exemplos de:

(a) uma fórmula que seja falsa;
(b) uma fórmula com uma negação que seja verdadeira;

(c) uma conjunção verdadeira;
(d) uma fórmula universalmente quantificada que seja verdadeira;
(e) uma fórmula existencialmente quantificada que seja falsa;
(f) uma fórmula com um quantificador universal e um existencial que seja verdadeira;
(g) uma fórmula aberta que seja verdadeira.

Exercício 10.9 Considere uma linguagem $\{a, b, P, Q\}$ e uma estrutura $\mathfrak{D} = \langle U, I \rangle$, onde $U = \{1, 2\}$, e tal que a função interpretação I é como segue:

$$I(a) = 1, \quad I(b) = 2, \quad I(P) = \{1\}, \quad I(Q) = \{\langle 2, 2 \rangle\}.$$

Refaça os itens (a)-(g) do exercício anterior com relação à estrutura $\mathfrak{D}$.

Exercício 10.10 Considere as fórmulas $\exists x(Gx \land Lcx)$ e $\forall y(Gy \leftrightarrow \neg Lyy)$, onde G é uma propriedade e L uma relação binária. Construa:

(a) uma estrutura na qual essas fórmulas sejam ambas verdadeiras.
(b) uma estrutura na qual essas fórmulas sejam ambas falsas.

11
VALIDADE E CONSEQUÊNCIA LÓGICA

Neste capítulo, com base nas estruturas e na definição de verdade vistas no capítulo anterior, vamos definir validade e consequência lógica para o **CQC**.

11.1 Validade

No capítulo 7, depois de termos definido as valorações, verificamos que as fórmulas podiam ser classificadas em três tipos: as *tautologias*, aquelas que são verdadeiras em todas as valorações; as *contradições*, aquelas que são falsas em todas as valorações; e as *contingências*, aquelas que são verdadeiras em ao menos uma, e falsas em ao menos uma valoração. Uma vez que as valorações são um tipo de interpretação — apenas muito mais simples —, não é surpresa que possamos, agora, definir um conceito análogo ao de tautologia, por exemplo, embora mais refinado: o de uma *fórmula válida*, isto é, uma fórmula verdadeira em toda e qualquer estrutura. Mais precisamente:

Definição 11.1 Uma fórmula α é *válida* (ou *logicamente verdadeira*) sse, para toda estrutura $\mathfrak{A}$, $\mathfrak{A}(\alpha) = \mathbf{V}$. Uma fórmula α é uma *contradição* (ou *logicamente falsa*) sse, para toda estrutura $\mathfrak{A}$, $\mathfrak{A}(\alpha) = \mathbf{F}$. E, finalmente, uma fórmula α é uma *contingência* sse não é nem válida nem uma contradição, ou seja, para alguma estrutura $\mathfrak{A}$, $\mathfrak{A}(\alpha) = \mathbf{V}$, e para alguma outra estrutura $\mathfrak{B}$, $\mathfrak{B}(\alpha) = \mathbf{F}$.

A primeira pergunta que você decerto está pensando em fazer é: bem, e o que acontece com as tautologias? Essa é uma boa pergunta, e a resposta é que elas continuam sendo logicamente verdadeiras, pois uma estrutura, poderíamos dizer, é um refinamento de uma valoração (como se fosse uma rede de pesca de malha mais fina, que captura verdades lógicas que as valorações deixam escapar).

É fácil perceber por que as tautologias são válidas. Se você observar a definição de verdade apresentada na seção 10.4, vai notar que as cláusulas referentes às fórmulas moleculares simplesmente repetem as propriedades das valorações. Por exemplo, tínhamos que, para qualquer valoração ν,

(1) $$\nu(\neg\alpha) = \mathbf{V} \quad \text{sse} \quad \nu(\alpha) = \mathbf{F}.$$

E o que diz a cláusula (c) da definição 10.2 é:

(2) $$\mathfrak{A}(\neg\alpha) = \mathbf{V} \quad \text{sse} \quad \mathfrak{A}(\alpha) = \mathbf{F}.$$

Obviamente, tanto (1) quanto (2) dizem a mesma coisa: uma negação é verdadeira (numa valoração, numa estrutura) sse a fórmula negada é falsa (nessa valoração, nessa estrutura). O caso dos outros operadores é análogo.

Para um exemplo simples, considere o esquema de fórmula $\neg\neg\alpha \to \alpha$. Isso significa que qualquer fórmula da forma $\neg\neg\alpha \to \alpha$ é uma tautologia. Ora, isso deveria — e agora pode — incluir uma fórmula como

$$\neg\neg Pa \to Pa,$$

ou ainda

$$\neg\neg\forall xPx \to \forall xPx,$$

ou mesmo ainda

$$\neg\neg(Pa \vee \exists y\exists zFzy) \to (Pa \vee \exists y\exists zFzy).$$

Todas as fórmulas anteriores são instâncias, ou seja, casos particulares, de $\neg\neg\alpha \to \alpha$. Não importa que significado P e F tenham em alguma estrutura: $\neg\neg(Pa \vee \exists y \exists z Fzy) \rightarrow (Pa \vee \exists y \exists z Fzy)$ vai continuar sendo sempre verdadeira.

Resumindo, não é de admirar que as tautologias sejam válidas. Por outro lado, é óbvio que nem todas as fórmulas válidas são tautologias. Vamos ver um exemplo: tomemos a fórmula $\forall x Px \rightarrow Pa$. Temos aqui um condicional (uma fórmula molecular) cujo antecedente e consequente, $\forall x Px$ e Pa, não são moleculares. Do ponto de vista de uma valoração, essas fórmulas são como se fossem atômicas: a valoração não tem como atribuir a elas um valor de verdade em função do significado de suas partes (P e a por exemplo). É como se tivéssemos duas fórmulas A e B de uma linguagem proposicional. Assim, uma tabela de verdade para $\forall x Px \rightarrow Pa$ seria:

$\forall x Px$	Pa	$\forall x Px \rightarrow Pa$
V	**V**	**V**
F	**V**	**V**
V	**F**	**F**
F	**F**	**V**

E salta aos olhos que $\forall x Px \rightarrow Pa$ não é uma tautologia, pois é falsa em uma das linhas: há uma valoração em que a fórmula $\forall x Px$ recebe o valor **V** e Pa recebe o valor **F**. Contudo, intuitivamente, essa fórmula é válida — se é verdade que todos têm a propriedade P, então a também tem — mas como demonstrar isso? Será que podemos modificar as tabelas de verdade de alguma forma aceitável?

Para dar uma resposta simples: não. As tabelas de verdade funcionam muito bem com os operadores do **CQC**, mas não conseguem lidar bem com quantificadores. Como você iria calcular o valor de uma fórmula como $\forall x Px$, por exemplo, tendo um universo infinito — que é um dos casos possíveis? Não quero entrar em detalhes agora — vamos ver isso mais tarde —, mas a triste verdade é que não existe um método mecânico, como tabelas de verdade, que permita *sempre* decidir se alguma fórmula do **CQC** é válida ou não, embora isso seja possível em muitos e muitos casos.

Voltando ao nosso exemplo, se não dispomos de tabelas de verdade, como vamos mostrar que $\forall x Px \rightarrow Pa$ é válida? Obviamente, não podemos investigar *todas* as estruturas, tomando uma por vez. Como já vimos, há infinitas estruturas para uma linguagem qualquer. Contudo, raciocinando por absurdo, é fácil ver que $\forall xPx \rightarrow Pa$ é válida.

Vamos supor, como ponto de partida, que $\forall xPx \rightarrow Pa$ não seja válida. Ora, por definição, se ela não é válida, não acontece que ela seja verdadeira em todas as estruturas; logo, deve existir alguma estrutura $\mathfrak{A}$ tal que $\mathfrak{A}(\forall xPx \rightarrow Pa) = \mathbf{F}$. Como essa fórmula é uma implicação, se ela é falsa em $\mathfrak{A}$, seu antecedente é verdadeiro em $\mathfrak{A}$ e seu consequente, falso. Ou seja, temos: (i) $\mathfrak{A}(\forall xPx) = \mathbf{V}$ e (ii) $\mathfrak{A}(Pa) = \mathbf{F}$. Agora, se $\mathfrak{A}(\forall xPx) = \mathbf{V}$, por definição, $\mathfrak{A}(P\mathbf{i}) = \mathbf{V}$ para todo parâmetro **i**. (Recorde que um parâmetro **i** é uma constante ou um nome.) Como a é uma constante da linguagem $\mathcal{L}$ em causa, pois ocorre em $\forall xPx \rightarrow Pa$, temos que $\mathfrak{A}(Pa) = \mathbf{V}$ — mas isso contradiz o que havíamos obtido em (ii), isto é, que $\mathfrak{A}(Pa) = \mathbf{F}$. Uma vez que nossa hipótese de que $\forall xPx \rightarrow Pa$ não é válida nos levou a uma contradição, concluímos que essa hipótese estava errada, e que $\forall xPx \rightarrow Pa$ é, de fato, válida.

Assim, como você vê, pudemos mostrar a validade de $\forall xPx \rightarrow Pa$, mesmo não tendo tabelas de verdade. E essa maneira de raciocinar por absurdo é apenas um dos métodos. Uma outra maneira de mostrar a validade dessa fórmula é a maneira direta. Vamos ver como isso funciona. Note que temos aqui um condicional e queremos mostrar que ele é verdadeiro em qualquer estrutura. Ora, nas estruturas em que o antecedente $\forall xPx$ desse condicional for falso, $\forall xPx \rightarrow Pa$ é verdadeira, não importando o valor de Pa. Suponha, então, que temos alguma estrutura $\mathfrak{A}$ tal que $\mathfrak{A}(\forall xPx) = \mathbf{V}$. Pela definição de verdade, segue-se que $\mathfrak{A}(P\mathbf{i}) = \mathbf{V}$ para todo parâmetro **i**. Ora, como a é um parâmetro, $\mathfrak{A}(Pa) = \mathbf{V}$. Assim, não importando qual seja a estrutura $\mathfrak{A}$, se $\mathfrak{A}(\forall xPx) = \mathbf{V}$, $\mathfrak{A}(Pa) = \mathbf{V}$, o que mostra que $\mathfrak{A}(\forall xPx \rightarrow Pa) = \mathbf{V}$ em $\mathfrak{A}$. E como estamos falando de uma estrutura qualquer, segue-se que a fórmula é válida.

Vimos, assim, duas maneiras de demonstrar que alguma fórmula é válida. Existem outros métodos e falaremos mais sobre isso depois. O importante é lembrar que existem muitas outras fórmulas válidas, não apenas as tautologias.

Mas examinemos um outro exemplo. Digamos que queiramos mostrar a validade de $(\forall x(Ax \rightarrow Bx) \wedge \exists xAx) \rightarrow \exists xBx$. Começamos, mais uma vez, supondo que essa fórmula não seja válida; portanto, deve haver alguma estrutura $\mathfrak{A}$ em que ela seja falsa. E como essa fórmula é um condicional, temos: $\mathfrak{A}(\forall x(Ax \rightarrow Bx) \wedge \exists xAx) =$ **V** e $\mathfrak{A}(\exists xBx) =$ **F**. Porém, como o antecedente desse condicional, $\forall x(Ax \rightarrow Bx) \wedge \exists xAx$, é uma conjunção, temos ainda: $\mathfrak{A}(\forall x(Ax \rightarrow Bx)) = \mathfrak{A}(\exists xAx) =$ **V**. Consideremos, agora, a fórmula existencial $\exists xAx$, que é verdadeira em $\mathfrak{A}$. Pela definição de verdade, $\mathfrak{A}(A\mathbf{i}) =$ **V**, para algum parâmetro **i**. Vamos usar a constante a para representar esse parâmetro. Assim, $\mathfrak{A}(Aa) =$ **V**. Consideremos, então, a fórmula universal $\forall x(Ax \rightarrow Bx)$, que também é verdadeira em $\mathfrak{A}$. Por definição, temos que $\mathfrak{A}(A\mathbf{i} \rightarrow B\mathbf{i}) =$ **V**, para todo parâmetro **i**. Como a é um parâmetro, segue-se imediatamente que $\mathfrak{A}(Aa \rightarrow Ba)$ $=$ **V**. Ora, vimos anteriormente que $\mathfrak{A}(Aa) =$ **V**, ou seja, o antecedente do condicional verdadeiro $Aa \rightarrow Ba$ é também verdadeiro. Que podemos concluir? Que $\mathfrak{A}(Ba) =$ **V**, claro. (Se Ba fosse falsa em $\mathfrak{A}$, $Aa \rightarrow Ba$ teria que ser falsa também.) Note agora o seguinte: se Ba é verdadeira em $\mathfrak{A}$, e a é um parâmetro, que podemos concluir a respeito do valor de $\exists xBx$ em $\mathfrak{A}$? Obviamente, que $\mathfrak{A}(\exists xBx) =$ **V**. E aí, temos a contradição que buscávamos, pois havíamos, bem no começo, concluído que $\mathfrak{A}(\exists xBx) =$ **F**. Portanto, a hipótese de que $(\forall x(Ax \rightarrow Bx) \wedge \exists xAx) \rightarrow \exists xBx$ não era válida nos levou a uma contradição. Logo, essa fórmula é válida.

É claro que, por outro lado, conseguiremos mostrar que alguma fórmula é inválida se exibirmos alguma estrutura em que ela seja falsa — basta *uma* estrutura. Por exemplo, considere a fórmula $\neg Pa \rightarrow \neg\exists xPx$. Ela é, intuitivamente, inválida: se Aristóteles não é um poeta, então ninguém é um poeta? Claro que não, há outros indivíduos que são poetas.

É fácil construir uma estrutura em que $\neg Pa \rightarrow \neg\exists xPx$ é falsa. Primeiro, precisamos ver qual a linguagem de primeira ordem para a qual construiremos a estrutura (lembre que uma estrutura é sempre uma estrutura para alguma linguagem). Ora, os símbolos não lógicos dessa fórmula são a e P; logo, nossa linguagem é o conjunto $\{a, P\}$. Consideremos agora a estrutura $\mathfrak{A} = \langle U, I \rangle$ para essa linguagem, tal que $U = \{0, 1\}$, e I é tal que $I(a) = 0$ e $I(P) = \{1\}$. Acrescentemos a essa linguagem a constante b para servir de nome para o indivíduo 1. Temos, então, $I(b) = 1$. Ora, como $0 \notin \{1\}$ — ou seja, $I(a) \notin I(P)$ —, $\mathfrak{A}(Pa) = \mathbf{F}$, e, claro, $\mathfrak{A}(\neg Pa) = \mathbf{V}$. Por outro lado, como $1 \in \{1\}$, temos que $I(b) \in I(P)$, $\mathfrak{A}(Pb) = \mathbf{V}$, e segue-se que $\mathfrak{A}(\exists xPx) = \mathbf{V}$, de onde temos imediatamente que $\mathfrak{A}(\neg\exists xPx) = \mathbf{F}$. Uma vez que a fórmula $\neg Pa \to \neg\exists xPx$ é um condicional cujo antecedente é verdadeiro e cujo consequente é falso em $\mathfrak{A}$, segue-se que $\mathfrak{A}(\neg Pa \to \neg\exists xPx) = \mathbf{F}$. Assim, tendo construído uma estrutura $\mathfrak{A}$ em que $\neg Pa \to \neg\exists xPx$ é falsa, concluímos que ela não é válida.

Exercício 11.1 As fórmulas na lista seguinte são exemplos de fórmulas válidas do **CQC**, porém, nenhuma delas é uma tautologia. Tente provar que elas são de fato válidas, demonstrando que não é possível haver uma estrutura onde elas sejam falsas.

(a) $Pa \to \exists xPx$
(b) $\forall x\neg Px \to \neg Pa$
(c) $\forall x(Px \to Px)$
(d) $\neg\exists x(Px \land \neg Px)$
(e) $\forall x\neg(Px \land \neg Px)$
(f) $\forall x(Px \lor \neg Px)$
(g) $\forall x(Ax \to Bx) \to (\forall xAx \to \forall xBx)$
(h) $(\forall xAx \lor \forall xBx) \to \forall x(Ax \lor Bx)$
(i) $\exists x(Ax \land Bx) \to (\exists xAx \land \exists xBx)$
(j) $\exists x\forall yRxy \to \forall y\exists xRxy$

Exercício 11.2 As fórmulas a seguir são todas inválidas. Mostre isso, construindo para cada uma delas uma estrutura onde a fórmula seja falsa:

(a) $Pa \land \neg Qb$
(b) $Pa \to \forall xPx$
(c) $\exists xPx \to Pa$
(d) $\forall x\neg Rxa \lor Rba$
(e) $(\exists xPx \land \exists xQx) \to \exists x(Px \land Qx)$
(f) $\forall x(Ax \lor Bx) \to (\forall xAx \lor \forall xBx)$
(g) $\forall x\exists yRxy \to \exists y\forall xRxy$
(h) $(\forall xPx \to A) \to \forall x(Px \to A)$

11.2 Consequência lógica (semântica)

Podemos definir agora, através de estruturas, um análogo da noção de consequência tautológica que havíamos visto no capítulo 7. Primeiro, a definição de modelo:

Definição 11.2 Uma estrutura $\mathfrak{A}$ é *modelo* de um conjunto de fórmulas Γ se, para toda fórmula $\gamma \in \Gamma$, $\mathfrak{A}(\gamma) = \mathbf{V}$.

Ou seja, uma estrutura é modelo de um conjunto de fórmulas se todas as fórmulas do conjunto são verdadeiras nessa estrutura. Note bem: *todas*. Se uma só for falsa, a estrutura já não será modelo do conjunto. Escrevemos que $\mathfrak{A}$ é modelo de um conjunto Γ de fórmulas da seguinte maneira: $\mathfrak{A} \vDash \Gamma$. Se $\mathfrak{A}$ não for modelo de Γ, escrevemos: $\mathfrak{A} \nvDash \Gamma$.

Costumamos dizer também que uma estrutura é modelo de uma fórmula, por exemplo, que $\mathfrak{A} \vDash \alpha$. Isso é apenas uma abreviação de $\mathfrak{A} \vDash \{\alpha\}$, e significa a mesma coisa que $\mathfrak{A}(\alpha) = \mathbf{V}$, claro.

Se um conjunto Γ de fórmulas possui um modelo, dizemos que Γ é *satisfatível*. Caso contrário — ou seja, não há nenhuma estrutura $\mathfrak{A}$ tal que $\mathfrak{A} \vDash \Gamma$— dizemos que Γ é *insatisfatível*.

Por exemplo, o conjunto de fórmulas a seguir,

$$\{Pa \land \neg Qb, \neg Pb, \exists x(Px \land Qx)\}$$

é satisfatível, como podemos facilmente mostrar. Considere a linguagem $\{a, b, c, P, Q\}$ e uma estrutura $\mathfrak{A} = \langle U, I \rangle$, tal que $U = \{0,1,2\}$ e I é tal que $I(a) = 0$, $I(b) = 1$, $I(c) = 2$, $I(P) = \{0, 2\}$ e $I(Q) = \{2\}$. Evidentemente, Pa e Pc são verdadeiras nessa estrutura, Pb e Qb são falsas, e Qc é verdadeira. Da verdade de Pc e Qc inferimos também que $\exists x(Px \land Qx)$ é verdadeira nessa estrutura. Logo, tal estrutura é um modelo do conjunto de fórmulas anteriores, o que faz com que esse conjunto seja satisfatível.

Por outro lado, o que seria um conjunto insatisfatível? Um exemplo simples é:

$$\{Pa, \neg Pa\}.$$

É óbvio que não há nenhuma estrutura que seja modelo de tal conjunto de fórmulas: temos duas fórmulas, uma das quais é a negação da outra. Caso uma delas seja verdadeira em alguma estrutura, a outra será falsa. O conjunto anterior contém explicitamente uma contradição.

Não tão óbvio é que o conjunto

$$\{\forall x(Px \rightarrow Qx), \forall xPx, \neg Qb\}$$

também seja insatisfatível. A segunda fórmula diz que qualquer indivíduo do universo de uma estrutura tem a propriedade P. A primeira diz que se algo tem P, então tem Q. Logo, todos os indivíduos devem ter a propriedade Q. Mas a terceira fórmula diz que algum indivíduo, cujo nome é b, não tem essa propriedade — o que não pode ser. Não vamos conseguir construir uma estrutura, portanto, que seja modelo desse conjunto de fórmulas.

Dada a definição de modelo, chegamos, finalmente, à definição de consequência lógica:

Definição 11.3 Se Γ é um conjunto de fórmulas, e α uma fórmula, dizemos que $\Gamma \vDash \alpha$ (α é uma *consequência lógica* de Γ) sse todo modelo de Γ é também modelo de α, isto é, para toda estrutura $\mathfrak{A}$ que for uma interpretação para a linguagem de Γ e de α, se $\mathfrak{A} \vDash \Gamma$, então, $\mathfrak{A}(\alpha) = \mathbf{V}$.

Podemos também dizer, se α é uma consequência lógica de Γ, que Γ *implica logicamente* α.

Algumas observações sobre isso. Primeiro, assim como a noção de consequência tautológica era definida por meio de valorações, sendo um conceito semântico, nossa noção de consequência lógica aqui apresentada é uma noção semântica. Assim, é usual que se diga que uma fórmula α é uma *consequência semântica* de um conjunto Γ, ou que Γ *implica semanticamente* α. (Naturalmente, fala-se assim para estabelecer uma distinção com relação a uma noção *sintática* de consequência lógica, da qual nos ocuparemos posteriormente.)

Em segundo lugar, assim como as tautologias são um caso mais particular de fórmula válida, consequência tautológica é um caso particular de consequência lógica (semântica). E, de modo similar, existem fórmulas que são consequência lógica de algum conjunto, sem que sejam consequências tautológicas dele. Dito de outra forma, a noção de consequência tautológica é a noção de consequência lógica restrita ao **CPC** (i.e., à lógica proposicional).

Vamos ver alguns exemplos. Sejam Γ e Δ dois conjuntos de fórmulas, tal que:

$$\Gamma = \{\forall x(Fx \vee \neg Gx), Ga, \exists x Fx, \neg Gb\},$$
$$\Delta = \{\forall x(Fx \to Gx), Ga\}.$$

Consideremos a fórmula Fa. É fácil verificar que Fa é uma consequência lógica de Γ, isto é, $\Gamma \vDash Fa$; contudo, Fa não é uma consequência lógica de Δ, ou seja, $\Delta \nvDash Fa$.

Vamos começar mostrando que $\Gamma \vDash Fa$ raciocinando por absurdo. Suponhamos, então, que $\Gamma \nvDash Fa$. Assim, deve existir uma estrutura $\mathfrak{A}$ tal que $\mathfrak{A} \vDash \Gamma$, e $\mathfrak{A}(Fa) = \mathbf{F}$. Como $\mathfrak{A} \vDash \Gamma$, todas as fórmulas em Γ são verdadeiras em $\mathfrak{A}$; particularmente, temos que $\mathfrak{A}(\forall x(Fx \vee \neg Gx)) = \mathbf{V}$, e $\mathfrak{A}(Ga) = \mathbf{V}$. Pela definição de verdade, temos, então, que $\mathfrak{A}(F\mathbf{i} \vee \neg G\mathbf{i}) = \mathbf{V}$, para todo parâmetro $\mathbf{i}$ relativo ao universo de $\mathfrak{A}$. Em particular, $\mathfrak{A}(Fa \vee \neg Ga) = \mathbf{V}$, o que implica, mais uma vez pela definição de verdade, que ou $\mathfrak{A}(Fa) = \mathbf{V}$, ou $\mathfrak{A}(\neg Ga) = \mathbf{V}$. Contudo, por hipótese, havíamos suposto que Fa é falsa em $\mathfrak{A}$, ou seja, $\mathfrak{A}(Fa) = \mathbf{F}$. Assim, a única possibilidade que resta é que $\mathfrak{A}(\neg Ga) = \mathbf{V}$. Pela definição de verdade, concluímos, então, que $\mathfrak{A}(Ga) = \mathbf{F}$. Mas isso contradiz nossa hipótese, pois Ga está em Γ, e havíamos suposto que $\mathfrak{A} \vDash \Gamma$. Assim, como nossa hipótese nos leva a contradições em qualquer caso, ela é falsa. Ou seja, fica demonstrado que $\Gamma \vDash Fa$.

Suponhamos agora que tentássemos provar que $\Delta \vDash Fa$. Começamos supondo que $\Delta \nvDash Fa$. Assim, deve existir uma estrutura, digamos $\mathfrak{B}$, tal que $\mathfrak{B} \vDash \Delta$, e $\mathfrak{B}(Fa) = \mathbf{F}$. Segue-se que todas as fórmulas em Δ são verdadeiras em $\mathfrak{B}$; isto é, temos que $\mathfrak{B}(\forall x(Fx \to Gx)) = \mathbf{V}$, e $\mathfrak{B}(Ga) = \mathbf{V}$. Pela definição de verdade, temos, então, que $\mathfrak{B}(F\mathbf{i} \to G\mathbf{i}) = \mathbf{V}$, para todo $\mathbf{i}$. Particularmente, $\mathfrak{B}(Fa \to Ga) = \mathbf{V}$, o que implica, mais uma vez pela definição de verdade, que: ou $\mathfrak{B}(Fa) = \mathbf{F}$, ou $\mathfrak{B}(Ga) = \mathbf{V}$. Agora é que vem o problema: por hipótese, já havíamos suposto que Fa é falsa em $\mathfrak{B}$. Onde está a contradição? Bem, na verdade, não há, até agora, nenhuma contradição. Quer dizer, $\mathfrak{B}$ é uma estrutura na qual, de fato, todas as fórmulas de Δ são verdadeiras, e Fa é falsa, de onde podemos desconfiar que $\Delta \nvDash Fa$.

Note que eu usei a palavra 'desconfiar', e não 'concluir'. Na verdade, para afirmar que $\Delta \not\models Fa$, deveríamos *exibir* a estrutura $\mathfrak{B}$ (pois pode haver ainda alguma contradição escondida que não tenhamos percebido). Isso não é muito difícil: basta construí-la, com as pistas dadas pelo raciocínio do parágrafo anterior. Seja, então, $\mathfrak{B} = \langle U, I \rangle$. Agora, seja lá qual for o universo de $\mathfrak{B}$, duas coisas terão que acontecer: (i) todo indivíduo que estiver em $I(F)$ terá que estar em $I(G)$, pois "todo F é G"; (ii) $I(a)$ terá que estar em $I(G)$, pois "a é G".

Bem, digamos, então, que

$$U = \{\text{Miau}\}, \quad I(a) = \text{Miau}, \quad I(F) = \emptyset \quad \text{e} \quad I(G) = \{\text{Miau}\}.$$

É fácil verificar que $\forall x(Fx \to Gx)$ é trivialmente verdadeira em $\mathfrak{B}$, e que Miau pertence a $I(G)$, ou seja, $\mathfrak{B}(Ga) = \mathbf{V}$. Contudo, $\mathfrak{B}(Fa) = \mathbf{F}$, pois $I(a) \notin I(F)$. Assim, exibimos uma estrutura $\mathfrak{B}$ tal que $\mathfrak{B} \models \Delta$, e $\mathfrak{B}(Fa) = \mathbf{F}$. E fica demonstrado que $\Delta \not\models Fa$.

Com relação, portanto, à questão de como determinar se, de fato, alguma fórmula é consequência ou não de um conjunto de fórmulas, as mesmas observações a respeito da validade se aplicam. Não há um método mecânico que permita, sempre, decidir se alguma fórmula é implicada ou não por algum conjunto de fórmulas. Desta maneira, se temos um conjunto de fórmulas Γ, e uma certa fórmula α, o que podemos fazer é raciocinar, por exemplo, por absurdo — supondo que $\Gamma \not\models \alpha$ — e tentar encontrar alguma contradição. Se isso não acontecer, então podemos tentar construir uma estrutura que seja modelo de Γ, mas não de α. Nem sempre isso é fácil de fazer, claro.

Exercício 11.3 Mostre que cada um dos conjuntos de fórmulas a seguir é satisfatível, construindo uma estrutura que seja modelo dele:

(a) $\{Pa, \neg Rab, \neg Pb\}$
(b) $\{\exists xQx, \exists xPx, \neg Pa \land \neg Qa\}$
(c) $\{\forall x(Ax \to Bx), Am, \neg Bp\}$
(d) $\{\forall xPx, \neg\exists xQx\}$
(e) $\{Pa, \exists xPx \to \forall x\forall yLxy\}$

Exercício 11.4 Mostre que:

(a) $\neg A \vee Qb, \neg Qb \models \neg A$
(b) $\exists x(Fx \wedge Gx) \models \exists xFx$
(c) $Pa \rightarrow \forall xLxa, \neg Lba \models \neg Pa$
(d) $\forall x(Px \rightarrow Qx), \forall yPy \models \forall zQz$

Exercício 11.5 Mostre que:

(a) $\neg A \vee Qb, Qb \not\models \neg A$
(b) $\exists xFx \not\models \exists x(Fx \wedge Gx)$
(c) $Pa \rightarrow \forall xLxa, \exists x \neg Lax \not\models \neg Pa$
(d) $\forall x(Px \rightarrow Qx), \forall yQy \not\models \forall zPz$

11.3 Algumas propriedades de $\models$

Voltando a falar da relação semântica de consequência lógica, um de seus casos particulares ocorre quando alguma fórmula α implica logicamente uma outra fórmula β. Dizemos que $\alpha \models \beta$, é claro, se $\{\alpha\} \models \beta$. E duas fórmulas quaisquer, α e β, são ditas *logicamente equivalentes* sse $\alpha \models \beta$ e $\beta \models \alpha$. (Alternativamente, se α e β têm valores idênticos em qualquer estrutura.)

Dadas as definições, fica fácil demonstrar alguns princípios envolvendo as noções semânticas de validade e consequência lógica. Por exemplo:

Proposição 11.1 *α é válida sse $\emptyset \models \alpha$.*

Prova. Como essa proposição é uma equivalência, podemos demonstrá-la provando as implicações nas duas direções, isto é:

(i) se α é válida, então $\emptyset \models \alpha$;
(ii) se $\emptyset \models \alpha$, então α é válida.

Comecemos com o caso (i), e vamos supor que α seja válida. Como não existe uma estrutura em que α seja falsa, não existe $\mathfrak{A}$ tal que $\mathfrak{A} \models \emptyset$ e $\mathfrak{A}(\alpha) = \mathbf{F}$. Em outras palavras, para toda estrutura $\mathfrak{A}$, se $\mathfrak{A} \models \emptyset$, então $\mathfrak{A}(\alpha) = \mathbf{V}$. Assim, $\emptyset \models \alpha$.

Vamos considerar agora o caso (ii), e comecemos supondo que $\emptyset \models \alpha$. É fácil verificar que, para toda estrutura $\mathfrak{A}$, $\mathfrak{A} \models \emptyset$: se houvesse alguma estrutura $\mathfrak{A}$ que não fosse modelo de $\emptyset$, teríamos que ter alguma fórmula $\beta \in \emptyset$ tal que $\mathfrak{A}(\beta) = \mathbf{F}$. Mas é claro que nenhuma fórmula pertence ao conjunto vazio, logo, não pode haver nenhuma estrutura que falsifique alguma fórmula do vazio. Ou seja, toda estrutura é modelo do vazio. E como, por hipótese, toda estrutura que for modelo de $\emptyset$ é um modelo de α, concluímos que, para toda estrutura $\mathfrak{A}$, $\mathfrak{A} \vDash \alpha$. Ou seja, α é válida.

Uma vez que demonstramos a proposição anterior, podemos indicar que alguma fórmula α é válida escrevendo simplesmente '$\vDash \alpha$'.

Vamos ver agora mais algumas propriedades interessantes da relação de consequência semântica:

Proposição 11.2

(a) $\sigma \vDash \beta$ *sse* $\vDash \sigma \to \beta$, *onde* σ *é alguma sentença (ou seja, uma fórmula fechada).*

(b) α *e* β *são logicamente equivalentes sse* $\vDash \alpha \leftrightarrow \beta$.

(c) *Se* Γ *é um conjunto de fórmulas válidas (isto é, se para todo* $\beta \in \Gamma$, $\vDash \beta$*), e* $\Gamma \vDash \alpha$, *então* $\vDash \alpha$.

(d) *A implicação lógica (semântica) é transitiva, isto é: se* $\alpha \vDash \beta$ e $\beta \vDash \gamma$, *então* $\alpha \vDash \gamma$.

(e) *Se* $\vDash \alpha$ *e* $\vDash \beta$, *então,* α *e* β *são logicamente equivalentes.*

(f) *Se* $\vDash \alpha$, *então, qualquer que seja* Γ, $\Gamma \vDash \alpha$.

(g) *Se* α *é uma contradição, então, qualquer que seja* β, $\alpha \vDash \beta$.

(h) $\Gamma \vDash \sigma \to \beta$ *sse* $\Gamma \cup \{\sigma\} \vDash \beta$, *onde* σ *é alguma sentença (ou seja, uma fórmula fechada).*

Não vamos demonstrar as propriedades anteriores (bem, você pode tentar; seria um ótimo exercício). Vou fazer apenas um comentário sobre a restrição nos casos (a) e (h), que envolvem uma sentença σ. É fácil ver que a propriedade (a), por exemplo, pode não funcionar se tivermos uma fórmula aberta α qualquer, em vez de uma sentença σ. Seja $\alpha = Py$, e $\beta = \forall x Px$. Nesse caso, a propriedade a demonstrar seria, numa das direções

$$\text{Se } Py \vDash \forall x Px, \quad \text{então} \quad \vDash Py \to \forall x Px.$$

Vamos mostrar que o condicional dado é falso. Para isso, precisamos mostrar primeiro que $Py \vDash \forall xPx$ e, depois, que $\nvDash Py \to \forall xPx$.

A primeira parte é fácil: como Py é uma fórmula aberta, Py é verdadeira em uma estrutura $\mathfrak{A}$ se e somente se $\forall yPy$ é verdadeira em $\mathfrak{A}$. Logo, qualquer estrutura que torne Py verdadeira, torna $\forall xPx$ automaticamente verdadeira. Assim, $Py \vDash \forall xPx$.

Precisamos agora mostrar que $\nvDash Py \to \forall xPx$, ou seja, que $Py \to \forall xPx$ não é válida. Para isso, basta exibir uma estrutura em que essa fórmula é falsa. E, como ela é uma fórmula aberta, precisamos mostrar que seu fecho, $\forall y(Py \to \forall xPx)$, é falso na estrutura.

Seja $\mathcal{L} = \{a, P\}$ uma linguagem de primeira ordem, e $\mathfrak{A} = \langle U, I \rangle$ uma estrutura para $\mathcal{L}$, onde $U = \{0, 1\}$, e I é tal que $I(a) = 0$, e $I(P) = \{0\}$. Finalmente, seja b o nome de 1. (Assim, $I(b) = 1$.) Agora, pela definição de verdade, temos

$\mathfrak{A}(\forall y(Py \to \forall xPx)) = \mathbf{V}$ sse $\mathfrak{A}(P\mathbf{i} \to \forall xPx) = \mathbf{V}$, para todo parâmetro $\mathbf{i}$.

Bem, mostraremos que $\mathfrak{A}(Pa \to \forall xPx) = \mathbf{F}$. Note, em primeiro lugar, que $\mathfrak{A}(Pa) = \mathbf{V}$, pois $I(a) \in I(P)$. Contudo, $\mathfrak{A}(Pb) = \mathbf{F}$, já que $1 \notin \{0\}$. Logo, $\mathfrak{A}(\forall xPx) = \mathbf{F}$, e segue-se que $\mathfrak{A}(Pa \to \forall xPx) = \mathbf{F}$, e que $\mathfrak{A}(\forall y(Py \to \forall xPx)) = \mathbf{F}$, como queríamos demonstrar.

É claro que o problema surgiu porque a fórmula $\alpha = Py$ era aberta. Se tivermos uma sentença, como σ no caso (a) mencionado anteriormente, não há dificuldade alguma. As mesmas observações, naturalmente, valem para a propriedade enunciada em (h).

11.4 A validade de argumentos

Como você se recorda, no início deste livro demos uma primeira ideia, ainda informal, da validade de um argumento: um argumento válido é aquele tal que não é possível que suas premissas sejam verdadeiras e sua conclusão, falsa. Utilizando agora a noção de consequência lógica que definimos na seção anterior, podemos caracterizar de um modo mais preciso a validade de um argumento.

Recorde que um argumento é constituído por um conjunto de sentenças (ou proposições), as premissas, e uma outra sentença (ou proposição), a conclusão. Se representarmos as premissas e a conclusão por fórmulas do cálculo de predicados, podemos dizer que o argumento original é válido se o conjunto das fórmulas que correspondem às premissas implicar logicamente a fórmula que representa a conclusão. O que temos, então, é um conjunto Γ de premissas, alguma fórmula α como conclusão, e uma definição precisa do que significa dizer que α se segue de Γ. A expressão 'não é possível que suas premissas sejam verdadeiras e sua conclusão falsa' fica reformulada da seguinte maneira: 'não existe uma estrutura $\mathfrak{A}$ tal que as premissas sejam verdadeiras em $\mathfrak{A}$, e a conclusão, falsa'. E como a estrutura e a verdade de uma fórmula numa estrutura são coisas definidas de modo exato, preciso, a questão fica (quase) resolvida.

Essa situação pode ser apresentada no seguinte diagrama:

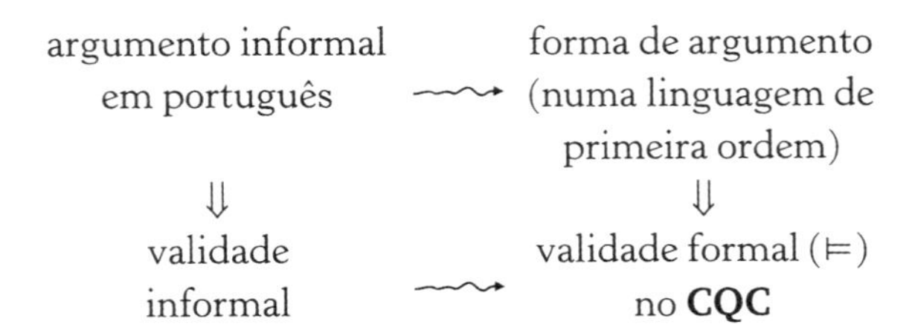

Algumas observações a esse respeito. Em primeiro lugar, note que a definição de consequência lógica é mais geral do que simplesmente a caracterização da validade de um argumento, pois, enquanto um argumento sempre tem um conjunto finito de premissas, definimos consequência lógica com respeito a um conjunto Γ qualquer de fórmulas — que pode ser inclusive um conjunto infinito.

Em segundo lugar, você deve ter notado no diagrama anterior que a definição de consequência lógica não se aplica diretamente a argumentos, mas a *formas* de argumentos, o que não é a mesma coisa. O ponto central é: como passar de um argumento que está em português, ou alguma outra língua natural, para uma linguagem formal como a do **CQC**? Como você se recorda, os operadores, por exemplo, são idealizações com respeito a certas expressões do português — a questão a respeito de como formalizar adequadamente sentenças condicionais deve ter deixado isso claro. Assim, a questão é se uma certa formalização de um argumento é uma formalização correta. Pode acontecer que um argumento intuitivamente válido se mostre, analisado dentro do cálculo de predicados, como inválido. É claro que, frequentemente, nossas intuições estão erradas, mas pode também ocorrer que o argumento não tenha sido formalizado corretamente — e pode mesmo acontecer que não seja possível formalizá-lo corretamente no **CQC**, daí certos sistemas lógicos não clássicos. (Mas essa é uma outra história, de que nos ocuparemos mais tarde.)

Voltando à determinação da validade de argumentos, então, o processo consiste em traduzi-los para uma linguagem de primeira ordem, para a qual a noção de consequência foi definida de modo preciso, e então, testar a validade da forma correspondente. Naturalmente, isso traz também alguns problemas. Como vimos, não é possível examinar todas as estruturas para ver se, sempre que um certo conjunto de premissas é verdadeiro, a conclusão também se mostra verdadeira nessa estrutura. O que nos resta (enquanto o próximo capítulo não começa) é tentar demonstrar (por absurdo, por exemplo) que a forma de argumento é mesmo válida — e, tendo insucesso, construir uma estrutura que sirva de contraexemplo, isto é, em que as fórmulas correspondentes às premissas sejam verdadeiras, e aquela correspondente à conclusão, falsa, como fizemos na seção anterior.

Mas, claro, existem maneiras mais simples de fazer isso, e é o que vamos começar a investigar no capítulo seguinte.

Exercício 11.6 Os argumentos a seguir são bem simples. Transcreva-os para a linguagem do **CQC**, usando a notação sugerida e tente determinar sua validade — ou construindo uma estrutura onde as premissas são verdadeiras e a conclusão, falsa, ou demonstrando que não é possível construir uma tal estrutura.

(a) Beethoven é um músico alemão; logo, Beethoven é um músico. (*b*: Beethoven; *M*: *x* é um músico; *A*: *x* é alemão)
(b) Romeu ama Julieta; logo, alguém ama Julieta. (*r*: Romeu; *j*: Julieta; *A*: *x* ama *y*)
(c) Alguém assassinou Kennedy; logo, Oswald assassinou Kennedy. (*k*: Kennedy; *o*: Oswald; *A*: *x* assassina *y*)
(d) Todos os gregos são mortais; logo, Sócrates é mortal. (*s*: Sócrates; *G*: *x* é um grego; *M*: *x* é mortal)
(e) Todos os marcianos são verdes, e todos os gatos são marcianos; logo, todos os gatos são verdes. (*M*: *x* é um marciano; *G*: *x* é um gato; *B*: *x* é verde)
(f) Gatos e cachorros são mamíferos. Miau é um gato; logo, Miau é mamífero. (*m*: Miau; *G*: *x* é um gato; *C*: *x* é um cachorro; *M*: *x* é um mamífero)
(g) Stefan e Mathias gostam de chocolate. Todos os que gostam de pipoca gostam de chocolate. Logo, Stefan e Mathias gostam de pipoca. (*s*: Stefan; *m*: Mathias; *C*: *x* gosta de chocolate; *P*: *x* gosta de pipoca)
(h) Se Stefan gosta de chocolate, então Mathias gosta de chocolate. Quem gosta de chocolate não gosta de espinafre. Logo, se Stefan gosta de chocolate, então Mathias não gosta de espinafre. (*s*: Stefan; *m*: Mathias; *C*: *x* gosta de chocolate; *E*: *x* gosta de espinafre)
(i) Todos os filósofos são malucos, e todo mundo é maluco. Logo, todos são filósofos. (*F*: *x* é um filósofo; *M*: *x* é maluco)
(j) As rosas são vermelhas, e as violetas são azuis. Logo, existem coisas vermelhas e existem coisas azuis. (*R*: *x* é uma rosa; *A*: *x* é vermelha; *L*: *x* é uma violeta; *B*: *x* é azul)

12
Tablôs semânticos

Neste capítulo, vamos nos ocupar de um método que nos permite mostrar a validade ou invalidade de uma fórmula do **CQC**, ou determinar se alguma fórmula é consequência lógica, ou não, de algum conjunto de fórmulas: o método dos *tablôs semânticos* (ou, como também é conhecido, das *árvores de refutação*).

12.1 Procedimentos de prova

No final do capítulo anterior, nos vimos diante do problema de como determinar se alguma fórmula α é válida, ou se é ou não consequência lógica de um conjunto Γ qualquer de fórmulas. Este parece ser um problema difícil, pois não temos como examinar *todas* as estruturas possíveis para uma certa linguagem de modo a verificar se α é verdadeira em qualquer estrutura, ou se é verdadeira naquelas que são modelo de Γ. Gostaríamos, portanto, de encontrar algum tipo de procedimento que nos permitisse ter uma resposta (positiva ou negativa) para as questões anteriores, dentro de um tempo razoável: um *procedimento* (ou *sistema*) *de prova*.

Idealmente, um tal procedimento deveria ser mecânico e determinístico: um conjunto de instruções formulado de maneira tão precisa que possa ser executado por um computador; um procedimento que não exija nenhuma criatividade ou engenhosidade para a sua execução. E, claro, um procedimento que *sempre* dê uma resposta (sim ou não) à pergunta feita. Para usar um termo técnico, gostaríamos de ter um *algoritmo* para decidir sobre a validade de uma fórmula do **CQC**, ou se uma fórmula é implicada logicamente por um conjunto de fórmulas.

Um *algoritmo* pode ser definido como um *procedimento computacional efetivo*, isto é, um *procedimento*, executável por um *computador*, que sempre termina após um número finito de passos (*efetivo*). Você conhece vários tipos de algoritmo. Para dar um exemplo simples, suponhamos que você queira calcular $n!$, o fatorial de n, para algum número natural positivo n. O algoritmo é simples, bastando multiplicar $1 \times 2 \times \ldots \times n$. Sendo n um número natural positivo qualquer, é óbvio que o procedimento de cálculo sempre vai terminar, ainda que isso possa demorar bastante, se n for muito grande. (A propósito, a diferença entre algoritmos e procedimentos em geral é que um procedimento pode não chegar ao fim de sua execução em alguns casos. Veremos um exemplo mais adiante.)

Mas não basta ter um algoritmo para decidir se uma fórmula é válida ou não: gostaríamos, além disso, que esse algoritmo fosse *eficiente*, isto é, que nos desse uma resposta o mais rápido possível. Bem, para sermos sinceros, que nos desse uma resposta num tempo razoável, já que "o mais rápido possível" pode, às vezes, demorar demais. Por exemplo, um algoritmo que, ao ser executado, leva dez anos para dar uma resposta não é lá muito interessante do ponto de vista prático — ainda que a resposta venha no tempo mais rápido possível para o algoritmo!

No capítulo 6, ao falar de valorações, vimos que o método de tabelas de verdade é um tal procedimento efetivo que pode ser aplicado à lógica proposicional para decidir se algo é ou não uma tautologia. Note, primeiro, que as instruções para construir uma tabela de verdade podem ser executadas por uma máquina: descobrir quais são as letras sentenciais que ocorrem em uma fórmula α qualquer, listar todas as subfórmulas de α, calcular o número de linhas da tabela e gerar as combinações de valores, calcular o valor de uma fórmula numa coluna, decidir se a fórmula é uma tautologia ou não verificando se ela tem **V** em todas as colunas... Todas essas instruções são mecânicas. Depois, note que a construção de uma tabela de verdade sempre termina após um número finito de passos. Como qualquer fórmula tem um comprimento finito, há apenas um número finito de letras sentenciais envolvidas, um número finito de linhas e um número finito de colunas a calcular. Mais cedo ou mais tarde, uma tabela de verdade sempre fica pronta. E, estando pronta, temos sempre uma resposta, positiva ou negativa, sobre se certa fórmula é tautologia ou não, se é consequência tautológica de outras ou não.

Em virtude do que foi dito anteriormente, as tabelas de verdade constituem um *procedimento de decisão* para o conjunto das tautologias, ou para a relação de consequência tautológica, ou seja, um procedimento de decisão para o **CPC**. Assim, o conjunto das tautologias é dito *decidível* pelo método de tabelas de verdade. (No geral, dizemos que uma classe de perguntas é decidível se há um algoritmo para obter uma resposta a qualquer pergunta da classe, ou dizemos que um conjunto é decidível se há um algoritmo para dizer se algo é ou não um elemento desse conjunto.)

Contudo, tabelas de verdade se aplicam apenas à lógica proposicional, não conseguindo lidar, claro, com quantificadores. Além disso, elas são bastante ineficientes: pode acontecer que você faça uma tabela com, digamos, 32 linhas, para descobrir que, exatamente na última delas, a fórmula α que você está investigando recebe o valor **F** e não é uma tautologia! O ideal, se existe alguma linha onde α é falsa, é que pudéssemos achá-la diretamente, e não ficar perdendo tempo com as outras 31. De mais a mais, o número de linhas de uma tabela de verdade aumenta exponencialmente em função do número de letras sentenciais envolvidas, ou seja, se temos n letras sentenciais, o número de linhas será 2^n. Suponha, então, que temos um computador capaz de construir uma linha de uma tabela em um microssegundo: se a tabela tiver cinquenta letras sentenciais, mesmo assim o computador precisará de 35,7 *anos* para construí-la! E uma tabela envolvendo cem letras sentenciais, por exemplo, teria 2^{100} linhas. Nesse caso, seriam necessários quatrocentos trilhões de séculos para terminar a tabela. (Lembre-se de que o universo começou há meros 15 bilhões de anos.)

Resumindo, o que precisamos é de algum outro método, que seja, por um lado, mais eficiente que tabelas de verdade e, por outro, que possa lidar também com fórmulas gerais. Além disso, há duas outras características desejáveis de qualquer procedimento ou sistema de prova:

(i) ele deve ser *correto*, isto é, provar *apenas* as fórmulas válidas;
(ii) ele deve ser *completo*, isto é, provar *todas* as fórmulas válidas.

A primeira característica, a da correção (também chamada *legitimidade*), justifica-se porque queremos ter certeza de que uma fórmula é mesmo válida quando o procedimento de prova diz que é (ou seja, ele não prova nenhuma fórmula que não seja válida). Quanto à segunda, a da completude, queremos também ter certeza de que uma fórmula não é válida, quando o procedimento não diz que é.

O método de *tablôs semânticos* é um passo nessa direção, embora tenha também suas limitações (com relação à eficiência, sobre o que vamos falar mais tarde). A história dos tablôs começa em 1935, com a introdução, por Gerhard Gentzen, dos sistemas de prova conhecidos hoje em dia como *cálculos de sequentes*. A característica desses sistemas de prova é que eles obedecem à chamada *propriedade das subfórmulas*: ou seja, na prova de que alguma fórmula α é válida, precisamos apenas considerar as subfórmulas de α. (Que isso é uma propriedade maravilhosa vai ficar claro quando estudarmos outros métodos em capítulos posteriores!) O trabalho original de Gentzen foi depois desenvolvido por E. Beth e, mais tarde, por Raymond Smullyan, resultando nos tablôs que você vai aprender agora.

A característica principal desse procedimento de prova por tablôs é que ele é um *método de refutação*: para mostrar que alguma fórmula α é válida, começamos supondo que ela não o é, e derivamos as consequências dessa suposição. Se isso nos levar a algum absurdo (como alguma fórmula ter que ser verdadeira e falsa ao mesmo tempo), então a suposição inicial estava errada. Caso contrário, os tablôs nos dão imediatamente um *contraexemplo* à fórmula α em questão, isto é, a receita para construir uma estrutura em que α é falsa. (Bem, isso vale realmente no caso da lógica proposicional. Para o **CQC** em geral, às vezes a situação se complica, como veremos depois.)

A ideia que está por trás dos procedimentos de refutação é o seguinte teorema, que podemos demonstrar a respeito do **CQC**:

Teorema 12.1 *Seja Γ um conjunto de fórmulas qualquer. $\Gamma \vDash \alpha$ sse $\Gamma \cup \{\neg\alpha\}$ é insatisfatível.*

Demonstração. Suponhamos, primeiro, que $\Gamma \vDash \alpha$. Isso significa que α é verdadeira em qualquer estrutura em que todas as fórmulas de Γ sejam verdadeiras. Agora, se $\Gamma \cup \{\neg\alpha\}$ fosse satisfatível, deveria haver uma estrutura $\mathfrak{A}$ tal que todas as fórmulas de Γ, bem como $\neg\alpha$, sejam verdadeiras em $\mathfrak{A}$. Mas isto não pode ser, pois, se $\mathfrak{A} \vDash \Gamma$, $\mathfrak{A}(\alpha) = \mathbf{V}$, e portanto, $\neg\alpha$ tem que ser falsa em $\mathfrak{A}$. Logo, não existe uma tal estrutura que seja modelo de $\Gamma \cup \{\neg\alpha\}$. De onde se segue que $\Gamma \cup \{\neg\alpha\}$ é insatisfatível.

Suponhamos agora que $\Gamma \cup \{\neg\alpha\}$ seja insatisfatível. Se $\Gamma \nvDash \alpha$, deve haver uma estrutura $\mathfrak{A}$ tal que $\mathfrak{A} \vDash \Gamma$, e $\mathfrak{A}(\alpha) = \mathbf{F}$. Ora, obviamente $\neg\alpha$ é verdadeira nessa estrutura. Logo, $\mathfrak{A} \vDash \Gamma \cup \{\neg\alpha\}$, e, portanto, $\Gamma \cup \{\neg\alpha\}$ é satisfatível, o que é absurdo, pois contraria nossa hipótese. Logo, $\Gamma \vDash \alpha$.

Um caso particular do teorema anterior, obviamente, é quando $\Gamma = \emptyset$, e então temos:

$$\vDash \alpha \quad \text{sse} \quad \{\neg\alpha\} \text{ é insatisfatível.}$$

Assim, para mostrar que uma fórmula é válida, basta mostrar que sua negação é sempre falsa. É essa a ideia que norteia um procedimento de prova como os tablôs.

12.2 Exemplos de tablôs

Suponhamos que quiséssemos mostrar que $(A \wedge B) \rightarrow (A \vee B)$ é uma fórmula válida (você pode verificar que é, pois é uma tautologia, construindo uma tabela de verdade para ela). A primeira coisa a fazer — o passo inicial na construção de um tablô para essa fórmula — é supor que ela *não seja válida*. Por definição, se $(A \wedge B) \rightarrow (A \vee B)$ não é válida, deve existir alguma estrutura na qual ela é falsa. Indicamos isso escrevendo essa fórmula numa linha precedida do símbolo F:

$$\mathsf{F}\ (A \wedge B) \rightarrow (A \vee B)$$

Para continuar, note que essa fórmula é uma implicação e só há um caso em que uma implicação $\alpha \rightarrow \beta$ é falsa: quando seu antecedente α é verdadeiro e seu consequente β é falso. Assim, podemos escrever, abaixo de F $(A \wedge B) \rightarrow (A \vee B)$, as expressões e V $A \wedge B$ e F $A \vee B$, e ficamos com o seguinte:

$$\checkmark\mathsf{F}\ (A \wedge B) \rightarrow (A \vee B)$$
$$\mathsf{V}\ A \wedge B$$
$$\mathsf{F}\ A \vee B$$

Note que, além de acrescentar as expressões V $A \wedge B$ e F $A \vee B$ ao tablô, colocamos a marca '✓' ao lado de $(A \wedge B) \rightarrow (A \vee B)$: isso significa que essa fórmula foi usada (para concluir as duas linhas que seguem) e que, portanto, não precisamos mais nos ocupar dela. (Dizemos também que a fórmula foi *processada* ou *reduzida*.) Nosso tablô, então, tem agora três fórmulas: uma já utilizada e duas novas fórmulas ainda por usar. Vamos, então, reduzir V $A \wedge B$. Há, igualmente, apenas um caso em que uma conjunção $\alpha \wedge \beta$ é verdadeira: quando ambas, α e β, são verdadeiras. Indicamos isso como segue, marcando V $A \wedge B$ com '✓' para indicar que já foi usada, como mostra a figura 12.1a.

(a)	(b)
$\checkmark\mathsf{F}\ (A \wedge B) \rightarrow (A \vee B)$	$\checkmark\mathsf{F}\ (A \wedge B) \rightarrow (A \vee B)$
$\checkmark\mathsf{V}\ A \wedge B$	$\checkmark\mathsf{V}\ A \wedge B$
$\mathsf{F}\ A \vee B$	$\checkmark\mathsf{F}\ A \vee B$
$\mathsf{V}\ A$	$\mathsf{V}\ A$
$\mathsf{V}\ B$	$\mathsf{V}\ B$
	$\mathsf{F}\ A$
	$\mathsf{F}\ B$
	×

Figura 12.1: Tablô para $(A \wedge B) \rightarrow (A \vee B)$.

Temos agora cinco fórmulas no tablô: duas que foram usadas (as duas primeiras, e não vamos usá-las mais) e duas que são atômicas: A e B. Com estas nada podemos fazer, pois elas não têm subfórmulas próprias. Resta a fórmula $\mathsf{F}A \vee B$, que é uma disjunção falsa. Mais uma vez, só há um caso em que uma disjunção $\alpha \vee \beta$ é falsa: quando tanto α quanto β são falsas. Vamos acrescentar isso ao nosso tablô e marcar $\mathsf{F}A \vee B$ como usada; o resultado está na figura 12.1b.

Chegamos agora a um ponto em que não há mais fórmulas moleculares a reduzir, pois todas elas foram utilizadas. Porém, se você observar bem, vai verificar que há uma inconsistência, ou contradição, nesse tablô: por exemplo, ele contém $\mathsf{V}A$ e $\mathsf{F}A$. Ou seja, A está sendo considerada *verdadeira e falsa*. Mas isso, obviamente, é um absurdo; não há nenhuma estrutura em que uma fórmula α seja verdadeira e falsa. Assim, nossa suposição inicial de que $(A \wedge B) \to (A \vee B)$ não era válida, ou seja, podia ser falsa numa estrutura, levanos a uma inconsistência. Isso foi representado, na figura dada, colocando-se '×' ao final do tablô — o que significa que não podemos seguir por esse caminho. E uma vez que nossa suposição inicial nos conduz a uma contradição, ela estava *errada*: $(A \wedge B) \to (A \vee B)$, ao contrário do que havíamos suposto, é, de fato, válida.

Vamos resumir o que aconteceu. Pretendíamos mostrar que uma certa fórmula é válida: começamos supondo que *não era*, e continuamos aplicando às fórmulas disponíveis no tablô algumas regras. Por exemplo, tendo uma conjunção $\mathsf{V}\alpha \wedge \beta$, pudemos escrever $\mathsf{V}\alpha$ e $\mathsf{V}\beta$. Como, no decorrer desse processo, chegamos a um absurdo (A tinha que ser verdadeira e falsa, por exemplo), concluímos que nossa hipótese inicial estava errada e que a fórmula original é mesmo válida.

Mas o que acontece se testamos alguma fórmula e não achamos absurdo nenhum? Vamos tomar $(A \wedge B) \to C$ como exemplo. (Essa fórmula é obviamente inválida.) Um tablô para ela começa supondo que ela seja falsa: $\mathsf{F}(A \wedge B) \to C$. Como essa é uma implicação falsa, seu antecedente é verdadeiro e seu consequente é falso. O resultado você vê na figura 12.2a.

(a)	(b)
✓F $(A \wedge B) \to C$	✓F $(A \wedge B) \to C$
V $A \wedge B$	✓V $A \wedge B$
F C	F C
	V A
	V B
	?

Figura 12.2: Tablô para $(A \wedge B) \to C$.

Temos agora uma conjunção verdadeira, $A \wedge B$: concluímos que tanto A quanto B são verdadeiras. O resultado está na figura 12.2b. E agora? Note que não temos nenhum absurdo, isto é, não há nenhuma fórmula α no tablô tal que Vα e Fα apareçam. E, por outro lado, todas as fórmulas moleculares foram utilizadas: não há mais nada a fazer. Como não chegamos a uma inconsistência, nossa hipótese de que $(A \wedge B) \to C$ não fosse válida *estava correta*: ela não é válida mesmo. Note que o procedimento anterior nos indica como construir uma estrutura em que $(A \wedge B) \to C$ é falsa. Isso é bem simples. A, B, e C são letras sentenciais, isto é, predicados zero-ários. Seja, então, $\mathcal{L} = \{A,B,C\}$ uma linguagem de primeira ordem (note que $\mathcal{L}$ contém como símbolos não lógicos apenas aqueles que ocorrem na fórmula em questão), e seja $\mathfrak{A}$ uma estrutura em que o universo é o conjunto cujo único elemento é Miau,[1] e tal que a função interpretação I é como segue:

$$I(A) = \mathbf{V}, \qquad I(B) = \mathbf{V}, \qquad I(C) = \mathbf{F}.$$

E é claro que $(A \wedge B) \to C$ é falsa na estrutura $\mathfrak{A}$. (Se você quiser, pode também verificar que, numa tabela de verdade, numa linha onde A e B são verdadeiras, e C falsa, a fórmula $(A \wedge B) \to C$ será falsa.) Assim, se uma fórmula não é válida, um tablô nos dá meios

1 Recorde-se de que o universo de uma estrutura deve ter pelo menos um elemento. No caso, podemos escolher um indivíduo qualquer para garantir isso, como Miau.

de construir uma estrutura (ou uma valoração, no caso proposicional) que mostre isso: um contraexemplo.

Vamos ver agora mais um exemplo, ainda sem usar quantificadores. Digamos que pretendemos mostrar que $((Pa \rightarrow Pb) \wedge \neg Pb) \rightarrow \neg Pa$ é válida. Como sempre, começamos por supor que essa fórmula pode ser falsa em alguma estrutura:

$$\mathsf{F}\ ((Pa \rightarrow Pb) \wedge \neg Pb) \rightarrow \neg Pa.$$

Mais uma vez, temos uma implicação falsa. Logo, seu antecedente é verdadeiro e o consequente, falso. Como esse antecedente é uma conjunção (verdadeira), o resultado de processá-la nos permite acrescentar seus dois elementos. O resultado de tudo isso você encontra na figura 12.3a.

(a)	(b)
$\checkmark \mathsf{F}\ ((Pa \rightarrow Pb) \wedge \neg Pb) \rightarrow \neg Pa$	$\checkmark \mathsf{F}\ ((Pa \rightarrow Pb) \wedge \neg Pb) \rightarrow \neg Pa$
$\checkmark \mathsf{V}\ (Pa \rightarrow Pb) \wedge \neg Pb$	$\checkmark \mathsf{V}\ (Pa \rightarrow Pb) \wedge \neg Pb$
$\mathsf{F}\ \neg Pa$	$\checkmark \mathsf{F}\ \neg Pa$
$\mathsf{V}\ Pa \rightarrow Pb$	$\mathsf{V}\ Pa \rightarrow Pb$
$\mathsf{V}\ \neg Pb$	$\checkmark \mathsf{V}\ \neg Pb$
	$\mathsf{V}\ Pa$
	$\mathsf{F}\ Pb$

Figura 12.3: Tablô para $((Pa \rightarrow Pb) \wedge \neg Pb) \rightarrow \neg Pa$.

Os dois próximos passos, agora, são simples: de $\mathsf{F}\ \neg Pa$ podemos concluir $\mathsf{V}Pa$; e de $\mathsf{V}\neg Pb$ concluímos $\mathsf{F}Pb$. (Veja a figura 12.3b.) Note, porém, que até agora não achamos inconsistência alguma. É provavelmente desnecessário dizer, mas Pa e Pb são fórmulas *distintas*; logo, $\mathsf{V}Pa$ e $\mathsf{F}Pb$ não caracterizam uma inconsistência, e você ainda não pode fechar esse tablô. (Você não estava mesmo pensando que podia, não é?) Contudo, ainda temos uma fórmula não utilizada: $\mathsf{V}Pa \rightarrow Pb$. Agora as coisas ficam um pouco mais difíceis, pois não há apenas um único caso em que uma implicação é verdadeira. Porém, se você conferir na definição de verdade 10.2, você verá que há uma cláusula que diz:

$$\mathfrak{A}(\alpha \rightarrow \beta) = \mathbf{V} \quad \text{sse} \quad \mathfrak{A}(\alpha) = \mathbf{F} \text{ ou } \mathfrak{A}(\beta) = \mathbf{V}.$$

Ou seja, uma implicação $\alpha \rightarrow \beta$ é verdadeira (numa estrutura, numa valoração) se, *ou* α é falsa, *ou* β é verdadeira. Vamos escrever isso no nosso tablô fazendo uma *bifurcação*, ou *ramificação*. Passamos a ter agora duas continuações possíveis para o tablô: dois *ramos*.

$$\checkmark \mathsf{F}\ ((Pa \rightarrow Pb) \wedge \neg Pb) \rightarrow \neg Pa$$
$$\checkmark \mathsf{V}\ (Pa \rightarrow Pb) \wedge \neg Pb$$
$$\checkmark \mathsf{F}\ \neg Pa$$
$$\checkmark \mathsf{V}\ Pa \rightarrow Pb$$
$$\checkmark \mathsf{V}\ \neg Pb$$
$$\mathsf{V}\ Pa$$
$$\mathsf{F}\ Pb$$

F Pa	V Pb
×	×

Figura 12.4: Ramificação em um tablô.

Esses dois ramos, como você pode ver na figura 12.4, têm uma parte em comum: todas as sete fórmulas, desde a primeira linha até FPb, pertencem aos dois. O ramo da esquerda, além disso, tem no final FPa, enquanto o da direita, VPb. A existência de dois ramos significa que há duas alternativas possíveis para tentar mostrar que nossa fórmula inicial é falsa. Porém, esse tablô contém uma inconsistência em cada um dos ramos. Olhando o ramo da esquerda, vemos que primeiro aparece VPa, e logo mais FPa. Ou seja, esse ramo fecha-se; por ele não é possível continuar, o que indicamos colocando como de hábito '×' ao final. De modo similar, no ramo da direita, temos FPb, e logo depois, VPb: também esse ramo fecha-se. Como os *dois* ramos fecharam-se, nenhuma das alternativas pode levar a um contraexemplo para $((Pa \rightarrow Pb) \wedge \neg Pb) \rightarrow \neg Pa$. Assim, nossa hipótese inicial de que essa fórmula era inválida era errônea, de onde se segue que ela é mesmo válida.

12.3 Regras para fórmulas moleculares

A partir dos exemplos vistos até agora, você talvez tenha notado que, para cada tipo de fórmula molecular, teremos duas regras: uma para tratar do caso em que ela é precedida de V, e outra para o caso em que é precedida de F. Em alguns casos, isso levou a uma bifurcação no tablô, como V$A \rightarrow B$. Em outros, não, como F$A \rightarrow B$. Antes de continuar, vamos listar todas as regras (chamadas *regras de construção do tablô*) envolvendo fórmulas moleculares (as gerais ficam para mais tarde).

Essas regras são também chamadas de *regras de expansão* porque o resultado de aplicá-las produz um acréscimo de novas fórmulas ao tablô. Como você vê na figura 12.5, para cada operador temos duas regras, e nessas regras podemos distinguir dois casos. Primeiro, algumas vezes há apenas uma maneira possível de assinalar valores a subfórmulas — por exemplo, quando temos uma conjunção verdadeira $\alpha \wedge \beta$: ambos os conjuntivos devem ser verdadeiros, se a conjunção o é. Assim, estendemos o tablô adicionando tanto Vα quanto Vβ. Algumas vezes, contudo, temos duas possibilidades:

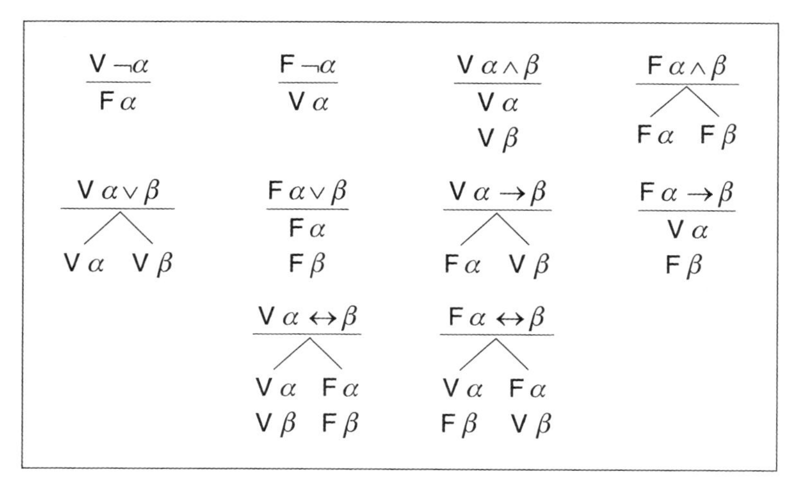

Figura 12.5: Regras de construção dos tablôs.

uma implicação verdadeira $\alpha \rightarrow \beta$, por exemplo, deve ter ou o antecedente falso, ou o consequente verdadeiro. De forma a considerar ambas as possibilidades, o ramo em que estamos trabalhando deve ser dividido em dois novos ramos, cada um deles representando uma maneira de continuar (uma atribuição possível). Os ramos podem, é claro, dividir-se adicionalmente em sub-ramos, e sub-sub-ramos, e essa é a razão pela qual o tablô, em muitos casos, acaba parecendo uma *árvore invertida*. (Por isso, aliás, tablôs também são chamados de *árvores de refutação*.)

Depois de ter aplicado as regras de construção, descobrimos que, no final, duas coisas podem ocorrer:

(1) Descobrimos que cada ramo leva a uma contradição, isto é, para alguma fórmula α, Vα e Fα pertencem ambas ao ramo. Nesse caso, o ramo é denominado *fechado*. Estando todos os ramos fechados, a suposição de que a fórmula original poderia ser falsa é absurda; logo, a fórmula deve ser válida.

(2) Pelo menos um ramo permanece aberto, isto é, não há mais fórmulas complexas no ramo que ainda não foram processadas, e não apareceu nenhuma contradição. Nesse caso, o que fizemos corresponde, realmente, a criar um modelo que falsifica nossa fórmula — logo, ela não é válida.

Uma vez que uma imagem é melhor que dez mil palavras, vamos examinar um tablô para $(A \vee B) \rightarrow (A \wedge B)$. O primeiro passo, claro, é supor que essa fórmula pode ser falsa. Como é uma implicação falsa, aplicamos a regra F$\alpha \rightarrow \beta$ e obtemos, então, o seguinte:

$$\checkmark \mathsf{F}\ (A \vee B) \rightarrow (A \wedge B)$$
$$\mathsf{V}\ A \vee B$$
$$\mathsf{F}\ A \wedge B$$

Para prosseguir, agora, temos duas possibilidades: uma disjunção verdadeira, ou uma conjunção falsa. Se você examinar a figura 12.5, verá que, em ambos os casos, teremos que bifurcar o tablô.

Digamos que escolhemos a disjunção. O resultado você encontra na figura 12.6a a seguir.

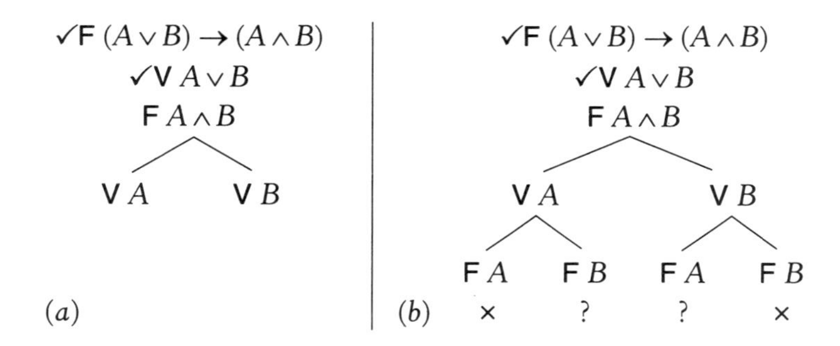

Figura 12.6: Tablô para $(A \vee B) \to (A \wedge B)$.

Por enquanto, nenhuma contradição. Vamos usar agora a conjunção falsa. Também teremos uma bifurcação: mas onde bifurcar, já que temos dois ramos? Simples: a fórmula F$A \wedge B$ pertence tanto ao ramo da direita como ao da esquerda; ela é comum aos dois. Logo, o resultado de processá-la deve ser *comum aos dois ramos*. Isso significa que cada um desses ramos vai bifurcar também. Você pode ver isso na figura 12.6b: nosso tablô tem agora quatro ramos. O primeiro deles, o mais à esquerda, fecha-se imediatamente, pois contém tanto VA quanto FA. Da mesma forma, o quarto ramo, o mais à direita, que contém tanto VB quanto FB, fecha-se. Os outros dois, assinalados com '?', continuam abertos.

Note, porém, que agora não há mais fórmulas moleculares a processar. Os ramos abertos, portanto, não vão fechar-se, o que significa que a fórmula $(A \vee B) \to (A \wedge B)$ não é válida.

Resumindo o que acabamos de aprender, se temos um tablô com vários ramos e vamos usar uma fórmula que leva a uma ramificação, o resultado deve ser acrescentado ao final de cada ramo a que essa fórmula pertence, e apenas a eles. Veja o que acontece no exemplo seguinte, por meio do qual mostramos que $(A \vee (A \to B)) \to B)$ não é tautologia. Feitos os primeiros passos, teremos o tablô mostrado na figura 12.7a.

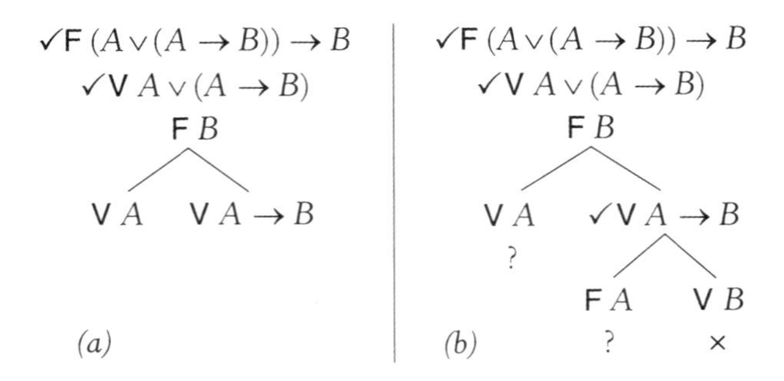

Figura 12.7: Tablô para $(A \vee (A \to B)) \to B$.

O que nos resta a fazer, agora, é processar a fórmula V$A \to B$ no ramo direito. Temos uma bifurcação, pois se trata de uma implicação verdadeira. Contudo, essa implicação pertence apenas ao ramo da direita; logo, o resultado de usá-la vai apenas ao ramo da direita, como você vê na figura 12.7b.

Feito isso, temos agora três ramos. O mais à direita fecha-se, pois contém VB e FB. Como os outros dois ficam abertos, a fórmula não é válida.

Vamos resumir agora o que vimos até aqui. Um tablô para uma fórmula α qualquer é um tablô que começa com Fα. Um ramo de um tablô é chamado de *fechado* se ele contém, para alguma fórmula α, tanto Vα quanto Fα. Um ramo de um tablô chama-se *completo* se ou ele é fechado, ou todas as fórmulas moleculares que ocorrem nele foram reduzidas (isso equivale a dizer que todas elas devem ter sido marcadas com '✓').

Dizemos que um *tablô* é *completo* se cada um de seus ramos é completo. E um tablô é *fechado* se cada um de seus ramos é fechado. Dizemos, então, que um tablô fechado para uma fórmula α é uma *prova por tablôs de* α. A partir disso, pode-se demonstrar o seguinte teorema:

Teorema 12.2 *Uma fórmula α é uma tautologia se e somente se existe uma prova por tablôs de α.*

Não vou demonstrar esse teorema (também conhecido como Teorema de Correção e Completude para a lógica proposicional — ou uma versão dele), pois isso nos levaria bem além do escopo deste livro. (Uma linda prova encontra-se, por exemplo, em Smullyan, 2009.) Eu gostaria de mencionar apenas que o resultado dado pode ser provado para fórmulas válidas em geral (e não apenas tautologias), e algo semelhante pode ser demonstrado no caso de consequência lógica.

Observe que o teorema anterior prova que o nosso método de tablôs, no que se refere às tautologias, tem as duas características desejadas de correção e completude: apenas as tautologias são provadas, e prova-se que todas as tautologias são válidas.

Antes de passarmos aos exercícios, note que, se uma fórmula *não é* uma tautologia, um tablô para ela não vai nos dizer se ela é contingência ou contradição. Isso, ao contrário das tabelas de verdade, que sempre dizem em qual das três classes uma fórmula se enquadra (relativamente ao cálculo proposicional, claro, isto é, sem quantificadores).

Exercício 12.1 Determine, usando tablôs, se as fórmulas seguintes são tautologias ou não:

(a) $(A \wedge B) \rightarrow B$

(b) $B \rightarrow (\neg A \vee B)$

(c) $(Fa \vee \neg Fa) \rightarrow \neg Qb$

(d) $(A \wedge B) \rightarrow \neg\neg B$

(e) $\neg\neg A \wedge (A \rightarrow B)$

(f) $\neg\neg Pa \leftrightarrow (Pa \vee Pa)$

(g) $Lc \vee \neg(Lc \wedge Ts)$

(h) $(A \wedge A) \leftrightarrow A$

(i) $A \rightarrow (B \rightarrow \neg\neg A)$

(j) $((A \rightarrow Qb) \wedge \neg Qb) \rightarrow \neg A$

(k) $\neg(A \vee Pb) \leftrightarrow (\neg A \vee \neg Pb)$

(l) $\neg(B \rightarrow B) \vee (A \wedge \neg A)$

(m) $\neg(\neg A \rightarrow B) \rightarrow (\neg B \vee \neg A)$

(n) $(A \rightarrow (B \rightarrow C)) \leftrightarrow ((A \rightarrow B) \rightarrow C)$

(o) $(A \rightarrow (B \rightarrow C)) \rightarrow ((B \wedge A) \rightarrow C)$

(p) $\neg Pa \rightarrow (\neg Pa \vee Qb)$

(q) $(\neg(A \vee B) \wedge (C \leftrightarrow A)) \rightarrow \neg C$

(r) $(A \vee (B \wedge C)) \rightarrow ((A \vee B) \wedge (A \vee C))$

12.4 Consequência lógica

O que vimos até aqui foram as regras para tablôs proposicionais (isto é, sem envolver quantificadores). Antes de passar às regras para quantificadores, vamos ver como mostrar que alguma fórmula é ou não consequência lógica de um conjunto de fórmulas, o que é bastante simples.

Vamos outra vez começar com um exemplo. Suponhamos que queremos mostrar que a fórmula $\neg B$ é uma consequência (por enquanto, tautológica) do conjunto $\{(A \wedge B) \to C, A, \neg C\}$. O passo inicial é parecido: temos de supor que $\neg B$ *não é* uma consequência lógica desse conjunto de fórmulas. Isso significa que existe alguma estrutura em que todas as fórmulas desse conjunto são verdadeiras e a conclusão $\neg B$ é falsa. Podemos representar isso da seguinte maneira:

$$
\begin{array}{c}
\mathsf{V}\ (A \wedge B) \to C \\
\mathsf{V}\ A \\
\mathsf{V}\ \neg C \\
\mathsf{F}\ \neg B
\end{array}
$$

Note que, agora, dado esse passo inicial, só precisamos prosseguir com a construção do tablô. De $\mathsf{V}\ \neg C$ temos $\mathsf{F}C$, e de $\mathsf{F}\ \neg B$ temos $\mathsf{V}B$. A implicação verdadeira na primeira linha nos leva a uma bifurcação, e ficamos, então, com dois ramos. O ramo da direita fecha-se imediatamente, pois contém $\mathsf{V}C$ e $\mathsf{F}C$. O outro continua aberto, mas temos ainda uma conjunção falsa a usar, que nos leva a nova bifurcação e, finalmente, ao fechamento de todos os ramos. O tablô completo você encontra na figura 12.8.

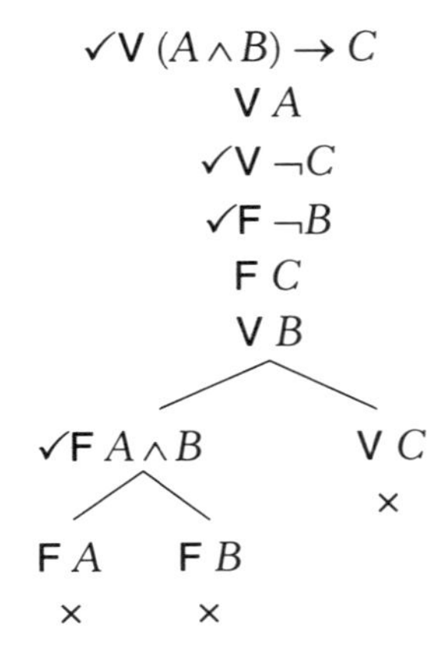

Figura 12.8: Tablô mostrando que $(A \wedge B) \to C, A, \neg C \vDash \neg B$.

Resumindo, a única diferença com relação à determinação de validade é que, agora, em vez de começarmos com uma única fórmula, começamos com *várias*. A partir daí, tudo segue como antes. E, obviamente, para que uma fórmula α seja consequência de algum conjunto de fórmulas Γ, todos os ramos do tablô têm que se fechar. Se algum ficar aberto, então α não é consequência lógica de Γ. O ramo aberto, analogamente ao caso da determinação de validade, nos permite construir uma estrutura em que todas as fórmulas de Γ são verdadeiras e α, falsa.

Se Γ é um conjunto finito de fórmulas, e α uma fórmula, vamos definir um tablô para $\Gamma \cup \{\alpha\}$ como um tablô que se inicia com $\mathsf{V}\gamma$, para toda $\gamma \in \Gamma$, e $\mathsf{F}\alpha$. Além disso, se há um tablô fechado para $\Gamma \cup \{\alpha\}$, dizemos que α é *consequência por tablôs* de Γ. Com base nisso, podemos demonstrar agora uma versão mais forte do teorema de correção e completude que vimos antes, a saber:

Teorema 12.3 *Uma fórmula α é uma consequência tautológica de um conjunto de fórmulas Γ se e somente se α é consequência por tablôs de Γ.*

O teorema 12.2, claro, é um caso especial do teorema anterior, em que temos $\Gamma = \emptyset$.

Como você viu a partir dessas considerações, o método dos tablôs nos dá um procedimento mecânico para decidir, sempre, se uma certa fórmula é ou não uma tautologia, ou se é ou não consequência lógica de algum conjunto de fórmulas. Note também que esse método, até agora, para a lógica proposicional, sempre dá uma resposta. Cada fórmula processada é marcada com '✓', o que significa que foi usada e não será usada novamente. Eventualmente, todas as fórmulas acabam sendo usadas (a menos que o tablô se feche primeiro), pois cada vez que usamos uma, o resultado são subfórmulas, cada vez menores, dela. Em algum momento, chegaremos até as fórmulas atômicas, que não podem ser mais processadas. O resultado final é um tablô fechado, ou aberto, e temos, no caso proposicional (ou seja, sem quantificadores), uma resposta a nossa questão inicial.

Exercício 12.2 Determine, nos casos a seguir, se as conclusões indicadas (as fórmulas à direita de $\vDash$) são consequências lógicas ou não das demais:

(a) $A \vee B, \neg A \vDash B$
(b) $Pa \leftrightarrow Qb, \neg Pa \vDash \neg Qb$
(c) $\neg(B \wedge A) \vDash \neg B \wedge \neg A$
(d) $A \rightarrow B \vDash A \vee B$
(e) $\neg Pa \rightarrow \neg Qb \vDash Pa \rightarrow Qb$
(f) $Pa, Pa \rightarrow C \vDash Pa \leftrightarrow C$
(g) $B \rightarrow \neg Cb \vDash \neg(B \wedge Cb)$
(h) $A \vDash (A \rightarrow (Qb \wedge A)) \rightarrow (A \wedge Qb)$
(i) $(Ba \wedge Ca) \rightarrow Fb, \neg Ba, \neg Ca \vDash \neg Fb$
(j) $\neg(A \vee B), Fa \leftrightarrow A \vDash \neg Fa$
(k) $\neg(A \wedge B), Fa \leftrightarrow A \vDash \neg Fa$
(l) $Pa \leftrightarrow Pb, Pb \leftrightarrow Pc \vDash Pa \leftrightarrow Pc$
(m) $A \rightarrow (B \vee Sb), (B \wedge Sb) \rightarrow Qa \vDash A \rightarrow Qa$
(n) $(\neg A \vee B) \vee C, (B \vee C) \rightarrow D \vDash A \rightarrow D$
(o) $(A \rightarrow B) \rightarrow A \vDash A$

12.5 Quantificadores

Para completar nosso conjunto de regras de construção de tablôs, precisamos ver ainda as regras que nos permitem lidar com os quantificadores.

É claro que podemos construir tablôs para algumas fórmulas contendo quantificadores, e mesmo mostrar que são válidas, como fizemos com as tabelas de verdade. Por exemplo, é fácil ver que a fórmula $\forall xQx \rightarrow \forall xQx$ é válida (na verdade, ela é uma instância de tautologia). Supondo que ela fosse falsa, teríamos que ter, em nosso tablô, seu antecedente verdadeiro e seu consequente falso, ou seja, teríamos que ter **V** $\forall xQx$ e **F** $\forall xQx$, o que fecha imediatamente o (único) ramo desse tablô.

Entretanto, as regras que temos até aqui nos permitem apenas decidir se certas fórmulas são tautologias ou não. E, como você se recorda, existem muitas outras fórmulas válidas, além das tautologias.

Vamos começar tomando $\forall xPx \rightarrow Pa$ como exemplo. Você há de concordar que ela é uma fórmula válida. (Informalmente, ela poderia dizer algo como 'Se todos são poetas, então Aristóteles é poeta', o que parece ser indiscutível.) Bem, vamos fazer um tablô para mostrar a validade dessa fórmula. O passo inicial, claro, é supor que ela pode ser falsa, ou seja, escrevemos F $\forall xPx \rightarrow Pa$ na primeira linha do tablô. E como temos uma implicação falsa, podemos reduzir essa fórmula, obtendo, então, o seguinte:

$$\begin{array}{c} \checkmark \mathsf{F}\ \forall xPx \rightarrow Pa \\ \mathsf{V}\ \forall xPx \\ \mathsf{F}\ Pa \end{array}$$

Até aqui não temos nenhuma inconsistência, mas temos no tablô a fórmula V $\forall xPx$, que não foi usada ainda. A regra que nos permite usá-la tem a seguinte justificação: se é verdade que todos são poetas, então é verdade que Aristóteles é poeta. Dito de outra forma, se todos têm a propriedade (simbolizada por) P, então a tem P, b tem P etc. Ou seja, se temos V $\forall xPx$ num ramo de um tablô, então podemos escrever V Pa, V Pb, V Pc etc. nesse ramo. Claro, no presente exemplo estamos interessados apenas em obter V Pa, o que nos permite fechar o tablô, pois já temos F Pa. Assim, nosso tablô fica:

$$\begin{array}{c} \checkmark \mathsf{F}\ \forall xPx \rightarrow Pa \\ \mathsf{V}\ \forall xPx \\ \mathsf{F}\ Pa \\ \mathsf{V}\ Pa \\ \times \end{array}$$

E, uma vez que o único ramo do tablô se fecha, $\forall xPx \rightarrow Pa$ é válida. Note, agora, que não marcamos a fórmula V $\forall xPx$ com '✓', como costumamos fazer sempre que uma fórmula é reduzida. A explicação é a seguinte: quando processamos uma fórmula molecular, digamos, V $A \wedge B$, acrescentando V A e V B ao tablô, essa conjunção não é mais necessária, pois toda a "informação" contida nela (que seus dois elementos são verdadeiros) já foi extraída e acrescentada ao tablô. No caso de V $\forall xPx$, porém, o que está dito é que *todos* têm a propriedade simbolizada por P. Todavia, não acrescentamos isso ao tablô: escrevemos apenas que a tem P. E b e c, contudo? O único caso em que poderíamos marcar V $\forall x Px$ com '✓' seria se acrescentássemos ao tablô uma lista infinita: V Pa, V Pb, V Pc etc. Mas isso é impraticável. Assim, a saída é não marcar a fórmula V $\forall x Px$, mas deixá-la à disposição para usos futuros, se for necessário.

A regra para uma fórmula universal verdadeira, portanto, é a seguinte: se você tem V $\forall \mathbf{x}\alpha$ em um ramo de um tablô, você pode escrever V $\alpha[\mathbf{x}/\mathbf{c}]$ nesse ramo, onde $\alpha[\mathbf{x}/\mathbf{c}]$ é o resultado de substituir todas as ocorrências livres de $\mathbf{x}$ em α pela constante $\mathbf{c}$.[2] Porém, V $\forall \mathbf{x}\alpha$ não é marcada com '✓', isto é, ela pode ser usada tantas vezes quanto se queira.

No exemplo seguinte — mostrar que $\forall x Px \rightarrow (Pa \wedge Pb)$ é válida — temos um caso no qual é necessário reutilizar uma fórmula universal verdadeira. Os passos iniciais do tablô você encontra na figura 12.9a. Tendo agora uma conjunção falsa, o tablô ramifica, e temos, então, o que aparece na figura 12.9b.

Vamos utilizar agora a fórmula V $\forall x Px$. Ela é comum aos dois ramos; portanto, o resultado obtido deve ser colocado nos dois. Suponhamos que a usemos para a, acrescentando V Pa aos dois ramos do tablô. O resultado você vê na figura 12.10a.

(a)	(b)
✓F $\forall x Px \rightarrow (Pa \wedge Pb)$	✓F $\forall x Px \rightarrow (Pa \wedge Pb)$
V $\forall x Px$	V $\forall x Px$
F $Pa \wedge Pb$	✓F $Pa \wedge Pb$
	F Pa F Pb

Figura 12.9: Tablô para $\forall x Px \rightarrow (Pa \wedge Pb)$.

2 A versão do método de tablôs que estou apresentando trata apenas de sentenças, isto é, fórmulas fechadas; por isso a insistência em que a variável seja substituída por uma constante. Para aplicar o método a fórmulas abertas, teremos que aplicá-lo ao *fecho* delas. Por outro lado, nada impede que se tenha uma versão do método de tablôs que trabalhe com fórmulas abertas. Ver, por exemplo, Fitting, 1990, cap. 7.

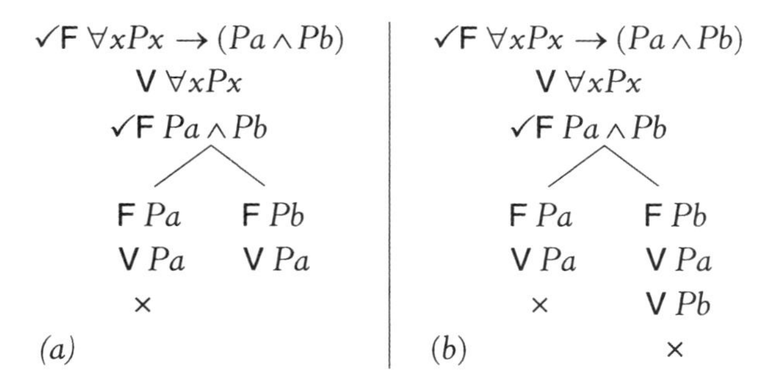

Figura 12.10: Tablô para $\forall xPx \rightarrow (Pa \wedge Pb)$.

Note que o ramo da esquerda se fecha, mas o da direita, não. Contudo, isso pode ser alcançado se usarmos V $\forall xPx$ mais uma vez, agora substituindo x por b. Como o ramo esquerdo está fechado, colocamos V Pb apenas no ramo direito, que, assim, também se fecha (figura 12.10b). Logo, a fórmula é válida.

Vamos ver agora o caso no qual temos uma fórmula existencial verdadeira (as fórmulas gerais falsas ficam para logo mais). Digamos que queremos mostrar que $\exists x \neg Px \rightarrow \forall xPx$ (ou seja, 'Se alguém não é poeta, nem todos são poetas', por exemplo) é válida. Feitos os passos iniciais, isto é, reduzindo a fórmula inicial, e o consequente, que é uma negação, temos o que você vê a seguir:

$$
\begin{array}{c}
\checkmark \mathsf{F}\ \exists x \neg Px \rightarrow \neg \forall xPx \\
\mathsf{V}\ \exists x \neg Px \\
\checkmark \mathsf{F}\ \neg \forall xPx \\
\mathsf{V}\ \forall xPx
\end{array}
$$

Temos agora duas fórmulas para usar, a saber, V $\exists x \neg Px$ e V $\forall xPx$. Como uma fórmula universal verdadeira pode ser usada tantas vezes quantas quisermos, e não temos ainda uma constante pela qual substituir x, vamos deixá-la para depois e examinar V $\exists x \neg Px$ primeiro. Esta diz que alguém não tem a propriedade P — mas *quem*? Bem, não sabemos: pode ser a, b, c etc. Que fazer, então?

Simples. Vamos escolher alguma constante que não tenha ainda aparecido no ramo do tablô em que estamos trabalhando (no caso, só há um ramo), digamos, a constante a, e vamos acrescentar, então, V$\neg Pa$ ao ramo. A ideia é que a constante a vai ser o nome daquele indivíduo que não tem P: sabemos que algum não tem essa propriedade; vamos, então, chamá-lo de a. Feito isso, marcamos a fórmula V$\exists x \neg Px$. Ao contrário das fórmulas universais verdadeiras, que valem para todos, uma fórmula existencial vale, em princípio, para um indivíduo. Como já acrescentamos isso ao tablô (chamando o indivíduo em questão de a), a fórmula existencial pode ser esquecida. Assim, ficamos com o tablô na figura 12.11a. Como temos agora uma negação verdadeira, essa fórmula é processada para obter F Pa. E agora podemos usar a universal verdadeira V $\forall x Px$, substituindo x por a, o que nos permite acrescentar V Pa ao tablô, que, então, se fecha, como você vê na figura 12.11b.

(a)	(b)
✓F $\exists x \neg Px \rightarrow \neg \forall x Px$	✓F $\exists x \neg Px \rightarrow \neg \forall x Px$
✓V $\exists x \neg Px$	✓V $\exists x \neg Px$
✓F $\neg \forall x \neg Px$	✓F $\neg \forall x \neg Px$
V $\forall x Px$	V $\forall x Px$
V $\neg Pa$	✓V $\neg Pa$
	F Pa
	V Pa
	×

Figura 12.11: Tablô para $\exists x \neg Px \rightarrow \neg \forall x Px$.

A regra para uma fórmula existencial verdadeira, portanto, é a seguinte: se você tem V $\exists \mathbf{x} \alpha$ num ramo de um tablô, pode acrescentar V$\alpha[\mathbf{x}/\mathbf{c}]$ a esse ramo, isto é, o resultado de substituir todas as ocorrências livres de **x** em α por **c**, desde que **c** seja alguma constante que ainda não apareceu no ramo onde V $\exists \mathbf{x} \alpha$ ocorre. Além disso, V $\exists \mathbf{x} \alpha$ é marcada com '✓', isto é, ela pode ser usada apenas uma vez.

Só nos faltam agora as regras para fórmulas gerais falsas, que vão ser parecidas com as que vimos anteriormente. Por exemplo, se temos F $\forall x Px$ em um ramo, isso significa que nem todos possuem a propriedade P. E se nem todos possuem, há alguém que não tem P.

Digamos, um a qualquer. Assim, podemos escrever F Pa no ramo (desde que a seja uma constante nova no ramo), e marcar F $\forall xPx$. Como você vê, a regra de um universal falso é parecida com a do existencial verdadeiro.

A regra para uma fórmula universal falsa, portanto, é a seguinte: se você tem F $\forall \mathbf{x}\alpha$ num ramo de um tablô, pode acrescentar F$\alpha[\mathbf{x}/\mathbf{c}]$ a esse ramo, isto é, o resultado de substituir todas as ocorrências livres de **x** em α por **c**, desde que **c** seja alguma constante que ainda não apareceu no ramo onde ocorre F $\forall \mathbf{x}\alpha$. Além disso, F $\forall \mathbf{x}\alpha$ é marcada com '✓', isto é, ela pode ser usada apenas uma vez.

Analogamente, então, um existencial falso deve ser como um universal verdadeiro: se temos F$\exists xPx$, então ninguém tem a propriedade P. Ou seja, a não tem P, b não tem P, e assim por diante. Portanto, podemos acrescentar F Pa, FPb etc. ao ramo do tablô. Ou seja, uma fórmula existencial falsa (como uma universal verdadeira) é reutilizável.

A regra para uma fórmula existencial falsa, portanto, é a seguinte: se você tem F$\exists \mathbf{x}\alpha$ num ramo de um tablô, você pode escrever F$\alpha[\mathbf{x}/\mathbf{c}]$, isto é, o resultado de substituir todas as ocorrências livres de **x** em α por **c**. Porém, F$\exists \mathbf{x}\alpha$ não é marcada com '✓', isto é, ela pode ser usada tantas vezes quanto se queira.

Você encontra um resumo dessas regras na figura 12.12.

$\dfrac{\text{V } \forall \mathbf{x}\alpha}{\text{V } \alpha[\mathbf{x}/\mathbf{c}]}$	$\dfrac{\text{F } \forall \mathbf{x}\alpha}{\text{F } \alpha[\mathbf{x}/\mathbf{c}]}$	$\dfrac{\text{V } \exists \mathbf{x}\alpha}{\text{V } \alpha[\mathbf{x}/\mathbf{c}]}$	$\dfrac{\text{F } \exists \mathbf{x}\alpha}{\text{F } \alpha[\mathbf{x}/\mathbf{c}]}$
para qualquer **c**	desde que **c** seja nova no ramo	desde que **c** seja nova no ramo	para qualquer **c**

Figura 12.12: Regras para fórmulas quantificadas.

Um último exemplo a respeito de validade. Vamos mostrar que $(\forall xPx \wedge \forall xQx) \rightarrow \exists x(Px \wedge Qx)$ é válida. Feitos os passos iniciais, ficamos com a seguinte situação: temos duas fórmulas universais verdadeiras, V $\forall xPx$ e V $\forall xQx$, e uma existencial falsa, F $\exists x(Px \wedge Qx)$. Qual delas vamos usar primeiro? Nesse caso, fica difícil dizer: todas as três fórmulas são reutilizáveis, mas não há nenhuma ocorrência de uma constante individual no tablô (o que poderia nos dar uma pista, ao eliminarmos um quantificador, sobre o que colocar no lugar da variável que estava quantificada). Num caso como esse, escolhemos aleatoriamente uma fórmula, e trocamos a variável por uma constante qualquer. Digamos que usemos o existencial falso primeiro, trocando x pela constante a: assim, acrescentamos F$Pa \wedge Qa$ ao tablô. Tendo agora uma conjunção falsa, o próximo passo nos leva a uma ramificação, como você vê na figura 12.13a.

Vamos usar agora um dos universais verdadeiros. De V $\forall xPx$ acrescentamos V Pa aos ramos abertos, e o da esquerda fecha-se imediatamente. Usando, então, V $\forall xQx$, acrescentamos agora V Qa ao ramo direito, e o tablô se fecha (cf. figura 12.13b). Logo, a fórmula é válida.

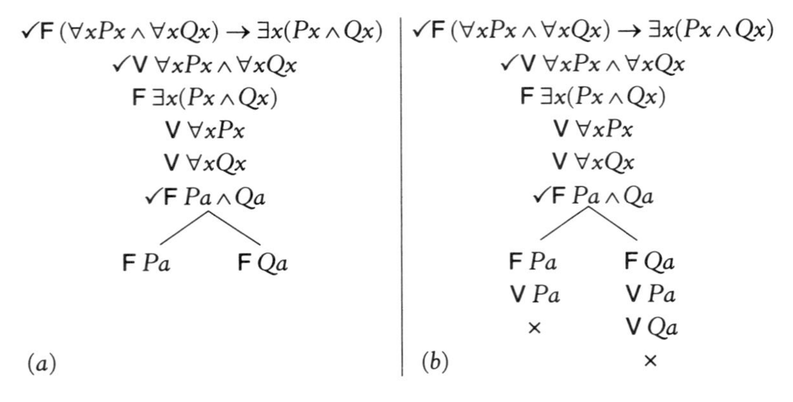

Figura 12.13: Tablô para $(\forall xPx \wedge \forall xQx) \rightarrow \exists x(Px \wedge Qx)$.

A propósito, como V $\forall xPx$ é reutilizável, você não precisaria ter escrito V Pa no ramo direito (pois você não iria precisar dele lá). Caso você precisasse, poderia usar V $\forall xPx$ trocando x por *a outra vez* — o que é permitido. Contudo, é boa política acrescentar o resultado da utilização de uma fórmula em todos os ramos abertos, pois isso terá uma importância depois, quando falarmos de *invalidade* (até agora todos os exemplos eram de fórmulas *válidas*, você notou?).

Com relação a mostrar que algo é ou não consequência lógica de um conjunto de fórmulas, nada se alterou, a não ser a introdução das novas regras. Você começa supondo que as premissas são verdadeiras e a conclusão, falsa, e prossegue normalmente. Por exemplo, digamos que você queira mostrar que $\forall x \exists y Lxy$ é consequência lógica de $\exists y \forall x Lxy$. Começamos supondo que a premissa é verdadeira e a conclusão falsa, ou seja:

V $\exists y \forall x Lxy$
F $\forall x \exists y Lxy$

Tendo agora um existencial verdadeiro e um universal falso, reduzimos essas duas fórmulas, lembrando de introduzir uma constante nova para cada uma, ficando, então, com o seguinte:

✓V $\exists y \forall x Lxy$
✓F $\forall x \exists y Lxy$
V $\forall x Lxa$
F $\exists y Lby$

Ambas as fórmulas não utilizadas, agora, são do tipo "vale para todos". Para obter a contradição desejada, vamos substituir o x em V $\forall x Lxa$ por b, e o y em F $\exists y Lby$ por a. O resultado é:

✓V $\exists y \forall x Lxy$
✓F $\forall x \exists y Lxy$
V $\forall x Lxa$
F $\exists y Lby$
V Lba
F Lba
×

E o tablô se fecha. Logo, $\exists y \forall x Lxy \vDash \forall x \exists y Lxy$.

Bem, assim como mencionamos anteriormente, o teorema de correção e completude (nas suas versões forte e fraca) para a lógica proposicional, devemos mencionar que ele vale também no caso geral do **CQC**, isto é, para consequência lógica em geral, e não apenas consequência tautológica. Ou seja, a versão final do teorema de correção e completude é:

Teorema 12.4 *Uma fórmula α é consequência lógica de um conjunto de fórmulas Γ se e somente se α é consequência lógica por tablôs de Γ.*

Exercício 12.3 Mostre, usando tablôs, que as fórmulas seguintes são todas válidas:

(a) $\forall xRxx \to Raa$
(b) $\neg\exists xRxx \to \neg Raa$
(c) $\forall x(Px \to Px)$
(d) $\neg\exists x(Px \land \neg Px)$
(e) $\forall x(Ax \to Bx) \to (\forall xAx \to \forall xBx)$
(f) $\forall x(Ax \to Bx) \to (\exists xAx \to \exists xBx)$
(g) $\forall x(Ax \land Bx) \to (\forall xAx \land \forall xBx)$
(h) $(\forall xAx \land \forall xBx) \to \forall x(Ax \land Bx)$
(i) $(\exists xAx \lor \exists xBx) \to \exists x(Ax \lor Bx)$
(j) $\exists x(Ax \lor Bx) \to (\exists xAx \lor \exists xBx)$
(k) $\forall x\neg(Px \land \neg Px)$
(l) $\forall xPx \leftrightarrow \neg\exists x\neg Px$
(m) $\exists xPx \leftrightarrow \neg\forall x\neg Px$
(n) $\exists y\forall xRxy \to \forall x\exists yRxy$
(o) $(\forall xPx \lor \forall xQx) \to \forall x(Px \lor Qx)$
(p) $\exists x(Px \land Qx) \to (\exists xPx \land \exists xQx)$

Exercício 12.4 Mostre, usando tablôs, que as conclusões indicadas são de fato consequência lógica das premissas:

(a) $\exists xAx \to \exists xBx, \neg\exists xBx \models \neg\exists xAx$
(b) $\forall xPx \to \forall xQx, \forall xPx \models Qb$
(c) $\exists xPx \to \forall xQx, \neg\exists xQx \models \neg Pa$
(d) $\forall x(Ax \to Bx), \exists x\neg Bx \models \exists x\neg Ax$
(e) $\forall x(Px \to Qx), Pa \models Qa$
(f) $\forall x(Px \to Qx), \neg Qb \models \neg Pb$
(g) $\forall x(\neg Gx \to \neg Fx), Fc \models Gc$

(h) $\forall x(Px \vee Qx), \neg Qb \vDash Pb$
(i) $\forall x((Ax \vee Bx) \rightarrow Cx), Ab \vDash Cb$
(j) $\forall x(Px \rightarrow Qx), \forall x(Qx \rightarrow Rxb) \vDash Pa \rightarrow Rab$
(k) $\forall xFx \wedge \forall yHy, \forall z\forall xTzx \vDash Fa \wedge Tab$
(l) $\forall x\neg Px, \forall x(Cx \rightarrow Px), Fa \vee Cb \vDash Fa$
(m) $\forall x(Px \wedge Qx) \vDash \forall xPx \wedge \forall xQx$
(n) $\forall xPx \rightarrow \forall xQx, \neg Qa \vDash \neg\forall xPx$
(o) $\forall x(Px \rightarrow Qx), \forall xPx \vDash \forall xQx$
(p) $\forall x(Sx \rightarrow \neg Rx), \forall x(Px \rightarrow Sx) \vDash \forall x(Px \rightarrow \neg Rx)$
(q) $\forall xPbx, \forall x\forall y(Pxy \rightarrow Syx) \vDash \forall xSxb$
(r) $\forall x(Px \rightarrow Qx), \exists xPx \vDash \exists xQx$
(s) $\forall x(Px \rightarrow Qx), \exists x\neg Qx \vDash \exists x\neg Px$
(t) $\forall x(\neg Gx \rightarrow \neg Fx), \exists xFx \vDash \exists xGx$
(u) $\forall x(Px \vee Qx), \exists y\neg Qy \vDash \exists zPz$
(v) $\forall x((Ax \vee Bx) \rightarrow Cx), \exists xAx \vDash \exists xCx$

12.6 Invalidade

O caso de mostrar, porém, que alguma fórmula é inválida, ou que não é consequência lógica de algum conjunto de fórmulas, é um pouco mais delicado. Em muitos casos, naturalmente, isso pode ser feito sem problemas; por exemplo, é fácil de ver que $Pa \rightarrow \forall xPx$ é inválida. Um tablô completo para ela seria o seguinte:

$$\checkmark\mathsf{F}\ Pa \rightarrow \forall xPx$$
$$\mathsf{V}\ Pa$$
$$\checkmark\mathsf{F}\ \forall xPx$$
$$\mathsf{F}\ Pb$$
$$?$$

Como você pode ver, todas as fórmulas não atômicas estão marcadas com '✓', ou seja, foram usadas e não há mais nada a fazer: logo, $Pa \rightarrow \forall xPx$ é inválida. E é fácil, a partir disso, construir uma estrutura em que tal aconteça. Basta que Pa seja verdadeira nessa estrutura, e que $\forall xPx$ seja falsa. A seguinte estrutura permite fazer isso:

$$\mathfrak{A} = \langle U, I\rangle,\quad U = \{0, 1\},\quad I(a) = 0,\quad I(P) = \{0\}.$$

Como $I(a)$, que é 0, pertence a $I(P)$, temos $\mathfrak{A}(Pa) = \mathbf{V}$. Como, porém, $1 \notin I(P)$, temos que $\mathfrak{A}(\forall x Px) = \mathbf{F}$, como pretendíamos.

Esse, porém, foi um caso fácil. Suponhamos que tentássemos agora construir um tablô para $\forall x(Px \vee Qx) \rightarrow (\forall xPx \vee \forall xQx)$, que não é válida. Feitos todos os passos, teríamos a construção na figura 12.14.

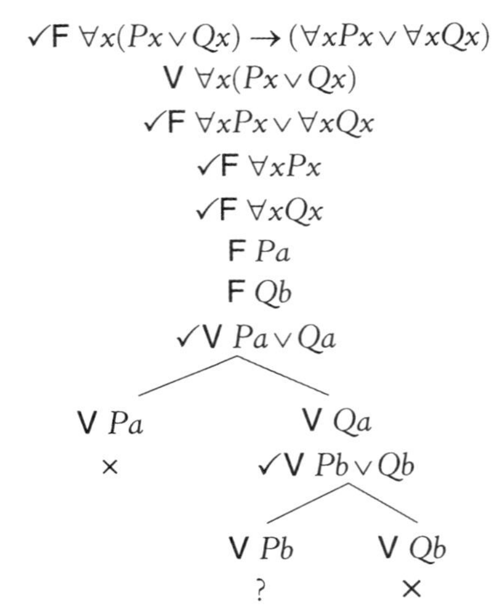

Figura 12.14: Tablô para $\forall x(Px \vee Qx) \rightarrow (\forall xPx \vee \forall xQx)$.

Note que, com exceção de $\mathbf{V}\, \forall x(Px \vee Qx)$, todas as fórmulas foram usadas; porém, não temos inconsistências que fechem todos os ramos. Contudo, não podemos dizer que o tablô está completo, pois há uma fórmula que não é atômica e ainda não foi marcada com '✓'. Por outro lado, é óbvio que usá-la outra vez não vai levar a nada. Substituir *x* por *c*, *d* etc. não ajuda. E por *a* e *b* não deu mesmo em nada. E agora?

A solução é a seguinte. Vamos definir uma noção parecida com a de tablô completo: a de um tablô *terminado*. Dizemos que um ramo de um tablô está terminado se ele está ou fechado, ou então:

(1) todas as fórmulas moleculares que ocorrem no ramo foram utilizadas;

(2) todos os existenciais verdadeiros que ocorrem no ramo e todos os universais falsos foram utilizados;
(3) para cada fórmula universal verdadeira ou existencial falsa no ramo há uma instância sua para cada constante que ocorre no ramo.

Um tablô é dito, então, terminado se todos os seus ramos estão terminados. O tablô da figura 12.14 é um tablô terminado, como você pode ver. Por outro lado, o tablô apresentado na figura 12.15a não está terminado. O ramo esquerdo está fechado, mas o direito, não. E, embora todas as fórmulas moleculares e o universal falso do ramo tenham sido usados, a fórmula $\forall x(Fx \rightarrow Gx)$ foi usada nesse ramo apenas para a constante a. Contudo, b também ocorre no ramo; assim, para que o ramo direito fique terminado também, precisamos usar $\forall x(Fx \rightarrow Gx)$ mais uma vez, agora trocando x por b. O resultado você vê na figura 12.15b: a fórmula V$Fb \rightarrow Gb$ foi acrescentada e logo utilizada, produzindo dois sub-ramos. O da direita, então, fechou-se, pois continha FGb e VGb. O sub-ramo esquerdo, contudo, continua aberto. Porém, esse ramo está terminado, como você pode facilmente verificar, pois satisfaz os requisitos (1)-(3). Assim, concluímos que $\forall xGx$ não é consequência lógica das outras fórmulas.

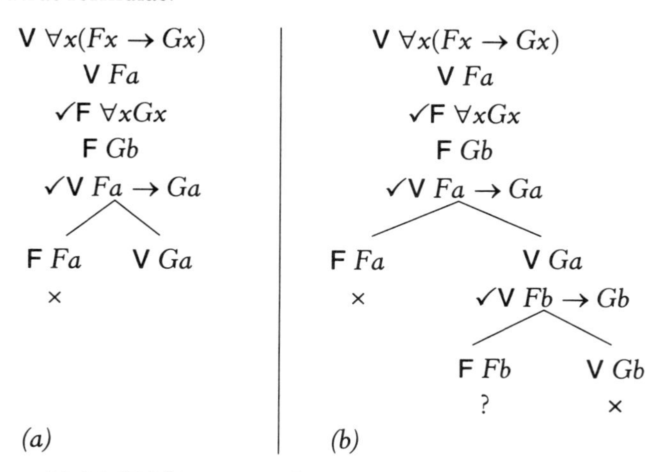

Figura 12.15: Tablô mostrando que $\forall x(Fx \rightarrow Gx), Fa \nvDash \forall xGx$.

Podemos provar, mas não o faremos aqui, que se um tablô aberto está terminado, nada que se faça no tablô vai ajudar a fechá-lo. Isto é, é impossível fechá-lo; portanto, não é necessário continuar.

Exercício 12.5 As fórmulas seguintes são todas inválidas. Mostre isso usando tablôs:

(a) $Pa \to \forall x Px$
(b) $\exists x Px \to Pa$
(c) $(\exists x Px \land \exists x Qx) \to \exists x(Px \land Qx)$
(d) $\forall x(Ax \lor Bx) \to (\forall x Ax \lor \forall x Bx)$
(e) $\exists x(Px \to Qa) \to (\exists x Px \to Qa)$
(f) $(\forall x Px \to \forall x Qx) \to \forall x(Px \to Qx)$

Exercício 12.6 Determine se as fórmulas à direita de '$\vDash$' são consequência lógica ou não das demais:

(a) $\exists x Fx \lor \exists x Hx \vDash \exists x(Fx \lor Hx)$
(b) $\exists x Pbx, \forall x \forall y(Pxy \to Syx) \vDash \exists x Sxb$
(c) $\forall x Px \to \forall x Qx, \exists x \neg Qx \vDash \neg \forall x Px$
(d) $\exists x Ax \to \exists x Bx, \exists x \neg Bx \vDash \exists x \neg Ax$
(e) $\forall x(Px \land \neg Rxb), \exists x(\neg Qx \lor Rxb), \forall x(\neg Rxb \to Qx) \vDash \exists y Ryb$
(f) $\forall x(Fx \to Cx), \exists x(Ax \land Fx) \vDash \exists x(Ax \land Cx)$
(g) $\forall x(Fx \to Hx), \forall z(Tz \to Fz), \exists y(Ty \land Qy) \vDash \exists x(Hx \land Qx)$
(h) $\exists x Px \land \exists x Qx \vDash \exists x(Px \land Qx)$
(i) $\forall x Px \to \forall x Qx, \exists x \neg Qx \vDash \neg \forall x Px$
(j) $\forall x(Px \to Qx), \exists x Px \vDash \forall x Qx$
(k) $\forall x(Px \to Qx), \forall x Px \vDash \exists x Qx$
(l) $\forall x(Sx \to \neg Rx), \forall x(Px \to Sx), Pa \vDash \exists x(Px \to \neg Rx)$
(m) $\forall x(Sx \to \neg\neg Rx), \forall x(\neg Px \to Sx), Pa \vDash \exists x(Px \to \neg Rx)$
(n) $\neg \exists x Fx \lor \neg \exists x Hx \vDash \neg \exists x(Fx \lor Hx)$
(o) $\exists x Pbx, \forall x \forall y(Pxy \to Syx) \vDash \exists x Sxb$
(p) $\forall x Px \vDash \forall y(Ryb \to Py)$
(q) $\neg \exists x(Bx \land Cx), Ba \land Rab \vDash \exists x \exists y \neg(Cx \land Rxy)$
(r) $\exists y(By \land Qy), \forall x(Bx \to \neg Hx) \vDash \neg \exists x(Hx \land Qx)$
(s) $\forall z(Qz \to \forall y(Ry \to Szy)), \forall z(Qz \to \forall y(Szy \to Py)),$
$\exists x Qx \vDash \forall y(Ry \to Py)$

12.7 Indecidibilidade do CQC

Há ainda tablôs que nunca podem ser terminados. Vamos considerar o clássico exemplo

$$\forall x \exists y Lxy \not\models \text{L}aa.$$

É possível mostrar, construindo uma estrutura que sirva de contraexemplo, que Laa não é consequência lógica de $\forall x \exists y Lxy$. Seja $\mathfrak{A} = \langle U, I \rangle$, onde $U = \{0, 1\}$, e I é tal que:

$$I(a) = 0, \quad I(L) = \{\langle 0, 1\rangle, \langle 1, 1\rangle\}.$$

É fácil ver que Laa é falsa em $\mathfrak{A}$, pois $\langle 0,0 \rangle \notin I(L)$. Por outro lado, podemos verificar que $\mathfrak{A}(\forall x \exists y Lxy) = \mathbf{V}$, pois para cada elemento x de A existe um elemento y tal que Lxy: se dermos a 1 o nome b, vemos que $\mathfrak{A}(Lab) = \mathbf{V}$, e que $\mathfrak{A}(Lbb) = \mathbf{V}$.

Contudo, se tentarmos construir um tablô para decidir se Laa é ou não consequência lógica de $\forall x \exists y Lxy$, vamos perceber que esse tablô nunca termina. Veja só: como a constante a ocorre no (único) ramo, temos que instanciar a fórmula $\forall x \exists y Lxy$ em a, ficando com o seguinte:

$$\begin{array}{c} \mathsf{V}\ \forall x \exists xy Lxy \\ \mathsf{F}\ Laa \\ \mathsf{V}\ \exists y Lxy \end{array}$$

Ora, tal instanciação introduziu uma fórmula existencial verdadeira, que deve ser processada para que o tablô seja considerado terminado. Digamos que façamos isso, introduzindo uma nova constante b. O resultado é:

$$\begin{array}{c} \mathsf{V}\ \forall x \exists y Lxy \\ \mathsf{F}\ Laa \\ \checkmark \mathsf{V}\ \exists y Lay \\ \mathsf{V}\ Lab \end{array}$$

Contudo, uma vez que temos uma nova constante no ramo, devemos instanciar a fórmula universal para essa constante também, gerando uma nova fórmula existencial verdadeira, que deve ser reduzida, introduzindo uma nova constante. O resultado é:

V $\forall x \exists x Lxy$
F Laa
✓V $\exists y Lay$
V Lab
✓V $\exists y Lby$
V Lbc

É óbvio que esse procedimento vai se repetir ao infinito, criando novas instâncias de $\forall x \exists y Lxy$ para cada constante nova introduzida pela redução da fórmula existencial anterior. Assim, o tablô nunca vai terminar. E é óbvio também que esse ramo do tablô nunca vai fechar, pois Laa não é consequência lógica de $\forall x \exists y Lxy$, como prova a estrutura apresentada anteriormente.

A triste conclusão indicada pelo que vimos anteriormente é que, em alguns casos em que uma fórmula é inválida, ou em que alguma fórmula não é consequência lógica de um conjunto de fórmulas, a tentativa de construir um tablô não vai nos dar uma resposta. Ou seja, ainda que os tablôs sejam um procedimento mecanizável de forma determinística, eles não constituem um algoritmo para decidir, em geral, a validade no **CQC**. (Lembre-se de que um algoritmo é um procedimento que *sempre* produz uma resposta.)

Talvez você pense agora que os tablôs foram formulados inadequadamente, ou que poderíamos alterar a definição de tablô terminado para dar conta do caso anterior. Na verdade, nada resolve o problema. Já em 1936, o lógico americano Alonzo Church (1903-1995) demonstrou que o **CQC** é *indecidível*: não existe um método mecânico que diga sempre se uma fórmula é válida ou não.

Claro, pelo teorema de completude, se uma fórmula é válida, existe uma prova para ela por tablôs e, mais cedo ou mais tarde, um procedimento de prova vai encontrá-la. A questão é esse "mais cedo ou mais tarde": não há um mecanismo que sempre ache essa prova em um tempo razoável. Assim, suponha que você escreveu um programa de computador que fique procurando uma prova por tablôs de alguma α. Se, depois de uma semana, o programa ainda está rodando e não deu uma resposta, isso significa que α é inválida? Não, porque pode ser que a resposta positiva venha no dia seguinte, ou mesmo daí a cinco minutos. (Você se lembra de quanto tempo é necessário para construir uma tabela de verdade?) A questão prática é que você nunca sabe, depois de uma semana, se α é mesmo inválida. Quem sabe se você esperar mais um pouquinho...

Dito de outra forma (e sem entrar em detalhes): é possível fazer uma lista infinita das provas por tablô de todas as fórmulas válidas do **CQC**, i.e., teríamos uma lista de provas

$$P_1, P_2, \ldots, P_n, P_{n+1}, \ldots$$

Assim, se α é válida, sua prova por tablôs é um dos P_i encontrados nessa lista, e um procedimento que for percorrendo a lista e conferindo se um certo elemento é uma prova de α ou não vai chegar, mais cedo ou mais tarde, até a prova de α. Porém, uma lista infinita é muito grande: a prova de α pode ser o elemento de número três trilhões e um da lista. Resumindo, temos um *teste positivo* da validade de uma fórmula no **CQC**: verificar se a prova está na lista.

E o que acontece se uma fórmula não é válida? Claro, então, não existe uma prova por tablôs dessa fórmula. Mas como saber isso sem percorrer a lista toda? Sendo a lista infinita, nenhum procedimento jamais poderá terminar de percorrê-la e produzir a esperada resposta negativa.

A solução, se existisse uma, seria obter uma *lista das fórmulas que não têm prova por tablôs*, ou seja, um *teste negativo* para a validade no **CQC**. (Note que não é suficiente termos uma lista — que pode ser construída — dos tablôs terminados, para fórmulas do **CQC**, que são abertos. Mesmo tendo essa lista, vimos casos anteriormente de tablôs que *não terminam*. Ou seja, tais tablôs estão fora da lista dos tablôs fechados e fora da lista dos tablôs abertos e terminados.)

Infelizmente, pode-se demonstrar que não há um teste negativo para a validade no **CQC**. É basicamente por isso que o **CQC** é indecidível: não há um tal teste negativo, e o teste positivo de validade consiste de uma lista interminável. (A propósito, se essa lista fosse finita — se houvesse um número finito de fórmulas válidas — o **CQC** seria decidível, já que qualquer fórmula inválida seria demonstrada como tal apenas ao se mostrar que não está na lista.)

Note agora a diferença do **CQC** em geral para o **CPC**, a lógica proposicional. No **CPC** temos procedimentos que são ao mesmo tempo um teste positivo e um teste negativo de validade: as tabelas de verdade, por exemplo, ou os tablôs sem quantificação. Com esses procedimentos, conseguimos determinar sempre se uma fórmula é uma tautologia (uma fórmula válida do **CPC**) ou não.

Além do conjunto das tautologias, há outros subconjuntos interessantes do **CQC** que são decidíveis. Por exemplo, se só tivermos símbolos de propriedades, isto é, nenhum símbolo de relação, esse subconjunto do **CQC**, chamado de *cálculo de predicados monádico puro*, é decidível. Assim como este, há outros "pedaços" decidíveis do **CQC**. Mas essa seria uma história para um outro livro...

13
Sistemas axiomáticos e sistemas formais

Este vai ser um capítulo um pouco mais "leve", em que vamos introduzir de modo simples algumas ideias que serão desenvolvidas com mais rigor a partir dos capítulos seguintes. Resumidamente, você vai tomar conhecimento de uma outra maneira de definir consequência lógica e de provar a validade de formas de argumento, que não envolve um recurso à semântica como vínhamos fazendo até agora. Essa maneira de fazer as coisas é baseada na noção de prova ou demonstração em um sistema formal.

13.1 Os matemáticos e a verdade

Suponhamos que, em uma dessas tardes chuvosas, em vez de estudar lógica, você quisesse mostrar que uma barra de metal, quando aquecida, se dilata. Para isso, você provavelmente iria medir o tamanho da barra enquanto ela estivesse fria, aquecê-la bastante e, depois, medir de novo, não? (Tendo bastante espírito científico, você poderia até repetir o experimento uma meia dúzia de vezes, para garantir.) Assim, você estaria tentando mostrar a verdade da proposição em questão por meio do recurso à *observação* e a *experimentação*.

De acordo com uma concepção mais ingênua de ciências empíricas, é assim que as coisas acontecem em ciências como a física e a química. (Na verdade, a situação é um pouco diferente: você também pode mostrar que alguma proposição da física é verdadeira mostrando que ela é consequência lógica de outras proposições verdadeiras da física.) Mas, de qualquer forma, o usual é que o confronto com a realidade (por meio de observação e experimentação) seja o teste final para decidir sobre a verdade de alguma teoria física.

O que acontece, contudo, no caso de uma das chamadas ciências formais, como a matemática? Por exemplo, suponhamos que alguém quisesse mostrar a verdade do Teorema de Pitágoras, ou seja, que num triângulo retângulo, o quadrado da hipotenusa é igual à soma dos quadrados dos catetos. Você acha que um geômetra iria sair mundo afora com uma fita métrica, tirando as medidas de todo triângulo retângulo encontrado pelo caminho? Certamente, não. Para começar, os triângulos físicos, tais como um triângulo desenhado num quadro-negro, são apenas aproximações de um verdadeiro triângulo. E supõe-se que o conhecimento da matemática seja rigoroso, e não impreciso. Além do mais, um geômetra, obviamente, não teria como examinar *todos* os triângulos. Assim, tem que haver algum outro jeito de mostrar a verdade de uma proposição matemática sem envolver um recurso à experimentação. Claro, os matemáticos usam observação, como no caso anterior. Contudo, um matemático só vai mostrar-se convencido de que, por exemplo, o quadrado da hipotenusa de um triângulo retângulo é igual à soma dos quadrados dos catetos se houver uma *demonstração* disso.

Como vimos desde o começo deste livro, pode-se mostrar que alguma proposição é verdadeira por meio de algum argumento correto do qual ela seja a conclusão. É mais ou menos isso o que acontece na matemática: certas proposições são *provadas*, ou *demonstradas* ao se mostrar que elas se seguem logicamente de algumas outras cuja verdade já foi estabelecida. Assim, uma demonstração de alguma proposição matemática consiste em mostrar que ela se segue logicamente de outras proposições matemáticas (supostamente) verdadeiras.

Naturalmente, se queremos alguma garantia de que aquilo que estamos provando é, de fato, verdadeiro, a questão se reduz a mostrar que as premissas dos argumentos usados na demonstração também são verdadeiras. Porém, as premissas de um argumento matemático serão obviamente outras tantas proposições matemáticas — e como garantir, então, a verdade *destas*? Demonstrações a partir de outras premissas mais?

Acho que você já está começando a perceber o problema. O que pode acontecer, por um lado, é algum tipo de regresso ao infinito: mostra-se que uma proposição α é verdadeira com base em $\beta_1, \dots, \beta_n$; cada β_i, com base em alguns outros $\gamma_1, \dots, \gamma_n$; cada γ_j ... Porém, até onde se vai? Essa regressão parece não ter fim. A menos que se caia em outro problema desagradável, que é um círculo vicioso; por exemplo: α porque β, β porque γ, e γ porque α.

Qualquer uma dessas alternativas é, de fato, inaceitável. Para conhecer uma tentativa de escapar desse dilema, vamos dar uma olhada na história da geometria.

13.2 Geometria

Não sei como foi no seu caso, mas, no meu tempo, no ginásio, aprendia-se bastante geometria. Claro que você deve ter alguma ideia do que é a geometria e daquilo de que ela se ocupa: você, certamente, sabe diferenciar um quadrado de um retângulo, e, com certeza, sabe achar o ponto médio de um segmento de reta usando apenas o compasso. (Não?)

Desde há muito tempo, a geometria é uma ciência, mas isso nem sempre foi assim. O nome 'geometria' significa algo como 'medida da terra', e é exatamente para isso que ela servia quando foi inventada no antigo Egito. Como você recorda das aulas de história, já dizia Heródoto que o Egito é uma dádiva do Nilo: o significado dessa afirmação tem a ver com o fato de que, anualmente, as cheias do Nilo inundavam as regiões vizinhas ao rio, mas com a boa consequência de fertilizá-las, de modo que se podia praticar a agricultura quando as águas baixavam. O único problema era que as inundações destruíam todas as marcações de terrenos e, para resolver os problemas decorrentes — isto é, as pendengas nos tribunais a respeito de quem era o dono de quais palmos de terra —, foi inventada a geometria, cujo emprego permitia a reconstituição de todas as delimitações depois que as águas baixavam. Resumindo, no Egito, a geometria surgiu praticamente como um conjunto de técnicas de agrimensura.

Mais tarde, quando a geometria chegou à Grécia, a partir do século VI a.C., havia um grupo de sábios interessados no conhecimento por si mesmo — conhecimento abstrato, não apenas em suas aplicações. Podemos dizer, então, que, nesse ambiente, a geometria passou a ser tratada como uma ciência, e não só como conjunto de técnicas. Nesse processo, através dos trabalhos de pessoas como Tales (que supostamente introduziu a geometria na Grécia), Eudoxo e muitos outros, descobriu-se e mostrou-se muita coisa interessante — como o teorema de Pitágoras, de que falávamos antes. Assim, pouco a pouco, a geometria tornou-se uma coleção de teoremas — mas uma coleção ainda um tanto quanto desorganizada.

Entra em cena, então, Euclides (365?-275? a.C.), autor de *Os elementos*, para colocar um pouco de ordem nas coisas. A preocupação de Euclides era a mesma indicada no começo deste capítulo: como mostrar a verdade de uma proposição matemática (ou, no caso, geométrica)? Basicamente, pensou Euclides, a coisa deveria funcionar à base de demonstrações. Se eu tenho um conjunto de proposições verdadeiras, e estas acarretam uma outra, então essa outra é obviamente verdadeira. Mas como determinar a verdade das primeiras sentenças, sem cair num círculo vicioso, ou numa regressão ao infinito?

A ideia de Euclides foi a seguinte: algumas proposições geométricas são tão simples, mas tão simples, que realmente não se pode duvidar de sua verdade — ou seja, elas são *autoevidentes* e não precisam ser demonstradas. Por exemplo, as proposições seguintes —

(1) O todo é maior que cada uma das partes.
(2) Coisas iguais a uma terceira são iguais entre si.

— parecem ser realmente indubitáveis. Assim, se tomarmos um conjunto de tais proposições como ponto de partida e mostrarmos que a partir delas podemos demonstrar todo o resto, teremos uma excelente garantia da verdade de proposições geométricas. (Fantástico, não?)

Uma situação parecida ocorre com os objetos de que trata a geometria, que, normalmente, são definidos ou construídos a partir de outros objetos disponíveis. Por exemplo, um triângulo pode ser definido como um polígono de três lados — mas é claro que, para fazer isso, precisamos ter primeiro definido o que é um polígono e o que são lados. Uma vez que você só pode definir um termo usando outros (ou construir um objeto a partir de outros já dados), em algum momento você cai de novo em algum tipo de círculo, ou há o risco de uma regressão infinita.

Euclides saiu desse impasse de uma maneira análoga. Primeiro, ele escolheu um conjunto de termos cujo significado deveria estar intuitivamente claro, como 'comprimento', 'largura', 'parte'. A partir daí, apresentou definições de objetos como ponto e linha. Por exemplo, um ponto é aquilo que não tem partes, e uma linha é um comprimento sem largura.

Em segundo lugar, Euclides escolheu um grupo de proposições que não seria preciso demonstrar. Ele separou suas proposições não demonstradas em dois grupos: os *axiomas*, mais gerais, que podem ser usados em qualquer ciência, e de que (1) e (2) são exemplos, e os *postulados*, especificamente geométricos, por exemplo:

(3) Dados dois pontos num plano, é possível traçar uma linha reta passando pelos dois.
(4) Todos os ângulos retos são iguais.

De posse disso tudo, Euclides passou sistematicamente a demonstrar as proposições da geometria, incluindo o já citado teorema de Pitágoras, para mencionar uma delas. O resultado foi que, em seu livro intitulado *Os elementos*, ele organizou a geometria como um sistema — um *sistema axiomático* — em que proposições são demonstradas a partir de um pequeno número inicial de proposições aceitas sem prova. Note que essa ideia de Euclides foi realmente genial, tanto que os sistemas axiomáticos passaram, desde então, a ser o ideal de ciência — mas não só na ciência! Pode-se talvez dizer que a obra de René Descartes, por exemplo, consiste em uma aplicação do método axiomático à filosofia. Você não se recorda de que Descartes andava à procura de alguma coisa *indubitável*, que resultou no famoso *cogito*? (Confira também a *Ethica more geometrico demonstrata*, de Spinoza — uma ética demonstrada à maneira dos geômetras.) E, se tiver curiosidade, no Apêndice A você pode ler que a apresentação feita por Aristóteles de sua teoria do silogismo era axiomática (pode-se mostrar, para qualquer forma de silogismo que seja válida, que ela é redutível a duas formas fundamentais, cuja validade parece indiscutível.)

Para ser um pouco mais fiel à verdade histórica (já que andei tomando algumas liberdades nos parágrafos anteriores), Euclides teve precursores e, de mais a mais, ele cometeu um ou outro engano em suas demonstrações, fazendo, às vezes, uso de alguns princípios que não havia postulado explicitamente. Isso, contudo, foi corrigido mais tarde, de modo que sua ideia de derivar as proposições geométricas a partir de um conjunto de proposições não demonstradas foi realizada.

Precisamos, agora, fazer um comentário sobre a "verdade evidente" dos axiomas geométricos. Talvez você tenha ouvido falar de geometrias não euclidianas. São sistemas geométricos com alguns princípios que contradizem os de Euclides. Por exemplo, na geometria de Euclides, se tivermos alguma linha reta R e um ponto P fora dela, só é possível traçar uma única reta S passando por P que seja paralela a R. Por outro lado, na geometria desenvolvida por Bernhard Riemann (1826-1866), dada uma linha reta R e um ponto P fora dela, não é possível traçar nenhuma reta que seja paralela a R. Na geometria desenvolvida independentemente por János Bolyai (1802-1860) e Nikolai Lobachevski (1793-1856), podemos, ao contrário, traçar um número infinito de paralelas a R — todas distintas, claro. Bem, dado que existem, então, três sistemas geométricos diferentes, incompatíveis entre si, qual desses sistemas seria o correto?

A resposta é que, do ponto de vista formal, pode-se mostrar que todos os três são perfeitamente legítimos: nenhum deles envolve contradições — ou, melhor dizendo, se algum deles envolver uma contradição, a mesma coisa acontece com os outros. Isso teve como consequência que não se pode mais ter aquela certeza de que os axiomas são evidentemente verdadeiros. De fato, o entendimento contemporâneo do que são axiomas e postulados mudou: não são mais proposições verdadeiras autoevidentes, que não é preciso demonstrar, mas simplesmente qualquer proposição aceita sem demonstração em um sistema. A questão da verdade de um conjunto de axiomas é uma outra história: haverá situações que serão modelo de um tal conjunto (ou seja, uma situação em que os axiomas desse conjunto serão verdadeiros), e outras em que não. (Se perguntarmos agora qual seria a geometria verdadeira no espaço físico, a resposta hoje em dia é que provavelmente não é a de Euclides. Mas isso já deixou de ser preocupação da matemática.)

13.3 Sistemas formais

Na época contemporânea, os sistemas axiomáticos passaram a ser apresentados como sistemas formais. A diferença entre uma coisa e outra está no uso de linguagens artificiais — como a linguagem do **CQC** — ao invés de linguagens naturais. Enquanto as proposições num sistema axiomático tradicional são formuladas em, digamos, português, eventualmente acrescido de alguns símbolos, num sistema formal trabalhamos apenas com expressões bem-formadas de alguma linguagem artificial.

Um sistema formal F tem quatro componentes básicos:

(i) um *alfabeto*, que contém os caracteres da linguagem formal empregada em F (por exemplo, o alfabeto do **CQC**, se estivermos formulando o sistema em uma linguagem de primeira ordem);
(ii) um conjunto de *regras de formação*, que caracterizam quais são as expressões (sequências de caracteres) da linguagem de F que são bem-formadas (por exemplo, a definição de fórmula no **CQC** nos dá um exemplo de um conjunto de regras de formação);
(iii) um conjunto de *axiomas*, isto é, um conjunto de expressões bem-formadas aceitas sem demonstração;
(iv) um conjunto de *regras de transformação*, ou *regras de produção*, que nos dizem como obter (produzir, derivar) novas expres-

sões bem-formadas a partir dos axiomas e outras expressões já derivadas.

Os dois primeiros itens dessa lista caracterizam a *linguagem* do sistema formal. Basicamente, uma linguagem é constituída de um alfabeto e uma "gramática" (as regras de formação). Isso já estivemos vendo até o momento: as linguagens do **CPC** e do **CQC** são exemplos.

O terceiro item, então, são os axiomas: algum conjunto de sentenças da linguagem do sistema, o qual pode ser finito ou infinito. Como eu disse, não há a pretensão de que os axiomas sejam verdades evidentes e indubitáveis, mas constituem o ponto de partida da investigação sobre algum campo do conhecimento.

O último item mencionado, as regras de transformação, é o que corresponde a regras lógicas de inferência em um sistema axiomático usual. Quer dizer, são os mecanismos que nos permitem obter proposições (fórmulas) novas a partir do que já se tem. Num sistema formal, portanto, podemos dizer que as regras lógicas ficam explicitamente codificadas.

É claro que isso tudo fica um pouco difícil de entender, apresentado assim, abstratamente. Por isso, vamos fazer, na próxima seção, uma pausa para brincar um pouco com algo que pode ajudar a tornar as coisas mais claras. Voltaremos depois a falar dos sistemas formais, e no próximo capítulo começaremos a ver uma maneira de aplicar isso à lógica de primeira ordem.

13.4 Os *doublets* de Lewis Carroll

Para dar mais motivação intuitiva ao que virá depois, apresentarei um jogo inventado por Lewis Carroll (o autor de *Alice no país das maravilhas* e *Através do espelho*, caso você não se recorde). A brincadeira consiste em partir de uma palavra dada — GATO, por exemplo — e chegar até uma outra palavra dada como objetivo do jogo — digamos, PAIO. A regra é que podemos trocar apenas uma letra de cada vez na palavra disponível, de modo que o resultado dessa troca seja uma palavra do português.

É fácil ver como podemos partir de GATO e chegar a PAIO. Há um modo mais fácil, mas, por exemplo, podemos ter:

GATO
RATO
RAIO
PAIO

Esse é um exemplo bastante simples. Note que trocamos apenas uma letra, 'G' por 'R', para passar de GATO a RATO, e assim sucessivamente, até o objetivo final. Para a língua portuguesa, podemos adaptar um pouco a regra de trocar apenas uma letra, passando a desconsiderar os acentos. Assim, seria permitido passar de CÉU para SEU.

O jogo fica mais interessante se o par de palavras (a inicial e a final) estiverem de alguma forma relacionadas, e especialmente se tiverem algum tipo de oposição, como CÉU/MAR, SOL/LUA, DEUSA/DIABA, e assim por diante. Vamos ver como fica sol/lua?

SOL
SUL
SUA
LUA

Divertido, não? Os *doublets* até ficam parecendo poemas concretos. (Aliás, essa foi uma técnica usada pelo poeta Augusto de Campos, que inventou até mesmo '*triplets*', como MANHÃ/TARDE/NOITE.) Variantes desse jogo podem incluir regras mais permissivas, por exemplo, acrescentar uma letra (sem retirar nada) ou retirar uma (sem acrescentar outra). Isso permitiria terminar em uma palavra com um número de letras diferente daquele da palavra inicial (como INVERNO/VERÃO, por exemplo). É claro: se as regras forem diferentes, trata-se de um *jogo* diferente.

Muito bem, mas o que tem isso tudo a ver com os nossos sistemas formais? Ora, a situação é bem parecida. Em ambos os casos, temos um ponto de partida: os *axiomas*, ou a *palavra inicial*. Depois, temos regras que permitem passar de certas fórmulas (ou palavras) para outras: *regras de transformação* em um sistema formal, ou a *regra de trocar uma letra* no caso do jogo. Além disso, a noção de *prova* ou *derivação*: uma proposição é provada em um sistema axiomático se ela puder ser derivada a partir dos axiomas usando-se as regras da lógica; uma fórmula é derivada em um sistema formal se puder ser obtida por aplicações das regras de produção. Nos *doublets*, uma palavra é "derivada" de outra se conseguimos chegar até ela, partindo da palavra inicial, usando a regra do jogo. Assim, podemos dizer que LUA pode ser "provada", ou derivada, a partir de SOL, e a construção toda pode ser chamada de uma "prova" de LUA a partir de SOL.

Note que, nesse jogo, a única coisa a que se apela é à "sintaxe" do português: em momento algum se fala dos significados das palavras, ou algo assim — basta que se passe de uma palavra que está no dicionário para uma outra, não importa se passamos de RAIO para PAIO, que não tem nada um a ver com o outro.

Como você já deve estar suspeitando, vamos mostrar que existe uma outra maneira de caracterizar consequência lógica, uma maneira sintática, e iremos dizer que uma fórmula α é uma consequência lógica (sintática) de um conjunto Γ de fórmulas se α puder ser derivada de Γ usando-se certas regras de inferência (que veremos depois quais são). Observe que não falamos, nessa definição, em interpretações, ou estruturas, ou o que seja — por isso essa noção de consequência é sintática: podemos abstrair de significados e trabalhar apenas com as fórmulas, isto é, com cadeias de caracteres do alfabeto. É o que vamos começar a fazer no próximo capítulo.

Exercício 13.1 Mostre como chegar (se é que é possível!) de uma palavra a outra, nos seguintes pares (e outros que ocorrerem a você): CÉU/MAR, SAL/MEL, DEUSA/DIABA, CERTO/FALSO, TERRA/MARTE, MARTE/VÊNUS, PROFESSOR/ESTUDANTE.

14
DEDUÇÃO NATURAL (I)

Em capítulos anteriores, você teve oportunidade de trabalhar com dois métodos para testar a validade de um argumento: o método das *tabelas de verdade*, que está limitado a argumentos proposicionais, e o dos *tablôs semânticos*. Neste capítulo, vamos examinar uma outra maneira de mostrar a validade de argumentos, que, ao contrário das anteriores, não envolve um recurso à semântica: o método de *dedução natural*.

14.1 Apresentando a dedução natural

Você se lembra de que o uso de tablôs semânticos representou uma razoável melhoria, no que concerne à eficiência, em relação às tabelas de verdade. Você pôde demonstrar a validade (ou invalidade) de um argumento de maneira usualmente mais rápida. (Além, claro, do fato de que tablôs semânticos podem ser usados em geral no **CQC**, ao contrário das tabelas de verdade.) Contudo, mesmo com tablôs, havia ainda muitos casos em que a determinação da validade de um argumento envolvia um número muito grande de passos. Consideremos o seguinte exemplo:

$$Pa \rightarrow (Qab \wedge Cq), (Qab \wedge Cq) \rightarrow Dc, Dc \rightarrow (E \vee (\neg E \rightarrow Fba)),$$
$$Pa, \neg E \vDash Fba.$$

Uma vez que ocorrem seis fórmulas atômicas diferentes na forma de argumento anterior, uma tabela de verdade para ela teria 64 linhas. Um tablô seria, certamente, muito mais simples, mas envolveria ainda seis aplicações das regras de construção e outros tantos testes à procura de contradições. O método que vamos começar a examinar agora, o da *prova de validade utilizando dedução natural*, permitirá a você mostrar a validade dessa forma de argumento de uma maneira mais compacta. Basicamente, o procedimento consiste em aplicar um conjunto de *regras de inferência* ao conjunto de premissas, gerando conclusões intermediárias às quais aplicam-se novamente as regras, até atingir a conclusão final desejada. A esse processo chamamos *deduzir*, *derivar* ou *provar* a conclusão a partir do conjunto das premissas, e a seu resultado, obviamente, uma *dedução* ou *derivação* ou *prova*. Nas seções seguintes, e também continuando no próximo capítulo, você verá quais regras de inferência vamos ter a nossa disposição. Primeiramente, vamos examinar como aplicar a dedução natural ao exemplo anterior.

Uma dedução é construída da seguinte maneira: primeiro, fazemos uma lista das premissas que estão a nosso dispor, colocando uma em cada linha, e escrevendo 'P' ao lado, para indicar que se trata de uma premissa. Cada linha em uma derivação é numerada e deve-se ter uma "justificativa" para a fórmula que nela se encontra. Assim:

1.	$Pa \to (Qab \wedge Cq)$	P	
2.	$(Qab \wedge Cq) \to Dc$	P	
3.	$Dc \to (E \vee (\neg E \to Fba))$	P	
4.	Pa	P	
5.	$\neg E$	P	?Fba

Note que, na linha 5, depois da justificativa 'P', eu escrevi '?*Fba*'. Isso não faz propriamente parte da dedução (você pode deixar isso de lado, se quiser), mas está aí como um lembrete de qual fórmula é que estamos pretendendo deduzir — o objetivo a ser atingido, por assim dizer.

Como proceder agora? Bem, a ideia é empregar alguma *regra de inferência* que nos permita acrescentar uma nova linha a essa derivação, contendo uma fórmula que é o resultado da aplicação da regra a fórmulas anteriores. Mas quais seriam as regras de inferência, e de onde vêm elas?

A resposta a isso é simples: as regras básicas de inferência são *postuladas*, isto é, aceitas sem demonstração. Antes que você reclame que isso parece escandaloso, note que, obviamente, não há como demonstrá-las: para tanto, teríamos que empregar *outras* regras — as quais deveríamos ter aceito anteriormente. Em certo sentido, e abusando um pouco da linguagem, você pode dizer que as regras básicas são *axiomas*, embora a palavra 'axioma', como vimos, seja normalmente reservada para proposições primitivas, e não regras de inferência. Utilizando a nomenclatura usual de maneira correta, temos de dizer que, na verdade, o método de dedução natural é um sistema formal que não tem axiomas (isto é, fórmulas não demonstradas), mas tão-somente regras de inferência. (A questão do "ponto de partida", que preocupava Euclides, será resolvida de outro modo, como veremos depois.)

Agora, se as regras de inferência são simplesmente postuladas, nada nos impediria, em princípio, de postular uma regra qualquer. Por exemplo, a regra

SE	você tem $\alpha \rightarrow \beta$ em uma linha
E	você tem β em outra linha,
ENTÃO	acrescente α em uma nova linha

seria perfeitamente admissível, de um ponto de vista puramente formal. Mas seria uma regra muito desagradável! Ela nada mais é do que a codificação de uma forma inválida de argumento, a famosa (ou infame) Falácia de Afirmação do Consequente. Usando um pequeno exemplo, é fácil ver que tal regra é inválida (recorde-se de que Lulu é o cachorro do vizinho):

P_1 Se Lulu é um gato, então é um animal.
P_2 Lulu é um animal.
▸ Lulu é um gato.

O argumento anterior, uma instância da falácia em questão, é claramente inválido. Acrescentar, então, a Falácia de Afirmação do Consequente como regra de inferência implica não ter mais garantia nenhuma de que uma conclusão será verdadeira se as premissas o forem. Para enfatizar isso: nada nos impede de aceitar *qualquer coisa* como uma regra de inferência. O sistema resultante, contudo, poderá não ter interesse nenhum, não passando de um jogo de símbolos. Assim, para que o método de dedução natural tenha utilidade, algum critério sensato deve ser observado na escolha das regras de inferência. Por exemplo, que elas devam *preservar a verdade*: se as fórmulas às quais a regra se aplica são verdadeiras, a fórmula resultante também o será. (Como você vê, mesmo um método sintático como esse, para ter utilidade, deve ter algum tipo de interpretação.)

Voltando à escolha das regras, considere as duas afirmações a seguir, que podemos tomar como premissas para um argumento:

Se está nevando, então está fazendo frio.
Está nevando.

Qual a conclusão que você tiraria dessas premissas? Bem, uma resposta óbvia é que está fazendo frio. Temos, então, o argumento a seguir:

P_1 Se está nevando, então está fazendo frio.
P_2 Está nevando.
▸ Está fazendo frio.

Considere agora as duas próximas afirmações e veja que conclusão você poderia tirar:

Se a Terra é um planeta, então gira em torno do Sol.
A Terra é um planeta.

Eu apostaria que você inferiu, dessas premissas, que a Terra gira em torno do Sol. Certo? Temos, então, o seguinte argumento:

P_1 Se a Terra é um planeta, então gira em torno do Sol.
P_2 A Terra é um planeta.
▸ A Terra gira em torno do Sol.

Se examinarmos os dois exemplos anteriores, veremos que eles têm uma forma em comum, a saber:

$$\alpha \rightarrow \beta$$
$$\alpha$$
$$\blacktriangleright \beta$$

É fácil ver que, sempre que tivermos, por um lado, uma proposição condiconal ($\alpha \rightarrow \beta$) e, por outro, seu antecedente (α), poderemos inferir seu consequente (β). Isso nos dá a seguinte regra de inferência:

SE você tem $\alpha \rightarrow \beta$ em uma linha
E você tem α em outra linha,
ENTÃO acrescente β em uma nova linha

Podemos formular isso mais concisamente da seguinte maneira:

$$\frac{\begin{array}{l}\alpha \rightarrow \beta \\ \alpha\end{array}}{\beta}$$

Essa regra de inferência é conhecida desde a Antiguidade (era um dos esquemas básicos de inferência dos estoicos) e tem o nome de *modus ponens*. Agora, se você olhar com um pouco de atenção para o conjunto de premissas no argumento dado, verá que é exatamente isso o que temos: na linha 1 temos a fórmula $Pa \rightarrow (Qab \wedge Cq)$, e, na linha 4, Pa. Supondo, como estamos, que essas fórmulas sejam verdadeiras, a regra de *modus ponens* nos autoriza a concluir $Qab \wedge Cq$. Como se vê a seguir:

1.	$Pa \to (Qab \wedge Cq)$	P
2.	$(Qab \wedge Cq) \to Dc$	P
3.	$Dc \to (E \vee (\neg E \to Fba))$	P
4.	Pa	P
5.	$\neg E$	P ?Fba
6.	$Qab \wedge Cq$	1,4 MP

Acrescentamos, assim, uma nova linha ao que já tínhamos, de número 6, na qual anotamos a primeira conclusão provisória que temos (i.e., $Qab \wedge Cq$), de onde ela veio (linhas 1 e 4) e a regra de inferência usada para chegar até ela (*modus ponens*, MP para abreviar). Está claro?

Bem, você poderia dizer, se o que queremos realmente concluir é Fba, por que ficar concluindo primeiro $Qab \wedge Cq$? Simples. Como alguém já disse, uma caminhada de um quilômetro começa com um passo: é o que estamos fazendo aqui (embora a dedução não se vá alongar por um quilômetro). Isto é, ainda não derivamos Fba — mas agora estamos muito mais perto disso do que dois parágrafos atrás!

Vamos continuar. Na linha 2, temos outra vez uma fórmula da forma $\alpha \to \beta$, em que α corresponde a $Qab \wedge Cq$. E o que temos na linha 6 recém-derivada? Nada menos que a própria α. Isso nos enseja a usar outra vez MP, obtendo Dc como resultado, que, por sua vez, é o antecedente de mais um condicional, $Dc \to (E \vee (\neg E \to Fba))$, encontrado na linha 3. Uma terceira aplicação de MP nos deixa na seguinte situação:

1.	$Pa \to (Qab \wedge Cq)$	P
2.	$(Qab \wedge Cq) \to Dc$	P
3.	$Dc \to (E \vee (\neg E \to Fba))$	P
4.	Pa	P
5.	$\neg E$	P ?Fba
6.	$Qab \wedge Cq$	1,4 MP
7.	Dc	2,6 MP
8.	$E \vee (\neg E \to Fba)$	3,7 MP

A regra MP não pode agora nos levar mais longe, pois já derivamos por meio dela tudo o que era possível — ao menos por enquanto. Felizmente, existem outras regras de inferência de que podemos lançar mão. Vejamos isso, começando com um exemplo. Considere as duas afirmações a seguir:

> Ou Maria viajou para Blumenau, ou ainda está em Florianópolis.
> Maria não viajou para Blumenau.

Desnecessário dizer que você imediatamente vai concluir que Maria ainda está em Florianópolis, certo? Ou seja, temos o argumento (intuitivamente válido):

P_1 Ou Maria viajou para Blumenau, ou ainda está em Florianópolis.
P_2 Maria não viajou para Blumenau.
▸ Maria está em Florianópolis.

A forma que esse argumento tem corresponde à seguinte regra de inferência, também conhecida dos estoicos e denominada *Silogismo Disjuntivo*:

$$\frac{\begin{array}{c}\alpha \vee \beta \\ \neg\alpha\end{array}}{\beta}$$

É justamente isso que vamos utilizar agora nas linhas 5 e 8 (usando 'SD' para indicar a nova regra utilizada). O resultado é:

1.	$Pa \rightarrow Qab \wedge Cq)$	P
2.	$(Qab \wedge Cq) \rightarrow Dc$	P
3.	$Dc \rightarrow (E \vee (\neg E \rightarrow Fba))$	P
4.	Pa	P
5.	$\neg E$	P ?Fba
6.	$Qab \wedge Cq$	1,4 MP
7.	Dc	2,6 MP
8.	$E \vee (\neg E \rightarrow Fba)$	3,7 MP
9.	$\neg E \rightarrow Fba$	5,8 SD

E agora? Simples: mais uma vez temos um condicional, e, numa outra linha, seu antecedente. Logo: *modus ponens*. Mas você vai protestar: o antecedente é a linha 5, que acabamos de utilizar! Não há problema; na lógica clássica, isso é perfeitamente aceitável, ou seja, as fórmulas podem ser usadas e reutilizadas tantas vezes quanto necessário ou desejado.[1] Assim, usando $\neg E$ mais uma vez, temos:

1.	$Pa \to (Qab \wedge Cq)$	P
2.	$(Qab \wedge Cq) \to Dc$	P
3.	$Dc \to (E \vee (\neg E \to Fba))$	P
4.	Pa	P
5.	$\neg E$	P ?*Fba*
6.	$Qab \wedge Cq$	1,4 MP
7.	Dc	2,6 MP
8.	$E \vee (\neg E \to Fba)$	3,7 MP
9.	$\neg E \to Fba$	5,8 SD
10.	Fba	5,9 MP

E aí está, acabada, nossa dedução. De uma maneira mais compacta do que por meio do uso de uma tabela de verdade, e, nesse caso, mesmo do que pelo uso de um tablô, mostramos que *Fba* é, de fato, uma consequência lógica do conjunto de premissas dado. Como você viu, o processo todo consistiu numa manipulação de símbolos, gerando novas fórmulas a partir das fórmulas disponíveis. Podemos encarar isso como um processo de *transformar* algumas fórmulas em outras — por isso as regras de inferência são também frequentemente chamadas, como já vimos, *regras de transformação*.

14.2 Regras de inferência diretas

No exemplo anterior, utilizamos apenas duas regras de inferência, o que é muito limitado e insuficiente para demonstrar a validade de

---

1 Há alguns tipos de lógica, por exemplo, a chamada *lógica linear*, em que cada premissa pode ser utilizada apenas uma vez. Mas essa é uma outra história.

todos os argumentos que podem ser codificados no **CQC**. Assim, precisamos lançar mão de (ou seja, postular) mais algumas regras básicas. Em princípio, não há limite quanto ao número de regras que se pode ter num sistema. Há, naturalmente, um mínimo necessário — o conjunto de regras deve ser *completo*, isto é, idealmente elas devem ser capazes de mostrar a validade de todas as formas de argumento —, mas podemos perfeitamente introduzir regras que seriam "supérfluas", de modo a facilitar o processo de derivação (o que veremos numa etapa posterior).

Mas como determinar o mínimo necessário? Bem, uma sugestão razoável é ter, para cada operador, duas regras: uma que *introduza* o operador (ou seja, cujo resultado seja uma fórmula cujo símbolo principal é aquele operador), e uma que *elimine* o operador (ou seja, que, tomando como entrada uma fórmula cujo símbolo principal seja o operador, dê como resultado uma fórmula mais simples, de onde o operador tenha sido eliminado). De modo similar, para os quantificadores.

Nesta primeira seção, vamos nos restringir a regras de inferência que nos permitam fazer derivações diretas. As seções seguintes tratarão de outros procedimentos de derivação um pouco mais sofisticados. No próximo capítulo, vamos considerar o caso dos quantificadores.

As regras de inferência que vamos utilizar são aquelas apresentadas na figura 14.1. Como você pode notar, para cada regra existem uma ou mais fórmulas, acima de um traço horizontal, e uma que aparece abaixo do traço. A fórmula abaixo do traço é chamada *conclusão* da regra, e as outras, as *premissas*. Algumas regras, como MP, necessitam de duas premissas (α e $\alpha \to \beta$), enquanto outras, como DN, têm apenas uma premissa ($\neg\neg\alpha$). Note ainda que algumas regras têm duas versões, como a regra de separação: dada uma conjunção $\alpha \wedge \beta$, você pode tanto concluir α, como β. De forma semelhante, para SD e BC. O traço horizontal, claro, significa que a fórmula que ocorre na parte de baixo pode ser derivada, por meio da regra correspondente, a partir da(s) fórmula(s) que ocorre(m) na parte de cima.

Tendo assim um conjunto inicial de regras de inferência, podemos definir quando uma fórmula é uma consequência lógica de um conjunto de outras.

Dupla Negação (DN):

$$\frac{\neg\neg\alpha}{\alpha}$$

Modus Ponens (MP):

$$\frac{\begin{array}{c}\alpha \rightarrow \beta \\ \alpha\end{array}}{\beta}$$

Conjunção (C):

$$\frac{\begin{array}{c}\alpha \\ \beta\end{array}}{\alpha \wedge \beta}$$

Separação (S):

$$\frac{\alpha \wedge \beta}{\alpha} \qquad \frac{\alpha \wedge \beta}{\beta}$$

Expansão (E):

$$\frac{\alpha}{\alpha \vee \beta} \qquad \frac{\alpha}{\beta \vee \alpha}$$

Silogismo Dispositivo (SD):

$$\frac{\begin{array}{c}\alpha \vee \beta \\ \neg\alpha\end{array}}{\beta} \qquad \frac{\begin{array}{c}\alpha \vee \beta \\ \neg\beta\end{array}}{\alpha}$$

Condicionais para Bicondicional (CB):

$$\frac{\begin{array}{c}\alpha \rightarrow \beta \\ \beta \rightarrow \alpha\end{array}}{\alpha \leftrightarrow \beta}$$

Bicondicional para Condicionais (BC):

$$\frac{\alpha \leftrightarrow \beta}{\alpha \rightarrow \beta} \qquad \frac{\alpha \leftrightarrow \beta}{\beta \rightarrow \alpha}$$

Figura 14.1: Regras de inferência diretas.

Definição 14.1 Seja Γ um conjunto qualquer de fórmulas e α uma fórmula. Uma *dedução* de α a partir de Γ é uma sequência finita $\delta_1, \ldots, \delta_n$ de fórmulas, tal que $\delta_n = \alpha$ e cada δ_i, $1 \leq i \leq n$, é uma fórmula que pertence a Γ ou foi obtida a partir de fórmulas que aparecem antes na sequência, por meio da aplicação de alguma regra de inferência.

Esclarecendo: temos uma dedução de uma fórmula α a partir de algum conjunto Γ se há, primeiro, uma sequência $\delta_1, \ldots, \delta_n$ de fórmulas — portanto, uma sequência de comprimento finito —, tal como a sequência 1-10 no exemplo dado na seção anterior. Segundo, o último elemento da sequência, δ_n, é a própria α. (No exemplo anterior, *Fba*.) Terceiro, cada uma das fórmulas nessa sequência — cada δ_i, $1 \leq i \leq n$ — tem que ter uma boa razão para estar nela. Assim, ou δ_i é uma das fórmulas de Γ — ou seja, uma premissa, como as fórmulas nas linhas 1-5 no exemplo dado — ou foi obtida de fórmula(s) que aparecia(m) antes, por meio da aplicação de uma regra de inferência. É o que acontece com as linhas 6-10 do exemplo anterior. A fórmula da linha 6, como vimos, foi obtida a partir das fórmulas nas linhas 1 e 4 por MP.

Tendo, então, precisado melhor o que é uma dedução, podemos definir agora consequência lógica do ponto de vista do método de dedução natural:

Definição 14.2 Seja Γ um conjunto qualquer de fórmulas e α uma fórmula. Dizemos que α é *consequência lógica (sintática)* de Γ, o que denotamos por '$\Gamma \vdash \alpha$', se há uma dedução de α a partir de Γ.

Voltando ao exemplo inicial deste capítulo, podemos afirmar que

$$\{Pa \rightarrow (Qab \wedge Cq), (Qab \wedge Cq) \rightarrow Dc, Dc \rightarrow (E \vee (\neg E \rightarrow Fba)), Pa, \neg E\} \vdash Fba$$

Como você notou, usamos o símbolo especial '$\vdash$' para denotar consequência *sintática*, assim como vínhamos usando '$\models$' para denotar consequência *semântica*. As chaves englobando a lista de fórmulas à esquerda de '$\vdash$' indicam que temos um conjunto — mas as chaves podem ser dispensadas, para abreviar, quando não houver risco de confusão. Assim, em vez de escrevermos

$$\{\alpha_1, \ldots, \alpha_n\} \vdash \beta,$$

podemos escrever simplesmente

$$\alpha_1, \ldots, \alpha_n \vdash \beta.$$

Do mesmo modo, escrevemos, abreviadamente, '$\alpha \vdash \beta$' quando alguma fórmula β é uma consequência de α — em vez de escrever '$\{\alpha\} \vdash \beta$'.

Exercício 14.1 Em cada um dos casos indicados a seguir, diga qual foi a regra utilizada para deduzir a conclusão das premissas.

(a) $Pa \wedge Qb \vdash Qb$
(b) $Rab \rightarrow Pc, Rab \vdash Pc$
(c) $Qa \vdash Qa \vee \neg Pb$
(d) $Qa, Rab \vdash Rab \wedge Qa$
(e) $\neg Qa, Rab \vee Qa \vdash Rab$
(f) $Pa \rightarrow Pb, Pb \rightarrow Pa \vdash Pa \leftrightarrow Pb$
(g) $\neg\neg(Rac \vee Qb) \vdash Rac \vee Qb$
(h) $Sabc \leftrightarrow Tp \vdash Tp \rightarrow Sabc$
(i) $Pa \wedge (Qb \vee Rab) \vdash Qb \vee Rab$
(j) $\neg Pa, Pa \rightarrow Qb \vdash (Pa \rightarrow Qb) \wedge \neg Pa$
(k) $(Qb \vee Rab) \rightarrow (\neg A \wedge C), Qb \vee Rab \vdash \neg A \wedge C$
(l) $\neg\neg(A \rightarrow (Qb \vee C)) \vdash A \rightarrow (Qb \vee C)$
(m) $(Pa \wedge Tc) \leftrightarrow \neg(Rab \rightarrow C) \vdash (Pa \wedge Tc) \rightarrow \neg(Rab \rightarrow C)$
(n) $Pa \rightarrow Qb \vdash (A \leftrightarrow B) \vee (Pa \rightarrow Qb)$
(o) $(Pa \rightarrow Tp) \wedge (A \vee \neg\neg Rab) \vdash A \vee \neg\neg Rab$
(p) $\neg Pa \rightarrow (Qb \vee Tc), (Qb \vee Tc) \rightarrow \neg Pa \vdash (Qb \vee Tc) \leftrightarrow \neg Pa$

14.3 Fazendo uma dedução

Antes de passarmos a mais exercícios, nos quais você deverá fazer uma série de deduções, vamos ver mais alguns exemplos. Suponha que queiramos mostrar o seguinte:

$$\neg\neg Ap, Sabc \rightarrow (Fa \wedge Fb), Gc \leftrightarrow \neg\neg Sabc, Gc \vee \neg Ap \vdash Fa \wedge Fb.$$

O passo inicial, claro, é listar as premissas e indicar a conclusão desejada. Assim:

1.	$\neg\neg Ap$	P	
2.	$Sabc \rightarrow (Fa \wedge Fb)$	P	
3.	$Gc \leftrightarrow \neg\neg Sabc$	P	
4.	$Gc \vee \neg Ap$	P	?$Fa \wedge Fb$

E agora, como proceder? Bem, uma sugestão razoável é verificar onde, nas premissas, ocorre a fórmula que desejamos deduzir, i.e., $Fa \wedge Fb$. Vemos imediatamente que ela aparece na linha 2, sendo uma subfórmula do seguinte condicional:

$$Sabc \to (Fa \wedge Fb).$$

A questão é: como vamos tirar $Fa \wedge Fb$ dali? Bem, como a fórmula é um condicional, e $Fa \wedge Fb$ é seu consequente, só precisamos, para poder usar a regra MP, obter seu antecedente, $Sabc$. Assim, nosso objetivo, na dedução em curso, é encontrar $Sabc$. E onde está essa fórmula?

Vamos encontrá-la na linha 3, uma subfórmula da fórmula $Gc \leftrightarrow \neg\neg Sabc$. De fato, ela aparece precedida de dois sinais de negação: $\neg\neg Sabc$. Mas isso não é problema, pois temos a regra DN que nos permite eliminar uma negação dupla. Ou seja, se conseguirmos obter $\neg\neg Sabc$ isoladamente, nosso problema está resolvido. No entanto, como vamos fazer isso? Ao contrário do caso anterior, não temos um condicional, onde poderíamos usar MP se tivéssemos seu antecedente, mas um bicondicional.

Mas... um momento: não existe uma regra que nos permite obter um condicional a partir de um bicondicional? Claro, a regra BC. Vamos aplicá-la imediatamente. Nossa dedução fica, após essa primeira aplicação de uma regra, assim:

1.	$\neg\neg Ap$	P	
2.	$Sabc \to (Fa \wedge Fb)$	P	
3.	$Gc \leftrightarrow \neg\neg Sabc$	P	
4.	$Gc \vee \neg Ap$	P	$?Fa \wedge Fb$
5.	$Gc \to \neg\neg Sabc$	3 BC	

Agora sim, temos um condicional, e só precisamos obter seu antecedente, que é Gc. E onde encontramos Gc?

É claro, Gc aparece na fórmula da linha 3, mas este é o bicondicional a partir do qual obtivemos a linha 5. A fórmula Gc aparece também na linha 5 — mas este é o condicional em que vamos aplicar MP, se tivermos Gc. Assim, temos que procurar em outro lugar. E a resposta é óbvia: Gc aparece na linha 4, na fórmula $Gc \vee \neg Ap$. E mais uma vez a pergunta é: como vamos tirá-la daí?

Bem, a fórmula que temos é uma disjunção. Pela regra do silogismo disjuntivo, se tivermos a negação do outro elemento da disjunção, $\neg Ap$, poderemos derivar Gc. A negação de $\neg Ap$ é, muito obviamente, $\neg\neg Ap$. E onde se encontra essa fórmula?

Desta vez tivemos sorte: ela está sozinha na linha 1, pronta para ser usada! Vamos fazer isso imediatamente, antes que ela fuja. Nossa dedução fica, portanto, assim:

1.	$\neg\neg Ap$	P	
2.	$Sabc \rightarrow (Fa \wedge Fb)$	P	
3.	$Gc \leftrightarrow \neg\neg Sabc$	P	
4.	$Gc \vee \neg Ap$	P	$?Fa \wedge Fb$
5.	$Gc \rightarrow \neg\neg Sabc$	3 BC	
6.	Gc	1,4 SD	

Tendo obtido Gc, podemos aplicar MP usando as linhas 5 e 6, ficando com a seguinte situação:

1.	$\neg\neg Ap$	P	
2.	$Sabc \rightarrow (Fa \wedge Fb)$	P	
3.	$Gc \leftrightarrow \neg\neg Sabc$	P	
4.	$Gc \vee \neg Ap$	P	$?Fa \wedge Fb$
5.	$Gc \rightarrow \neg\neg Sabc$	3 BC	
6.	Gc	1,4 SD	
7.	$\neg\neg Sabc$	5,6 MP	

Podemos agora terminar nossa dedução. Primeiro, aplicamos DN à fórmula da linha 7, obtendo $Sabc$, que é o antecedente, que estávamos procurando, do condicional da linha 2. Finalmente, uma aplicação de MP nos dá $Fa \wedge Fb$, que é a fórmula que queríamos originalmente deduzir. A dedução, terminada, fica assim:

1.	$\neg\neg Ap$	P
2.	$Sabc \rightarrow (Fa \wedge Fb)$	P
3.	$Gc \leftrightarrow \neg\neg Sabc$	P
4.	$Gc \vee \neg Ap$	P ?$Fa \wedge Fb$
5.	$Gc \rightarrow \neg\neg Sabc$	3 BC
6.	Gc	1,4 SD
7.	$\neg\neg Sabc$	5,6 MP
8.	$Sabc$	7 DN
9.	$Fa \wedge Fb$	2,8 MP

Vamos a mais um exemplo, antes dos exercícios. Suponha agora que queiramos mostrar que

$$Pa \rightarrow Qb, Pa \wedge \neg Rab, Rab \vee (Qb \rightarrow Pa) \vdash (Pa \leftrightarrow Qb) \wedge (Qb \vee C),$$

isto é, que $(Pa \leftrightarrow Qb) \wedge (Qb \vee C)$ é consequência do conjunto de fórmulas à esquerda de '$\vdash$'. O primeiro passo, mais uma vez, é listar as premissas:

1.	$Pa \rightarrow Qb$	P
2.	$Pa \wedge \neg Rab$	P
3.	$Rab \vee (Qb \rightarrow Pa)$	P ?$(Pa \leftrightarrow Qb) \wedge (Qb \vee C)$

Bem, a fórmula que desejamos deduzir é uma conjunção. No entanto, ao contrário do exemplo anterior, onde $Fa \wedge Fb$ aparecia inteira, como consequente de um condicional, $(Pa \leftrightarrow Qb) \wedge (Qb \vee C)$ não aparece em lugar nenhum. Porém, você sabe que, pela regra de conjunção (C), se tivermos os dois pedaços de uma conjunção em linhas diferentes, podemos juntá-los numa fórmula só. Assim, o que precisamos fazer é, primeiro, encontrar $Pa \leftrightarrow Qb$, e depois $Qb \vee C$, certo? Note agora que $Pa \leftrightarrow Qb$ é um bicondicional: para obtê-lo, vamos, inicialmente, encontrar os dois condicionais correspondentes, e juntá-los pela regra CB. Um dos condicionais, $Pa \rightarrow Qb$, está na linha 1 como premissa, ou seja, já o temos; o outro, $Qb \rightarrow Pa$, ocorre na linha 3, mas como elemento da disjunção $Rab \vee (Qb \rightarrow Pa)$.

Como tirá-lo daí? Simples: se encontrarmos $\neg Rab$ em algum lugar, podemos usar SD. E $\neg Rab$, de fato, ocorre na linha 2, como elemento de uma conjunção. Agora, a regra de separação (S) nos permite obter imediatamente qualquer elemento de conjunção; assim, metade do nosso problema está resolvida. Vamos escrever tudo isso:

1.	$Pa \to Qb$	P	
2.	$Pa \wedge \neg Rab$	P	
3.	$Rab \vee (Qb \to Pa)$	P	$?(Pa \leftrightarrow Qb) \wedge (Qb \vee C)$
4.	$\neg Rab$	2 S	
5.	$Qb \to Pa$	3,4 SD	
6.	$Pa \leftrightarrow Qb$	1,5 CB	

Certo? Tendo agora $Pa \leftrightarrow Qb$, só precisamos de $Qb \vee C$. Contudo, essa fórmula não aparece em lugar algum. Note que C nem ocorre entre as premissas. Que fazer?

A solução é óbvia. Como estamos atrás de uma disjunção, se tivermos um de seus elementos — Qb, por exemplo — podemos obter a disjunção inteira por meio da regra de expansão. Portanto, basta-nos encontrar Qb. Bem, Qb está na linha 1 como consequente de condicional — se tivermos Pa, o antecedente, poderíamos usar MP. Mas praticamente temos Pa, que ocorre como elemento de uma conjunção na linha 2. Basta separá-lo, e está pelada a coruja, como se diz um pouco mais ao sul. Assim, problema resolvido:

1.	$Pa \to Qb$	P	
2.	$Pa \wedge \neg Rab$	P	
3.	$Rab \vee (Qb \to Pa)$	P	$?(Pa \leftrightarrow Qb) \wedge (Qb \vee C)$
4.	$\neg Rab$	2 S	
5.	$Qb \to Pa$	3,4 SD	
6.	$Pa \leftrightarrow Qb$	1,5 CB	
7.	Pa	2 S	
8.	Qb	1,7 MP	
9.	$Qb \vee C$	8 E	
10.	$(Pa \leftrightarrow Qb) \wedge (Qb \vee C)$	6,9 C	

Os exemplos anteriores nos deram algumas dicas de como proceder ao fazer uma dedução. Se a fórmula que procuramos aparece em algum lugar — como o consequente de um condicional, ou um elemento de uma disjunção, por exemplo —, o que temos a fazer é obter o antecedente daquele condicional, ou a negação do outro elemento da disjunção, e deduzir imediatamente a fórmula desejada. No entanto, se a fórmula que procuramos não aparece como subfórmula de nenhuma das premissas, há outras coisas que podemos tentar. Algumas sugestões você encontra a seguir (mais tarde veremos outras):

Conjunção: Para derivar uma conjunção, procure derivar cada elemento individualmente; depois, junte-os usando a regra de conjunção (C).

Bicondicional: Derive primeiro os condicionais correspondentes, e depois aplique CB.

Disjunção: Ver se é possível derivar um ou outro elemento da disjunção, e depois usar expansão (E).

E agora, após isso tudo, uma pausa com alguns exercícios.

Exercício 14.2 A seguir você encontra uma série de deduções já feitas. (Para simplificar, vamos usar nestes primeiros apenas letras sentenciais.) Dê a justificativa para cada linha que falta.

(a)

1.	$(A \vee B) \rightarrow C$	P
2.	$C \wedge A$	P
3.	A	
4.	$A \vee B$	
5.	C	
6.	$A \wedge C$	
7.	$(A \vee B) \wedge (A \wedge C)$	

(b)

1.	$A \rightarrow B$	P
2.	$C \vee (B \rightarrow A)$	P
3.	$D \rightarrow \neg C$	P
4.	$E \wedge D$	P
5.	D	
6.	$\neg C$	
7.	$B \rightarrow A$	
8.	$A \leftrightarrow B$	

(c)

1.	$\neg\neg A \wedge (B \rightarrow C)$	P
2.	$E \wedge D$	P
3.	$((B \rightarrow C) \wedge (D \vee F)) \rightarrow G$	P
4.	$B \rightarrow C$	

(d)

1.	$B \leftrightarrow A$	P
2.	$(B \wedge C) \rightarrow (E \vee Q)$	P
3.	$(B \wedge A) \rightarrow C$	P
4.	$\neg E$	P

5. D
6. $D \vee F$
7. $(B \rightarrow C) \wedge (D \vee F)$
8. G
9. E
10. $\neg\neg A$
11. A
12. $G \wedge A$
13. $(G \wedge A) \wedge E$

5. B P
6. $B \rightarrow A$
7. A
8. $B \wedge A$
9. C
10. $B \wedge C$
11. $E \vee Q$
12. Q

(e)
1. $(\neg B \rightarrow \neg A) \leftrightarrow (C \vee D)$ P
2. D P
3. $\neg B$ P
4. $A \vee (T \vee \neg\neg Q)$ P
5. $(C \vee D) \rightarrow (\neg B \rightarrow \neg A)$
6. $C \vee D$
7. $\neg B \rightarrow \neg A$
8. $\neg A$
9. $T \vee \neg\neg Q$
10. $(T \vee \neg\neg Q) \vee R$

(f)
1. $\neg(P \wedge B) \rightarrow \neg T$ P
2. $T \vee (\neg\neg A \wedge \neg C)$ P
3. $A \rightarrow \neg E$ P
4. $\neg(P \wedge B)$ P
5. $\neg T$
6. $\neg\neg A \wedge \neg C$
7. $\neg\neg A$
8. A
9. $\neg E$
10. $(A \rightarrow \neg E) \wedge \neg E$

Exercício 14.3 Prove a validade das formas de argumento seguintes, utilizando dedução natural:

(a) $Pa \vee Pb, \neg Pa \vdash Pb$
(b) $Pa, Pb \vdash Pb \wedge Pa$
(c) $Pa \rightarrow Pb, Pa \vdash Pa \wedge Pb$
(d) $Pa \leftrightarrow Pb, Pa \vdash Pb$
(e) $Qa \wedge Qc \vdash Qa \vee B$
(f) $Rab \vee \neg Pa, \neg\neg Pa \vdash Rab$
(g) $Pa \wedge Pb \vdash Pb \wedge Pa$
(h) $(Pa \rightarrow Rab) \wedge (Pa \rightarrow Fb), Pa \vdash Rab \wedge Fb$
(i) $(Rab \vee C) \rightarrow \neg\neg Pa, C \vdash Pa$
(j) $(Pa \vee Qb) \wedge C, \neg Qb \vdash Pa$
(k) $(\neg A \rightarrow Pb) \wedge (Pb \rightarrow \neg A) \vdash \neg A \leftrightarrow Pb$
(l) $\neg Pa \vee (Qb \vee Rab), \neg\neg Pa \wedge \neg Qb, Rab \rightarrow D \vdash D$
(m) $A \leftrightarrow Qb, Fa \leftrightarrow Rab, A \wedge Rab \vdash Fa \wedge Qb$
(n) $Pa \rightarrow (Apq \leftrightarrow Bcd), Cs \vee D, D \rightarrow \neg\neg Pa, \neg Cs \wedge Bcd \vdash Apq$

14.4 Regras de inferência hipotéticas

Como você pôde ver, o conjunto de regras de inferência que utilizamos até agora nos permite demonstrar a validade de um grande número de argumentos. Contudo, esse conjunto de regras tem ainda um pequeno defeito: ele não é *completo*, ou seja, existem formas de argumento que são válidas no **CQC**, mas cuja validade não pode ser demonstrada apenas com essas regras. Em primeiro e óbvio lugar, ainda faltam as regras para os quantificadores. Em segundo lugar, você notou que temos apenas oito regras — quando deveríamos ter ao menos dez, ou seja, duas para cada operador. Esta seção vai tratar das regras para operadores que ainda faltam. Elas se diferenciam das regras diretas da seção anterior porque exigem o uso de *hipóteses*.

Vamos começar com um exemplo.

> Se Miau é um gato típico, ele não gosta de nadar. Se não gosta de nadar, então não pratica pesca submarina. Logo, se Miau é um gato típico, Miau não pratica pesca submarina.

Usando G, N e P para simbolizar, respectivamente, 'x é um gato típico', 'x gosta de nadar', e 'x pratica pesca submarina', e usando m para representar Miau, teríamos o seguinte:

$$Gm \to \neg Nm, \neg Nm \to \neg Pm \vdash Gm \to \neg Pm.$$

É fácil demonstrar, usando um tablô, ou mesmo uma tabela de verdade (pois não temos quantificadores), que o argumento dado é válido. Contudo, não há nenhuma maneira, usando as regras de inferência da seção anterior, de mostrar que $Gm \to \neg Pm$ é uma consequência das premissas dadas. (Tente!) Assim, precisamos de algumas regras adicionais.

Vamos por partes. Note que a conclusão do argumento anterior é um condicional — como você faria para demonstrar a verdade de uma proposição condicional?

Uma estratégia usual é a seguinte: suponhamos — apenas uma hipótese — que o *antecedente* do condicional seja verdadeiro. Isto é, suponhamos que Miau seja um gato típico, e vamos acrescentar isso a nossa dedução:

1.	$Gm \to \neg Nm$	P	
2.	$\neg Nm \to \neg Pm$	P	?$Gm \to \neg Pm$
3.	| Gm	H	?$\neg Pm$

Note duas coisas que acontecem. Primeiro, a proposição 'Miau é um gato típico' foi acrescentada como *hipótese* (H): isso serve para diferenciá-la das premissas, cuja verdade não é, no contexto do argumento, colocada em dúvida. Uma hipótese adicional numa derivação é apenas uma *suposição temporária*, da qual nos livraremos mais tarde, se tudo correr bem. Segundo, colocamos uma linha vertical à esquerda da fórmula Gm. Isso serve para indicar que as fórmulas que ocorrem à direita dessa linha têm um caráter hipotético, de "fantasia", por assim dizer. Fórmulas que forem derivadas nesse contexto só podem ser empregadas dentro dele. E, terceiro, agora que fizemos a hipótese, estamos procurando derivar o consequente do condicional — isso foi assinalado na linha 3, escrevendo ?$\neg Pm$ depois da justificativa H da fórmula Gm.

Bem, agora que temos a hipótese adicional Gm, podemos utilizar uma das regras de inferência já conhecidas, no caso, *modus ponens*, e deduzir $\neg Nm$ a partir do condicional da linha 1. Uma nova aplicação de MP envolvendo $\neg Nm$ e a linha 2 nos permite concluir $\neg Pm$. Nossa derivação ficaria assim:

1.	$Gm \to \neg Nm$	P	
2.	$\neg Nm \to \neg Pm$	P	?$Gm \to \neg Pm$
3.	| Gm	H	?$\neg Pm$
4.	| $\neg Nm$	1,3 MP	
5.	| $\neg Pm$	2,4 MP	

O que aconteceu? A suposição de que Gm fosse verdadeira nos levou a concluir que $\neg Pm$ também o seria. Isto é, acabamos de mostrar que, se temos Gm, então temos $\neg Pm$. Em outras palavras, *se*

Gm, então $\neg Pm$: o condicional que estávamos procurando demonstrar. Em virtude disso, podemos agora legitimamente introduzir $Gm \rightarrow \neg Pm$ em nossa dedução:

1.	$Gm \rightarrow \neg Nm$	P	
2.	$\neg Nm \rightarrow \neg Pm$	P	$?Gm \rightarrow \neg Pm$
3.	$\mid Gm$	H	$?\neg Pm$
4.	$\mid \neg Nm$	1,3 MP	
5.	$\mid \neg Pm$	2,4 MP	
6.	$Gm \rightarrow \neg Pm$	3-5 RPC	

Como você vê, pusemos um fim à linha vertical que marcava o uso da hipótese auxiliar *Gm*. O que fizemos foi *descartar* essa hipótese — saímos de uma fantasia e voltamos ao "mundo real".

A justificativa para a linha 6 é '3-5 RPC', o que significa que $Gm \rightarrow \neg Pm$ foi obtida a partir das linhas 3 a 5 pela *regra de prova condicional*, cuja formulação é a seguinte:

$$\begin{array}{l} \mid \alpha \\ \mid \vdots \\ \mid \beta \\ \alpha \rightarrow \beta \end{array}$$

Isto é, se, a partir de uma hipótese α, você deriva uma fórmula β, então você pode descartar α e introduzir $\alpha \rightarrow \beta$ na derivação.

Ficou claro? Então vamos dar uma olhada em mais um exemplo. Suponha que estamos querendo mostrar a validade do seguinte argumento:

$$Pa \rightarrow (Qb \rightarrow Fab) \vdash Qb \rightarrow (Pa \rightarrow Fab)$$

Como a fórmula a derivar é um condicional, podemos utilizar a estratégia de fantasiar e supor que seu antecedente é verdadeiro, acrescentando-o como hipótese:

1.	$Pa \rightarrow (Qb \rightarrow Fab)$	P	$?Qb \rightarrow (Pa \rightarrow Fab)$
2.	$\mid Qb$	H	$?Pa \rightarrow Fab$

Mas, agora, dentro da fantasia, o que desejamos derivar é a fórmula $Pa \rightarrow Fab$, que também é um condicional. Podemos usar aqui a mesma estratégia, adotando Pa como hipótese? Naturalmente:

1.	$Pa \rightarrow (Qb \rightarrow Fab)$	P	$?Qb \rightarrow (Pa \rightarrow Fab)$
2.	$\mid Qb$	H	$?Pa \rightarrow Fab$
3.	$\mid \mid Pa$	H	$?Fab$

Temos aqui uma fantasia dentro de uma fantasia. É o que acontece quando você está assistindo a um filme na TV e, de repente, um dos personagens senta-se em uma poltrona e começa, ele também, a assistir a um filme na TV.

Feitas essas hipóteses adicionais, tentaremos primeiramente derivar Fab — para mostrar $Pa \rightarrow Fab$, para, em seguida, mostrar $Qb \rightarrow (Pa \rightarrow Fab)$. Como temos a hipótese Pa, podemos usá-la com a linha 1 e MP para obter $Qb \rightarrow Fab$. Usando agora a hipótese Qb da linha 2, derivamos Fab, que é o que desejávamos. Feito isso, passamos a descartar as hipóteses introduzidas:

1.	$Pa \rightarrow (Qb \rightarrow Fab)$	P	$?Qb \rightarrow (Pa \rightarrow Fab)$
2.	$\mid Qb$	H	$?Pa \rightarrow Fab$
3.	$\mid \mid Pa$	H	$?Fab$
4.	$\mid \mid Qb \rightarrow Fab$	1,3 MP	
5.	$\mid \mid Fab$	2,4 MP	
6.	$\mid Pa \rightarrow Fab$	3-5 RPC	
7.	$Qb \rightarrow (Pa \rightarrow Fab)$	2-6 RPC	

Note, portanto, que tivemos duas linhas verticais correndo paralelas, cada uma marcando o âmbito de validade de hipótese com ela introduzida. Note também que, ao descartarmos as hipóteses, nós o fizemos *na ordem inversa em que elas foram introduzidas*: é a regra do elevador, em que os últimos a entrar são os primeiros a sair. Se não preservarmos essa ordem, teremos logo uma série de problemas. O que nos traz, assim, a algumas considerações gerais sobre o uso apropriado da estratégia e da regra de prova condicional, que você encontra a seguir.

I. Introduzirás na derivação uma linha vertical toda vez que introduzires uma hipótese adicional; a cada hipótese corresponderá uma linha, e a cada linha uma hipótese, pois assim está escrito.
II. Não usarás uma fórmula que ocorre à direita de uma linha vertical depois de terminada essa linha, pois, caso contrário, tuas derivações, e as derivações de tuas derivações, serão falaciosas setenta vezes sete vezes.
III. Descartarás as hipóteses na ordem inversa em que foram introduzidas, e não usarás outra ordem para descartá-las.
IV. Não darás uma dedução por terminada enquanto não descartares todas as hipóteses adicionais.
V. Não farás mau uso das regras de inferência, nem terás outras regras além das que aqui te forem dadas.

Gostaria de chamar a sua atenção em especial o preceito II. Qualquer fórmula derivada sob uma hipótese vale apenas no contexto fantasioso dessa hipótese; assim, uma vez descartada a tal hipótese, todas as fórmulas derivadas por seu intermédio não estão mais disponíveis, não podem mais ser usadas. A fantasia é eliminada, e com ela, tudo o que ela continha.

Falta agora examinar apenas mais uma regra. Além da derivação condicional, temos ainda uma outra estratégia que pode ser usada, chamada *derivação indireta*, ou *redução ao absurdo*. Se existe uma proposição α que desejamos demonstrar, a estratégia consiste em supor, em primeiro lugar, que α não é o caso, ou seja, introduzimos $\neg\alpha$ como hipótese. Se dessa hipótese conseguirmos derivar uma contradição — i.e., a conjunção de uma fórmula β e sua negação, $\neg\beta$ — então a hipótese $\neg\alpha$ deve ser falsa. Assim, uma vez que estamos na lógica clássica, α deve ser verdadeira.[2] Vejamos um exemplo. Suponhamos que eu quisesse mostrar que

---

2 Existem, naturalmente, sistemas de lógica que não aceitam essa estratégia de prova por absurdo. Cf. capítulo 18.

$$Cb \to \neg Fnp \vdash \neg(Cb \wedge Fnp)$$

Uma demonstração indireta seria assim:

1.	$Cb \to \neg Fnp$	P ?$\neg(Cb \wedge Fnp)$
2.	$\mid Cb \wedge Fnp$	H ?CTR
3.	$\mid Cb$	2 S
4.	$\mid \neg Fnp$	1,3 MP
5.	$\mid Fnp$	2 S
6.	$\mid Fnp \wedge \neg Fnp$	4,5 C
7.	$\neg(Cb \wedge Fnp)$	2-6 RAA

A linha 2 caracteriza a introdução de uma hipótese para derivação indireta: estamos supondo o contrário do que pretendemos demonstrar, e nosso objetivo agora, como indicado na linha 2 por meio de ?CTR, é obter uma *contradição* $\beta \wedge \neg\beta$ — não importa que fórmula seja β. A partir disso, usamos algumas regras de inferência para derivar $\neg Fnp$ e Fnp, o que, obviamente, não pode ser o caso. Logo, mostramos que a hipótese adicional é errônea; ela é descartada, e sua negação (a fórmula original que desejávamos demonstrar) é, assim, aceita como verdadeira.

A linha 7, portanto, introduz a conclusão desejada, tendo como justificativa RAA, a regra de redução ao absurdo, cuja formulação é a seguinte:

$$\begin{array}{l} \mid \alpha \\ \mid \vdots \\ \mid \beta \wedge \neg\beta \\ \neg\alpha \end{array}$$

Isto é, se, a partir de uma hipótese α, você deriva uma contradição, $\beta \wedge \neg\beta$, então você pode descartar α e introduzir $\neg\alpha$ na derivação. A propósito, você se recorda de que uma contradição é uma fórmula falsa em qualquer estrutura. No caso de RAA, contudo, estamos exigindo um tipo particular de contradição — somente se você tiver encontrado uma fórmula que tenha a forma $\beta \wedge \neg\beta$, não importa qual seja a fórmula β, você pode usar a regra RAA. Isso é um requisito formal da regra.

Finalmente, cabe lembrar que os mandamentos sobre introdução e descarte de hipóteses no caso de RPC aplicam-se aqui também.

Exercício 14.4 A seguir você encontra algumas deduções já feitas. Dê a justificativa para as linhas que não a têm.

(a)
1. $(Pa \vee Rb) \to (D \wedge \neg Cb)$ P
2. $\mid Rb$
3. $\mid Pa \vee Rb$
4. $\mid D \wedge \neg Cb$
5. $\mid \neg Cb$
6. $\mid \neg Cb \vee E$
7. $Rb \to (\neg Cb \vee E)$

(b)
1. $Ca \to Qb$ P
2. $\neg Qb \wedge Sp$ P
3. $\neg Qb$
4. $\mid Ca$
5. $\mid Qb$
6. $\mid Qb \wedge \neg Qb$
7. $\neg Ca$

(c)
1. $Ap \to (Rs \leftrightarrow (Bq \vee Tc))$ P
2. $Cs \vee Lb$ P
3. $Lb \to Ap$ P
4. $\mid \neg Cs$
5. $\mid \mid Bq$
6. $\mid \mid Lb$
7. $\mid \mid Ap$
8. $\mid \mid Rs \leftrightarrow (Bq \vee Tc)$
9. $\mid \mid (Bq \vee Tc) \to Rs$
10. $\mid \mid Bq \vee Tc$
11. $\mid \mid Rs$
12. $\mid Bq \to Rs$
13. $\neg Cs \to (Bq \to Rs)$

(d)
1. $Ta \to Nsp$ P
2. $Ta \vee Fp$ P
3. $E \to \neg Fp$ P
4. $\neg Nsp$ P
5. $\mid Ta$
6. $\mid Nsp$
7. $\mid Nsp \wedge \neg Nsp$
8. $\neg Ta$
9. Fp
10. $\mid E$
11. $\mid \neg Fp$
12. $\mid Fp \wedge \neg Fp$
13. $\neg E$
14. $Fp \wedge \neg E$

Exercício 14.5 Prove a validade das formas de argumento a seguir. Você vai precisar introduzir uma hipótese — mas apenas uma.

(a) $Pa \to Qb, Qb \to C \vdash Pa \to C$

(b) $Pa \to \neg Qb, Qb \vee Rab \vdash Pa \to Rc$

(c) $Fa \to Ga, \neg Ga \vdash \neg Fa$

(d) $Pa \vdash (Pa \to Qb) \to Qb$

(e) $Pa \vee Pa \vdash Pa$

(f) $Pa, \neg Pa \vdash Qb$
(g) $Pa \to (Qb \to C) \vdash (Pa \wedge Qb) \to C$
(h) $\neg Lbca \to Lbca \vdash Lbca$
(i) $Fs \wedge Ga \vdash \neg(Fs \to \neg Ga)$

Exercício 14.6 Prove a validade das formas de argumento a seguir. Agora, você vai precisar introduzir, em cada caso, mais de uma hipótese.

(a) $(Ts \wedge Pc) \to Qa \vdash Ts \to (Pc \to Qa)$
(b) $A \to (Ms \to C) \vdash (A \to Ms) \to (A \to C)$
(c) $Pa \to ((Qb \to D) \to Rab) \vdash (Qb \to D) \to (Pa \to Rab)$
(d) $Qa \to Rb, Cp \to \neg Rb \vdash Qa \to \neg Cp$
(e) $\neg Ap \vee Bsa \vdash Ap \to Bsa$
(f) $\neg Qa \to \neg A \vdash (\neg Qa \to A) \to Qa$

14.5 Estratégias de Derivação

Na seção anterior, você viu a introdução de algumas regras de inferência, como RPC, que são utilizadas juntamente com uma estratégia de derivação. Em particular, RPC está associada à estratégia de introduzir hipóteses adicionais para possibilitar a derivação. Contudo, até agora as hipóteses que estávamos introduzindo tinham uma característica bem definida: elas eram ou antecedentes de condicionais (para RPC), ou a negação da conclusão desejada (para RAA). Por exemplo, para mostrar um condicional $\beta \to \gamma$, você introduzia β como hipótese; para mostrar α por absurdo, você introduzia $\neg\alpha$. Mas, na verdade, não há nenhuma restrição quanto ao tipo de fórmula que se pode introduzir como hipótese em uma derivação.

Veja o seguinte exemplo, onde procuramos mostrar que $Fp \to Rca \vdash \neg Fp \vee Rca$:

1.	$Fp \to Rca$	P	$?\neg Fp \vee Rca$
2.	$\mid \neg(\neg Fp \vee Rca)$	H	?CTR

Na linha 2, introduzimos a negação de nosso objetivo, $\neg(\neg Fp \vee Rca)$, pois é a única possibilidade nesse caso. Mas, mesmo assim, se você examinar o conjunto das regras de inferência diretas que temos a nosso dispor, perceberá que não existe nenhuma delas que possa ser aplicada para derivar uma contradição. Por outro lado, se pudéssemos, agora, derivar $\neg Fp \vee Rca$, em contradição com a linha 2, nossos problemas estariam resolvidos. Uma vez que $\neg Fp \vee Rca$ é uma disjunção, bastaria derivar um de seus elementos para obtê-la por expansão. Uma continuação possível neste momento seria, portanto, adicionar Fp e tentar derivar primeiramente $\neg Fp$ (uma outra maneira seria tentar derivar Rca). Você pode ver que isso funciona na derivação completa a seguir:

1.	$Fp \rightarrow Rca$	P ?$\neg Fp \vee Rca$
2.	$\vert\ \neg(\neg Fp \vee Rca)$	H ?CTR
3.	$\vert\ \vert\ Fp$	H ?CTR
4.	$\vert\ \vert\ Rca$	1,3 MP
5.	$\vert\ \vert\ \neg Fp \vee Rca$	4 E
6.	$\vert\ \vert\ (\neg Fp \vee Rca) \wedge \neg(\neg Fp \vee Rca)$	2,5 C
7.	$\vert\ \neg Fp$	3-6 RAA
8.	$\vert\ \neg Fp \vee Rca$	7 E
9.	$\vert\ (\neg Fp \vee Rca) \wedge \neg(\neg Fp \vee Rca)$	2,8 C
10.	$\neg\neg(\neg Fp \vee Rca)$	2-9 RAA
11.	$\neg Fp \vee Rca$	10 DN

Como você pode notar, o caminho é longo e tivemos de usar hipóteses adicionais que, à primeira vista, não pareciam ter uma relação muito direta com nosso objetivo inicial. Mas a estratégia funcionou, e a lição importante a tirar é: em princípio, *qualquer* fórmula pode ser introduzida como hipótese em uma derivação. (Obviamente, a hipótese deve ser descartada depois.)

Com o exemplo e exercícios anteriores, você certamente notou que não há uma maneira única e preestabelecida de fazer uma derivação: o exemplo anterior trouxe duas alternativas, e, frequentemente, há várias. Achar um caminho é muitas vezes uma questão de engenhosidade e habilidade. Contudo, aqui vão algumas sugestões (algumas já mencionadas em seções anteriores) para facilitar sua vida ao tentar fazer uma derivação — caso, obviamente, uma derivação direta e imediata não seja possível:

Condicional: para derivar um condicional, adicione seu antecedente como hipótese e procure derivar o consequente.

Conjunção: para derivar uma conjunção, procure derivar cada elemento individualmente; depois, junte-os usando a regra da conjunção (C).

Bicondicional: derive primeiro os condicionais correspondentes e, depois, aplique CB.

Negação: Assuma a fórmula não negada como hipótese e tente derivar uma contradição.

Disjunção: veja se é possível derivar um ou outro elemento da disjunção e, depois, use Expansão. Se não, introduza a disjunção negada como hipótese e tente prova por absurdo (eventualmente, tentando obter algum dos elementos da disjunção para, por Expansão, conseguir uma contradição com a hipótese).

Negação de condicional: em uma prova por absurdo, se houver alguma linha contendo a negação de um condicional, introduza o antecedente do condicional como hipótese e tente derivá-lo. Uma vez derivado o condicional, você pode imediatamente derivar uma contradição.

Vamos ver mais um exemplo, envolvendo o último dos casos citados: quando encontramos a negação de um condicional. Esse exemplo servirá também para ilustrar um pouco uma das aplicações do arsenal de regras de dedução que estivemos vendo até agora: mostrar a validade de argumentos, claro.

Considere, então, o seguinte:

> Não é o caso que, se Miau gosta de peixes, ele é um gato. Se Miau gosta de peixes, então ele gosta de nadar. Miau é um gato. Logo, Miau gosta de nadar.

Formalizemos esse argumento, usando *m* para Miau, *G* para '*x* é um gato', *P* para '*x* gosta de peixes' e *N* para '*x* gosta de nadar'. Temos, então (já começando a fazer a dedução):

1.	$\neg(Pm \to Gm)$	P	
2.	$Pm \to Nm$	P	
3.	Gm	P	$?Nm$
4.	$\mid \neg Nm$	H	?CTR

Na linha 1, temos um condicional negado. O que fazer com ele? O mais provável vai ser que possamos utilizá-lo em uma prova por RAA para obter uma contradição. E, de fato, usar RAA parece ser a estratégia mais promissora, porque não há uma maneira óbvia de obter Nm. (Por isso eu já fui adiantando aquela hipótese na linha 4.)

Muito bem, estamos, então, procurando uma contradição — mais especificamente, $\beta \wedge \neg\beta$, qualquer que seja β. Bem, um bom candidato para $\neg\beta$ seria a fórmula $\neg(Pm \to Gm)$. Nesse caso, precisamos apenas obter $Pm \to Gm$. Ora, essa fórmula é obviamente um condicional — assim, vamos acrescentar seu antecedente como hipótese e ver o que acontece.

1.	$\neg(Pm \to Gm)$	P	
2.	$Pm \to Nm$	P	
3.	Gm	P	$?Nm$
4.	$\mid \neg Nm$	H	?CTR
5.	$\mid \mid Pm$	H	$?Gm$

Note agora algo interessante: estamos querendo obter Gm — mas *já temos* Gm, na linha 3! Porém, a regra RPC é explícita: Gm tem que aparecer *abaixo* da hipótese Pm para que RPC possa ser usada. O que fazer?

Há um belo truque — quase um truque de mágica — que pode nos ajudar aqui. Já que procuramos derivar Gm sob a hipótese Pm, vamos introduzir $\neg Gm$ como uma nova hipótese e tentar derivar uma contradição! O que é imediato, pois já temos Gm. A derivação fica, então, assim:

1.	$\neg(Pm \to Gm)$	P
2.	$Pm \to Nm$	P

3.	Gm	P ?Nm
4.	$\mid \neg Nm$	H ?CTR
5.	$\mid \mid Pm$	H ?Gm
6.	$\mid \mid \mid \neg Gm$	H ?CTR
7.	$\mid \mid \mid Gm \wedge \neg Gm$	3,6 C
8.	$\mid \mid \neg\neg Gm$	5-7 RAA
9.	$\mid \mid Gm$	8 DN

E agora, basta concluir. Podemos aplicar RPC para obter o desejado condicional $Pm \rightarrow Gm$, usá-lo com sua negação, na linha 1, para obter uma contradição e, assim, a conclusão final que queríamos. Eis a dedução acabada:

1.	$\neg(Pm \rightarrow Gm)$	P
2.	$Pm \rightarrow Nm$	P
3.	Gm	P ?Nm
4.	$\mid \neg Nm$	H ?CTR
5.	$\mid \mid Pm$	H ?Gm
6.	$\mid \mid \mid \neg Gm$	H ?CTR
7.	$\mid \mid \mid Gm \wedge \neg Gm$	3,6 C
8.	$\mid \mid \neg\neg Gm$	6-7 RAA
9.	$\mid \mid Gm$	8 DN
10.	$\mid Pm \rightarrow Gm$	5-9 RPC
11.	$\mid (Pm \rightarrow Gm) \wedge \neg(Pm \rightarrow Gm)$	1,10 C
12.	$\neg\neg Nm$	4-11 RAA
13.	Nm	12 DN

Aplique isso tudo agora no exercício a seguir.

Exercício 14.7 Simbolize os argumentos a seguir na linguagem do **CQC** e mostre sua validade, usando dedução natural.

(a) Miau não é, ao mesmo tempo, um gato e um cachorro. Miau é um gato. Logo, Miau não é um cachorro. (m: Miau; G: x é um gato; C: x é um cachorro)

(b) Se Miau é um gato e Cleo é um peixinho, então Fido não é um cachorro. Ou Fido é um cachorro, ou Miau e Cleo gostam de nadar.

Miau é um gato se e somente se Cleo é um peixinho. Logo, se Miau é um gato, Miau gosta de nadar. (*m*: Miau; *c*: Cleo; *f*: Fido; *G*: *x* é um gato; *P*: *x* é um peixinho; *C*: *x* é um cachorro; *N*: *x* gosta de nadar)

(c) Se Miau caça, ele apanha ratos. Se ele não dorme bastante, então ele caça. Se ele não apanha ratos, ele não dorme bastante. Logo, Miau apanha ratos. (*m*: Miau; *C*: *x* caça; *R*: *x* apanha ratos; *D*: *x* dorme bastante)

(d) Se Stefan está doente, Mathias não vai à escola. Se Mathias está doente, Stefan não vai à escola. Stefan e Mathias vão à escola. Logo, nem Stefan nem Mathias estão doentes. (*s*: Stefan; *m*: Mathias; *D*: *x* está doente; *E*: *x* vai à escola)

(e) Se a Lua gira em torno da Terra e a Terra gira em torno do Sol, então Copérnico tinha razão. Se Copérnico tinha razão, então Ptolomeu não tinha razão. A Terra gira em torno do Sol. Logo, se a Lua gira em torno da Terra, Ptolomeu não tinha razão. (*l*: a Lua; *t*: a Terra; *s*: o Sol; *c*: Copérnico; *p*: Ptolomeu; *G*: *x* gira em torno de *y*; *R*: *x* tem razão)

(f) Se a Lua gira em torno da Terra, então a Terra gira em torno do Sol. Se a Terra gira em torno do Sol, então, se a Lua gira em torno da Terra, ou Copérnico ou Ptolomeu tinham razão. Copérnico tinha razão, se Ptolomeu não tinha razão. Nem Copérnico nem Ptolomeu tinham razão. Logo, a Lua não gira em torno da Terra. (*l*: a Lua; *t*: a Terra; *s*: o Sol; *c*: Copérnico; *p*: Ptolomeu; *G*: *x* gira em torno de *y*; *R*: *x* tem razão)

15
DEDUÇÃO NATURAL (II)

Neste capítulo, vamos continuar trabalhando com o método de dedução natural. Como você se lembra do capítulo anterior, ainda ficaram faltando algumas regras de inferência — aquelas que tratam dos quantificadores. Isso é algo que vamos ver em breve, mas, antes, vamos tratar ainda de um outro tipo de regra, as *regras derivadas*, que, embora não sejam necessárias, tornam as coisas mais fáceis. Finalmente, veremos neste capítulo ainda como relacionar a noção sintática de consequência lógica, introduzida por meio de dedução natural, à noção semântica de consequência lógica, definida por meio de estruturas, que havíamos visto anteriormente.

15.1 Regras derivadas

No decorrer das várias deduções realizadas no capítulo anterior, muitas vezes você chegou a algumas situações irritantes, por exemplo, supondo que você queria derivar Qab, as seguintes situações:

1. $\neg Pa \vee Qab$	P	OU	1. $\neg\neg Pa \rightarrow Qab$	P
2. Pa	P		2. Pa	*P*

Em ambos os casos, a vontade era de aplicar imediatamente SD ou MP para obter Qab, a conclusão desejada, uma vez que Pa é "a negação" de $\neg Pa$, e $\neg\neg Pa$ e Pa, afinal, "são a mesma coisa". Mas, obviamente, as regras de inferência que corresponderiam a isso,

$$\frac{\neg\alpha \vee \beta \qquad \alpha}{\beta} \qquad\qquad \frac{\neg\neg\alpha \rightarrow \beta \qquad \alpha}{\beta}$$

não são nem silogismo disjuntivo, nem *modus ponens*, embora pareçam muito com elas. A solução, é claro, consiste em obter primeiro $\neg\neg Pa$, para poder aplicar, então, SD ou MP. Em ambos os casos, contudo, concluir diretamente $\neg\neg Pa$ a partir de Pa não é permitido: a regra de dupla negação funciona *eliminando* $\neg\neg$, não introduzindo.

Por outro lado, tendo uma fórmula α qualquer, é óbvio que podemos facilmente obter $\neg\neg\alpha$. Como você vê a seguir:

1.	α	P
2.	| $\neg\alpha$	H ?CTR
3.	| $\alpha \wedge \neg\alpha$	1,2 C
4.	$\neg\neg\alpha$	2-3 RAA

Portanto, toda vez que você quiser $\neg\neg\alpha$, tendo α, você só precisa copiar as linhas anteriores, substituindo α pela fórmula desejada: Pa, por exemplo. Aplicando isso à primeira daquelas deduções anteriores, onde queríamos derivar Qab, ficamos com o seguinte:

1.	$\neg Pa \vee Qab$	P
2.	Pa	P
3.	| $\neg Pa$	H ?CTR
4.	| $Pa \wedge \neg Pa$	2,3 C
5.	$\neg\neg Pa$	3-4 RAA
6.	Qab	1,5 SD

Mas isso, embora resolva o problema, é obviamente muito aborrecido, e é aqui que aparecem as regras derivadas para facilitar as coisas. O que fizemos anteriormente com as linhas 1-4, na verdade, foi *provar* que, qualquer que seja a fórmula α, se tenho α, posso ter $\neg\neg\alpha$. Isto é, essas linhas são uma justificação para o seguinte:

$$\frac{\alpha}{\neg\neg\alpha}$$

Mas isso não é uma nova regra? Claro. Apenas não é uma regra primitiva, isto é, aceita sem demonstração, mas uma *regra derivada*, que pode ser *provada a partir das outras*. Note que tudo o que se pode fazer com uma regra derivada pode também ser feito *sem* ela, usando-se apenas as regras iniciais. Nesse sentido, uma regra derivada não é, propriamente, uma "regra nova": se você quiser, pode pensar numa regra derivada como uma maneira de *abreviar* parte de uma dedução. Isto é, regras derivadas são regras de abreviação. Por exemplo:

1.	α	P	É UMA	1.	α	P
2.	$\neg\neg\alpha$	1 Regra	ABREVIAÇÃO	2.	$\vert\ \neg\alpha$	H
		Derivada	DE	3.	$\vert\ \alpha \wedge \neg\alpha$	1,2 C
				4.	$\neg\neg\alpha$	2-3 RAA

Ótimo, não? As coisas realmente ficam mais simples se pudermos usar caminhos mais curtos.

Essa primeira regra derivada será também chamada, para simplificar, de *dupla negação*. Assim, DN fica valendo agora nos dois sentidos: para retirar ou introduzir $\neg\neg$. Podemos representar essa nova versão de DN tal como você vê na figura 15.1. Em vez de um traço separando a premissa da regra de sua conclusão, temos agora *dois* traços. Isso significa que esta é uma regra de inferência *reversível*: ela funciona nas duas direções. Ou seja, a partir de $\neg\neg\alpha$ podemos concluir α; e, de α, podemos concluir $\neg\neg\alpha$.

Existem, claro, outras regras derivadas. Na verdade, você pode introduzir tantas regras derivadas quanto desejar, pois cada forma de argumento provada válida corresponde, se quisermos, a uma regra que diz: tendo tais ou quais premissas, de tal ou qual forma, pode-se concluir tal ou qual coisa. As regras derivadas usuais vão corresponder àquelas formas de argumento mais comumente empregadas, apenas isso.

Modus Tollens (MT):

$$\begin{array}{c} \alpha \to \beta \\ \neg\beta \\ \hline \neg\alpha \end{array}$$

Dupla Negação (DN):

$$\begin{array}{c} \neg\neg\alpha \\ \hline\hline \alpha \end{array}$$

Silogismo Hipotético (SH):

$$\begin{array}{c} \alpha \to \beta \\ \beta \to \gamma \\ \hline \alpha \to \gamma \end{array}$$

Contradição (CTR):

$$\begin{array}{c} \alpha \\ \neg\alpha \\ \hline \beta \end{array}$$

Contraposição (CT):

$$\begin{array}{c} \alpha \to \beta \\ \hline\hline \neg\beta \to \neg\alpha \end{array}$$

Leis de De Morgan (DM):

$$\begin{array}{c} \neg(\alpha \wedge \beta) \\ \hline\hline \neg\alpha \vee \neg\beta \end{array} \qquad \begin{array}{c} \neg(\alpha \vee \beta) \\ \hline\hline \neg\alpha \wedge \neg\beta \end{array}$$

Figura 15.1: Algumas regras de inferência derivadas.

Na figura 15.1, você encontra outras regras de inferência muito conhecidas, como, por exemplo, *modus tollens*, *contradição* e as *leis de De Morgan* (assim chamadas por causa do lógico inglês Augustus de Morgan).

É fácil ver, para dar mais um exemplo, que a regra de *modus tollens* funciona mesmo: dada uma implicação $\alpha \to \beta$, e sendo β falsa, α não pode ser verdadeira, logo $\neg\alpha$. Podemos provar MT como se segue:

1.	$\alpha \to \beta$	P
2.	$\neg\beta$	P ?$\neg\alpha$
3.	$\mid \alpha$	H
4.	$\mid \beta$	1,3 MP
5.	$\mid \beta \wedge \neg\beta$	2,4 C
6.	$\neg\alpha$	3-5 RAA

Nas linhas 1 e 2 temos as premissas da regra MT: $\alpha \to \beta$ e $\neg\beta$. Utilizando RAA chegamos até $\neg\alpha$ na linha 6. Isso mostra que $\neg\alpha$

pode, mesmo, ser obtida a partir das premissas $\alpha \rightarrow \beta$ e $\neg\beta$. Ou seja, a regra de *modus tollens* está justificada.

Algumas observações finais sobre regras derivadas. Primeiro, uma vez que tenhamos demonstrado (como fizemos para MT e DN anteriormente) uma certa regra, podemos imediatamente começar a utilizá-la em deduções. Segundo, o que determina se uma regra é primitiva ou derivada é, basicamente, uma questão de *convenção*. Alguns autores preferem ter como regras primitivas regras diferentes das aqui empregadas: por exemplo, alguma outra coisa em vez de silogismo disjuntivo para eliminar uma disjunção. Alguns preferem um número maior de regras primitivas, para tornar o sistema mais fácil de usar; outros ainda, o menor número possível — apenas as regras necessárias para que o sistema de prova por dedução natural seja completo (isto é, capaz de provar todas as fórmulas válidas).

Exercício 15.1 Demonstre, como fizemos com MT, as demais regras de inferência apresentadas na figura 15.1. (No caso das regras reversíveis, demonstre que elas funcionam mesmo nas duas direções.)

15.2 Regras para quantificadores

Vamos agora passar às últimas regras que ainda nos faltam, para que tenhamos um conjunto completo de regras de inferência para o **CQC**: as regras que lidam com quantificadores. Para começar, note que, com as regras vistas até agora, é possível mostrar que alguns argumentos envolvendo quantificadores são válidos. Por exemplo, das premissas $\forall xPx \rightarrow \exists yQy$ e $\forall xPx$ podemos concluir, por *modus ponens*, $\exists yQy$.

Por outro lado, quando os quantificadores entram no jogo, a situação *é*, de fato, mais complicada. Como vimos ao falar de tablôs semânticos, o **CQC** é *indecidível*, significando que não há um algoritmo (ou seja, um procedimento mecânico efetivo) para decidir, em todo e qualquer caso, a (in)validade de um argumento. E isso, naturalmente, não se restringe aos tablôs, mas vale também para o método de dedução natural. O que se pode provar é que, se um argumento é válido, então existe para ele uma demonstração usando dedução natural. O problema, como veremos logo a seguir com os exercícios, é *encontrar* essa demonstração.

15.2.1 O quantificador universal

Vamos começar nos ocupando das regras de inferência para o quantificador universal. A primeira delas, chamada *eliminação do universal*, é praticamente a mesma já vista no caso dos tablôs: a ideia é de que, se alguma fórmula vale para todos os indivíduos, então, vale para um certo indivíduo em particular, como Sócrates, Miau ou Claudia Schiffer. A regra tem a seguinte formulação:

$$\textit{Eliminação do Universal}\ (\mathrm{E}\forall): \quad \frac{\forall \mathbf{x}\alpha}{\alpha[\mathbf{x}/\mathbf{c}]}$$

onde $\alpha[\mathbf{x}/\mathbf{c}]$ é o resultado da substituição, em α, de todas as ocorrências livres da variável **x** por uma constante **c** qualquer. (Na verdade, poderíamos também fazer substituições de variáveis por variáveis, mas como nossos exemplos estarão sempre envolvendo fórmulas fechadas, vamos apresentar aqui uma versão um pouco mais restrita desta e das demais regras envolvendo quantificadores.[1])

Vamos ver um exemplo do funcionamento da eliminação do universal. Suponha que desejamos provar a validade do seguinte argumento:

> Qualquer gato gosta de qualquer peixe. Miau é um gato e Cleo é um peixe. Logo, Miau gosta de Cleo.

Usando G, P e L para simbolizar 'x é um gato', 'x é um peixe', e 'x gosta de y'; bem como m e c para 'Miau' e 'Cleo', temos o seguinte:

---

1 Isso não significa que tenhamos, então, um conjunto incompleto de regras. É claro que vale $Px \vDash \forall xPx$. Para mostrar isso usando dedução natural, basta convencionar que as fórmulas abertas devem ser lidas como quantificadas universalmente. Assim, mostramos que $Px \vdash \forall xPx$ ao mostrarmos que $\forall xPx \vdash \forall xPx$.

$$\forall x \forall y((Gx \wedge Py) \to Lxy),\ Gm \wedge Pc \vdash Lmc.$$

Uma demonstração da validade desse argumento, utilizando E∀, pode ser a seguinte:

1.	$\forall x \forall y((Gx \wedge Py) \to Lxy)$	P
2.	$Gm \wedge Pc$	P ?Lmc
3.	$\forall y((Gm \wedge Py) \to Lmy)$	1 E∀
4.	$(Gm \wedge Pc) \to Lmc$	3 E∀
5.	Lmc	2,4 MP

Após escrever as premissas, nas linhas 1 e 2, o passo seguinte consiste em aplicar E∀ à linha 1, obtendo, na linha 3, a fórmula $\forall y((Gm \wedge Py) \to Lmy)$. Como a fórmula da linha 1 vale para qualquer indivíduo, então vale também para *m*. Claro que poderíamos ter substituído *x* por qualquer outra constante, como *s* ou *c*, mas isso seria de pouca utilidade no nosso argumento. (Vale notar que, do mesmo modo como nos tablôs semânticos, as fórmulas universais podem ser reutilizadas tantas vezes quanto necessário. Aqui, não foi preciso, mas, eventualmente, poderá ser, como você verá posteriormente em alguns exercícios.) Uma segunda aplicação de E∀, agora à linha 3, nos deixa, então, com $(Gm \wedge Pc) \to Lmc$, e MP nos dá a conclusão desejada. A propósito, você deve ter notado que eliminamos os quantificadores um de cada vez: primeiro eliminamos $\forall x$, obtendo a linha 3, e então $\forall y$, obtendo a linha 4. Não é possível passar diretamente da linha 1 à linha 4, pois a regra E∀ autoriza a eliminação de apenas um quantificador de cada vez.

Um outro exemplo da aplicação dessa regra, agora envolvendo uma hipótese para redução ao absurdo. Suponhamos que quiséssemos mostrar que

$$\neg Gm \vdash \neg \forall x Gx,$$

ou seja, se Miau não é um gato, segue-se que nem todos são gatos. Uma derivação pode ser como segue:

1.	$\neg Gm$	P ?$\neg\forall xGx$
2.	$\mid \forall xGx$	H ?CTR
3.	$\mid Gm$	2 E$\forall$
4.	$\mid Gm \land \neg Gm$	1,3 C
5.	$\neg\forall xGx$	2-4 RAA

No caso, introduzimos como hipótese para RAA a afirmação de que todos são gatos e derivamos, a partir disso, a contradição Miau é e não é um gato. Simples.

Há apenas uma coisa que você deve cuidar ao usar E$\forall$: é partir de uma fórmula *universal*. O erro a seguir, por exemplo, é muito fácil de cometer:

1.	$\forall xPx \to Qb$	P
2.	$Pa \to Qb$	1 E$\forall$ (INCORRETO!)

A fórmula na linha 1, $\forall xPx \to Qb$, *não é* uma fórmula universal, mas um *condicional*, o que você vê facilmente se recolocar os parênteses: $(\forall xPx \to Qb)$. Já $\forall x(Px \to Qb)$ *é* uma fórmula universal, e você poderia usar E$\forall$ para derivar, por exemplo, $Pa \to Qb$. Assim, tenha cuidado.

A primeira das regras para o quantificador universal, portanto, não apresenta nenhuma complicação. Passemos à próxima, começando por um exemplo. Suponhamos que desejássemos demonstrar a validade do seguinte argumento:

> Todos os gregos são humanos, e nenhum humano é imortal; logo, nenhum grego é imortal.

Passando o argumento para a linguagem do **CQC**, ficaríamos com o seguinte:

$$\forall x(Gx \to Hx), \forall x(Hx \to \neg Ix) \vdash \forall x(Gx \to \neg Ix).$$

A conclusão desejada é que nenhum grego é imortal. Bem, é fácil demonstrar, para um grego qualquer — digamos, Aristóteles —, que, se Aristóteles é grego, então não é imortal:

1.	$\forall x(Gx \rightarrow Hx)$	P
2.	$\forall x(Hx \rightarrow \neg Ix)$	P $?\forall x(Gx \rightarrow \neg Ix)$
3.	$Ga \rightarrow Ha$	1 E$\forall$
4.	$Ha \rightarrow \neg Ia$	2 E$\forall$
5.	$Ga \rightarrow \neg Ia$	3,4 SH

Obviamente, a mesma derivação poderia mostrar que, se Sócrates é grego, então Sócrates não é imortal, e igualmente para Platão, Fídias e todos eles, incluindo os Sete Sábios da Grécia e seus parentes. Mas é claro que, na prática, não podemos fazer isso: precisamos de alguma regra que nos permita passar da afirmação de que um indivíduo qualquer, como Aristóteles, sendo grego, não é imortal, para a afirmação de que nenhum grego é imortal. Isso é alcançado com a regra de *introdução do universal*, que veremos a seguir. A ideia é que, como a dedução anterior vale para um indivíduo qualquer — nós não fizemos nenhuma suposição especial a respeito dele — essa dedução tem um caráter geral. Assim, estaríamos autorizados a dar o seguinte passo, na linha 6:

1.	$\forall x(Gx \rightarrow Hx)$	P
2.	$\forall x(Hx \rightarrow \neg Ix)$	P $?\forall x(Gx \rightarrow \neg Ix)$
3.	$Ga \rightarrow Ha$	1 E$\forall$
4.	$Ha \rightarrow \neg Ia$	2 E$\forall$
5.	$Ga \rightarrow \neg Ia$	3,4 SH
6.	$\forall x(Gx \rightarrow \neg Ix)$	5 I$\forall$

E nosso problema fica resolvido. A regra I$\forall$ tem a formulação a seguir, onde $\alpha(\mathbf{c})$ é uma fórmula contendo alguma ocorrência de uma certa constante $\mathbf{c}$, e $\alpha[\mathbf{c}/\mathbf{x}]$ é o resultado da substituição em $\alpha(\mathbf{c})$ de *todas* as ocorrências da constante $\mathbf{c}$ pela variável $\mathbf{x}$:

Introdução do Universal (I$\forall$): $$\frac{\alpha(\mathbf{c})}{\forall \mathbf{x}\alpha[\mathbf{c}/\mathbf{x}]}$$

desde que (i) a constante $\mathbf{c}$ não ocorra em nenhuma premissa, e em nenhuma hipótese que esteja valendo na linha onde α ocorre, e desde que (ii) $\mathbf{c}$ seja substitutível por $\mathbf{x}$ em α.

As restrições mencionadas têm sua razão de ser. Se (i) não fosse respeitada, estaríamos validando, por exemplo, o seguinte argumento inválido:

1.	Gs	P	
2.	$\forall xGx$	1 I$\forall$	(INCORRETO!)

Nesse caso, na linha 2, a restrição não foi respeitada, pois a constante *s* ocorre na premissa. Como você vê, sem a restrição estaríamos erroneamente concluindo, do fato de que Sócrates é grego, que todos são gregos — o que, sabidamente, não é o caso.

Para explicar a restrição (ii) — de que a constante que sai, **c**, seja substituível pela variável **x** que entra em seu lugar — vou utilizar um exemplo. Considere a fórmula

$$\exists xLxa,$$

que poderia informalmente significar, digamos, que alguém gosta de algum indivíduo qualquer a. Supondo que tivéssemos essa fórmula em uma dedução e que a não ocorresse nem nas premissas, nem em hipótese vigente, qual seria o resultado de aplicar I$\forall$ a essa fórmula, trocando a por x, se não tivéssemos a restrição (ii)? Ora, ficaríamos com

$$\forall x\exists xLxx.$$

Porém, como o primeiro quantificador seria, então, supérfluo, ficaríamos com

$$\exists xLxx,$$

que não é o que desejávamos. O problema se deu, claro, porque a constante **c** que foi substituída estava no escopo de um quantificador para a variável x que a estava substituindo. Precisamos evitar isso e é o que podemos fazer com a seguinte definição:

Definição 15.1 Seja α uma fórmula, **t** um termo qualquer e **x** uma variável. Dizemos que **t** é *substitutível por* **x** *em* α se nenhuma parte de α da forma $\exists\mathbf{x}\beta$ ou $\forall\mathbf{x}\beta$ contém uma ocorrência de **t**.

Em outras palavras, **t** é substitutível por uma variável **x** em uma fórmula α se **t** não tem nenhuma ocorrência em α que esteja no escopo de algum quantificador para **x**.

Finalmente, é bom ainda lembrar que *todas* as ocorrências da constante **c** em $\alpha(\mathbf{c})$ devem ser substituídas pela variável **x**. Caso contrário, poderíamos ter o seguinte problema (onde L representa 'x gosta de y' e N representa 'x é narcisista'):

1.	$\forall x(Lxx \rightarrow Nx)$	P
2.	$Laa \rightarrow Na$	1 E$\forall$
3.	$\forall y(Lya \rightarrow Ny)$	2 I$\forall$ (INCORRETO!)

Nesse caso, estaríamos concluindo, a partir da afirmação de que todos os que gostam de si mesmos são narcisistas, que, para qualquer indivíduo, se ele gosta de Aristóteles, então ele é narcisista. O que não é correto. Um uso correto de I$\forall$ nos teria dado a fórmula $\forall y(Lyy \rightarrow Ny)$ na linha 3.

A figura 15.2 resume as regras de inferência para o quantificador universal.

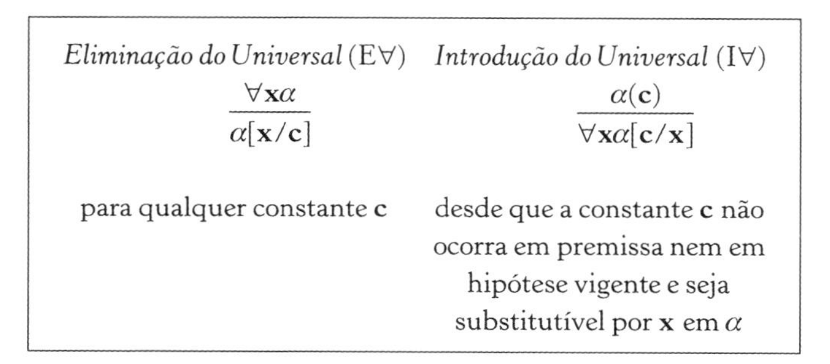

Figura 15.2: Regras para o quantificador universal.

Os exercícios a seguir são para você fixar a aplicação das regras do quantificador universal.

Exercício 15.2 Demonstre a validade das seguintes formas de argumento:

(a) $\forall x(Px \rightarrow Qx), \neg Qb \vdash \neg Pb$
(b) $\forall x(\neg Gx \rightarrow \neg Fx), Fc \vdash Gc$
(c) $\forall x(Px \rightarrow Qx), \forall x(Qx \rightarrow Rxb) \vdash Pa \rightarrow Rab$
(d) $\forall xFx \wedge \forall yHy, \forall z\forall xTzx \vdash Fa \wedge Tab$
(e) $\forall x(Px \wedge Qx) \vdash \forall xPx$
(f) $\forall x(Ax \rightarrow Bx) \vdash \forall x(\neg Bx \rightarrow \neg Ax)$
(g) $\forall xPx \rightarrow \forall xQx, \neg Qa \vdash \neg\forall xPx$
(h) $\forall x\forall yLxy \vdash \forall y\forall xLxy$

Exercício 15.3 Traduza, usando a notação sugerida, e demonstre a validade:

(a) Todo papagaio é vermelho. Currupaco é um papagaio. Logo, Currupaco é vermelho. (c: Currupaco; P: x é um papagaio; R: x é vermelho)
(b) Nenhuma arara é vermelha. Todos os papagaios são vermelhos. Logo, nenhuma arara é um papagaio. (A: x é uma arara)
(c) Todo papagaio é vermelho ou verde. Currupaco não é verde. Logo, se Currupaco é um papagaio, então é vermelho. (G: x é verde)
(d) Todos amam todos. Logo, Romeu ama Julieta e Julieta ama Romeu. (r: Romeu; j: Julieta; A: x ama y)
(e) Todos os papagaios amam Julieta. Quem ama Julieta detesta Romeu. Quem detesta Romeu tem bom gosto. Logo, todos os papagaios têm bom gosto. (D: x detesta y; G: x tem bom gosto)

15.2.2 O quantificador existencial

Vamos agora nos ocupar das regras de inferência ainda faltantes, aquelas que tratam do quantificador existencial. Começaremos pela regra chamada *introdução do existencial*: se algum indivíduo, como Átila, tem uma propriedade, como ser um huno, então existe alguém que tem essa propriedade. Isto é, se Átila é um huno, podemos concluir que alguém é um huno. De modo mais geral, se alguma fórmula vale para um indivíduo em particular, então existe alguém a cujo respeito essa fórmula é verdadeira. A regra tem a seguinte formulação:

Introdução do Existencial (I∃): $\dfrac{\alpha(\mathbf{c})}{\exists \mathbf{x}\alpha(\mathbf{c}/\mathbf{x})}$

onde $\alpha(\mathbf{c})$ é uma fórmula contendo alguma ocorrência de uma constante **c**, e $\alpha(\mathbf{c}/\mathbf{x})$ é o resultado da substituição em α de *uma ou mais* das ocorrências da constante **c** pela variável **x** — desde, é claro, que **c** seja substituível por **x** em α. Note-se que, ao contrário das regras para o quantificador universal, não se exige que *todas* as ocorrências da constante **c** sejam substituídas. Pode-se, obviamente, substituir todas elas, mas isso não é obrigatório.

Vamos ver um exemplo do funcionamento dessa regra. Suponhamos que Platão seja um filósofo grego — segue-se que existe alguém com essas propriedades, isto é, existe um filósofo grego:

1. $Fp \wedge Gp$ P
2. $\exists x(Fx \wedge Gx)$ 1 I∃

Ao contrário da regra de introdução do universal, que colocava restrições sobre a ocorrência em premissas ou hipóteses da constante a ser eliminada, I∃ não faz nada disso — como se vê no caso anterior, onde p ocorre na premissa. E, para lembrar, não teria sido necessário substituir todas as ocorrências de p por x. As duas deduções seguintes também são perfeitamente legítimas:

1.	$Fp \wedge Gp$	P	1.	$Fp \wedge Gp$	P
2.	$\exists x(Fx \wedge Gp)$	1 I∃	2.	$\exists x(Fp \wedge Gx)$	1 I∃

Por outro lado, é bom lembrar que o quantificador a ser introduzido deve aplicar-se à fórmula como um todo. O exemplo seguinte mostra um erro fácil de cometer:

1. $Fp \rightarrow Gp$ P
2. $\exists xFx \rightarrow Gp$ 1 I∃ (INCORRETO!)

Da afirmação de que 'se Platão é um filósofo, então ele é grego' não se segue que, se alguém é filósofo, então Platão é grego. Uma aplicação correta de I∃ na linha 1 daria como resultado, por exemplo, $\exists x(Fx \rightarrow Gx)$, ou mesmo $\exists x(Fx \rightarrow Gp)$.

Uma questão interessante que poderia ser colocada agora é a seguinte: se uma propriedade é afirmada de um indivíduo, segue-se que *existe*, de fato, alguém que tem essa propriedade? Por exemplo, se afirmamos que Afrodite é uma figura mitológica, segue-se que *existe* alguém que é uma figura mitológica? Isso parece ser, no mínimo, contraintuitivo, pois figuras mitológicas, pelo próprio sentido da expressão, não existem. Contudo, no **CQC**, a inferência é validada: de Ma podemos derivar $\exists xMx$. O **CQC**, como já vimos anteriormente ao tratar de estruturas, faz a pressuposição de que todos os nomes (constantes) denotam indivíduos existentes, e que existe pelo menos um indivíduo no universo. Isso garante a validade de inferências como a seguinte:

1.	$\forall xPx$	P
2.	Pa	1 E$\forall$
3.	$\exists xPx$	2 I$\exists$

Da premissa de que todos são poetas, podemos concluir que existe, de fato, alguém que é um poeta.[2]

A próxima (e última!) regra, chamada *eliminação do existencial*, é um pouco mais complicada. Na verdade, ela é uma regra de caráter hipotético, como RPC e RAA. O ponto de partida, por exemplo, é que existe algum indivíduo com alguma propriedade. Digamos que alguém é filósofo: $\exists xFx$. Então deveríamos poder concluir, de um indivíduo particular, que ele é um filósofo. Mas que indivíduo escolher? Platão? Einstein? Yoda? Como saber a quem a propriedade se aplica?

Como, de fato, não sabemos, ao eliminar o quantificador existencial devemos introduzir uma *constante nova*. Ela denotará o indivíduo que tem a propriedade em questão. Essa regra tem, assim, a seguinte formulação:

2 Existem versões do cálculo de predicados que não fazem a pressuposição de que todo nome denota um indivíduo existente. Ou seja, podemos tratar de indivíduos inexistentes. São as chamadas *lógicas livres* (*free logics*), mas não nos ocuparemos delas aqui.

Eliminação do Existencial (E∃)

$$\dfrac{\exists \mathbf{x}\alpha \qquad \begin{array}{|l} \alpha[\mathbf{x}/\mathbf{c}] \\ \vdots \\ \beta \end{array}}{\beta}$$

onde α é uma fórmula contendo alguma ocorrência de uma variável **x**, e α [$\mathbf{x}/\mathbf{c}$] é o resultado da substituição em α de *todas* as ocorrências da variável **x** por alguma constante **c**, com a seguinte restrição: a constante **c** não ocorre em nenhuma premissa, nem em nenhuma hipótese que esteja valendo na linha onde $\alpha[\mathbf{x}/\mathbf{c}]$ foi introduzida, nem em α, e nem em β.

Para simplificar a história, se temos uma fórmula do tipo $\exists \mathbf{x}\alpha$, podemos *fazer uma hipótese* que consiste em eliminar o quantificador $\exists \mathbf{x}$ e substituir todas as ocorrências de **x** em α por uma constante **c**, que, para todos os efeitos, não pode ter ocorrido em lugar nenhum. Se conseguimos concluir dessa hipótese alguma fórmula β na qual **c** *não mais ocorre*, podemos descartar a hipótese e reafirmar β.

Vejamos um exemplo de como utilizar essa regra. Suponhamos que temos o seguinte argumento:

Existem gatos pretos; logo, existem gatos.

A demonstração ficaria como a seguir:

1.	$\exists x(Gx \wedge Px)$	P
2.	$\mid Ga \wedge Pa$	H (para E∃)
3.	$\mid Ga$	2 S
4.	$\mid \exists xGx$	3 I∃
5.	$\exists xGx$	1, 2-4 E∃

Vamos examinar o papel de E∃ nessa demonstração. Tínhamos por premissa que existem gatos pretos, i.e., a fórmula $\exists x(Gx \wedge Px)$. O primeiro passo, na linha 2, foi introduzir uma hipótese para E∃: digamos que a denote o indivíduo que tem as propriedades ser gato e preto — mas não sabemos quem é o indivíduo a: é apenas um símbolo novo (note que a não ocorre na premissa, e, claro, em nenhuma hipótese, pois não havia nenhuma quando a foi introduzido na linha 2). Tendo agora a hipótese de que $Ga \wedge Pa$, fica fácil obter Ga por separação (linha 3). Como nosso objetivo é obter $\exists xGx$, podemos fazer isso imediatamente a partir da linha 3, onde temos Ga, por I$\exists$ (linha 4). Não seria agora muito correto concluir a demonstração com a linha 4; afinal, temos uma hipótese que não descartamos. É aqui que temos a eliminação da hipótese, usando E$\exists$. Na verdade, obtivemos uma fórmula β (i.e., $\exists xGx$) na qual a constante a, introduzida na hipótese, *não mais ocorre.* Logo, podemos descartar a hipótese da linha 2 e *reafirmar* $\exists xGx$. É o que fazemos na linha 5.

Resumindo: a partir de uma fórmula existencial, faça uma hipótese, eliminando o quantificador e substituindo todas as ocorrências da variável que estava quantificada por alguma constante nova. Continue a dedução normalmente. No momento em que a constante introduzida desaparecer da fórmula β mais recentemente obtida, você pode descartar a hipótese e reafirmar β.

Exercício 15.4 A constante **c** introduzida por E$\exists$, na verdade, não precisa ser necessariamente nova, isto é, uma constante que ainda não havia ocorrido na dedução. Quais são os dois casos em que você pode usar uma constante que já apareceu na dedução?

A figura 15.3 resume as regras de inferência para o quantificador existencial.[3]

Vamos ver agora um exemplo do que pode acontecer se não respeitarmos a restrição de que a constante introduzida deva ser um símbolo que não ocorre, por exemplo, em hipóteses ainda vigentes. Suponhamos que tivéssemos os seguintes fatos: algumas cobras são repelentes, e algumas aranhas são repelentes. Poderíamos ter o seguinte problema:

---

3 Existem outras versões da regra de eliminação do existencial, algumas em que ela não é tratada como regra hipotética. Mas, então, deve-se usar, por exemplo, um conjunto especial de símbolos, e fazer convenções de que a dedução não termina enquanto eles não foram eliminados, ou seja, a conclusão de um argumento não poderá conter constantes introduzidas por E$\exists$.

1.	$\exists x(Cx \wedge Rx)$	P
2.	$\exists x(Ax \wedge Rx)$	P ? $\exists x(Ax \wedge Cx)$
3.	$\mid Ca \wedge Ra$	H (E$\exists$)
4.	$\mid \mid Aa \wedge Ra$	H (E$\exists$???)
5.	$\mid \mid Ca$	3 S
6.	$\mid \mid Aa$	4 S
7.	$\mid \mid Aa \wedge Ca$	5,6 C
8.	$\mid \exists x(Ax \wedge Cx)$	2, 4-7 E$\exists$ (INCORRETO!)
9.	$\exists x(Ax \wedge Cx)$	1, 3-8 E$\exists$

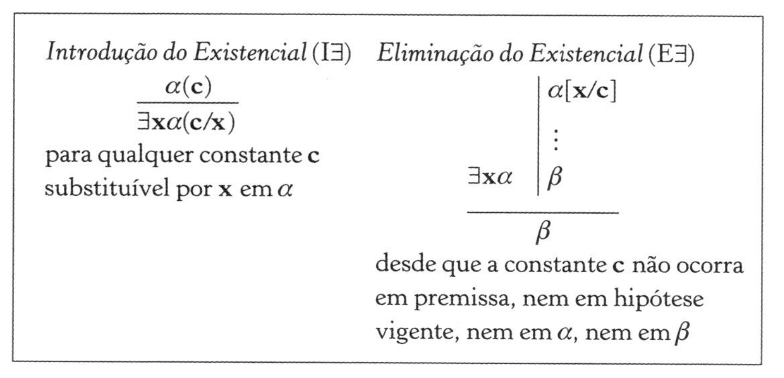

Figura 15.3: Regras para o quantificador existencial.

Das premissas de que algumas cobras são repelentes, $\exists x(Cx \wedge Rx)$, e algumas aranhas são repelentes, $\exists x(Ax \wedge Rx)$, estamos aparentemente concluindo que algumas aranhas são cobras: $\exists x(Ax \wedge Cx)$, o que é, obviamente, uma dedução inválida (no mundo real, as premissas seriam, imagino, verdadeiras, e a conclusão naturalmente falsa). O erro foi que a constante a, utilizada na hipótese feita na linha 4, já ocorria numa hipótese anterior que ainda estava valendo: portanto, não era possível aplicar E$\exists$ na linha 8. Note que não é errado *fazer a hipótese* $Aa \wedge Ra$: por exemplo, você poderia querer introduzir essa hipótese para demonstrar algum condicional cujo antecedente seja $Aa \wedge Ra$, tal como $(Aa \wedge Ra) \rightarrow \exists yCy$. Isso é permitido, claro. Errado, contudo, é descartar a hipótese da linha 4 usando E$\exists$ (o que foi feito, incorretamente, na linha 8). Ou seja, se a ideia era usar E$\exists$, a hipótese da linha 4 foi totalmente inadequada.

Exercício 15.5 Demonstre a validade dos seguintes argumentos:

(a) $Rab \vdash \exists x \exists y Rxy$

(b) $\forall x(Px \to Qx), Pa \vdash \exists x Qx$

(c) $\forall x(Px \vee Qx), \neg Qb \vdash \exists y Py$

(d) $\exists x Px \to \forall x \neg Qx, Pa \vdash \neg Qa$

(e) $\forall x(Px \to Qx), \exists x \neg Qx \vdash \exists x \neg Px$

(f) $\forall x(\neg Gx \to \neg Fx), \exists x Fx \vdash \exists x Gx$

(g) $\forall x(Px \vee Qx), \exists y \neg Py \vdash \exists z Qz$

(h) $\forall x((Ax \vee Bx) \to Cx), \exists x Ax \vdash \exists x Cx$

Exercício 15.6 Traduza, usando a notação sugerida, e demonstre a validade:

(a) Todo papagaio é vermelho. Existem papagaios. Logo, existem coisas vermelhas. (P: x é um papagaio; R: x é vermelho)

(b) Nenhuma arara é um papagaio. Currupaco é um papagaio. Logo, algo não é uma arara. (c: Currupaco; A: x é uma arara)

(c) Nenhum papagaio é cor de laranja. Algumas aves são papagaios. Logo, algumas aves não são cor de laranja. (B: x é uma ave; L: x é cor de laranja)

(d) Alguém é amado por todos. Logo, todos amam alguém. (A: x ama y)

(e) Qualquer um que seja mais perigoso que Natasha é mais perigoso que Boris. Há espiões mais perigosos que Natasha. Logo, há espiões mais perigosos que Boris. (b: Boris; n: Natasha; E: x é um espião; D: x é mais perigoso que y)

(f) As pessoas românticas são inspiradas pela Lua. Quem é inspirado pela Lua não gosta de rosas. Mas todos gostam ou de rosas ou de flores do campo. Logo, pessoas românticas gostam de flores do campo. (P: x é uma pessoa romântica; L: x é inspirado pela Lua; R: x gosta de rosas; F: x gosta de flores do campo)

(g) Alberto é amigo daqueles que não são amigos de si mesmo. Logo, alguém é amigo de si mesmo. (a: Alberto; F: x é amigo de y)

(h) Tudo deve estar em movimento ou em repouso, mas um objeto em voo sempre ocupa um espaço igual a si mesmo. Mas o que sempre ocupa um espaço igual a si mesmo não está em movimento. Como o que não está em movimento está em repouso, segue-se que um objeto em voo está na verdade em repouso. [Um dos paradoxos de Zênon de Eleia] (M: x está em movimento; R: x está em repouso; O: x é um objeto em voo; E: x sempre ocupa um espaço igual a si mesmo)

15.3 Uma regra derivada para quantificadores

Nesta curta seção, vamos falar um pouco sobre regras derivadas para quantificadores. Na verdade, veremos apenas uma regra, que vem em duas versões e, além disso, é reversível: a regra de *intercâmbio de quantificadores* (IQ). A formulação é a seguinte:

$$\frac{\neg\forall \mathbf{x}\alpha}{\exists \mathbf{x}\neg\alpha} \qquad \frac{\neg\exists \mathbf{x}\alpha}{\forall \mathbf{x}\neg\alpha}$$

Vamos demonstrar, tomando um dos casos, que a regra IQ funciona mesmo. Suponhamos que temos $\neg\forall \mathbf{x}\alpha$, e que queremos obter $\exists \mathbf{x}\neg\alpha$. A demonstração fica assim:

1.	$\neg\forall \mathbf{x}\alpha$	P ?$\exists \mathbf{x}\neg\alpha$
2.	$\mid \neg\exists \mathbf{x}\neg\alpha$	H ?CTR
3.	$\mid \mid \neg\alpha(\mathbf{c})$	H ?CTR
4.	$\mid \mid \exists \mathbf{x}\neg\alpha$	3 I$\exists$
5.	$\mid \mid \exists \mathbf{x}\neg\alpha \wedge \neg\exists \mathbf{x}\neg\alpha$	2,4 C
6.	$\mid \neg\neg\alpha(\mathbf{c})$	3-5 RAA
7.	$\mid \alpha(\mathbf{c})$	6 DN
8.	$\mid \forall \mathbf{x}\alpha$	7 I$\forall$
9.	$\mid \forall \mathbf{x}\alpha \wedge \neg\forall \mathbf{x}\alpha$	1,8 C
10.	$\neg\neg\exists \mathbf{x}\neg\alpha$	2-9 RAA
11.	$\exists \mathbf{x}\neg\alpha$	10 DN

Apenas duas observações sobre a demonstração dada. Primeiro, note que, na hipótese da linha 2, $\alpha(\mathbf{c})$ é uma fórmula que contém a constante **c** no lugar em que ocorria, em α, a variável **x**. Essa constante **c**, claro, deve ser qualquer constante nova na dedução. Segundo, na linha 8, usamos a regra I$\forall$, trocando **c** por uma variável. Não há problema nisso, já que a hipótese em que **c** foi introduzida, na linha 3, já não valia mais.

Exercício 15.7 Prove os demais casos da regra de intercâmbio de quantificadores.

Exercício 15.8 Demonstre:

(a) $\neg\forall x\neg Px \vdash \exists xPx$
(b) $\neg\exists x\neg Px \vdash \forall xPx$
(c) $\forall x(Px \wedge Qx) \vdash \forall xPx \wedge \forall xQx$
(d) $\forall xFx \wedge \forall xHx \vdash \forall x(Fx \wedge Hx)$
(e) $\forall x(Px \wedge \neg Rxb), \exists x(\neg Qx \vee Rxb), \forall x(\neg Rxb \rightarrow Qx) \vdash \exists yRyb$
(f) $\forall x(Fx \rightarrow Hx), \forall z(Tz \rightarrow Fz), \exists y(Ty \wedge Qy) \vdash \exists x(Hz \wedge Qx)$
(g) $\exists x(Px \wedge Qx) \vdash \exists xPx \wedge \exists xQx$
(h) $\forall xPx \rightarrow \forall xQx, \exists x\neg Qx \vdash \neg\forall xPx$
(i) $\exists xPbx, \forall x\forall y(Pxy \rightarrow Syx) \vdash \exists xSxb$

15.4 Teoremas

Quando discutimos, em capítulos anteriores, uma noção semântica de consequência lógica, vimos que havia um tipo especial de fórmula, as fórmulas válidas, que são aquelas verdadeiras em toda e qualquer estrutura. Alternativamente, vimos que elas podem ser definidas como aquelas fórmulas que são consequência lógica do conjunto vazio de premissas.

Caracterizando consequência lógica de uma maneira sintática, como estamos fazendo neste capítulo, obtemos algo similar: os *teoremas*.

Definição 15.2 Uma fórmula α é um *teorema* (do **CQC**) se há uma dedução de α a partir do conjunto vazio de premissas.

Assim, α é um teorema do **CQC** se e somente se $\emptyset \vdash \alpha$, o que abreviamos escrevendo simplesmente $\vdash \alpha$.

Bem, você talvez esteja achando difícil imaginar como é que alguma coisa pode ser consequência, isto é, deduzida, a partir de um conjunto vazio de premissas. Não é tão difícil como parece. Vamos verificar como podemos mostrar, por exemplo, que $\vdash (Fa \wedge Gb) \rightarrow Fa$.

1.	$\mid Fa \wedge Gb$	H
2.	$\mid Fa$	1 S
3.	$(Fa \wedge Gb) \rightarrow Fa$	1-2 RPC

Como você vê, para provar um teorema, precisamos sempre de uma hipótese para iniciar a dedução — pode ser uma hipótese para RPC, ou para RAA. Vamos a um outro exemplo, mostrando que $\vdash (A \vee A) \leftrightarrow A$. Uma vez que essa fórmula é uma equivalência, teremos que provar primeiro $\vdash (A \vee A) \rightarrow A$, e depois $\vdash A \rightarrow (A \vee A)$.

1.	$\mid A \vee A$	H (RPC)
2.	$\mid \mid \neg A$	H (RAA)
3.	$\mid \mid A$	1,2 SD
4.	$\mid \mid A \wedge \neg A$	2,3 C
5.	$\mid \neg\neg A$	2-4 RAA
6.	$\mid A$	5 DN
7.	$(A \vee A) \rightarrow A$	1-6 RPC
8.	$\mid A$	H (RPC)
9.	$\mid A \vee A$	8 E
10.	$A \rightarrow (A \vee A)$	8-9 RPC
11.	$(A \vee A) \leftrightarrow A$	7,10 CB

Um conceito análogo ao de teorema é o de um *esquema de teorema*. Na dedução, demonstramos que $\vdash (A \vee A) \leftrightarrow A$. É fácil ver que uma dedução similar a esta mostraria que $\vdash (B \vee B) \leftrightarrow B$, ou que $\vdash (Fab \vee Fab) \leftrightarrow Fab$, ou ainda, que $\vdash (\forall xPx \vee \forall xPx) \leftrightarrow \forall xPx$. Para resumir isso, é óbvio que, qualquer que seja a fórmula α, podemos demonstrar que

$$\vdash (\alpha \vee \alpha) \leftrightarrow \alpha.$$

A isso chamamos de um esquema de teorema. Esse esquema não é propriamente um teorema, pois teoremas são fórmulas do **CQC**, e $(\alpha \vee \alpha) \leftrightarrow \alpha$ não é uma fórmula — lembre que α é uma *variável metalinguística*. Contudo, por uma questão de abuso de linguagem, frequentemente fazemos referência a um esquema de teorema chamando-o de 'teorema'. Não há problema, desde que você lembre o que é uma coisa e o que é a outra.

A utilidade dos esquemas é que podemos usá-los para obter um teorema, apenas substituindo as variáveis metalinguísticas, como α,

β etc., por fórmulas. Por exemplo, a partir do esquema $\neg\neg\alpha \leftrightarrow \alpha$, podemos obter os teoremas $\neg\neg Pa \leftrightarrow Pa$, $\neg\neg(Fb \vee Qb) \leftrightarrow (Fb \vee Qb)$, e assim por diante.

Exercício 15.9 Mostre que as fórmulas a seguir são teoremas do **CQC**:

(a) $\neg Pa \to (Pa \to Qb)$
(b) $A \to (\exists x Qx \vee A)$
(c) $\neg\neg Pa \leftrightarrow Pa$
(d) $A \leftrightarrow (A \wedge A)$
(e) $A \to (B \to A)$
(f) $A \vee \neg A$
(g) $\forall x Rxx \to Raa$
(h) $\neg\exists x Rxx \to \neg Raa$
(i) $\forall x(Px \to Px)$
(j) $\forall x \neg(Px \wedge \neg Px)$
(k) $\exists x \forall y Rxy \to \forall y \exists x Rxy$
(l) $\forall x(Px \to Qx) \to (\forall x Px \to \forall x Qx)$

15.5 Consequência sintática e consequência semântica

Agora que você já está bem familiarizado com o método de dedução natural, e sabe como mostrar, usando meios sintáticos, a validade de um argumento, chegou a hora de falarmos um pouco a respeito das relações entre a noções sintática e semântica de consequência lógica.

Você ainda se lembra da definição semântica de consequência: uma fórmula α é consequência lógica (semântica) de um conjunto Γ de fórmulas se toda estrutura que for modelo de Γ é um modelo de α, o que indicamos por $\Gamma \vDash \alpha$.

Como ficam as coisas no caso de consequência sintática? É bastante simples, e já vimos isso no capítulo anterior: um argumento é válido se sua conclusão puder ser produzida a partir das premissas por meio da aplicação de certas regras de inferência.

Recorde, então, a definição 14.2: se Γ é um conjunto de fórmulas e α uma fórmula, dizemos que $\Gamma \vdash \alpha$ (i.e., Γ *deduz* α, ou α é uma *consequência sintática* de Γ) se existe uma *dedução* de α a partir de Γ.

Por outro lado, como já vimos, uma dedução de α a partir de um conjunto de fórmulas Γ é uma sequência finita $\delta_1, \ldots, \delta_n$ de fórmulas, tal que $\delta_n = \alpha$ e todo δ_i nessa sequência é ou uma premissa, ou hipótese a ser descartada, ou foi obtida, pela aplicação de alguma regra de inferência, a partir de fórmulas em $\delta_1, \ldots, \delta_{i-1}$ — i.e., a partir de fórmulas *anteriores* a δ_i na sequência. As regras de inferência, claro, devem ser as regras primitivas. Isso corresponde à ideia, introduzida antes, de que uma "dedução" envolvendo regras derivadas é, na verdade, a *abreviação* de uma dedução.

Tendo definido consequência sintática, o mais interessante e bonito a mostrar é que, no **CQC**, as duas noções coincidem. Isto é, α é uma consequência sintática de Γ se e somente se α é uma consequência semântica de Γ, o que equivale a dizer que o método de dedução natural é um sistema de prova correto e completo para o **CQC**. Correto, você recorda, porque se uma conclusão pode ser deduzida de um conjunto Γ de premissas, então ela de fato é consequência lógica (semântica) de Γ. E completo porque, se uma fórmula é consequência lógica (semântica) de um conjunto de premissas, há uma dedução demonstrando isso. Sintetizamos isso tudo no seguinte teorema, onde Γ é um conjunto qualquer de fórmulas (recorde que já havíamos visto algo parecido ao falar de tablôs semânticos):

Teorema 15.1 $\Gamma \vdash \alpha$ *se e somente se* $\Gamma \vDash \alpha$.

Esse é o famoso Teorema de Correção e Completude, que vamos apenas enunciar, sem demonstrá-lo (voltaremos a falar nele mais tarde, entretanto). A parte correspondente à completude — i.e., se α é consequência semântica de Γ, então é consequência sintática — foi provada por Kurt Gödel (1906-1978), em 1930 (embora ele não utilizasse dedução natural, mas um sistema axiomático, que é outra maneira pela qual se pode caracterizar sintaticamente a noção de consequência lógica).

Um caso particular desse teorema — o corolário a seguir — ocorre quando o conjunto Γ é vazio. Assim:

Corolário 15.1 $\vdash \alpha$ *se e somente se* $\vDash \alpha$.

Isso mostra que as noções de fórmula válida e teorema também coincidem para o **CQC**.

A propósito, é importante enfatizar que há uma diferença entre teoremas *do* **CQC** (fórmulas demonstráveis sem o auxílio de premissas), e teoremas *sobre o* **CQC**, ou *metateoremas*, que são proposições (na metalinguagem) que demonstramos a respeito do cálculo.

Como um último exemplo de um conceito semântico a ter um correspondente sintático, vamos falar de satisfatibilidade e consistência. Você se recorda de que um conjunto Γ de fórmulas é *satisfatível* se ele tem modelo — i.e., se há uma estrutura que é modelo dele; uma estrutura onde todas as fórmulas de Γ são verdadeiras.

Um conceito análogo é o de um conjunto consistente, definido da seguinte maneira:

Definição 15.3. Um conjunto Γ de fórmulas é *consistente* se e somente se não existe uma fórmula α tal que $\Gamma \vdash \alpha$ e $\Gamma \vdash \neg\alpha$.

Alternativamente, podemos dizer que um conjunto é consistente se não deduz uma contradição (uma fórmula da forma $\alpha \wedge \neg\alpha$). Em consequência do teorema de completude mencionado, podemos mostrar, então, que um conjunto é consistente se e somente se é satisfatível.

Dizemos também que um conjunto Γ de fórmulas é *trivial* se, para qualquer fórmula α, $\Gamma \vdash \alpha$. Não deve ser uma surpresa muito grande o fato de que podemos demonstrar, na lógica clássica, que um conjunto é trivial se e somente se for inconsistente. Se Γ é trivial, então Γ deduz qualquer fórmula — inclusive, por exemplo, A e $\neg A$, de modo que Γ é inconsistente. Se, por outro lado, Γ é inconsistente, por definição, para alguma α, $\Gamma \vdash \alpha$ e $\Gamma \vdash \neg\alpha$. Agora, como temos CTR como uma das nossas regras de inferência, isso significa que Γ deduz qualquer fórmula β — e é, portanto, trivial.[4]

O quadro a seguir resume essas considerações sobre equivalência no **CQC** de conceitos sintáticos e semânticos.

4 Vale mencionar que os conceitos de inconsistência e trivialidade não são equivalentes em todas as lógicas. Por exemplo, as lógicas paraconsistentes (ver cap. 18) permitem que trabalhemos com conjuntos de fórmulas que são inconsistentes, mas não triviais.

•	*consequência semântica* $\Gamma \vDash \alpha$	*consequência sintática* $\Gamma \vdash \alpha$
•	*fórmula válida* $\vDash \alpha$	*teorema* $\vdash \alpha$
•	Γ *é satisfatível*	Γ *é consistente*

Uma vez que as definições sintática e semântica de consequência lógica são equivalentes no **CQC**, as propriedades que vimos a respeito de $\vDash$ na seção 11.3 vão agora valer a respeito de $\vdash$. Não vamos, portanto, repeti-las aqui, exceto a seguinte, o Teorema da Dedução (TD), que vale a pena mencionar:

Teorema 15.2 $\Gamma \vdash \sigma \to \beta$ *sse* $\Gamma \cup \{\sigma\} \vdash \beta$.

Observe que, no enunciado citado, σ deve ser uma sentença, ou seja, uma fórmula fechada. O teorema não vale nas duas direções se tivermos alguma fórmula aberta α no lugar de σ.

Vamos dar um exemplo de como o Teorema da Dedução pode ser de auxílio. Suponhamos que você queira mostrar que

$$\vdash (A \to (B \to C)) \to (B \to (A \to C)),$$

ou seja, que a fórmula dada é um teorema do **CQC**. Você pode, claro, fazer uma dedução começando com o antecedente do condicional como hipótese etc. Contudo, as coisas ficam mais simples usando o TD.

Pelo TD, temos:

$$\vdash (A \to (B \to C)) \to (B \to (A \to C)) \text{ sse } A \to (B \to C) \vdash B \to (A \to C).$$

Outra aplicação do teorema nos diz que

$$A \to (B \to C) \vdash B \to (A \to C) \text{ sse } A \to (B \to C), B \vdash A \to C.$$

Finalmente, uma outra aplicação do TD nos dá:

$$A \to (B \to C), B \vdash A \to C \text{ sse } A \to (B \to C), B, A \vdash C.$$

Assim, para mostrar que $(A \to (B \to C)) \to (B \to (A \to C))$ é um teorema, só precisamos fazer a dedução de C a partir das premissas $A \to (B \to C)$, B, e A, e o problema está resolvido.

Não vou apresentar aqui uma prova do Teorema da Dedução, o que nos levaria muito além do escopo deste livro. O interessante a comentar a seu respeito é que, tendo uma dedução de β a partir de $\Gamma \cup \{\sigma\}$, a própria demonstração do teorema, além de garantir que há uma dedução de $\sigma \to \beta$ a partir de Γ, nos dá um algoritmo para construir essa dedução. Note que isso, em absoluto, significa que haja um algoritmo para a decidibilidade do **CQC**: você tem que encontrar a dedução de β a partir de $\Gamma \cup \{\sigma\}$ primeiro, e esse passo fundamental o TD não diz como fazer.

Note, ainda, que o Teorema da Dedução só pode ser usado se a fórmula a ser deduzida for um condicional. Se você quiser mostrar que $Pa \lor \neg Pa$ é um teorema, por exemplo, não será possível usar o TD, já que essa fórmula é uma disjunção.

Com isso, encerramos uma primeira apresentação geral do **CQC**. O que vem agora, nos capítulos que ainda restam, são alguns tópicos um pouco mais avançados: extensões da linguagem do **CQC**, a formalização de teorias em linguagens de primeira ordem, e um breve passeio pelas lógicas não clássicas.

16
IDENTIDADE E SÍMBOLOS FUNCIONAIS

Neste capítulo, vamos considerar duas maneiras de estender o **CQC**, acrescentando novos tipos de símbolos a sua linguagem. Vamos tratar primeiro da relação de identidade e, a seguir, veremos os símbolos funcionais.

16.1 Identidade

16.1.1 Um novo símbolo lógico

Para início de conversa, considere as quatro sentenças a seguir, as quais, suponhamos, você deve formalizar no **CQC**:

(1)	Miau é um gato.
(2)	A abelha é um animal útil.
(3)	Diana é Ártemis.
(4)	Sócrates não é Platão.

O que elas têm em comum é a presença da palavra 'é' (no caso da última, precedida de negação, 'não é').

As duas primeiras não oferecem dificuldades de representação no **CQC**; você já está acostumado com elas. Por exemplo, usando G para 'x é um gato' e m como nome de Miau, temos

$$Gm.$$

Trata-se aqui de um caso de *predicação*, ou seja, da atribuição de um certo predicado a um certo indivíduo. Já (2) é um pouco diferente: ao afirmar essa sentença, muito provavelmente não estamos falando de alguma abelha em particular, mas queremos dizer que as abelhas — todas elas — são animais úteis. Assim, nossa representação no **CQC** seria uma fórmula como

$$\forall x(Bx \rightarrow Ax),$$

usando B para 'x é uma abelha' e A para 'x é um animal útil'. Nesse exemplo, a palavra 'é' está tendo a função de indicar a *inclusão* de um conjunto (o das abelhas) em outro (o dos animais úteis).

Com (3) e (4), contudo, a situação é diferente. Para transcrever corretamente essas sentenças para a linguagem do **CQC**, necessitamos de algum símbolo de predicado que nos permita afirmar, de dois indivíduos quaisquer supostamente diferentes, que eles são, afinal, o mesmo indivíduo; por exemplo, que Diana e Ártemis são a mesma pessoa (ou a mesma figura mitológica, para ser mais exato). Note que afirmar (3) é diferente de dizer, por exemplo, que Diana é grega. Nesse caso, 'x é grega' é uma propriedade, e estamos afirmando que Diana tem essa propriedade (assim como dissemos em (1) que Miau tem a propriedade de ser um gato). Contrariamente a isso, fica estranho dizer que 'x é Ártemis' é uma propriedade que Diana tem, e escrever algo como Ad. O que ocorre é que temos dois nomes, 'Diana' e 'Ártemis', e, com a sentença 'Diana é Ártemis', queremos dizer que esses dois nomes se referem a um *mesmo* indivíduo. De modo semelhante, com (4) pretendemos dizer que Sócrates e Platão são indivíduos distintos.

O símbolo que vamos introduzir, para permitir a formalização de sentenças como (3) e (4), é o da relação binária de identidade, =, que, costumeiramente, é lido como 'é idêntico a', ou 'é igual a', ou 'é o mesmo que'. Como = é um símbolo de relação binária, a sentença (3) poderia ser, então, formalizada como

$$= da,$$

seguindo nossa prática de escrever o símbolo de predicado antes dos termos (como em *Rab*, por exemplo). Já a sentença (4), por sua vez, ficaria assim:

$$\neg = sp,$$

ou seja, não é verdade que $= sp$.

Entretanto, embora a identidade seja um predicado binário, $=$ é, entre os símbolos de relação, um símbolo especial, sendo usualmente incluído entre os *símbolos lógicos* de uma linguagem (diferentemente dos outros símbolos de predicado). Você se recorda de que, ao construir uma estrutura, associamos a cada símbolo de predicado binário uma relação binária qualquer baseada no universo da estrutura. Assim, nada proíbe que associemos a $=$, em uma estrutura, uma relação qualquer, como 'x é pai de y'. O símbolo $=$, contudo, tem uma *interpretação fixa*: ele denota, nas estruturas chamadas *normais*, a relação de identidade, isto é, aquela que relaciona todo indivíduo consigo mesmo, e com mais ninguém.

Com relação à gramática, uma vez que $=$ é um símbolo de predicado binário, não precisamos fazer alteração nenhuma na definição de fórmula. Assim, se $\mathbf{t}_1$ e $\mathbf{t}_2$ são termos (i.e., constantes ou variáveis), $= \mathbf{t}_1\mathbf{t}_2$ é uma fórmula atômica. Contudo, o costume é colocar o símbolo $=$ *entre* os termos. Ou seja, em vez de escrevermos, como seria usual para predicados, $= da$ (isto é, primeiro o símbolo de predicado, e, a sua direita, os símbolos individuais), o costume é o de escrever $d = a$. Não há problema algum quanto a essa prática; basta convencionarmos algumas abreviações. Sejam $\mathbf{t}_1$ e $\mathbf{t}_2$ dois termos quaisquer: a fórmula

$$= \mathbf{t}_1\mathbf{t}_2$$

será abreviada por

$$\mathbf{t}_1 = \mathbf{t}_2,$$

ou mesmo

$$(\mathbf{t}_1 = \mathbf{t}_2),$$

caso queiramos usar parênteses para deixar mais clara a leitura de alguma fórmula. (Por exemplo, $\forall x(x = x)$ parece ser mais fácil de ler do que $\forall x\ x = x$, e assim por diante.)

Além do mais, no caso de negações, como em $\neg{=}\ sp$ anterior, podemos também usar a abreviação

$$s \neq p,$$

ou ainda

$$(s \neq p).$$

Com respeito às estruturas, a interpretação de =, como dissemos, está fixada com relação às estruturas normais: é sempre a relação de identidade. Assim, se $\mathfrak{A} = \langle U, I \rangle$ é uma estrutura, temos que

$$I(=) = \{\langle x, x \rangle \mid x \in U\}.$$

Ou seja, o conjunto de todos os pares de indivíduos do universo em que o primeiro e o segundo elementos do par são o mesmo indivíduo. (A propósito, note que, na expressão anterior, temos *duas* ocorrências de =. Na primeira delas, = é um símbolo de nossa *linguagem* do cálculo de predicados. Na segunda ocorrência, = é um símbolo de nossa *metalinguagem*. Alguns autores preferem usar símbolos diferentes para esses dois empregos de =, mas não creio que haverá confusão se usarmos um único símbolo, e sugiro que façamos isso aqui.)

A extensão do **CQC** formada pela adição de =, usualmente chamada de 'cálculo de predicados com identidade', será denotada por $\mathbf{CQC}^{=}$.

Além de permitir a formalização de sentenças como (3) e (4), o símbolo de identidade tem outros usos. Considere as sentenças a seguir, e suponha que eu lhe pedisse para formalizá-las.

(5) Duendes existem.

(6) Sócrates existe.

A sentença (5) não traz nenhum problema: você introduz um símbolo de propriedade D, representando 'x é um duende', e escreve $\exists xDx$. Note, contudo, que essa solução não pode ser aplicada à sentença (6). Como vimos anteriormente, ao falar de Diana — isto é, Ártemis —, seria muito estranho introduzir um símbolo de propriedade S representando 'x é Sócrates', e então escrever $\exists xSx$. Claro que isso pode, formalmente, ser feito, mas não é lá muito intuitivo: 'Sócrates' é o *nome* de alguém, não uma *propriedade* que alguém pode ter. (E além do mais, $\exists xSx$ diz que há pelo menos um indivíduo que tem a propriedade S, o que não exclui que haja outros.)

Por outro lado, uma segunda solução, como $\exists s$, obviamente não é permitida: as regras de formação, para começar, exigem que imediatamente após um símbolo de quantificador como $\exists$ ocorra alguma variável, e em seguida, alguma fórmula onde essa variável ocorra. Introduzir uma nova regra de formação, permitindo coisas como $\exists s$, nos obrigaria a alterar bastante nossa leitura intuitiva de $\exists$, bem como a definição de verdade.

Uma terceira saída seria introduzir um símbolo de propriedade adicional, tal como E, para representar 'x existe'. Nesse caso, Es teria o significado que queremos: Sócrates existe. Contudo, isso constituiria, no mínimo, uma duplicação de esforços, uma vez que, na verdade, afirmar a existência já é função do quantificador existencial. De mais a mais, isso traria a implicação de que a existência é uma propriedade que indivíduos têm — ou podem deixar de ter, e a interpretação clássica do **CQC** não vê com bons olhos indivíduos que não existem, mas, de alguma forma, estão aí.[1]

Para resumir, a maneira de resolver esse problema, no **CQC**$^{=}$, consiste em usar o símbolo de identidade. Assim, (6) ficaria formalizada como

$$\exists x(x = s),$$

1 Por outro lado, nas lógicas livres, em que podemos ter constantes que não denotam nenhum indivíduo existente, introduz-se um símbolo de propriedade adicional, E, para afirmar que certos indivíduos existem: Es, por exemplo, diria que Sócrates existe. Para Pégaso, teríamos $\neg Ep$ — ele não existe. Mas não nos ocuparemos aqui dessas lógicas.

que afirma, simplesmente, que existe um indivíduo que é (idêntico a) Sócrates — isto é, Sócrates existe.

Bem, talvez você não goste dessa solução e tente achar algum defeito nela, dizendo, por exemplo: "Na verdade, o que estamos afirmando com $\exists x(x = s)$ é que *existe ao menos um indivíduo que é Sócrates*; a semântica de $\exists x$ (isto é, 'existe ao menos um x') permitiria, em princípio, que houvesse outros indivíduos idênticos a Sócrates, enquanto, ao afirmar que Sócrates existe, estamos falando, é claro, de um *único* indivíduo!".

Essa objeção que você (supostamente) aponta parece razoável. Mas lembre-se de que as constantes funcionam como *nomes*, e que nada impede que Sócrates tenha outro "nome", como m, 'o mestre de Platão'. Desse ponto de vista, uma fórmula como

$$m = s$$

diz apenas que m e s são nomes *do mesmo indivíduo*. Não há problema nenhum em afirmar, portanto, que

(7) $$\exists x \exists y((x = s \wedge y = m) \wedge x = y).$$

Isso não quer dizer que haja *dois* indivíduos *diferentes* que sejam Sócrates (o que seria absurdo): diz apenas que há, na linguagem, mais de um nome para Sócrates.

Para finalizar esta primeira seção, e antes de passar aos exercícios, vamos conversar mais um pouco sobre o uso de parênteses. Talvez você se pergunte, com relação à fórmula (7) mencionada, por que eu a escrevi daquele modo, e não assim:

$$\exists x \exists y(x = s \wedge (y = m \wedge x = y)).$$

Bem, é relativamente fácil mostrar que os seguintes esquemas de fórmulas são válidos no **CQC** (são, na verdade, tautologias):

$$(\alpha \wedge (\beta \wedge \gamma)) \leftrightarrow ((\alpha \wedge \beta) \wedge \gamma),$$
$$(\alpha \vee (\beta \vee \gamma)) \leftrightarrow ((\alpha \vee \beta) \vee \gamma),$$
$$(\alpha \leftrightarrow (\beta \leftrightarrow \gamma)) \leftrightarrow ((\alpha \leftrightarrow \beta) \leftrightarrow \gamma).$$

Ou seja, podemos mostrar que os operadores $\wedge$, $\vee$ e $\leftrightarrow$ são *associativos*. Isso significa que, se tivermos uma sequência de fórmulas ligadas apenas por conjunções, ou por disjunções, ou equivalências, não vai importar muito onde os parênteses são colocados. $Pa \wedge (Qb \wedge Rac)$, por exemplo, é logicamente equivalente a $(Pa \wedge Qb) \wedge Rac$.

Esse fato nos sugere mais uma convenção para limitar o uso de parênteses: no caso de sequências de fórmula ligadas por $\wedge$, ou por $\vee$, ou $\leftrightarrow$, podemos simplesmente eliminar os parênteses correspondentes a $\wedge$, $\vee$, ou $\leftrightarrow$. Assim, em vez de escrevermos

$$Pa \wedge ((Qb \wedge Rab) \wedge Sc),$$

por exemplo, podemos escrever simplesmente

$$Pa \wedge Qb \wedge Rab \wedge Sc.$$

E, em vez de escrevermos, digamos,

$$((Pa \vee Qb) \vee ((Pa \rightarrow Qb) \vee (Qb \rightarrow Pa))) \vee \exists x(Px \vee Qx),$$

escrevemos simplesmente

$$Pa \vee Qb \vee (Pa \rightarrow Qb) \vee (Qb \rightarrow Pa) \vee \exists x(Px \vee Qx).$$

É claro que, se não quisermos, não precisamos eliminar os parênteses como sugerido anteriormente. Mas, de um modo geral, as coisas ficam mais simples se o fizermos, e é o que vai acontecer, de vez em quando, daqui para a frente.

Voltando ao nosso exemplo (7), poderíamos, então, dispensar alguns parênteses e escrever simplesmente:

$$\exists x \exists y(x = s \wedge y = m \wedge x = y).$$

Para finalizar, um aviso importante: essa nova regra para eliminar alguns parênteses *não* se aplica a sequências de fórmulas ligadas por $\rightarrow$, já que a implicação *não é* associativa, ou seja, fórmulas como $\alpha \rightarrow (\beta \rightarrow \gamma)$ e $(\alpha \rightarrow \beta) \rightarrow \gamma$ não são logicamente equivalentes (o que você pode facilmente demonstrar usando tablôs ou tabelas de verdade).

Exercício 16.1 Transcreva as sentenças a seguir para a linguagem do **CQC**$^{=}$, usando = sempre que necessário e a notação sugerida:

(a) Alberto Caeiro é Fernando Pessoa. (*a*: Alberto Caeiro; *f*: Fernando Pessoa)

(b) Sócrates não é Aristóteles. (*a*: Aristóteles; *s*: Sócrates)
(c) Claudia Schiffer não é Scarlett Johansson, mas ambas são lindas. (*c*: Claudia Schiffer; *s*: Scarlett Johansson; *L*: *x* é linda)
(d) Platão existe. (*p*: Platão)
(e) Sócrates e Platão existem. (*s*: Sócrates; *p*: Platão)
(f) Platão existe, mas não é um jogador de futebol. (*J*: *x* é um jogador de futebol)
(g) Alguém, que não é Platão, é um jogador de futebol.
(h) Se João é o Bandido da Luz Vermelha, então João é um criminoso. (*b*: o Bandido da Luz Vermelha; *j*: João; *C*: *x* é um criminoso)
(i) Ou a Estrela da Manhã é a Estrela da Tarde, ou os astrônomos babilônicos estavam enganados. (*m*: a Estrela da Manhã; *t*: a Estrela da Tarde; *A*: *x* é um astrônomo babilônico; *E*: *x* estava enganado)
(j) Existe algo.
(k) Existe alguém que não é Sócrates.
(l) Existe alguém que não é Sócrates nem Platão.
(m) Se Diana não é Ártemis, então existe alguém que não é Ártemis. (*d*: Diana; *a*: Ártemis)
(n) Todo objeto é idêntico a si mesmo. [O princípio de identidade. Ou, a relação de identidade é reflexiva]
(o) Se uma coisa é igual a uma segunda coisa, então esta é igual à primeira. [A relação de identidade é simétrica]
(p) Se uma coisa é igual a uma segunda, e esta a uma terceira, então a primeira é igual à terceira. [A relação de identidade é transitiva]
(q) Se Hegel é incompreensível, então existe um indivíduo idêntico a Hegel que é incompreensível. (*h*: Hegel; *I*: *x* é incompreensível)
(r) Se dois indivíduos quaisquer são idênticos, e um deles é um poeta, então o outro também é poeta. (*P*: *x* é um poeta)
(s) Se um indivíduo qualquer é poeta, e outro não, então eles não são idênticos.

16.1.2 Outros usos para a identidade

Suponhamos agora que você quisesse dizer que Sócrates é o único filósofo (ou seja, que Sócrates é um filósofo e ninguém mais é filósofo além dele). A relação de identidade dá a você meios para isso. Temos, então:

$$Fs \wedge \neg\exists x(x \neq s \wedge Fx).$$

Ou seja, Sócrates é um filósofo, e não existe ninguém, diferente de Sócrates, que seja filósofo. O que significa, como queríamos, que Sócrates é o único filósofo que existe. Eis uma outra fórmula que diz a mesma coisa:

$$Fs \wedge \forall x(Fx \rightarrow x = s).$$

Isto é, Sócrates é filósofo, e qualquer um que seja filósofo é Sócrates.

Note que, em qualquer uma das versões dadas (com quantificador existencial ou universal) tivemos que escrever explicitamente $Fs \wedge \ldots$ na fórmula. A razão disso é que estamos mesmo afirmando, em português, que Sócrates *é* um filósofo. Se fôssemos transcrever a sentença em questão apenas por

$$\forall x(Fx \rightarrow x = s),$$

não teríamos garantia alguma de que Sócrates é filósofo: estaríamos apenas dizendo, de qualquer x, que, *se* ele for filósofo, então é Sócrates. Mas é claro que podemos ter uma estrutura em que não haja filósofos — onde nem mesmo s seja um filósofo — e nesse caso a fórmula seria verdadeira.

Uma outra maneira de resolver o problema, claro, sem usar explicitamente Fs na fórmula, é a seguinte:

$$\forall x(Fx \leftrightarrow x = s).$$

Isso garante que Sócrates é um filósofo, já que podemos mostrar, primeiro, que $s = s$. (Como veremos depois, $\forall x(x = x)$ é uma fórmula válida, da qual se segue, pelas condições de verdade de fórmulas universais, que $s = s$.) Analogamente, podemos concluir, se $\forall x(Fx \leftrightarrow x = s)$ é verdadeira, que $Fs \leftrightarrow s = s$ também é (usando s no lugar da variável x). Como $s = s$ é válida, concluímos que Fs é verdadeira. Ou seja, s tem a propriedade F; Sócrates é um filósofo.

O exemplo comentado anteriormente, em que há um único indivíduo com uma certa propriedade, sugere um outro tratamento das *descrições definidas*. Você se recorda de que, ao ser introduzida a linguagem do **CQC**, vimos que as constantes individuais podem ser usadas tanto para representar nomes próprios, quanto para descrições definidas, isto é, expressões como 'o mestre de Platão' e 'o descobridor da América'. Eu havia mencionado, contudo, que mais tarde veríamos outras maneiras de representar descrições definidas. Uma delas envolve o uso do símbolo de identidade.

Comecemos com um exemplo:

(8) O mestre de Platão bebeu cicuta.

A maneira usual de representar isso seria empregar a constante m para 'o mestre de Platão', o símbolo de predicado C para 'x bebe cicuta', e ter como resultado a fórmula Cm. Uma alternativa, contudo, devida a Bertrand Russell,[2] consiste em eliminar a expressão 'o mestre de Platão' através de uma paráfrase.

Considere o seguinte: quando falamos sobre o mestre de Platão, o que queremos dizer é que há um único indivíduo que tem a propriedade de ser mestre de Platão (ou que está na relação 'ser mestre de' com Platão). Em outras palavras, há *pelo menos um* indivíduo, e *no máximo um* indivíduo com essa propriedade. Assim, se usarmos a constante p para Platão e o símbolo de predicado M para a relação 'x é mestre de y', poderíamos simbolizar a sentença (8) da seguinte maneira:

$$\exists x(Mxp \land \neg\exists y(Myp \land x \neq y) \land Cx).$$

Ou então, com o quantificador universal:

$$\exists x(Mxp \land \forall y(Myp \to x = y) \land Cx).$$

Em português: há ao menos um indivíduo x que é mestre de Platão, qualquer indivíduo y que também seja mestre de Platão é idêntico a x, e x bebeu cicuta.

2 A análise proposta por Russell para as descrições definidas encontra-se em seu célebre artigo "Sobre a denotação", de 1905, cuja leitura eu recomendo (Russell, 1956).

O que fizemos com esse exemplo foi uma paráfrase da sentença original, paráfrase na qual a descrição definida 'o mestre de Platão' não mais aparece.

Contudo, perguntaria você, essa não é uma maneira mais complicada de fazer as coisas? O que temos a ganhar com essa complicação adicional?

É uma boa pergunta — felizmente eu tenho uma boa resposta. Considere os exemplos a seguir:

(9) O círculo quadrado é um triângulo.
(10) O círculo quadrado não existe.

A primeira dessas sentenças já é um pouco problemática dentro do **CQC**. É claro que podemos supor que, no nosso universo de discurso, existe um objeto que é um círculo quadrado, e usar, digamos, a constante c para falar desse objeto. O problema é que ele, sendo também um quadrado, acaba sendo um círculo que não é círculo, e é mas também não é um triângulo — uma contradição.

O problema com a sentença (10), contudo, é ainda pior. Digamos que usemos a constante c para representar o círculo quadrado. Aparentemente, a simbolização dessa sentença seria o seguinte:

$$\neg\exists x(x = c).$$

Contudo, é fácil ver que a fórmula mencionada é inválida: ela é falsa em toda e qualquer estrutura! Recorde que a semântica do **CQC** exige que toda constante tenha uma denotação. Assim, se c representa algum indivíduo no universo, é automaticamente verdadeiro que $\exists x(x = c)$ — e automaticamente falso que $\neg\exists x(x = c)$.

A consequência parece ser a de que é contraditório afirmar que não existe o círculo quadrado. Em outras palavras, parece que não há como negar a existência do círculo quadrado sem cair em contradição. E isso se aplica a qualquer objeto: como negar a existência de Pégaso, se a fórmula $\neg\exists x(x = p)$ é automaticamente falsa? Significa, então, que existe, afinal, o círculo quadrado? Pégaso? Ou (o exemplo original de Russell) o atual rei da França? Este é um velho problema filosófico: parece que, para afirmar que algo não existe, temos que admitir que esse algo existe, afinal.

A análise de Russell, por meio de uma paráfrase, permite que solucionemos esse problema no que diz respeito a descrições definidas. Ao invés de empregar uma constante para representar a expressão 'o círculo quadrado', vamos simplesmente eliminá-la como vimos anteriormente. Usemos K para o predicado 'x é um círculo quadrado', e T para 'x é um triângulo'. A sentença (9) seria formalizada assim:

$$\exists x(Kx \wedge \forall y(Ky \rightarrow x = y) \wedge Tx).$$

Essa, contudo, é uma sentença falsa, pois não existe algo que seja um círculo quadrado. De modo similar, teríamos o seguinte, ao formalizar (10):

$$\neg\exists x(Kx \wedge \forall y(Ky \rightarrow x = y)).$$

Que é, obviamente, uma sentença verdadeira, visto que não há círculos quadrados. Assim, podemos sem problemas afirmar a não existência de objetos aparentemente referidos por descrições definidas.[3]

Ainda um outro exemplo de como usar a identidade está na formalização de sentenças nas quais alguém é "o mais" de alguma classe. Por exemplo, uma sentença como

(11) Claudia Schiffer é a mais bonita de todas as mulheres.

Digamos que c denote Claudia Schiffer, e que tenhamos os símbolos de predicado M e B, representando, respectivamente, 'x é uma mulher' e 'x é mais bonita que y'. Uma solução seria:

(12) $$Mc \wedge \forall x((Mx \wedge x \neq c) \rightarrow Bcx).$$

---

3 Note que ficamos ainda com o problema de como afirmar a não existência de Pégaso — isto é, o problema de constantes que não denotam —, mas não vamos continuar essa discussão aqui. Você pode conferir a solução de Russell, ou ver ainda o igualmente célebre artigo de Quine, "Sobre o que há" (Quine, 2011).

Isto é, Claudia Schiffer é uma mulher e é mais bonita que qualquer indivíduo que seja mulher *e que não seja Claudia Schiffer!* Note que esse último requisito é essencial. Se tivéssemos escrito apenas

$$Mc \wedge \forall x(Mx \rightarrow Bcx),$$

teríamos como consequência que Claudia Schiffer é mais bonita que ela mesma (o que não é verdade, nem mesmo para a dama em questão). Note ainda que uma sentença ligeiramente diferente, como

(13) Claudia Schiffer é mais bonita que todas as mulheres,

poderia ter uma outra formalização, além de (12), dependendo de como se interpreta o que a sentença pretende dizer. Ou seja:

(14) $$\forall x(Mx \rightarrow Bcx).$$

No caso de (12), estamos afirmando que Claudia Schiffer é uma mulher, o que parece ser correto em virtude da afirmação de que ela é a mais bonita *de todas as* mulheres (fica implícito que ela é uma mulher, também). Contudo, isso não ocorre com (13): diz-se apenas que ela é mais bonita *que todas* as mulheres. A fórmula (14) reflete isso, parecendo dar a entender que ela não é mulher (seria talvez uma fada, ou algo assim), uma vez que, pela interpretação intuitiva de B, ninguém é mais bonita que si mesma. (Note, contudo, que, para derivar $\neg Mc$, precisamos colocar, explicitamente, essa premissa implícita de que ninguém é mais bonita que si mesma: $\forall x \neg Bxx$).

Para finalizar esta seção, uma última aplicação do símbolo de identidade: ele nos permite ter um certo controle sobre o número de indivíduos no universo de uma estrutura. Por exemplo, podemos afirmar não apenas que Sócrates existe, mas que *somente* Sócrates existe, o que pode ser feito como segue:

$$\exists x(x = s) \wedge \neg\exists x(x \neq s).$$

Ou, ainda, usando o quantificador universal,

$$\exists x(x = s) \land \forall x(x = s).$$

Como, entretanto, exige-se que o universo de uma estrutura tenha pelo menos um indivíduo, a fórmula citada é equivalente, na lógica clássica, a

$$\forall x(x = s).$$

Se "todos" são Sócrates, e se o universo tem ao menos um indivíduo, como deve ter, então esse indivíduo é Sócrates.

Para um outro exemplo, considere a fórmula abaixo:

$$\exists x \exists y(x \neq y).$$

O que ela está afirmando é que existem *pelo menos dois indivíduos distintos*. Isto é, ela só será verdadeira em uma estrutura cujo universo tenha pelo menos dois indivíduos. Por outro lado, considere agora sua negação:

$$\neg\exists x \exists y(x \neq y).$$

Obviamente, essa fórmula só será verdadeira em uma estrutura cujo universo não contenha ao menos dois indivíduos distintos: ou seja, só há um indivíduo.

Na verdade, a fórmula dada, que é equivalente (via intercâmbio de quantificadores) a

$$\forall x \forall y(x = y),$$

afirma que há, *no máximo*, um indivíduo. Porém, como o universo de uma estrutura precisa conter *ao menos* um indivíduo, o resultado é que a fórmula anterior só será verdadeira em uma estrutura que tenha *exatamente um* indivíduo em seu universo.

De modo similar, a fórmula a seguir exige que o universo de uma estrutura tenha, no máximo, dois indivíduos:

$$\neg\exists x \exists y \exists z(x \neq y \land y \neq z \land x \neq z).$$

O que é equivalente a

$$\forall x \forall y \forall z (x = y \lor y = z \lor x = z),$$

como é fácil de demonstrar. Agora, para ter uma fórmula que diga que há exatamente dois indivíduos no universo, basta fazer a conjunção da fórmula anterior ("no máximo dois indivíduos") com $\exists x \exists y (x \neq y)$ ("no mínimo dois indivíduos"). Mais simples, porém, é a formulação seguinte:

$$\exists x \exists y (x \neq y \land \forall z (z = x \lor z = y)).$$

Ou seja, existem dois indíviduos, x e y, que são distintos, e qualquer outro z que possamos considerar ou é (idêntico a) x, ou é (idêntico a) y. Assim, o universo de uma estrutura na qual a fórmula anterior é verdadeira contém exatamente dois indivíduos — nem mais, nem menos.

Evidentemente, se quisermos agora dizer que há exatamente dois indivíduos que tenham uma certa propriedade — digamos, há exatamente dois poetas — basta acrescentar isso à fórmula anterior:

$$\exists x \exists y (x \neq y \land \forall z (z = x \lor z = y) \land Px \land Py).$$

A técnica dada pode, é claro, ser generalizada para qualquer número natural n: 'há *pelo menos* (ou *no máximo*, ou *exatamente*) n indivíduos x tal que ...'. Assim, você pode dizer, do seu universo, que há pelo menos 27 indivíduos, ou no máximo 648, ou, ainda, que há exatamente 333 jogadores de futebol nascidos em Rio das Antas.

Exercício 16.2 Transcreva as sentenças a seguir para a linguagem do **CQC**$^=$, usando = sempre que necessário e a notação sugerida:

(a) Colombo descobriu a América. (a: a América; c: Colombo; D: x descobriu y)
(b) Somente Colombo descobriu a América.
(c) O descobridor da América era genovês. (G: x é genovês)
(d) O descobridor do Brasil era português. (b: Brasil; P: x é português)
(e) Cabral é o descobridor do Brasil. (c: Cabral)
(f) Sócrates é o filósofo mais conhecido. (s: Sócrates; F: x é um filósofo; C: x é mais conhecido que y)

(g) O inventor da pólvora nasceu na China. (I: x inventou a pólvora; C: x nasceu na China)
(h) O inventor da pólvora não existe.
(i) Existem exatamente dois indivíduos.
(j) Existem ao menos três indivíduos.
(k) Existem no máximo três indivíduos.
(l) Há pelo menos dois gatos. (G: x é um gato)
(m) Todas as crianças, exceto Pedrinho, gostam de sorvete. (p: Pedrinho; C: x é uma criança; G: x gosta de sorvete)
(n) Pelo menos duas crianças gostam de sorvete.
(o) Se existe exatamente um indivíduo, então Sócrates é Platão. (s: Sócrates; p: Platão)
(p) Todo filósofo tem ao menos dois discípulos. (F: x é um filósofo; D: x é discípulo de y)
(q) Alguns filósofos têm um único discípulo.
(r) Ninguém que seja discípulo de Sócrates é Sócrates.
(s) Há um papagaio que é vermelho, e um outro que é azul. (P: x é um papagaio; R: x é vermelho; B: x é azul)
(t) Há exatamente dois papagaios vermelhos.

16.2 Símbolos funcionais

Nesta seção, você vai ver uma outra maneira de estender o **CQC**, que consiste na adição de *símbolos funcionais* à linguagem, também chamados de *símbolos de operação*. Em princípio, tais símbolos não seriam absolutamente necessários, pois podemos passar sem eles. Contudo, por meio deles, certas coisas podem ser expressas de maneira mais simples, como veremos logo a seguir.

16.2.1 Alguns exemplos

Vamos, como de hábito, começar com um exemplo. Suponhamos que eu quisesse formalizar a sentença

(15) Os pais de Pedro, Carlos e Denise são filósofos,
e Pedro, Carlos e Denise também.

(Suponhamos ainda que se trate de três pais diferentes.) Uma primeira alternativa seria a seguinte: temos três indivíduos dos quais sabemos o nome — Pedro, Carlos e Denise — e precisamos de uma constante para cada um deles. Por exemplo, p, c e d. Dos outros três indivíduos, os pais, não sabemos o nome: sabemos apenas que são pais e filósofos. Usando P para a relação 'x é pai de y' e F para 'x é um filósofo', temos o seguinte:

$$\exists x(Pxp \land Fx) \land \exists x(Pxc \land Fx) \land \exists x(Pxd \land Fx) \land Fp \land Fc \land Fd.$$

Isto, como você vê, é algo bastante complicado (apesar de já termos retirado alguns parênteses!) — e poderia ser mais complicado ainda, se quiséssemos garantir que existe apenas um indivíduo que é o pai de Pedro. Nesse caso, o primeiro elemento da conjunção anterior, $\exists x(Pxp \land Fx)$, teria que ser:

$$\exists x(Pxp \land \forall y(Pyp \rightarrow x = y) \land Fx).$$

Ou seja, há um x que é pai de Pedro, e qualquer y que for pai de Pedro é idêntico a x, e x é um filósofo. Teríamos que fazer isso — eliminar a descrição definida — para cada um dos indivíduos envolvidos.

Uma outra alternativa, mais simples que a anterior, consiste em introduzir uma constante para designar cada um dos pais; digamos, p_1, p_2, e p_3 designando, respectivamente, o pai de Pedro, o de Carlos, e o de Denise. O resultado seria, então:

$$Fp_1 \land Fp_2 \land Fp_3 \land Fp \land Fc \land Fd.$$

Isso, embora mais simples, obviamente aumenta muito o número de constantes a utilizar. E uma desvantagem adicional é que há uma perda de informação: a ligação existente entre, por exemplo, Carlos e o pai de Carlos, fica escondida, pois nada indica que p_2 e c tenham algo a ver um com o outro.

Felizmente, há como resolver isso de um modo simples e elegante, por meio do recurso a um *símbolo funcional*. Símbolos funcionais (ou *constantes funcionais*) são usados para representar funções, ou operações. Por exemplo, se estamos falando do universo de todos os seres humanos, a expressão

o pai de x

representa uma função que associa, a cada indivíduo x, um único indivíduo, o pai (biológico) de x. Se usarmos a letra f para representar essa função, a expressão 'o pai de Pedro' pode ser formalizada da seguinte maneira: $f(p)$. Como você vê, escrevemos o símbolo funcional e colocamos seu *argumento* — a constante p, que denota Pedro, o indivíduo a quem estamos aplicando a função — entre parênteses. O resultado, $f(p)$, é um termo que se refere a um outro indivíduo: o pai de Pedro. Ou seja, podemos pensar num símbolo funcional como uma expressão que, aplicada ao "nome" de um indivíduo, dá como resultado o "nome" de um outro indivíduo. Dessa forma, podemos falar do pai de Pedro sem precisar introduzir uma constante especial para ele. Assim, podemos dizer que o pai de Pedro é um filósofo escrevendo

$$Ff(p).$$

Voltando à sentença (15) mencionada, usando o símbolo funcional f, ficamos finalmente com a seguinte formalização:

$$Ff(p) \land Ff(c) \land Ff(d) \land Fp \land Fc \land Fd.$$

Você há de concordar que essa é uma maneira muito mais econômica e elegante de fazer as coisas, especialmente porque a conexão entre Pedro e seu pai, por exemplo, fica representada na linguagem. Contudo, devemos ter o cuidado, ao introduzir um símbolo funcional, de que ele, de fato, represente uma função no universo do qual estamos falando. Por exemplo, a expressão em português

o filho de x

obviamente não denota uma função, pois, se aplicada a um indivíduo que não tem filhos, ou que tem mais de um filho, ou não denotará um indivíduo, ou não denotará univocamente. Como você recorda, na lógica clássica fazemos a suposição de que toda constante individual denota um indivíduo — é o nome de um indivíduo — e o mesmo vale para termos construídos a partir dessas constantes usando símbolos funcionais. Se você diz que *o* filho de João é um estudante, deve haver alguém no universo — e apenas um indivíduo — a quem a expressão 'o filho de João' se refere.

A expressão 'o filho mais velho de x', claro, chega um pouco mais perto de ser uma função, mas apenas se estamos falando de um universo onde *todos* têm pelo menos um filho. Do mesmo modo, as expressões 'o pai de x' e 'a mãe de x', que denotam funções no universo de todos os seres humanos, não mais o fazem se o universo contiver coisas sem pai nem mãe, como mesas, cadeiras, gatos e $\sqrt{2}$. Não faz sentido falar de 'o pai de $\sqrt{2}$'. Assim, só podemos introduzir adequadamente símbolos funcionais se o universo de que pretendemos falar permitir isso.

Os exemplos dados até agora, como 'o pai de x', foram de uma *função unária*, isto é, uma função de um argumento. Mas é claro que, de modo similar aos predicados, que aparecem em qualquer grau imaginável (unários, binários, ternários etc.), podemos ter funções n-árias, para qualquer n que queiramos. Dois exemplos de função binária são

a soma de x e y,
o produto de x e y,

se estamos tratando, por exemplo, dos números naturais, isto é, do conjunto $\mathbb{N} = \{0, 1, 2, 3, \ldots\}$. Assim, se usarmos os símbolos s e p para, respectivamente, a soma e o produto de dois números naturais, podemos escrever coisas como

$$s(a, b) = c,$$

ou seja, a soma de a e b é c, ou então,

$$s(a, b) \neq p(a, b),$$

isto é, a soma de a e b é diferente do produto de a e b. (Note que, no caso de uma função de *mais de um* argumento, estes são escritos separados por vírgulas.)

Bem, você já conhece outros símbolos para as funções soma e produto: + e ×. Assim, as duas sentenças anteriores poderiam ser abreviadas (colocando o símbolo funcional entre os argumentos, como fizemos com = na seção anterior) da seguinte forma:

$$a + b = c,$$
$$a + b \neq a \times b.$$

Para dar agora mais um exemplo de como os símbolos funcionais facilitam as coisas, imagine que você tivesse que escrever a expressão matemática

$$\forall x \forall y(x + y = y + x)$$

dispondo apenas da relação ternária S para 'a soma de x e y é z'. Você teria que escrever algo como

$$\forall x \forall y \forall z \forall w((Sxyz \wedge Syxw) \rightarrow z = w).$$

Note que o uso de z e w é necessário para garantir que há apenas um número que corresponde à soma de x e y. A formulação mais fraca,

$$\forall x \forall y \forall z(Sxyz \rightarrow Syxz),$$

deixaria aberta a possibilidade de que houvesse um outro número, diferente de z, que também fosse a soma de x e y, o que o uso de funções automaticamente descarta, uma vez que, obviamente, só temos uma única imagem da aplicação de uma função a um argumento (ou argumentos). Enfim, como mostra o exemplo anterior, ainda que possamos dispensar o uso de símbolos funcionais, eles realmente simplificam certas coisas.

Para encerrar esses comentários iniciais com exemplos, lembre-se mais uma vez do cuidado que devemos ter ao trabalhar com funções. A operação aritmética usualmente representada por +, a soma, é, sem dúvida, uma função — mas isso se tomarmos como conjunto o universo dos números naturais, ou inteiros, ou reais. Mas suponhamos agora que nosso universo consista apenas nos números de 0 a 100: aí 'a soma de x e y' não designa mais uma função, pois a soma de, digamos, 45 e 85 é 130, que, obviamente, está fora do universo. Ou seja, não teríamos nenhum indivíduo designado pela expressão 'a soma de 45 e 85'. E, repito, na lógica clássica essa expressão precisa denotar algo, pois funciona como o nome de algum indivíduo. (Na verdade, existem lógicas que trabalham com funções parciais: por exemplo, num universo composto de seres humanos e cadeiras, a função 'o pai de x' seria restrita a uma parte do universo. Mas não vamos tratar dessas lógicas aqui.)

16.2.2 Redefinindo os termos

Após esses exemplos introdutórios, vamos ver como acrescentar símbolos funcionais à linguagem. Como você notou pelos exemplos mencionados, também vamos usar letras minúsculas. Não haverá perigo de confundir um símbolo funcional com uma constante individual, pois, se uma letra estiver representando uma função, deverá sempre ser escrita seguida de parênteses indicando o(s) argumento(s) dessa função, como em $f(c)$ ou $s(x, y)$.

Para formar a linguagem do $\mathbf{CQC}_f^=$ — o cálculo de predicados com identidade e símbolos funcionais — basta acrescentar à linguagem do $\mathbf{CQC}^=$ um suprimento infinito de símbolos funcionais: para cada $n > 0$, símbolos funcionais de grau n, para os quais usaremos também letras minúsculas $a, \ldots, t$, com ou sem subscritos. Duas observações a esse respeito: primeiro, alguns autores preferem reservar algumas letras para símbolos funcionais (como f e g), sendo as letras restantes as constantes individuais. Isso tem a vantagem de dispensar os parênteses: se você escreve fa, e f é um símbolo só para funções, então, obviamente, a será seu argumento. Mas não vamos usar essa convenção aqui. Segundo, você notou que exigimos que $n > 0$. Ou seja, não teremos funções zero-árias. No entanto, se quisermos, podemos definir constantes individuais como funções zero-árias, o que alguns autores também fazem.

Tendo agora símbolos novos na linguagem, nossa definição de fórmula sofrerá alterações? Na verdade, não. O que vai mudar é a definição de *termo*: se antes termos eram apenas constantes individuais ou variáveis, agora teremos construções bem mais complexas. A definição é a seguinte:

Definição 16.1 Seja $\mathcal{L}$ uma linguagem de primeira ordem.

(a) Uma variável individual é um termo.
(b) Uma constante individual é um termo.
(c) Se **f** é um símbolo funcional n-ário, para $n > 0$, e $\mathbf{t}_1, \ldots, \mathbf{t}_n$ são termos, então $\mathbf{f}(\mathbf{t}_1, \ldots, \mathbf{t}_n)$ é um termo.
(d) Nada mais é um termo, além do que for obtido por (a)-(c).

A definição de fórmula, é claro, permanece a mesma. Uma fórmula atômica, por exemplo, continua sendo um símbolo de predicado n-ário seguido de n termos. Apenas alteramos a definição do que é um termo, passando a incluir mais coisas.

Vamos ver alguns exemplos de termos mais complexos. Suponha que estejamos falando do universo de todos os seres humanos, usando a para representar Aristóteles e o símbolo p para a função 'o pai de x'. Assim, o termo $p(a)$ vai designar o pai de Aristóteles. Considere agora a expressão

$$p(p(a)).$$

A quem você acha que estamos nos referindo? Claro: ao pai do pai de Aristóteles, ou seja, ao *avô paterno* de Aristóteles. De modo similar, com $p(p(p(a)))$ estamos nos referindo ao bisavô paterno de Aristóteles. Veja a utilidade dos símbolos funcionais: eu não sei o nome do bisavô paterno de Aristóteles, mas, mesmo assim, posso falar dele. Se quisermos dizer que o bisavô paterno de Aristóteles é grego, nada mais simples do que escrever $Gp(p(p(a)))$.

Como você percebeu, um símbolo funcional aplicado a um termo (o nome de um indivíduo), gera um termo mais complexo (o nome de um outro indivíduo). E como fazer agora quando quisermos interpretar uma linguagem, isto é, construir uma estrutura $\mathfrak{A} = \langle U, I \rangle$? Você recorda-se de que constantes designam um indivíduo no universo U da estrutura; e um símbolo de predicado n-ário, uma relação n-ária (contida em $U \times U$). Os símbolos funcionais são interpretados de modo análogo: se **f** é um símbolo funcional, a interpretação I vai associar a **f** uma função n-ária de U^n em U.

Vamos a um exemplo. Consideremos uma linguagem de primeira ordem em que tenhamos, entre outras coisas, um símbolo funcional unário f e um símbolo funcional binário s. Seja agora $\mathfrak{N} = \langle \mathbb{N}, I \rangle$ uma estrutura cujo universo U é o conjunto $\mathbb{N}$ dos números naturais. Suponha que queiramos interpretar f, nessa estrutura, como a função 'o sucessor de x'. Ora, uma função unária pode ser representada por um conjunto de *pares* ordenados. Assim, teremos o seguinte:

$$I(f) = \{\langle 0, 1 \rangle, \langle 1, 2 \rangle, \langle 2, 3 \rangle, \langle 3, 4 \rangle, \ldots\}.$$

Ou seja, $I(f)$ associa a 0 o número 1; a 1, o número 2; e assim por diante.

Consideremos agora s, e digamos que nossa ideia é que sua interpretação seja 'a soma de x e y' (i.e., $x + y$). Como temos uma função *binária*, a interpretação do símbolo s será um conjunto de *triplas* ordenadas

$$I(s) = \{\langle 0, 0, 0 \rangle, \langle 0, 1, 1 \rangle, \ldots, \langle 1, 2, 3 \rangle, \langle 2, 2, 4 \rangle, \ldots\}.$$

Isto é, aos números 0 e 0 a função $I(s)$ associa sua soma, que é zero; a 1 e 2, $I(s)$ associa sua soma, que é 3. E assim por diante.

Dessa forma, fica fácil determinar a que indivíduo um termo fechado qualquer (ou seja, um termo em que não ocorrem variáveis) se refere. Se, por um lado, uma constante individual **c** qualquer se refere a um indivíduo $I(\mathbf{c})$ no universo do modelo, a denotação de um termo complexo $\mathbf{f}(\mathbf{t}_1, \ldots, \mathbf{t}_n)$ qualquer é:

$$I(\mathbf{f})\,(I(\mathbf{t}_1), \ldots, I(\mathbf{t}_n)).$$

Em outras palavras, é o resultado de aplicar a função $I(\mathbf{f})$ à sequência de indivíduos $I(\mathbf{t}_1), \ldots, I(\mathbf{t}_n)$.

Voltando ao exemplo dado, e supondo que nossa linguagem contém as constantes a_2 e a_4, cujos valores na interpretação I são, respectivamente, os números 2 e 4, teremos:

$$\begin{aligned} I(s(a_2,a_4)) &= I(s)\,(I(a_2), I(a_4)) \\ &= I(s)\,(2,4) \\ &= 2+4 \\ &= 6. \end{aligned}$$

Exercício 16.3 Usando p para 'o pai de x', m para 'a mãe de x', e para 'a esposa de x' e a para Aristóteles, diga a quem as expressões a seguir se referem:

(a) $m(a)$
(b) $p(m(a))$
(c) $m(p(a))$
(d) $m(m(a))$
(e) $p(p(m(m(a))))$
(f) $m(e(a))$
(g) $p(e(a))$
(h) $e(p(a))$
(i) $m(m(e(a)))$

Exercício 16.4 Simbolize as sentenças a seguir, usando p para 'o pai de x', m para 'a mãe de x' e os símbolos de predicado sugeridos:

(a) O pai de Alexandre é um filósofo. (F: x é um filósofo)
(b) Felipe é o pai de Alexandre.
(c) Felipe não é a mãe de Alexandre.
(d) O pai de Carlos é também o pai de Denise.
(e) O avô paterno de Denise não é um filósofo.
(f) Alguém é o pai de Adão.
(g) Alguém é o pai de Carlos e de Denise.
(h) Se alguém é a mãe de Adão, então Adão não é o primeiro humano. (H: x é o primeiro humano)
(i) Se dois indivíduos têm a mesma mãe, então eles são irmãos. (I: x é irmão de y)
(j) Todos têm um pai.
(k) Todos têm mãe, mas nem todos têm filhos. (F: x é filho de y)
(l) A avó materna de João mora em Ituporanga, mas seu avô materno não. (M: x mora em Ituporanga)
(m) Se dois indivíduos têm o mesmo pai e mesma mãe, então eles são irmãos. (I: x é irmão de y)

(n) Se Felipe é o pai de Alexandre, então Felipe não é a mãe de ninguém.
(o) Nenhum pai é mãe.
(p) Todos os avós paternos são pais.
(q) O pai de qualquer pessoa é filho de alguém. (F: x é filho de y)

Exercício 16.5 Idem, usando s para 'a soma de x e y', p para 'o produto de x e y', q para 'o quadrado de x', G para 'x é maior que y', L para 'x é menor que y', a para zero, e a_n para cada número natural $n > 0$:

(a) A soma de dois e dois é quatro.
(b) O produto de dois e dois é menor que cinco.
(c) O quadrado de cinco é vinte e cinco.
(d) A soma de dois números é menor que seu produto.
(e) Nem sempre o produto de dois números é maior do que sua soma.
(f) O produto de um número pela soma de dois outros é igual ao produto do primeiro pelo segundo somado ao produto do primeiro pelo terceiro.
(g) Zero é menor do que o produto de quaisquer dois números.
(h) Zero não é o quadrado de nenhum número.
(i) Se o quadrado de dois é quatro, e o de três é nove, então dois é menor que três.
(j) Dados dois números quaisquer, ou o primeiro é menor que o segundo, ou o segundo é menor que o primeiro, ou eles são iguais.

Exercício 16.6 Seja $\mathcal{L}$ uma linguagem de primeira ordem contendo, entre outras coisas, o símbolo funcional unário q, e os símbolos funcionais binários s e p. Seja a estrutura $\mathfrak{N} = \langle \mathbb{N}, I \rangle$, e tal que a função I associa a a zero, a_n a cada número natural $n > 0$, e tal que:

$$I(q) = \{\langle x, y \rangle \mid x^2 = y\}$$
$$I(s) = \{\langle x, y, z \rangle \mid x + y = z\}$$
$$I(p) = \{\langle x, y, z \rangle \mid x \times y = z\}$$

Calcule o valor dos termos a seguir:

(a)	$q(a_2)$	(e)	$p(a, a_8)$
(b)	$s(a_1, a_3)$	(f)	$p(s(a_1, a_3), s(a_2, a_5))$
(c)	$p(a_2, a_5)$	(g)	$q(q(a_3))$
(d)	$s(a_2, q(a_3))$	(h)	$q(s(a_3, a_4))$

16.3 Consequência lógica no $\mathbf{CQC}_f^=$

Tendo visto como formalizar sentenças do português na linguagem do cálculo de predicados com identidade e símbolos funcionais, vamos ver agora como caracterizar a noção de consequência lógica nesse cálculo.

Começando pela noção de consequência semântica, verificamos que não há mudança alguma com respeito à definição apresentada para o **CQC** sem identidade e símbolos funcionais. Isto é, dado um conjunto Γ de fórmulas, e alguma fórmula α, dizemos que

$$\Gamma \models \alpha \quad \text{sse} \quad \text{todo modelo de } \Gamma \text{ é modelo de } \alpha.$$

É claro, o que mudou foi a caracterização do que é uma estrutura (lembre-se de que uma estrutura é modelo de um conjunto de fórmulas Γ se todas as fórmulas de Γ são verdadeiras nessa estrutura). Primeiro, estamos nos restringindo àquelas estruturas chamadas de *estruturas normais*, isto é, estruturas nas quais a interpretação do símbolo = é a relação de identidade no universo da estrutura. Segundo, temos que acrescentar, à definição de estrutura, uma cláusula indicando como interpretar os símbolos funcionais. Para deixar as coisas bem claras, vamos apresentar aqui a definição completa do que é uma estrutura para o $\mathbf{CQC}_f^=$.

Definição 16.2 Uma *estrutura* $\mathfrak{A}$ para uma linguagem $\mathcal{L}$ de primeira ordem com identidade e símbolos funcionais é um par ordenado $\langle U, I\rangle$, onde U é um conjunto não vazio e contável, e I, a função interpretação, é tal como segue:

(a) a cada constante individual **c** de $\mathcal{L}$, I associa um indivíduo $I(\mathbf{c}) \in U$;

(b) a cada símbolo funcional n-ário ($n > 0$) **f** de $\mathcal{L}$, I associa uma função n-ária $I(\mathbf{f})$ de U^n em U;

(c) a cada símbolo de predicado zero-ário (letra sentencial) **S**, I associa um elemento do conjunto {**V**, **F**} de valores de verdade (i.e., $I(\mathbf{S}) = \mathbf{V}$ ou $I(\mathbf{S}) = \mathbf{F}$);

(d) a cada símbolo de predicado unário **P** de $\mathcal{L}$, I associa um subconjunto de U (i.e., $I(\mathbf{P}) \subseteq U$);

(e) ao símbolo de predicado binário $=$, I associa a relação de identidade em U (i.e., $I(=) = \{\langle x, x\rangle \mid x \in U\}$);

(f) a cada símbolo de predicado n-ário ($n > 1$) **P** de $\mathcal{L}$ diferente de $=$, I associa uma relação n-ária em U (i.e., $I(\mathbf{P}) \subseteq U^n$).

Tendo assim caracterizado o que é uma estrutura para uma linguagem $\mathcal{L}$ do cálculo de predicados com identidade e símbolos funcionais, podemos definir quando uma fórmula qualquer α é verdadeira em uma estrutura $\mathfrak{A}$. Primeiro, como você recorda, precisamos formar $\mathcal{L}(\mathfrak{A})$, isto é, acrescentar a $\mathcal{L}$ *nomes* para os indivíduos do universo U de $\mathfrak{A}$. E, claro, precisamos primeiro caracterizar, para cada termo **t** de $\mathcal{L}(\mathfrak{A})$, a que indivíduo **t** se refere, isto é, $I(\mathbf{t})$. Se **t** é uma constante, $I(\mathbf{t})$ é o indivíduo associado por I ao termo **t**. Se **t** é um nome, $I(\mathbf{t})$ é o indivíduo de quem **t** é nome. E se, para algum símbolo funcional **f** n-ário, $n > 0$, e para n termos $\mathbf{t}_1, \ldots, \mathbf{t}_n$, o termo $\mathbf{t} = \mathbf{f}(\mathbf{t}_1, \ldots, \mathbf{t}_n)$, temos que

$$I(\mathbf{t}) = I(\mathbf{f})\,(I(\mathbf{t}_1), \ldots, I(\mathbf{t}_n)),$$

como vimos na seção anterior.

Isto posto, a única coisa a fazer é acrescentar à definição de verdade 10.2 a cláusula que fala da identidade, ou seja:

$$\mathfrak{A}(\mathbf{t}_1 = \mathbf{t}_2) = \mathbf{V} \quad \text{sse} \quad I(\mathbf{t}_1) = I(\mathbf{t}_2),$$

onde $\mathbf{t}_1$ e $\mathbf{t}_2$ são dois termos quaisquer. Em outras palavras, $\mathbf{t}_1 = \mathbf{t}_2$ é verdadeira em uma certa estrutura se, e somente se, $\mathbf{t}_1$ e $\mathbf{t}_2$ se referem ao mesmo indivíduo.

Como você vê, feitas essas alterações nas definições de estrutura e verdade de uma fórmula em uma estrutura, nada mais é necessário. As noções de validade e consequência lógica semântica permanecem inalteradas.

16.4 Tablôs semânticos para o $\mathbf{CQC}_f^=$

Assim como a noção de consequência lógica (semântica) não sofreu alterações — bastando que modificássemos a definição de estrutura, as noções de prova por tablôs e consequência lógica por tablôs no $\mathbf{CQC}_f^=$ serão as mesmas que tínhamos antes. As diferenças, claro, estão nas regras utilizadas. Em primeiro lugar, como a identidade está sendo considerada um símbolo lógico, teremos que ter um par de regras para identidade, à semelhança de operadores e quantificadores. Depois, teremos que examinar que alterações serão necessárias nas regras das fórmulas gerais para tratar dos termos.

16.4.1 Regras para identidade

As regras para identidade são apresentadas na figura 16.1. Como de costume no caso de tablôs, para cada símbolo há duas regras: uma em que a fórmula em que esse símbolo é o principal aparece precedida de V, e outra em que aparece precedida de F. A primeira regra diz que, se em um ramo de um tablô ocorre uma expressão como F $\mathbf{t} = \mathbf{t}$ (alternativamente, V $\mathbf{t} \neq \mathbf{t}$), esse ramo do tablô fecha-se imediatamente. A razão disso é óbvia, pois, como estamos supondo que a relação de identidade vale para qualquer indivíduo, afirmar, sobre um certo $\mathbf{t}$, que $\mathbf{t} \neq \mathbf{t}$ seria contraditório.

Quanto à segunda regra, ela tem duas versões, mas a ideia básica é que, tendo uma fórmula verdadeira que assevere a identidade de dois termos quaisquer, ou seja, V $\mathbf{t}_1 = \mathbf{t}_2$, ou V $\mathbf{t}_2 = \mathbf{t}_1$,[4] e tendo alguma fórmula α onde $\mathbf{t}_1$ ocorre — não importa se essa fórmula seja precedida por V ou F (o que estamos representando na figura 16.1 pelo símbolo #) — você pode substituir *uma ou mais* ocorrências de $\mathbf{t}_1$ em α por ocorrências de $\mathbf{t}_2$. O valor # de α após a substituição é mantido: se era verdadeira, continua verdadeira; se falsa, continua falsa.

4 Recorde-se de que estamos trabalhando apenas com termos fechados.

	onde # é V ou F:
F t = t	$\#\,\alpha(\mathrm{t}_1)$
×	$\dfrac{\mathsf{V}\ \mathrm{t}_1 = \mathrm{t}_2 \text{ ou } \mathsf{V}\ \mathrm{t}_2 = \mathrm{t}_1}{\#\alpha(\mathrm{t}_1/\mathrm{t}_2)}$

Figura 16.1: Regras de tablô para identidade.

Um exemplo para começar. Vamos mostrar que $a = b \models Rab \rightarrow Rba$. O tablô fechado resultante é apresentado logo a seguir. Note que, na terceira linha do tablô, de cima para baixo, o que fizemos foi substituir, em $Rab \rightarrow Rba$, as ocorrências de b por a (gerando $Raa \rightarrow Raa$), já que temos, no ramo, V$a = b$. O passo seguinte foi reduzir F$Raa \rightarrow Raa$, obtendo imediatamente uma contradição.

V $a = b$
F $Rab \rightarrow Rba$
✓F $Raa \rightarrow Raa$
V Raa
F Raa
×

Um segundo exemplo: vamos mostrar que $Pa, Pb \not\models a = b$. O tablô é o seguinte:

V Pa
V Pb
F $a = b$
?

Note que nada mais podemos fazer no caso dado. Como não temos uma identidade *verdadeira*, nenhuma substituição é possível. E, como as fórmulas envolvidas são atômicas, nada há o que reduzir. O tablô fica aberto, e $a = b$ não é consequência lógica de Pa e Pb.

Para um terceiro e último exemplo, vamos mostrar que $(Raa \wedge \neg Rbb) \rightarrow a \neq b$ é válida. Começando o tablô, ficamos com o seguinte:

$$\begin{array}{c} \checkmark \mathsf{F}\ (Raa \wedge \neg Rbb) \to a \neq b \\ \checkmark \mathsf{V}\ Raa \wedge \neg Rbb \\ \mathsf{F}\ a \neq b \\ \mathsf{V}\ Raa \\ \checkmark \mathsf{V}\ \neg Rbb \\ \mathsf{F}\ Rbb \end{array}$$

O que podemos fazer agora, já que o tablô não fechou e, além das fórmulas atômicas que aparecem (como VRaa), todas as moleculares aparentemente foram utilizadas? Mas um momento: *todas*?

Na verdade não: temos ainda F$a \neq b$. Note que $a \neq b$ *não é* uma fórmula atômica! Ela é, de fato, uma negação; $a \neq b$ é apenas a abreviação de $\neg(a = b)$. Assim, se F$a \neq b$ — ou seja, F$\neg(a = b)$ — podemos acrescentar V$a = b$ ao tablô. O que nos permite fechar o tablô, trocando a por b em V Raa para ficar com V Rbb, por exemplo. Assim:

$$\begin{array}{c} \checkmark \mathsf{F}\ (Raa \wedge \neg Rbb) \to a \neq b \\ \checkmark \mathsf{V}\ Raa \wedge \neg Rbb \\ \checkmark \mathsf{F}\ a \neq b \\ \mathsf{V}\ Raa \\ \checkmark \mathsf{V}\ \neg Rbb \\ \mathsf{F}\ Rbb \\ \mathsf{V}\ a = b \\ \mathsf{V}\ Rbb \\ \times \end{array}$$

O tablô fechou e a fórmula é mesmo válida.

E agora, mais alguns exercícios!

Exercício 16.7 Determine, usando tablôs, se as fórmulas a seguir são válidas ou não.

(a) $\exists x(x = x)$

(b) $(\neg Pa \wedge Pb) \to a \neq b$

(c) $\forall x(x = x)$

(d) $\neg\forall x\forall y(x \neq y)$
(e) $\forall x\forall y(x \neq y \leftrightarrow y \neq x)$
(f) $\forall x\forall y((Gxy \wedge x = y) \rightarrow Gyx)$
(g) $\forall x\forall y((Px \leftrightarrow \neg Py) \rightarrow x \neq y)$
(h) $\forall x\exists y(x \neq y)$
(i) $\forall x\forall y(x = y \rightarrow y = x)$
(j) $\forall x\forall y\forall z((x = y \wedge y = z) \rightarrow x = z)$
(k) $\forall x\exists y(x = y)$
(l) $\forall x\forall y(x = y \rightarrow (Px \leftrightarrow Py))$
(m) $\forall x(Ax \leftrightarrow \exists y(x = y \wedge Ay))$
(n) $(\forall x\exists yRxy \wedge \forall x\neg Rxx) \rightarrow \forall x\exists y(x \neq y \wedge Rxy)$
(o) $(Fa \wedge \forall x(x \neq a \rightarrow Fx)) \leftrightarrow \forall xFx$
(p) $\exists x\forall y(x = y) \rightarrow (\forall xFx \vee \forall x\neg Fx)$

Exercício 16.8 Determine, usando tablôs, se as conclusões a seguir são consequência lógica das premissas indicadas, ou não.

(a) $a = b \vDash \exists x(x = a \wedge x = b)$
(b) $Lab, \neg Lcd, b = d \vDash a \neq c$
(c) $\forall x(x = a \vee x = b) \vDash \forall y(y = c \rightarrow (y = a \vee y = b))$
(d) $\neg\exists x(x \neq a \wedge x \neq b), \exists xQx, \neg Qb \vDash Qa$
(e) $\forall x(Fx \rightarrow Gx), \neg Fa \vDash \exists x(x \neq a)$
(f) $\exists x\exists yRxy \vDash \exists x\exists y(Rxy \wedge x \neq y)$
(g) $\exists x(x \neq a \wedge Qx) \vDash \exists xQx \wedge (Qa \rightarrow \exists x\exists y(x \neq y \wedge (Qy \wedge Qx)))$

16.4.2 Alterações nas regras de quantificadores

Vamos tratar agora das mudanças necessárias para introdução de símbolos funcionais. Não há regras especiais para eles, claro, como no caso da identidade, uma vez que não são símbolos lógicos. No entanto, já que a definição de termo foi alterada, precisamos fazer pequenas mudanças em algumas regras que envolvem quantificadores. Por exemplo, você se lembra de que, a partir de uma fórmula universal verdadeira, podíamos, ao eliminar o quantificador, substituir a variável quantificada por uma constante qualquer. Bem, isso vai poder ser feito agora para um *termo* fechado qualquer.[5] Na figura 16.2, você encontra a nova formulação de duas das regras para fórmulas com quantificadores: universais verdadeiros e existenciais falsos. As outras duas permanecem como antes. E as regras para os operadores, claro, não sofrem alteração.

$\frac{\mathsf{V}\ \forall \mathbf{x}\alpha}{\mathsf{V}\ \alpha[\mathbf{x}/\mathbf{t}]}$	$\frac{\mathsf{F}\ \forall \mathbf{x}\alpha}{\mathsf{F}\ \alpha[\mathbf{x}/\mathbf{c}]}$	$\frac{\mathsf{V}\ \exists \mathbf{x}\alpha}{\mathsf{V}\ \alpha[\mathbf{x}/\mathbf{c}]}$	$\frac{\mathsf{F}\ \exists \mathbf{x}\alpha}{\mathsf{F}\ \alpha[\mathbf{x}/\mathbf{t}]}$
para qualquer termo fechado **t**	desde que c seja nova no ramo	desde que c seja nova no ramo	para qualquer termo fechado **t**

Figura 16.2: Regras para fórmulas quantificadas.

É fácil ver por que, no caso de universais verdadeiros (e existenciais falsos), podemos trocar a variável por qualquer termo fechado **t**. Por exemplo, se temos uma fórmula como $\mathsf{V}\forall xPx$, isso significa que todos os indivíduos têm a propriedade P, inclusive $p(a)$ — digamos, o pai de Aristóteles.

Vamos mostrar, inicialmente, que a fórmula correspondente a 'se todos são filósofos, então o avô paterno de qualquer indivíduo é filósofo' (ou seja, $\forall xFx \rightarrow \forall xFp(p(x))$) é válida. O tablô fechado correspondente você encontra logo a seguir. Observe que, para obter a quarta linha do tablô, reduzimos a fórmula $\mathsf{F}\forall xFp(p(x))$ (que, como vínhamos fazendo, foi cancelada). E note que, nesse caso, apenas substituímos a variável x por uma *constante* nova a. Veja:

$$\checkmark\mathsf{F}\ \forall xFx \rightarrow \forall xFp(p(x))$$
$$\mathsf{V}\ \forall xFx$$
$$\checkmark\mathsf{F}\ \forall xFp(p(x))$$
$$\mathsf{F}\ Fp(p(a))$$
$$\mathsf{V}\ Fp(p(a))$$
$$\times$$

5 Continuaremos a fazer a restrição de que não trabalharemos diretamente com fórmulas abertas — daí o fato de que os termos sejam fechados, i.e., não contenham variáveis. Daqui para a frente, a não ser que seja explicitado, 'termo' significa 'termo fechado'.

Agora, para obter a quinta linha e fechar o tablô, o que fizemos foi utilizar V$\forall xFx$. A nova versão da regra para um universal verdadeiro nos permite eliminar o quantificador e trocar a variável x por qualquer termo. No caso, substituímos a ocorrência de x em Fx por $p(p(a))$, ficando, então, com V$Fp(p(a))$ e fechando o tablô. (Note que, se a regra não tivesse essa nova versão, não teria sido possível mostrar a validade da fórmula em questão.)

Vamos ver agora um exemplo da razão pela qual as regras de universais falsos e existenciais verdadeiros não foram modificadas. Considere a sentença 'se o pai de um indivíduo qualquer é filósofo, então todos são filósofos'. Formalizando, $\forall xFp(x) \rightarrow \forall xFx$. Obviamente isso não é válido, como mostra o tablô a seguir:

$$
\begin{array}{c}
\checkmark \mathsf{F}\ \forall xFp(x) \rightarrow \forall xFx \\
\mathsf{V}\ \forall xFp(x) \\
\checkmark \mathsf{F}\ \forall xFx \\
\mathsf{F}\ Fa \\
\mathsf{V}\ Fp(a) \\
?
\end{array}
$$

Esse tablô nunca vai fechar-se. Note que a única coisa que podemos fazer, ao processar o universal falso, é substituir x por uma constante nova. Se pudéssemos substituir x por um termo qualquer, como $p(a)$, então o tablô se fecharia — mas é claro que não queremos isso, pois estaríamos validando a fórmula em questão, que, intuitivamente, não pode ser válida. Essa é a razão pela qual ficamos restritos ao uso de constantes. A ideia — no caso de um existencial verdadeiro como $\exists xFx$, para mudar de exemplo — é que sabemos que alguém é um filósofo. A razão de não se poder trocar x por um termo como $p(a)$ é que não sabemos, desse x que é filósofo, se ele é o pai de alguém. Uma constante nova não faz nenhuma suposição adicional a respeito de um indivíduo — além de que ele existe.

Exercício 16.9 Determine, usando tablôs, se as fórmulas seguintes são válidas, ou consequência lógica das premissas indicadas, conforme o caso.

(a) $\forall xPx \rightarrow \forall xQx, \forall xPf(x) \vDash Qb$
(b) $\vDash \forall x\forall y(f(x) \neq f(y) \rightarrow x \neq y)$
(c) $\vDash \forall x\exists y(y = h(x))$
(d) $\forall xPf(x) \rightarrow \forall xQf(x), \neg\exists xQx \vDash Pf(f(a))$
(e) $a = b \vDash Pf(a) \rightarrow Pf(b)$
(f) $\forall xPx \vDash \forall xPf(x)$
(g) $\vDash \forall x(\neg Ph(h(x)) \rightarrow \neg Ph(x))$
(h) $\exists x\exists y(x = f(y) \wedge y = h(x)) \vDash \exists x(x = f(h(x))$
(i) $Pa \vDash \forall x(Ph(x) \rightarrow Ph(h(x)))$
(j) $\forall xPx \vDash \forall y(Ryb \rightarrow Ph(y,b))$
(k) $\vDash \forall x\forall y(x = y \rightarrow f(x) = f(y))$
(l) $\exists xPx \vDash \exists x(Rbx \vee Ph(x,b))$
(m) $\vDash \forall x\forall y\forall z\forall w((x = y \wedge z = w) \rightarrow g(x,z) = g(y,w))$
(n) $\vDash \forall z\exists x\exists y(z = h(x,y)) \rightarrow (\forall x\forall ySh(x,y) \rightarrow \forall ySy)$

16.5 Dedução natural no $\mathbf{CQC}_f^=$

Como seria de esperar, a noção de consequência sintática também não sofrerá alterações. Ou seja, dado um conjunto de fórmulas Γ e uma fórmula α qualquer, ainda teremos que $\Gamma \vdash \alpha$ se e somente se α puder ser derivada a partir de fórmulas em Γ através de um número finito de aplicações das regras de inferência do $\mathbf{CQC}_f^=$. O que vai mudar, no caso da dedução natural, são as regras de que vamos dispor: primeiro, teremos que ter regras especiais para o caso da identidade; depois, teremos de ver que alterações são necessárias para tratar de fórmulas envolvendo símbolos funcionais.

16.5.1 Regras para identidade

Vamos começar pela identidade. Como = está sendo considerado um símbolo lógico — i.e., na mesma situação que operadores e quantificadores —, precisamos de duas regras: uma que introduza e outra que elimine a identidade. Essas regras estão formuladas na figura 16.3. A regra de introdução, como você vê, tem um caráter especial: ela não tem premissas. Isto é, podemos introduzir, em qualquer linha de uma dedução, uma fórmula **t** = **t**. Quanto à regra de eliminação, ela tem duas versões, mas a ideia básica é que, tendo uma fórmula que assevere a identidade de dois termos fechados quaisquer, você pode substituir uma ou mais ocorrências de um deles por ocorrências do outro.

Introdução da Identidade (I=)	*Eliminação da Identidade* (E=)	
	$\alpha(\mathbf{t}_1)$	$\alpha(\mathbf{t}_1)$
	$\mathbf{t}_1 = \mathbf{t}_2$	$\mathbf{t}_2 = \mathbf{t}_1$
———	———	———
$\mathbf{t} = \mathbf{t}$	$\alpha(\mathbf{t}_1/\mathbf{t}_2)$	$\alpha(\mathbf{t}_1/\mathbf{t}_2)$
para qualquer termo fechado **t**		

Figura 16.3: Regras para identidade.

Vamos ver um exemplo. Suponhamos que eu quisesse mostrar que $\vdash \forall x(x = x)$:

1.	$a = a$	I=
2.	$\forall x(x = x)$	1 I∀

A fórmula $a = a$ na linha 1 foi introduzida por meio do uso da regra I=. Note que não precisamos de nenhuma premissa ou hipótese para fazer isso. Depois, claro, uma simples aplicação de I∀ nos dá o resultado desejado.

Suponhamos agora que quiséssemos mostrar que $\vdash \neg\exists x(x \neq x)$. Vamos tentar mostrar isso por absurdo, ou seja, começamos com a hipótese $\exists x(x \neq x)$, e continuemos a partir daí. A solução seria:

1.	│ $\exists x(x \neq x)$	H (RAA) ?CTR
2.	│ │ $a \neq a$	H (E∃)
3.	│ │ $a = a$	I=
4.	│ │ $A \wedge \neg A$	2,3 CTR
5.	│ $A \wedge \neg A$	1,2-4 E∃
6.	$\neg\exists x(x \neq x)$	1–5 RAA

Lembre-se de que $a \neq a$ é na verdade uma abreviação de $\neg = aa$, de modo que o uso de CTR na linha 4 foi correto. (Note que fazer simplesmente a conjunção $a = a \wedge a \neq a$ na linha 4 não teria sido suficiente para os nossos propósitos na dedução, pois a constante a ainda não teria sido eliminada e não poderíamos aplicar E$\exists$. Com uma outra contradição como $A \wedge \neg A$ isso não é um problema.)

Vamos ver um terceiro exemplo, tentando mostrar que $Lab \vee Lbc, \neg Lab, b = c \vdash Lcc$. Uma solução seria:

1.	$Lab \vee Lbc$	P
2.	$\neg Lab$	P
3.	$b = c$	P
4.	Lbc	1,2 SD
5.	Lcc	3,4 E=

Um outro caminho possível é fazer a substituição de b por c não em Lbc, mas já na fórmula da linha 1, $Lab \vee Lbc$, obtendo $Lab \vee Lcc$.

Exercício 16.10 Demonstre:

(a) $\vdash \exists x(x = x)$

(b) $\neg Pa, Pb \vdash a \neq b$

(c) $a = b \vdash \exists x(x = a \wedge x = b)$

(d) $\vdash \forall x \forall y(x = y \rightarrow y = x)$

(e) $\vdash \forall x \forall y \forall z((x = y \wedge y = z) \rightarrow x = z)$

(f) $\vdash \forall x \exists y(x = y)$

(g) $Lab, \neg Lcd, b = d \vdash a \neq c$

(h) $\forall x(x = a \vee x = b) \vdash \forall y(y = c \rightarrow (y = a \vee y = b))$

(i) $\neg \exists x(x \neq z \wedge x \neq a \wedge z \neq b), \exists x Qx, \neg Qb \vdash Qa$

(j) $\vdash \forall x \forall y(x = y \rightarrow (Px \leftrightarrow Py))$

(k) $\vdash \forall x(Ax \leftrightarrow \exists y(x = y \wedge Ay))$

(l) $\vdash (\forall x \exists y Rxy \wedge \forall x \neg Rxx) \rightarrow \forall x \exists y(x \neq y \wedge Rxy)$

(m) $\vdash (Fa \wedge \forall x(x \neq a \rightarrow Fx)) \leftrightarrow \forall x Fx$

(n) $\vdash \exists x \forall y(x = y) \rightarrow (\forall x Fx \vee \forall x \neg Fx)$

(o) $\exists x(x \neq a \wedge Qx) \vdash \exists x Qx \wedge (Qa \rightarrow \exists x \exists y(x \neq y \wedge (Qy \wedge Qx)))$

16.5.2 Alterações em E∀ e I∃

Vamos tratar agora do caso dos símbolos funcionais. Como vimos ao falar de tablôs para o $\mathbf{CQC}_f^{=}$, não há regras especiais para eles — apenas pequenas mudanças em duas regras que envolvem quantificadores. Como no caso dos tablôs, em duas das regras poderemos substituir a variável de um quantificador eliminado por um *termo fechado* qualquer. Na figura 16.4 você encontra a nova formulação de duas das regras para quantificadores: I∀ e E∃. As outras duas permanecem como antes, do mesmo modo como as regras para os operadores (que não vamos repetir aqui).

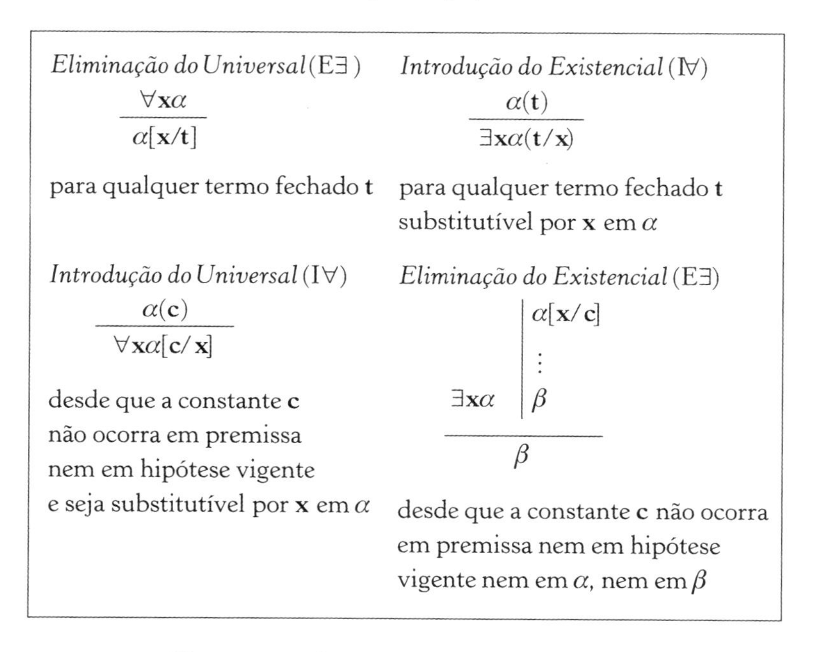

Figura 16.4: Regras para quantificadores.

Como você vê, as regras E∀ e I∃ envolvem agora a substituição de um termo qualquer, e não somente de constantes. Por outro lado, a formulação das regras I∀ e E∃ fica mantida como estava, ou seja, restrita a constantes.

Para ilustrar as razões das mudanças (ou não), vamos ver alguns exemplos. Inicialmente, vamos mostrar que $\vdash \forall x Pf(x) \rightarrow \forall x Pf(f(x))$:

1.	$\mid \forall x Pf(x)$	H (RPC)
2.	$\mid Pf(f(a))$	1 E$\forall$
3.	$\mid \forall x Pf(f(x))$	2 I$\forall$
4.	$\forall x Pf(x) \rightarrow \forall x Pf(f(x))$	1-3 RPC

A fórmula da linha 2 foi obtida substituindo-se a variável x em $Pf(x)$ por um termo qualquer, no caso, $f(a)$. A fórmula da linha 3, agora, foi obtida por I$\forall$ substituindo-se a *constante* a — que não ocorre em premissa nem em hipótese vigente — por uma variável, no caso, x, e quantificando-se universalmente essa variável. Com relação à figura 16.4, note que as regras I$\forall$ e E$\exists$ ficaram com a mesma formulação anterior. No caso de I$\forall$, não podemos substituir um *termo* por uma variável. Assim, no exemplo em questão, seria totalmente errado escrever, na linha 3, digamos, $\forall x Px$, substituindo o termo $f(f(a))$ por x. Isso não funciona pela seguinte razão: enquanto a, não ocorrendo nem em premissa nem em hipótese vigente, representa um indivíduo *qualquer*, o mesmo não se pode dizer de $f(f(a))$. Se f representa a função 'o pai de x', então $f(f(a))$ é o *avô* de um indivíduo qualquer — e certas coisas podem ser verdadeiras para todo avô, sem que sejam verdadeiras para todos os indivíduos do universo. Por exemplo, P poderia estar representando a propriedade 'x tem ao menos um filho(a)'. Enquanto isso é trivialmente verdadeiro para um avô — todo avô tem que ter ao menos um filho ou filha —, não vale para todos os indivíduos do universo.

Por uma razão similar, ao usarmos E$\exists$, a hipótese deve introduzir uma constante nova, mas não um termo qualquer. Por exemplo, tendo uma fórmula como $\exists x Fx$, podemos fazer a hipótese Fa, onde a, intuitivamente, é o nome do indivíduo que tem F. Mas não seria correto fazer a hipótese $Fp(a)$, pois não sabemos, a respeito do indivíduo que tem F, se ele é o pai de alguém, por exemplo. Assim, tanto a regra de I$\forall$, quanto a de E$\exists$, ficam da mesma maneira.

Vamos ver mais um exemplo de problemas que podem ocorrer se isso não for respeitado. Digamos que temos as premissas 'se o quadrado de um número inteiro é negativo, esse número é azul', e 'algum número é negativo'. Obviamente, você não pode concluir que 'algum número é azul'. Digamos que o universo seja o conjunto dos inteiros, e que temos N representando 'x é negativo', A para 'x é azul', e o símbolo funcional q para 'o quadrado de x'. Então:

1.	$\forall x(Nq(x) \to Ax)$	P
2.	$\exists xNx$	P
3.	$\mid Nq(a)$	H (para E∃???)
4.	$\mid Nq(a) \to Aa$	1 E∀
5.	$\mid Aa$	3,4 MP
6.	$\mid \exists xAx$	5 I∃
7.	$\exists xAx$	2, 3-6 E∃ (ERRADO!)

Como você percebe, pudemos deduzir que algum número é azul — o que é, obviamente, falso na estrutura pretendida (lembre-se de que o universo são os números inteiros). O erro foi aplicar E∃ partindo da hipótese inadequada da linha 3. Lembre-se: não é errado *fazer* a hipótese — você pode fazer qualquer hipótese que desejar — mas, se você não respeitar certas restrições, ela não poderá ser usada para E∃. No caso, colocar um termo no lugar da variável, em vez de uma constante, trouxe problemas. Note que a dedução não poderia ser feita se tivéssemos uma hipótese como Na.

Exercício 16.11 Demonstre:

(a) $\forall xPx \vdash \forall xPf(x)$

(b) $\vdash \forall x\exists y(y = h(x))$

(c) $a = b \vdash Pf(a) \to Pf(b)$

(d) $\vdash \forall x\forall y(x = y \to f(x) = f(y))$

(e) $\vdash \forall x\forall y(f(x) \neq f(y) \to x \neq y)$

(f) $\vdash \exists x\neg Ph(h(x)) \to \neg\forall xPh(x)$

(g) $\exists x\exists y(x = f(y) \wedge y = h(x)) \vdash \exists x(x = f(h(x))$

(h) $\forall xPx \vdash \forall y(Ryb \to Ph(y, b))$

(i) $\vdash \forall x\forall y\forall z\forall w((x = y \wedge z = w) \to g(x, z) = g(y, w))$

(j) $\vdash \forall z\exists x\exists y(z = h(x, y)) \to (\forall x\forall ySh(x, y) \to \forall ySy)$

17
TEORIAS FORMALIZADAS

Até agora, a tônica das aplicações sugeridas para o cálculo de predicados de primeira ordem (eventualmente com identidade e símbolos funcionais) dizia respeito à formalização e à análise de argumentos. Com efeito, como vimos, esse foi, em primeiro lugar, o motivo principal que levou à criação e ao desenvolvimento da lógica. Mais tarde, outros tipos de motivação apareceram — por exemplo, com Frege e seu desejo de formalizar a noção de prova em matemática, o que levou ao surgimento do $\mathbf{CQC}_f^=$ mais ou menos como o conhecemos hoje. Entretanto, uma vez tendo linguagens formais como a do cálculo de predicados, e uma noção de consequência lógica bem definida com respeito a essas linguagens, ficou óbvio que se podia utilizar tais ferramentas para outras coisas — como representar o conhecimento que se tem a respeito de algum domínio de investigação. Neste capítulo, vamos nos ocupar desta outra aplicação da lógica, a *formalização de teorias*.

17.1 Conceitualizações

Como você se recorda da introdução que fizemos ao cálculo de predicados, o conhecimento que temos a respeito de algum domínio de estudo pode ser expresso por meio de sentenças que falam dos *indivíduos* que se supõe existirem nesse domínio, das *propriedades* que eles têm ou deixam de ter e de como eles se *inter-relacionam*. Seguindo Genesereth e Nilsson (1988), vamos chamar de *conceitualização* esse processo de delimitar um universo de discurso (isto é, dizer de que objetos ou indivíduos se pretende falar) e especificar que propriedades deles, e que relações entre eles, nos interessa estudar.

No capítulo 8, vimos um exemplo simples de conceitualização, envolvendo Miau, Tweety e um poleiro. Vamos examinar agora algo um pouco mais complexo, ainda que não muito: um mundo composto de blocos. Considere o universo representado, de uma forma muito esquemática, na figura 17.1. Esse universo consiste em seis blocos, a, b etc., colocados sobre uma mesa m. Assim, nosso universo do discurso — os objetos que supomos existir — é o conjunto

$$\{m, a, b, c, d, e, f\}.$$

Note que temos um nome para cada objeto, o que não precisa ser necessariamente o caso.

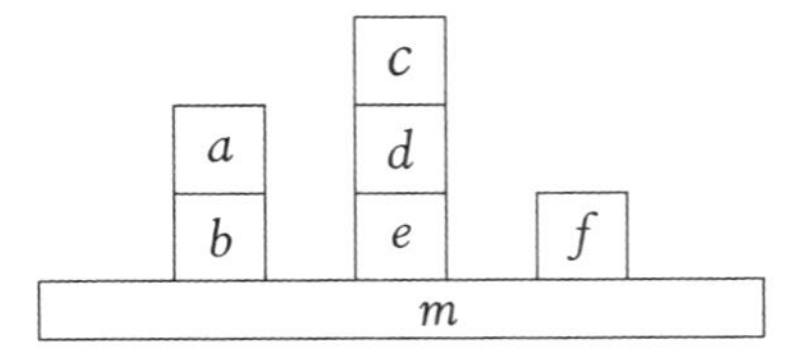

Figura 17.1: um mundo de blocos.

Definido o universo a investigar, o próximo passo consiste em precisar que propriedades desses objetos, e que relações entre eles, nos interessam. Por exemplo, é óbvio que, com exceção da mesa, todos os indivíduos restantes têm a propriedade de ser um bloco. Como você se recorda de nossa conversa sobre estruturas, muitos capítulos atrás, uma propriedade pode ser especificada por meio de sua extensão, isto é, do conjunto de indivíduos que a têm. No exemplo em pauta, a propriedade 'x é um bloco' corresponde ao conjunto

$$\{a, b, c, d, e, f\}.$$

Que mais pode interessar-nos, agora, com respeito a esse mundo de blocos? Uma coisa óbvia é que todo bloco deve estar sobre alguma coisa, isto é, apoiado em alguma coisa, seja em um outro bloco, seja na mesa. Assim, uma relação interessante a estudar com respeito ao nosso pequeno mundo de blocos é a relação 'x está sobre y'. E, uma vez que uma relação binária pode ser especificada por meio de um conjunto de pares ordenados, temos

$$\{\langle a, b\rangle, \langle b, m\rangle, \langle c, d\rangle, \langle d, e\rangle, \langle e, m\rangle, \langle f, m\rangle\}.$$

Uma outra relação, um pouco mais geral que a relação 'x está sobre y', é a relação 'x está acima de y', que vale se um bloco está acima do outro (ou da mesa) — ou diretamente sobre ele, ou sobre algum bloco que está acima dele. Temos então

$$\{\langle a, b\rangle, \langle a, m\rangle, \langle b, m\rangle, \langle c, d\rangle, \langle c, e\rangle, \langle c, m\rangle, \langle d, e\rangle, \langle d, m\rangle, \langle e, m\rangle, \langle f, m\rangle\}.$$

E, como você pode facilmente verificar, a relação 'x está sobre y' é um caso particular da relação 'x está acima de y', pois todo par ordenado que pertence àquela relação pertence a essa última também.

Ainda uma outra propriedade que pode nos interessar, nesse mundo de blocos, é a propriedade 'x está livre'. Isso será útil se quisermos intervir no mundo de blocos, por exemplo, mudando os blocos de lugar, colocando um bloco sobre o outro, e assim por diante. Para um bloco, estar livre significa que não há um outro bloco sobre ele. A propriedade 'x está livre', com respeito ao mundo da figura 17.1, é especificada pelo conjunto

$$\{a, c, f, m\}.$$

Note que a mesa está sempre livre, ainda que haja blocos sobre ela. O que quer dizer que sempre poderemos pegar um bloco e colocá-lo sobre a mesa. Naturalmente, se tivermos uma conceitualização mais complexa, em que a mesa tenha um *tamanho* capaz de comportar apenas um certo número de blocos, então pode ocorrer que nem sempre a mesa esteja livre. (A propósito, alterar a configuração presente do mundo de blocos nos levaria a uma outra situação, em que, ainda que tivéssemos os mesmos indivíduos, suas propriedades e inter-relações já poderiam ser diferentes. O mundo representado na figura 17.1, claro, é *estático*.)

Para encerrar esse exemplo de uma conceitualização, é preciso lembrar-se de que, além de propriedades e relações, poderemos ter funções com respeito a esse mundo de blocos. Mais tarde, ao falarmos sobre aritmética, veremos alguns exemplos disso; por enquanto, vamos nos limitar a predicados.

Resumindo, uma conceitualização para o universo da figura 17.1 consiste nos indivíduos ali representados, e nos predicados 'x é um bloco', 'x está livre', 'x está sobre y' e 'x está acima de y'. Outras propriedades, que não incluímos aqui, mas que poderíamos, se nos interessassem, seriam, por exemplo, a cor que cada bloco tem, o seu peso etc.

Como podemos exprimir, agora, nosso conhecimento acerca de uma conceitualização como essa citada? Bem, uma vez que já temos indivíduos e predicados, precisamos apenas especificar uma linguagem de primeira ordem. Por exemplo, podemos usar o seguinte conjunto de símbolos não lógicos para falar do mundo de blocos:

$$\{a, b, c, d, e, f, m, B, S, A, L\},$$

onde as constantes $a, \ldots, m$, denotam os seis blocos e a mesa, respectivamente; B representa a propriedade 'x é um bloco'; S, a relação 'x está sobre y'; A, 'x está acima de y'; e L, 'x está livre'. Vamos denotar a linguagem anterior por $\mathcal{L}_B$.

Note que, ao especificar $\mathcal{L}_B$, atribuímos informalmente a cada símbolo um significado: essa vai ser nossa interpretação desejada, e podemos fazê-la corresponder a uma estrutura. Assim, seja $\mathfrak{B} = \langle U, I\rangle$ uma estrutura, onde $U = \{a, b, c, d, e, f, m\}$, e tal que I é como segue:

$I(a) = a$, $\quad I(d) = d$, $\quad I(m) = m$,
$I(b) = b$, $\quad I(e) = e$, $\quad I(B) = \{a, b, c, d, e, f\}$,
$I(c) = c$, $\quad I(f) = f$, $\quad I(L) = \{a, c, f, m\}$,
$I(S) = \{\langle a, b\rangle, \langle b, m\rangle, \langle c, d\rangle, \langle d, e\rangle, \langle e, m\rangle, \langle f, m\rangle\}$,
$I(A) = \{\langle a, b\rangle, \langle a, m\rangle, \langle b, m\rangle, \langle c, d\rangle, \langle c, e\rangle, \langle c, m\rangle, \langle d, e\rangle, \langle d, m\rangle, \langle e, m\rangle, \langle f, m\rangle\}$.

Coincidentemente, as constantes em $\mathcal{L}_B$ correspondem exatamente aos nomes que havíamos dado aos objetos do universo U da estrutura $\mathfrak{B}$ (foi de propósito, claro).

Tendo agora a linguagem $\mathcal{L}_B$, podemos, enfim, representar por sentenças (i.e., fórmulas fechadas) suas nosso conhecimento acerca do mundo de blocos. Por exemplo, uma sentença como

$$Ba \wedge Sab$$

diz que a é um bloco, e está sobre b. Um outro exemplo:

$$\forall x(x \neq m \rightarrow Bx) \tag{1}$$

diz que todos os objetos do universo — exceto a mesa — são blocos. Um fato adicional seria dizer que a mesa não é um bloco, o que poderíamos fazer com

$$\neg Bm.$$

Note que a fórmula dada *não* é uma consequência de (1): a fórmula (1) diz apenas que coisas que não são a mesa são blocos, mas deixa totalmente em aberto se a mesa é um bloco ou não. Uma alternativa seria a fórmula seguinte, que diz isso tudo:

$$\forall x(x \neq m \leftrightarrow Bx).$$

Como você pode ver facilmente, $\neg Bm$ é uma consequência disso (tente demonstrar).

Exercício 17.1 Escreva, na linguagem $\mathcal{L}_B$, as fórmulas correspondentes às sentenças a seguir:

(a) b e c são blocos.
(b) c é um bloco e está sobre d, mas d não está sobre c.
(c) Se a está sobre b, então b não está sobre a.
(d) c está sobre a mesa, ou sobre algum bloco.
(e) Ou f ou c estão sobre d, mas não acontece de os dois estarem sobre d.
(f) Há ao menos um bloco que está sobre a mesa.
(g) Há ao menos um bloco que não está sobre a mesa.
(h) Todo bloco está acima da mesa.

(i) Nem todo bloco está sobre a mesa.
(j) *a*, *c* e *f* estão livres.
(k) Alguns blocos estão livres e outros não.

17.2 Uma teoria sobre blocos

Como é fácil perceber, existem muitas sentenças que são verdadeiras a respeito do mundo da figura 17.1, e que representam nosso conhecimento a seu respeito (as do exercício anterior, por exemplo, são todas verdadeiras em $\mathfrak{B}$). Um desejo natural seria o de fazer uma lista de *todas* as sentenças de nossa linguagem $\mathcal{L}_B$ que são verdadeiras com relação a esse universo, e apenas essas. Entretanto, existem infinitas sentenças verdadeiras a respeito do mundo da figura 17.1, e é fácil ver por quê. Pegue duas sentenças verdadeiras quaisquer, tais como *Ba* e *Bb*, e forme a conjunção delas: você obtém uma nova sentença verdadeira. Faça agora a expansão dessa nova sentença com qualquer outra: você obtém ainda outra sentença verdadeira. E assim por diante. Além disso, todas as fórmulas válidas são verdadeiras em $\mathfrak{B}$, pois são verdadeiras em *qualquer* estrutura.

Resumindo, ainda que possamos escrever uma lista de todas as sentenças verdadeiras com relação ao mundo da figura 17.1, tal lista simplesmente não teria fim.

Qual é a solução para esse problema? Voltemos a Euclides e à ideia do método axiomático. A ideia de *axiomatizar* o conhecimento sobre um certo domínio é encontrar um conjunto facilmente caracterizável de sentenças — pode ser finito, mas não necessariamente — do qual todo o resto se segue logicamente. Se isso for possível com relação ao nosso mundo de blocos, teremos uma *teoria axiomática* acerca da estrutura $\mathfrak{B}$.

Bem, vamos, então, falar um pouco sobre teorias e suas propriedades. Para nós, teorias aqui são *teorias formalizadas*, de que temos a seguinte definição:

Definição 17.1 Uma *teoria formalizada de primeira ordem* T é um conjunto qualquer de sentenças de uma linguagem de primeira ordem.

Essa definição, claro, é muito geral, e pode parecer estranha com relação a alguma ideia que você possa ter sobre o que deve ser uma teoria. Pela definição, *qualquer* conjunto de sentenças de nossa linguagem $\mathcal{L}_B$, como o seguinte, é uma teoria:

$$\{Ba, Sab\}.$$

As fórmulas anteriores dizem apenas que *a* é um bloco e está sobre *b*. Mas isso, com certeza, é muito pouco: há muito mais a dizer sobre o mundo de blocos da figura 17.1. Para dar outro exemplo, vamos chamar de T_B o conjunto de todas as sentenças de $\mathcal{L}_B$ verdadeiras em relação ao mundo de blocos da figura 17.1 — i.e., verdadeiras em $\mathfrak{B}$. Ou seja:

$$T_B = \{\sigma \text{ de } \mathcal{L}_B \mid \mathfrak{B}(\sigma) = \mathbf{V}\}.$$

Obviamente, T_B é também uma teoria, e mais interessante do que $\{Ba, Sab\}$, pois T_B inclui *todas* as sentenças verdadeiras em $\mathfrak{B}$ — exatamente o que estamos procurando. Mas é claro que isso não é suficiente, pois vamos precisar, então, de algum mecanismo que nos permita reconhecer quando uma sentença pertence a T_B, e quando não. Em outras palavras, quando uma sentença é ou não verdadeira em $\mathfrak{B}$.

As fórmulas que pertencem a uma teoria T são chamadas de *axiomas* de T. Usualmente, faz-se uma distinção entre axiomas *lógicos* e *não lógicos* de uma teoria. No nosso caso, como vamos utilizar dedução natural, não teremos axiomas lógicos (apenas regras de inferência). Assim, todas as fórmulas de uma teoria serão seus axiomas não lógicos.

Onde T é uma teoria, vamos denotar por $Th(T)$ o conjunto de todas as sentenças que são consequência lógica de T. Isto é:

$$Th(T) = \{\sigma \mid T \vdash \sigma\}.$$

As sentenças que pertencem ao conjunto $Th(T)$, para alguma teoria T, são chamadas de *teoremas* de T.

Uma outra propriedade interessante que uma teoria pode ter é ser *fechada*, i.e., ser um conjunto fechado de fórmulas sob consequência lógica. Isso significa que, se alguma sentença σ pode ser deduzida de T, então $\sigma \in T$, ou seja, T já contém todas as sentenças que são consequência lógica de T. Dito de outra forma, T é fechada se $Th(T) = T$.

Dizemos que uma teoria T é *axiomática* se há um procedimento efetivo que caracterize seus axiomas. Em outras palavras, se, dada uma sentença σ qualquer na linguagem de T, podemos decidir, num número finito de passos, se σ é ou não um dos axiomas de T. Se T é um conjunto finito de fórmulas, como $\{Ba, Sab\}$ anterior, T é imediatamente axiomática, pois basta comparar uma certa sentença com as que estão em T para decidir se é um axioma de T ou não. Por exemplo, Ba é um axioma da teoria $\{Ba, Sab\}$, enquanto Bc não é.

Mesmo que T seja infinita, contudo, ela será axiomática se pudermos decidir se algo é ou não um axioma. A teoria a seguir é axiomática, ainda que os axiomas sejam caracterizados semanticamente:

$$\{\alpha \mid \alpha \text{ é uma tautologia}\}.$$

Como há um procedimento efetivo (uma tabela de verdade) para decidir se algo é ou não tautologia, a teoria citada é axiomática. (Outras maneiras de apresentar um número infinito de axiomas é por meio do uso de *esquemas*, como veremos mais tarde.)

Voltando à teoria T_B que nos interessa (todas as sentenças verdadeiras em $\mathfrak{B}$), poderia parecer, à primeira vista, que ela não é axiomática, pois T_B inclui todas as fórmulas válidas do $\mathbf{CQC}_f^=$, e você se recorda de que o conjunto de fórmulas válidas é indecidível. Mas a questão aqui é diferente. É verdade que não temos como decidir, em geral, se alguma fórmula α é válida, ou seja, verdadeira *em toda e qualquer estrutura*. No caso de T_B, contudo, o que nos interessa é decidir se alguma sentença é verdadeira ou não *na estrutura particular* $\mathfrak{B}$. E isso, creia, é possível. (Para dar um outro exemplo, o conjunto de todas as fórmulas de $\mathcal{L}_B$ — que obviamente inclui o conjunto das fórmulas válidas — é decidível, pois podemos sempre determinar se uma expressão é uma fórmula, ou não.)

Recorde-se de que o valor de verdade de uma fórmula qualquer, em uma estrutura, depende, no final das contas, do valor de verdade de certas fórmulas atômicas. Agora, o universo de $\mathfrak{B}$ é finito, e, mais ainda, sabemos quantos e quais indivíduos ele contém. (Ou seja, sabemos que existem apenas os indivíduos $a, b, \ldots, m$.) Assim, podemos fazer uma lista completa de todas as sentenças atômicas de $\mathcal{L}_B$, e dizer, de cada uma delas, se ela recebe **V** ou **F** na estrutura $\mathfrak{B}$. Em consequência, poderemos determinar, num número finito de passos, o valor de verdade de *qualquer* fórmula com relação à estrutura $\mathfrak{B}$. Assim, o conjunto T_B é decidível e, portanto, T_B é uma teoria axiomática.

Para dar um exemplo, considere a fórmula $\forall xBx$. Como o universo de $\mathfrak{B}$ é finito, essa fórmula é equivalente à seguinte conjunção:

$$Ba \land Bb \land Bc \land Bd \land Be \land Bf \land Bm.$$

Como sabemos o valor de cada uma das fórmulas atômicas que aparecem anteriormente, sabemos o valor de $\forall xBx$. Como $\mathfrak{B}(Bm) = \mathbf{F}$, segue-se que $\mathfrak{B}\ (\forall xBx) = \mathbf{F}$.

Os axiomas de T_B, contudo, foram caracterizados semanticamente. Será que poderíamos fazer isso também de uma maneira sintática — por exemplo, por meio de um conjunto, preferencialmente finito, de sentenças, tais que todas as sentenças de T_B sejam consequência sintática dele? E, de mais a mais, embora possamos sempre especificar semanticamente alguma teoria, se tivermos um universo infinito, por exemplo, não teremos garantia de que o conjunto das sentenças nele verdadeiras seja decidível. Ou seja, poderemos ter uma teoria T, especificada semanticamente, que não seja axiomática. (Como veremos depois, há muitos e muitos exemplos disso.) Assim, caso uma teoria T não seja axiomática, será que ela poderia ser, mesmo assim, *efetivamente axiomatizável*?

Definição 17.2 Uma teoria T é *efetivamente axiomatizável* se existe alguma teoria axiomática T' tal que $Th(T') = Th(T)$.

Isto é, T é axiomatizável se existe um conjunto de sentenças T' que é uma teoria axiomática cujas consequências são exatamente as mesmas de T. Nesse caso, dizemos que T' é uma *axiomática* para T, ou que é uma *axiomatização* de T. Note que, sendo T' axiomática, o conjunto de seus axiomas é efetivamente caracterizável. Caso ainda T' seja uma axiomática finita de T, dizemos que T é *finitamente axiomatizável*.

Antes de tentarmos responder à questão sobre haver outra maneira de axiomatizar T_B, vamos ver mais algumas propriedades que as teorias podem ter. Uma teoria é dita *consistente* se, para toda fórmula α, não acontece que $T \vdash \alpha$ e $T \vdash \neg\alpha$. Uma teoria T é dita *completa* se, para toda sentença σ da linguagem de T, ou $T \vdash \sigma$ ou $T \vdash \neg\sigma$. Em outras palavras, ou σ é teorema de T, ou $\neg\sigma$ o é. Finalmente, uma teoria T é *decidível*, claro, se há um algoritmo que determine, para cada fórmula da linguagem de T, se ela é ou não teorema de T.

Note que, com relação à propriedade de completude definida anteriormente, fizemos a restrição de que uma teoria T deduza uma sentença ou sua negação — mas isso não vale para fórmulas abertas em geral. Para dar um exemplo, note primeiro que T_B é completa, pois é o conjunto de *todas* as sentenças verdadeiras em $\mathfrak{B}$. Em uma dada estrutura, uma sentença σ é verdadeira, ou, se falsa, então $\neg\sigma$ é verdadeira. Assim, tomemos a sentença $\forall xBx$: ou ela ou sua negação devem ser verdadeiras em $\mathfrak{B}$. Bem, como a mesa não é um bloco, $\forall xBx$ é falsa; logo, $\neg\forall xBx$ é verdadeira.

Considere agora a fórmula aberta Bx: ela será verdadeira em $\mathfrak{B}$ se e somente se seu fecho $\forall xBx$ o for. Como essa última fórmula é falsa, $\mathfrak{B}(Bx) = \mathbf{F}$. Significa isso que a negação de Bx é verdadeira? Claro que não. A negação de Bx é $\neg Bx$, e essa fórmula será verdadeira em $\mathfrak{B}$ se e somente se seu *fecho* $\forall x \neg Bx$ for verdadeiro em $\mathfrak{B}$. Mas essa última fórmula é falsa, pois não é verdade que nada é um bloco. Como você vê, no caso de fórmulas abertas, pode acontecer que tanto uma fórmula quanto sua negação sejam falsas numa estrutura. Por isso, ao definir completude de teorias, nos restringimos a sentenças.

Nossa questão, agora, com relação à teoria T_B (as sentenças verdadeiras no mundo da figura 17.1, i.e., na estrutura $\mathfrak{B}$), é se podemos encontrar uma teoria T' que seja uma axiomática finita de T_B. (Note que, como T_B é uma teoria completa, qualquer axiomática T' de T_B será também completa, já que as consequências lógicas de ambas devem ser as mesmas.)

Vamos começar nossa axiomatização fazendo uma distinção entre blocos e mesa, ou seja, dizendo que indivíduos do universo são blocos, e que a mesa, claro, não é um. Isso pode ser codificado pelo axioma A1 a seguir.

A1. $\forall x(x \neq m \leftrightarrow Bx)$

Podemos agora caraterizar quando algo está livre. Para isso, precisamos de dois axiomas: a mesa está livre, e um bloco qualquer está livre se não há algo sobre ele. Assim:

A2. Lm
A3. $\forall x(Bx \rightarrow (Lx \leftrightarrow \neg\exists ySyx))$

A relação 'x está acima de y' pode também ser especificada pelo axioma a seguir, cujo significado é que x está acima de y, se ou está sobre y, ou existe um z tal que x está sobre z e z está acima de y.

A4. $\forall x\forall y(Axy \leftrightarrow (Sxy \vee \exists z(Sxz \wedge Azy)))$

Os axiomas A1-A4 anteriores, na verdade, se aplicam a uma teoria "geral" sobre mundos de blocos — nada afirmamos ainda que se restrinja apenas ao universo da figura 17.1. Precisamos, então, de alguns fatos específicos sobre esse universo; por exemplo, que blocos estão sobre que blocos e quais estão livres. Podemos fazer isso com as duas conjunções seguintes:

A5. $Sab \wedge Sbm \wedge Scd \wedge Sde \wedge Sem \wedge Sfm$
A6. $La \wedge Lc \wedge Lf$

A partir disso, você pode provar muitas coisas sobre o mundo de blocos. Por exemplo, que o bloco b não está livre. (Note que isso não está explicitamente afirmado em nenhum dos nossos seis axiomas.) Primeiro precisamos provar, obviamente, que b é um bloco. O axioma A1 nos dá que

$$b \neq m \leftrightarrow Bb,$$

do que é fácil concluir que

$$b \neq m \rightarrow Bb.$$

Só precisamos agora da sentença $b \neq m$ para resolver nosso problema. Mas não é possível demonstrá-la neste momento: nossa axiomatização ainda deixa a desejar. Com efeito, nada garante que as duas constantes, b e m, não estejam se referindo ao mesmo objeto. Não estão na estrutura $\mathfrak{B}$, mas essa, é claro, é apenas uma das estruturas possíveis.

No nosso caso, há uma maneira simples de resolver o problema: basta fazer a hipótese de que nomes distintos se referem a indivíduos distintos. Poderíamos fazer isso por meio do axioma seguinte:

$$\begin{aligned} \text{A7.}\quad & a \neq b \land a \neq c \land a \neq d \land a \neq e \land a \neq f \land a \neq m \\ & \land b \neq c \land b \neq d \land b \neq e \land b \neq f \land b \neq m \\ & \land c \neq d \land c \neq e \land c \neq f \land c \neq m \\ & \land d \neq e \land d \neq f \land d \neq m \\ & \land e \neq f \land e \neq m \land f \neq m \end{aligned}$$

Ou, claro, por meio de um conjunto de 21 axiomas, cada um deles correspondendo a um dos elementos da superconjunção anterior, começando com $a \neq b$ e terminando com $f \neq m$. Mas há uma outra maneira, que é mais simples, e que consiste em usar um *esquema de axioma*. Recorde que, ao apresentarmos as constantes individuais, no capítulo 8, dissemos que elas tinham uma ordem canônica, a saber:

$$a, b, c, \ldots t, a_1, b_1, \ldots, t_1, a_2, \ldots$$

Isso significa que cada constante tem um *número de ordem* nessa lista: a é a primeira, b é a segunda etc. Vamos representar por $\rho(\mathbf{c})$ o número de ordem de uma constante $\mathbf{c}$ qualquer. Assim, $\rho(a) = 1$, $\rho(c) = 3$, $\rho(a_1) = 21$ etc. Feito isso, podemos introduzir, em lugar do axioma A7, o seguinte esquema, que vamos chamar de AS7:

AS7. $\mathbf{c}_1 \neq \mathbf{c}_2$, se $\rho(\mathbf{c}_1) \neq \rho(\mathbf{c}_2)$.

Isso nos permite facilmente obter qualquer um dos elementos de A7, quando precisarmos dele. Por exemplo, como $\rho(b) = 2$, e $\rho(m) = 12$, uma instância (i.e., um caso particular) de AS7 é $b \neq m$, que é o que desejamos. Assim, poderíamos tranquilamente acrescentar a nossa demonstração que b está livre a linha

$$b \neq m,$$

e MP, agora, nos dá imediatamente Bb. A partir daí, usamos o axioma A3, e, substituindo x por b, temos

$$Bb \rightarrow (Lb \leftrightarrow \neg\exists ySyb).$$

Usando MP e o fato de que b é bloco, temos

$$Lb \leftrightarrow \neg\exists ySyb,$$

e uma aplicação de BC nos deixa com

$$Lb \rightarrow \neg\exists ySyb.$$

Temos agora que Sab, do nosso conjunto de fatos expresso no axioma A5. Uma introdução de existencial nos deixa com

$$\exists ySyb,$$

e DN nos leva a

$$\neg\neg\exists ySyb.$$

Finalmente, por MT, temos que $\neg Lb$, ou seja, b não está livre.

A seguir está resumida a demonstração anterior, seguindo nossas normas de dedução natural.

1.	$\forall x(x \neq m \leftrightarrow Bx)$	A1
2.	$b \neq m \leftrightarrow Bb$	1 E$\forall$
3.	$b \neq m \rightarrow Bb$	2 BC
4.	$b \neq m$	AS7
5.	Bb	3,4 MP
6.	$\forall x(Bx \rightarrow (Lx \leftrightarrow \neg\exists ySyx))$	A3
7.	$Bb \rightarrow (Lb \leftrightarrow \neg\exists ySyb)$	6 E$\forall$
8.	$Lb \leftrightarrow \neg\exists ySyb$	5,7 MP
9.	$Lb \rightarrow \neg\exists ySyb$	8 BC
10.	$Sab \wedge Sbm \wedge Scd \wedge Sde \wedge Sem \wedge Sfm$	A5
11.	Sab	10 S
12.	$\exists ySyb$	11 I$\exists$
13.	$\neg\neg\exists ySyb$	12 DN
14.	$\neg Lb$	9,13 MT

Mas deve estar óbvio para você que nossa axiomatização de T_B ainda não está completa. Por exemplo, suponha que queiramos demonstrar que a não está sobre c: isso é verdade, já que a está sobre b. Contudo, não é possível derivar $\neg Sac$ de A1-AS7. (Tente!) Precisamos de mais um axioma: se x está sobre y, não existe z diferente de y tal que x esteja sobre z. Assim:

$$\text{A8.} \quad \forall x \forall y(Sxy \rightarrow \neg\exists z(Sxz \wedge z \neq y))$$

Analogamente, se x está sobre y, não pode existir um z diferente de x que também esteja sobre y.

$$\text{A9.} \quad \forall x \forall y(Sxy \rightarrow \neg\exists z(Szy \wedge z \neq x))$$

Isso deve resolver o nosso problema. Agora podemos demonstrar que a não está sobre c.

1.	$Sab \wedge Sbm \wedge Scd \wedge Sde \wedge Sem \wedge Sfm$	A5
2.	Sab	1 S

3.	$\forall x \forall y(Sxy \to \neg\exists z(Sxz \wedge z \neq y))$	A8
4.	$\forall y(Say \to \neg\exists z(Saz \wedge z \neq y))$	3 E∀
5.	$Sab \to \neg\exists z(Saz \wedge z \neq b)$	4 E∀
6.	$\neg\exists z(Saz \wedge z \neq b)$	2,5 MP
7.	$\forall z \neg(Saz \wedge z \neq b)$	6 IQ
8.	$\neg(Sac \wedge c \neq b)$	7 E∀
9.	$\neg Sac \vee \neg(c \neq b)$	8 DM
10.	$c \neq b$	AS7
11.	$\neg\neg(c \neq b)$	10 DN
12.	$\neg Sac$	8,11 SD

A questão de encontrar uma axiomática consistente e completa para o conjunto de certa estrutura nem sempre é fácil. Por exemplo, será que o conjunto de axiomas A1-A9 anteriormente é uma axiomática completa para T_B (i.e., o conjunto de todas as sentenças verdadeiras na estrutura $\mathfrak{B}$)? Não vamos demonstrar isso aqui, mas recorde-se de que, tendo um universo finito, podemos ter uma lista de todas as sentenças atômicas de $\mathcal{L}_B$, dizendo se são verdadeiras ou falsas. Agora, observe que podemos deduzir de A1-A9 todas as sentenças atômicas verdadeiras em $\mathfrak{B}$, e a negação de todas as sentenças atômicas falsas. Isso pareceria ser suficiente para deduzir todas as sentenças de T_B — mas não é.

Um exemplo simples é o seguinte: é verdade, na estrutura $\mathfrak{B}$, que todo bloco está sobre alguma coisa (seja a mesa, seja outro bloco). E, naturalmente, podemos demonstrar, para cada um dos blocos *a*, *b* etc., que tal bloco está sobre algo. A afirmação geral

$$\forall x(Bx \to \exists ySxy),$$

contudo, não se segue de nossos axiomas A1-A9. Sabemos que não há outros blocos além de *a*, ..., *f* — mas isso não ficou explícito em nossa axiomática. Do mesmo modo, como demonstrar que não há uma segunda "mesa" (ou seja, outro objeto livre que não seja um bloco)? Nada em nossos axiomas até agora proíbe isso.

Portanto, precisamos acrescentar ainda algum axioma que nos diga que $a, \ldots, m$ são todos os indivíduos que existem, que não há outros além deles. Isso pode ser resolvido com o próximo axioma:

A10. $\forall x(x=a \vee x=b \vee x=c \vee x=d \vee x=e \vee x=f \vee x=m)$

Com isso, podemos demonstrar (ainda que não seja simples) que todo bloco está sobre algo, que o único objeto livre que não é um bloco é m etc. E claro, depois, precisaríamos demonstrar que A1-A10 deduzem *apenas* as sentenças de T_B. Como T_B é completa, isso significa demonstrar que nosso conjunto A1-A10 de axiomas é consistente. Podemos fazer isso semanticamente, mostrando que os axiomas são verdadeiros em $\mathfrak{B}$ — o que pode ser feito sem problema, já que o universo é finito. Obviamente, então, as consequências de A1-A10 também serão verdadeiras, e como uma contradição é falsa, não será consequência desses axiomas, de onde se conclui que o conjunto A1-A10 é consistente.

Uma última propriedade que vale a pena mencionar a respeito de um conjunto de axiomas é a *independência*. Dizemos que os axiomas de uma teoria T são *independentes* se nenhum deles pode ser deduzido dos restantes. Ou seja, para qualquer sentença σ que seja axioma de T, $T - \{\sigma\} \nvdash \sigma$. A motivação por trás do conceito de independência dos axiomas, naturalmente, é a de evitar axiomas supérfluos.

Exercício 17.2 Demonstre as seguintes sentenças da teoria de blocos:

(a) c está acima de e.
(b) Algum bloco está sobre a mesa.
(c) Algum bloco está acima da mesa.
(d) Se dois blocos estão sobre um terceiro, eles são o mesmo.
(e) Nem todo bloco está sobre a mesa.
(f) Não há nenhum bloco tal que a esteja sobre ele, e ele esteja sobre b.

Exercício 17.3 Mostre que as teorias a seguir são inconsistentes:

(a) $\{\forall x((Ax \vee Bx) \rightarrow \exists yRxy), Ac \wedge \forall x\neg Rcx\}$
(b) $\{\neg\exists x(Px \wedge x \neq a), \forall x(Bx \rightarrow Px), Bf(a) \wedge \neg Ba\}$

17.3 Aritmética formalizada

17.3.1 A teoria N

Vamos agora examinar uma teoria bastante conhecida, aquela que procura formalizar a aritmética dos números naturais. Na interpretação pretendida da teoria, o universo do discurso serão os números naturais, isto é, o conjunto $\mathbb{N} = \{0, 1, 2, 3, 4, 5, \dots\}$. A linguagem será constituída de um símbolo constante, 0, de símbolos para as funções binárias soma e produto e para a função unária sucessor, e de um símbolo para a relação menor que. Ou seja, a linguagem de nossa teoria N, que chamaremos de $\mathcal{L}_N$, é a seguinte:

$$\mathcal{L}_N = \{0, s, +, \times, <\}.$$

Note que, para as funções soma e produto, estamos usando os símbolos familiares + e ×, em vez de letras minúsculas, como viemos fazendo até agora. (Podemos, claro, introduzir letras para representar essas funções, e usar + e × como *abreviações*.) Similarmente, vamos usar < para a relação 'x é menor que y'. Chamaremos de $\mathfrak{N}$ a estrutura cujo universo são os números naturais, e onde os símbolos de $\mathcal{L}_N$ têm a interpretação que acabamos de indicar.

Na interpretação pretendida, a constante 0 denota o número zero. Os outros números podem ser obtidos aplicando-se a 0 a função sucessor. Assim, 1 é $s(0)$, 2 é $s(s(0))$, 3 é $s(s(s(0)))$, e assim por diante. Para simplificar, vamos eliminar os parênteses que vêm após o símbolo funcional s, quando o termo entre parênteses iniciar com s. Dessa forma, em vez de escrevermos $s(s(s(s(0))))$, vamos escrever simplesmente $ssss0$ — que é como representamos o número 4 em nossa teoria N.

As motivações para formalizar uma teoria da aritmética devem ser óbvias: temos uma estrutura, cujo universo é o conjunto dos números naturais, e uma série de sentenças verdadeiras a respeito dela. Obviamente, o número dessas sentenças verdadeiras é infinito, e gostaríamos de uma axiomatização, já que escrever até o fim uma lista infinita, como vimos anteriormente, não é possível.

Historicamente, quem primeiro apresentou uma axiomática para a aritmética dos naturais foi o italiano Giuseppe Peano, no século XIX, ainda que ele não tivesse feito isso em uma linguagem de primeira ordem (que só então estava sendo desenvolvida por Frege). É verdade que, antes de Peano, Richard Dedekind (1888) já havia apresentado uma construção axiomática dos números naturais usando a teoria de conjuntos; mas Peano, que conhecia o trabalho de Dedekind, *Was sind und was sollen die Zahlen*, estava mais interessado em apresentar seus axiomas em uma linguagem formal (cf. Ebbinghaus et al., 1988).

Nossa teoria axiomática, que denotaremos por N, é formada, para iniciar, pelo seguinte conjunto de axiomas não lógicos:

N1. $\forall x(sx \neq 0)$
N2. $\forall x \forall y(sx = sy \rightarrow x = y)$
N3. $\forall x(x + 0 = x)$
N4. $\forall x \forall y(x + sy = s(x + y))$
N5. $\forall x(x \times 0 = 0)$
N6. $\forall x \forall y(x \times sy = (x \times y) + x)$
N7. $\forall x \neg(x < 0)$
N8. $\forall x \forall y(x < sy \leftrightarrow (x < y \vee x = y))$
N9. $\forall x \forall y(x < y \vee x = y \vee y < x)$

Alguns comentários sobre esses axiomas. O primeiro diz que nenhum número é o seu próprio sucessor, enquanto o segundo garante que, se os sucessores de dois números são idênticos, então os números são, na verdade, o mesmo. Ou seja, nenhum número pode ser o sucessor de dois outros números. Note que a implicação em N2 vale na outra direção, isto é,

$$\forall x \forall y(x = y \rightarrow sx = sy).$$

Contudo, não precisamos incluir isso entre os axiomas, pois já é um teorema do $\mathbf{CQC}_f^=$. (Demonstre!)

Os axiomas N3 e N4 especificam algumas das propriedades básicas da adição (mas nem todas, como veremos depois). Em N3, temos que a soma de qualquer número com zero resulta no próprio número. N4 afirma que, se somarmos algum número x com o sucessor de algum y, o resultado será o sucessor da soma de x e y. Por exemplo, somando 3 com o sucessor de 4 (i.e., 5), devemos obter 8 — que, claro, é o sucessor de 3 + 4.

Os axiomas N5 e N6 especificam algumas das propriedades básicas da multiplicação (mas, igualmente, nem todas). Em N5, o análogo de N3, afirma-se o que acontece se multiplicarmos algum número por zero: o resultado é zero. N6, similarmente a N4, trata da multiplicação de um número pelo sucessor de outro. Para exemplificar, o produto de 3 pelo sucessor de 4 (que é 5), deve ser a mesma coisa que multiplicar 3 por 4 e acrescentar 3. Assim:

$$3 \times s4 = (3 \times 4) + 3,$$
$$3 \times 5 = 12 + 3,$$
$$15 = 15.$$

Finalmente, o axioma N7 afirma que nenhum número é menor que 0, e, com N8 e N9, define as características da relação 'x é menor que y'.

De posse desses axiomas, podemos demonstrar alguns teoremas de N. Por exemplo, vamos mostrar que $\vdash_N 2 + 1 = 3$. Representando isso por meio da notação com a função sucessor, teremos que mostrar, na verdade, que $\vdash_N ss0 + s0 = sss0$. A prova é como segue:

1.	$\forall x \forall y(x + sy = s(x + y))$	N4
2.	$\forall y(ss0 + sy = s(ss0 + y))$	1 E$\forall$ [x/$ss0$]
3.	$ss0 + s0 = s(ss0 + 0)$	2 E$\forall$ [y/0]
4.	$\forall x(x + 0 = x)$	N3
5.	$ss0 + 0 = ss0$	4 E$\forall$ [x/$ss0$]
6.	$ss0 + s0 = sss0$	3,5 E=

Vamos por passos. Na linha 1 escrevemos simplesmente o axioma N4. (Se você quiser, um axioma é como uma premissa em uma dedução, podendo ser inserido em qualquer linha dela.) Dois usos de eliminação do universal nos deixaram com a fórmula na linha 3: primeiro, trocamos x por $ss0$, obtendo a fórmula na linha 2 (como indiquei na dedução anterior); depois, trocamos y por 0. Na linha 4, outra vez um axioma, e um uso de E$\forall$, substituindo x por $ss0$, nos deixou com a linha 5. O truque agora, para obter a linha 6, foi o uso de eliminação de identidade. A fórmula da linha 5 diz que a expressão $ss0 + 0$ é idêntica a $ss0$. O que fizemos foi pegar a fórmula da linha 3, $ss0+s0 = s(ss0+0)$, e substituir a ocorrência de $ss0+0$ por $ss0$. Isso resulta em $ss0 + s0 = s(ss0)$ e, de acordo com nossa convenção de eliminar os parênteses da função sucessor, $s(ss0)$ é a mesma coisa que $sss0$. Assim, ficamos na linha 6 com $ss0 + s0 = sss0$, ou seja, $2 + 1 = 3$, que é o que desejávamos.

Vamos a mais um exemplo: $\vdash_N 1 + 2 = 2 + 1$, ou seja, $\vdash_N s0 + ss0 = ss0 + s0$. A prova é:

1.	$\forall x \forall y(x + sy = s(x + y))$	N4
2.	$\forall y(s0 + sy = s(s0 + y))$	1 E$\forall$ [x/$s0$]
3.	$s0 + ss0 = s(s0 + s0)$	2 E$\forall$ [y/$s0$]
4.	$s0 + s0 = s(s0 + 0)$	2 E$\forall$ [y/0]
5.	$\forall x(x + 0 = x)$	N3
6.	$s0 + 0 = s0$	5 E$\forall$ [x/$s0$]
7.	$s0 + s0 = ss0$	4,6 E=
8.	$s0 + ss0 = sss0$	3,7 E=
9.	$ss0 + s0 = sss0$	Teorema
10.	$s0 + ss0 = ss0 + s0$	8,9 E=

Após introduzir o axioma N4 na linha 1, duas aplicações de E$\forall$ nos deixam com a linha 3. Uma outra aplicação de E$\forall$ à fórmula da linha 2, substituindo agora y por 0, nos deixou com a linha 4. A seguir, usamos a mesma estratégia da prova anterior para mostrar que $s0 + 0 = s0$ (linha 6), e substituímos $s0 + 0$ na fórmula da linha 4, gerando $s0 + s0 = ss0$. De forma similar, substituímos $s0 + s0$ por $ss0$ na fórmula da linha 3, gerando, então, $s0 + ss0 = sss0$ (ou seja, $1 + 2 = 3$) na linha 8. Como já havíamos demonstrado que $2 + 1 = 3$, isto é, $ss0 + s0 = sss0$ (teorema anterior), acrescentamos isso a nossa dedução, na linha 9. (Assim como podemos introduzir um axioma em qualquer linha de uma dedução, podemos também introduzir um teorema já demonstrado a qualquer ponto.) Finalmente, uma última aplicação de eliminação da identidade nos deixa com a linha 10, como queríamos.

Finalmente, um exemplo envolvendo $<$. Vamos mostrar que $0 < 1$, ou seja, que $\vdash_N 0 < s0$.

1.	$\forall x \neg(x < 0)$	N7
2.	$\neg(s0 < 0)$	1 E$\forall$ [$x/s0$]
3.	$\forall x(sx \neq 0)$	N1
4.	$s0 \neq 0$	3 E$\forall$ [$x/s0$]
5.	$\forall x \forall y(x < y \vee (x = y \vee y > x))$	N9
6.	$\forall y(s0 < y \vee (s0 = y \vee y > s0))$	5 E$\forall$ [$x/s0$]
7.	$s0 < 0 \vee (s0 = 0 \vee 0 < s0)$	6 E$\forall$ [$y/0$]
8.	$s0 = 0 \vee 0 < s0$	2,7 SD
9.	$0 < s0$	4,8 SD

A única coisa a lembrar na dedução anterior é que o uso de SD em 4 e 8 para gerar a linha 9 é possível porque $s0 \neq 0$ é na verdade uma abreviação de $\neg(s0 = 0)$.

Exercício 17.4 Demonstre os seguintes teoremas de N [*alguns deles são difíceis*]:

(a)	$1+1=2$	(d)	$2+2=4$	(g)	$1\times 2=2$
(b)	$0 \neq 1$	(e)	$1\times 1=1$	(h)	$1<2$
(c)	$1 \neq 2$	(f)	$2+1=1+2$	(i)	$\neg(3<2)$

17.3.2 Indução matemática

Ainda que já possamos demonstrar muitas coisas usando os axiomas N1-N9 anteriores, essa axiomática está longe de ser completa. Por exemplo, se você brincar um pouco com os axiomas, vai ver que podemos demonstrar a seguinte série infinita de teoremas:

$$\begin{aligned} 0+0 &= 0, \\ 0+s0 &= s0, \\ 0+ss0 &= ss0, \\ 0+sss0 &= sss0, \\ 0+ssss0 &= ssss0, \end{aligned}$$
etc.

Isso sugere que, qualquer que seja x, se acrescentarmos x a zero o resultado é x. Ou seja, deveríamos ter que $\vdash_N \forall x(0 + x = x)$. Mas essa fórmula, primeiro, não é o axioma N3. Lembre-se de que N3 é $\forall x(x + 0 = x)$. E, em segundo lugar, não é possível demonstrar, apenas usando os axiomas de N, que $\vdash_N \forall x(0 + x = x)$. (Não vou demonstrar isso aqui, mas quem sabe você tente fazer um tablô usando N1-N9 como premissas...) Da mesma forma, não é possível demonstrar que a adição é comutativa, ou seja, que

$$\vdash_N \forall x \forall y(x+y=y+x).$$

Assim, ficou ainda faltando alguma coisa em nossa axiomática, que nos permita provar as fórmulas mencionadas anteriormente que, obviamente, devem ser verdadeiras com relação aos números naturais. O que está faltando é o conhecido *princípio de indução matemática*.

Esse princípio, ainda que chamado de "indução", é, na verdade, uma espécie de raciocínio dedutivo. Ele pode ser apresentado na forma de um esquema de axioma, ou, então, na forma de uma regra de inferência (que é a alternativa que tomaremos aqui). A ideia é a seguinte: suponhamos que você consiga demonstrar que 0 tem alguma propriedade **P** qualquer. Suponhamos ainda que você consiga demonstrar que, se algum número x tem **P**, então, o sucessor de x tem **P**. O princípio de indução matemática vai garantir que todo número tem **P**.

Vamos tentar entender isso. Demonstrar que 0 tem a propriedade **P** significa dizer que o primeiro elemento do conjunto dos naturais tem **P**. Em segundo lugar, se mostrarmos que, se x tem **P**, então sx tem **P**, isso quer dizer que um número "passa" a propriedade **P** ao seu sucessor. Em outras palavras, como 0 tem **P**, segue-se que 1 tem **P**. Como 1 tem **P**, segue-se que 2 tem **P**. Como 2 tem **P**, segue-se que 3 tem **P**. Como 3 tem **P**, ... Como você vê, a propriedade **P** vai sendo "propagada" pela série dos naturais afora. E como todo número natural é sucessor de algum natural, na interpretação pretendida, isso garante que todos eles terão a propriedade **P**. Não é fantástico?

Vamos, então, formular mais precisamente nossa regra IM correspondente ao princípio de indução matemática. Seja α uma fórmula em que uma variável **x** ocorre livre. (A fórmula α pode ter outras variáveis livres, mas isso não importa, basta que **x** ocorra livre.)

Indução Matemática (IM):

$$\frac{\alpha[\mathbf{x}/0] \qquad \forall\mathbf{x}(\alpha \rightarrow \alpha[\mathbf{x}/s\mathbf{x}])}{\forall\mathbf{x}\alpha}$$

Ou seja, se é um teorema que $\alpha[\mathbf{x}/0]$ (i.e., α vale para 0), e se também é um teorema que $\forall\mathbf{x}(\alpha \rightarrow \alpha[\mathbf{x}/s\mathbf{x}])$ (i.e., se α vale para **x**, também vale para s**x**), então é um teorema que $\forall\mathbf{x}\alpha$ (i.e., α vale para qualquer número natural).

Vamos a um exemplo, a saber, mostrar que $\vdash_N \forall x(0 + x = x)$. A prova é a seguinte:

1.	$\forall x(x+0=x)$	N3
2.	$0+0=0$	1 E$\forall$ $[x/0]$
3.	│ $0+a=a$	H ?$0+sa=sa$
4.	│ $\forall x\forall y(x+sy=s(x+y))$	N4
5.	│ $\forall y(0+sy=s(0+y))$	4 E$\forall$ $[x/0]$
6.	│ $0+sa=s(0+a)$	5 E$\forall$ $[x/0]$
7.	│ $0+sa=sa$	3,6 E=
8.	$0+a=a \rightarrow 0+sa=sa$	3-7 RPC
9.	$\forall x(0+x=x \rightarrow 0+sx=sx)$	8 I$\forall$
10.	$\forall x(0+x=x)$	2,9 IM

Note, com relação à prova anterior, que a fórmula α envolvida no uso de IM é a fórmula $0 + x = x$. Na linha 2, mostramos que $0 + 0 = 0$, ou seja, que α vale para 0. Na linha 9, mostramos que $\forall x(0 + x = x \rightarrow 0 + sx = sx)$. Isto é, se α vale para x, i.e., $0 + x = x$, então α vale para sx, i.e., $0 + sx = sx$. Desses dois fatos, o princípio de indução matemática nos permite afirmar que α vale para qualquer x, que é o que temos na linha 10 da prova: $\forall x(0 + x = x)$.

Como último exemplo, vamos então demonstrar a comutatividade da adição, isto é, que $\forall x \forall y(x + y = y + x)$. A prova desse teorema é bastante longa, e vamos, então, fazê-la em duas etapas. Primeiro, vamos mostrar que a seguinte fórmula é um teorema de N:

$$\forall x \forall y(y + sx = sy + x).$$

A razão para isto é que precisaremos dessa fórmula (ou outra equivalente) na demonstração da comutatividade da adição. O mais simples, então, é demonstrar essa fórmula isoladamente, e depois usá-la quando necessário.

Provaremos $\forall x \forall y(y + sx = sy + x)$ usando indução matemática. A fórmula α exigida por IM é, então, $\forall y(y + sx = sy + x)$ — uma fórmula onde x ocorre livre. Vamos primeiro demonstrar que essa fórmula vale quando trocamos x por zero, ou seja, vamos demonstrar a fórmula $\forall y(y + s0 = sy + 0)$.

1.	$\forall x \forall y(x + sy = s(x + y))$	N4
2.	$\forall y(a + sy = s(a + y))$	1 E$\forall$ [x/a]
3.	$a + s0 = s(a + 0)$	2 E$\forall$ [$y/0$]
4.	$\forall x(x + 0 = x)$	N3
5.	$a + 0 = a$	4 E$\forall$ [x/a]
6.	$sa = sa$	I=
7.	$s(a + 0) = sa$	5,6 E=
8.	$a + s0 = sa$	3,7 E=
9.	$sa + 0 = sa$	4 E$\forall$ [x/sa]
10.	$a + s0 = sa + 0$	8,9 E=
11.	$\forall y(y + s0 = sy + 0)$	10 I$\forall$ [a/y]

Como você vê, conseguimos demonstrar a primeira das fórmulas necessárias para usar IM. Detalhe: usamos a constante a, na linha 2, para falar de um número qualquer, o que nos possibilitou usar I$\forall$ na linha 11, substituindo a pela variável y. Se tivéssemos usado 0 ou o sucessor de algum número, na linha 2, o uso de I$\forall$ estaria, claro, bloqueado: há outros números além de 0, e nem todo número é sucessor de algum outro (0 não é).

Temos, agora, que demonstrar a fórmula correspondente à segunda premissa da regra de indução matemática, ou seja, $\forall\mathbf{x}(\alpha \rightarrow \alpha[\mathbf{x}/s\mathbf{x}])$. Isso corresponde a mostrar, no caso em questão, que $\forall x(\forall y(y + sx = sy + x) \rightarrow \forall y(y + ssx = sy + sx))$. (Lembre-se: se α, vale para x, então vale para o sucessor de x.) Já que essa é uma fórmula universal, a estratégia para demonstrá-la consiste em provar, para alguma constante a qualquer, que $\forall y(y + sa = sy + a) \rightarrow \forall y(y + ssa = sy + sa)$. Essa fórmula agora é um condicional; o mais simples consiste em introduzir o antecedente, $\forall y(y + sa = sy + a)$, como hipótese, e tentar derivar o consequente $\forall y(y + ssa = sy + sa)$. E como essa é outra fórmula universal, vamos obtê-la se conseguirmos demonstrar, para uma constante b qualquer, que $b + ssa = sb + sa$. A demonstração continua assim:

12.	$\forall y(y+sa=sy+a)$	H
13.	$b+sa=sb+a$	12 E$\forall$ $[y/b]$
14.	$s(sb+a)=s(sb+a)$	I=
15.	$s(b+sa)=s(sb+a)$	13,14 E=
16.	$\forall y(b+sy=s(b+y))$	1 E$\forall$ $[x/b]$
17.	$b+ssa=s(b+sa)$	16 E$\forall$ $[y/sa]$
18.	$b+ssa=s(sb+a)$	15,17 E=
19.	$\forall y(sb+sy=s(sb+y))$	1 E$\forall$ $[x/sb]$
20.	$sb+sa=s(sb+a)$	20 E$\forall$ $[y/a]$
21.	$s(sb+a)=sb+sa$	14,20 E=
22.	$b+ssa=sb+sa$	18,21 E=
23.	$\forall y(y+ssa=sy+sa)$	22 I$\forall$
24.	$\forall y(y+sa=sy+a) \rightarrow \forall y(y+ssa=sy+sa)$	12-23 RPC
25.	$\forall x(\forall y(y+sx=sy+x) \rightarrow \forall y(y+ssx=sy+sx))$	24 I$\forall$

Nessa segunda etapa, demonstramos a segunda fórmula necessária para uma aplicação de IM. Note que a constante a, que ocorre ainda na linha 24, pode ser trocada pelo x quantificado universalmente na linha 25, já que a hipótese em que a ocorria (linha 12) já não estava mais valendo. A prova, agora, é concluída com apenas mais uma linha, aplicando-se IM às linhas 11 e 25:

26.	$\forall x \forall y(y + sx = sy + x)$	11,25 IM

De posse da fórmula anterior como teorema, podemos, então, demonstrar a comutatividade da adição, como queríamos. A fórmula correspondente a α, para indução matemática, será obviamente $\forall y(x + y = y + x)$, que é uma fórmula onde x ocorre livre.

O primeiro passo, claro, é mostrar que α vale para zero, isto é, $\forall y(0 + y = y + 0)$. Começamos, então, da seguinte maneira:

1.	$\forall x(x + 0 = x)$	N3
2.	$a + 0 = a$	1 E$\forall$ [x/a]
3.	$\forall x(0 + x = x)$	Teorema
4.	$0 + a = a$	3 E$\forall$ [x/a]
5.	$0 + a = a + 0$	2,4 E=
6.	$\forall y(0 + y = y + 0)$	5 I$\forall$ [$0/y$]

Até aqui, demonstramos a propriedade para 0, ou seja, o correspondente a $\alpha[x/0]$. A prova continua, e temos agora que demonstrar a segunda premissa da regra de indução matemática. Nesse caso, precisamos mostrar que $\forall x\ (\forall y\ (x + y = y + x) \rightarrow \forall y\ (sx + y = y + sx))$. De forma análoga ao que ocorreu na prova do teorema anterior, temos uma fórmula universal, e a estratégia para demonstrá-la consiste em provar, para alguma constante a qualquer, que $\forall y(a + y = y + a) \rightarrow \forall y(sa + y = y + sa)$. Como essa fórmula é um condicional, vamos introduzir o antecedente, $\forall y(a + y = y + a)$, como hipótese, e tentar derivar o consequente. Assim:

7.	$\mid \forall y(a + y = y + a)$	H
8.	$\mid a + b = b + a$	7 E$\forall$ [y/b]
9.	$\mid s(b + a) = s(b + a)$	I=

10.	$\quad s(a+b)=s(b+a)$	8,9 E=
11.	$\quad \forall x\forall y(x+sy=s(x+y))$	N4
12.	$\quad \forall y(a+sy=s(a+y))$	11 E$\forall$ [x/a]
13.	$\quad a+sb=s(a+b)$	12 E$\forall$ [y/b]
14.	$\quad a+sb=s(b+a)$	10,13 E=
15.	$\quad \forall y(b+sy=s(b+y))$	11 E$\forall$ [x/b]
16.	$\quad b+sa=s(b+a)$	15 E$\forall$ [y/a]
17.	$\quad a+sb=b+sa$	14,16 E=
18.	$\quad \forall x\forall y(y+sx=sy+x)$	Teorema
19.	$\quad \forall y(y+sb=sy+b)$	18 E$\forall$ [x/b]
20.	$\quad a+sb=sa+b$	19 E$\forall$ [y/a]
21.	$\quad sa+b=sa+b$	I=
22.	$\quad sa+b=a+sb$	20,21 E=
23.	$\quad sa+b=b+sa$	17,22 E=
24.	$\quad \forall y(sa+y=y+sa)$	23 I$\forall$
25.	$\forall y(a+y=y+a)\to\forall y(sa+y=y+sa)$	7-24 RPC
26.	$\forall x(\forall y(x+y=y+x)\to\forall y(sx+y=y+sx))$	25 I$\forall$
27.	$\forall x\forall y(x+y=y+x)$	6,26 IM

E assim completamos a demonstração desejada.

Exercício 17.5 Demonstre os seguintes teoremas de N [*difíceis*]:

(a) $\forall x\exists y(y=sx)$

(b) $\forall x(x\neq sx)$

(c) $\forall x(0\times x=0)$

(d) $\exists y(0<y)$

(e) $\forall x\forall y(x\times y=y\times x)$

(f) $\forall x\forall y\forall z((x+(y+z)=(x+y)+z))$

17.3.3 Propriedades de *N*

Para encerrar este capítulo, vamos considerar brevemente quais das propriedades anteriormente definidas têm a nossa axiomatização N da aritmética dos naturais.

A interpretação pretendida da teoria N, como eu disse, é a estrutura $\mathfrak{N}$ cujo universo são os números naturais, onde 0 denota o número zero, s a função sucessor, $+$ e $\times$ a soma e o produto, respectivamente, e $<$ é a relação 'x é menor que y'. A primeira pergunta, claro, é se os axiomas de N são verdadeiros em $\mathfrak{N}$.

Intuitivamente, sim. Não há como duvidar da verdade de, por exemplo, $\forall x \neg(x < 0)$. Mas claro que esse apelo à verdade intuitiva dos axiomas de N não é a mesma coisa que uma demonstração rigorosa disso. Portanto, vamos considerar a afirmação de que $\mathfrak{N} \vDash \mathrm{N}$, ou seja, que $\mathfrak{N}$ é um modelo de N, como uma suposição.

Agora, uma vez que, como suposto, N tem um modelo na estrutura $\mathfrak{N}$, podemos dizer que N é consistente. Isso decorre do teorema a seguir, que vamos apenas enunciar, mas não demonstrar:

Teorema 17.1 *Uma teoria T é consistente se e somente se T tem um modelo.*

Em poucas palavras, se os axiomas de N são verdadeiros em $\mathfrak{N}$, e se IM é uma regra que preserva a verdade (ou seja, se as premissas da regras são verdadeiras, a conclusão também é), então os teoremas de N também são verdadeiros em $\mathfrak{N}$. Como uma contradição $\alpha \wedge \neg\alpha$ qualquer obviamente é falsa em $\mathfrak{N}$, segue-se que $N \nvdash \alpha \wedge \neg\alpha$ e, portanto, é consistente.

Com relação aos axiomas de N, foi demonstrado (em 1953, por Ryll-Nardzewski), que a aritmética de Peano, com o princípio de indução matemática, não é finitamente axiomatizável. Ou seja, não há um conjunto finito de fórmulas que, apenas com regras da lógica, deduza exatamente os teoremas de N. Como você vê, precisamos conservar o princípio de indução matemática, seja sob a forma de uma regra adicional, ou de um esquema de axioma.

A última pergunta diz respeito à completude de N, e, infelizmente, N não é completa. Isso foi demonstrado por Kurt Gödel em 1931, por meio do seu famoso Teorema da Incompletude.[6] Na verdade, são dois teoremas. Uma versão fraca do primeiro deles diz:

---

6 Uma excelente exposição, bastante didática, dos resultados de Gödel você encontra em Nagel e Newman, 1973.

Teorema 17.2 *Se N é consistente, então há ao menos uma sentença σ de $\mathcal{L}_N$ tal que nem σ nem $\neg\sigma$ são teoremas de N. Ou seja, $N \nvdash \sigma$ e $N \nvdash \neg\sigma$.*

A consequência imediata disso, uma vez que ou σ ou $\neg\sigma$ é verdadeira em $\mathfrak{N}$, é que existem sentenças de $\mathcal{L}_N$ verdadeiras em $\mathfrak{N}$ que, no entanto, são *indemonstráveis* em N. Portanto, com os axiomas de N não conseguimos provar tudo o que é verdadeiro na aritmética dos naturais.

Bem, poder-se-ia pensar que isso é facilmente remediável: se há alguma sentença σ verdadeira em $\mathfrak{N}$, mas indemonstrável, então σ é independente dos demais axiomas, e só precisamos fazer uma nova teoria, $N \cup \{\sigma\}$, que seria então completa. Porém, Gödel demonstrou o teorema da incompletude em uma versão mais forte do que a apresentada anteriormente, versão que mostra que também isso não é possível, e que pode ser assim enunciada:

Teorema 17.3 *Seja T uma teoria axiomática consistente na qual se possa desenvolver a adição e multiplicação dos números naturais. Então T é incompleta.*

O significado dessa segunda versão do teorema é que, não importa que conjunto de axiomas tenhamos para a aritmética dos naturais, não importa que axiomas adicionais formos acrescentando a N, a teoria T resultante será sempre incompleta. Como Gödel mostrou, será sempre possível encontrar uma nova sentença τ, tal que $T \nvdash \tau$ e $T \nvdash \neg\tau$. Em outras palavras, N é *essencialmente incompleta*, e uma consequência fundamental disso é que o conceito de verdade em matemática não pode ser identificado com o conceito de demonstrabilidade em algum sistema formal.

O primeiro teorema de incompletude, como você notou, supõe que a teoria axiomática da aritmética seja consistente. O segundo teorema de Gödel vai mostrar, então, que não é possível demonstrar a consistência da aritmética dentro da própria aritmética, ou seja, usando os meios da própria aritmética.

Apesar dos resultados de Gödel citados, há uma versão fraca de completude para a nossa teoria N: Alonzo Church demonstrou que toda sentença verdadeira de $\mathcal{L}_N$ *que não contenha quantificadores* é demonstrável. Por exemplo, podemos demonstrar que $7 + 5 = 12$, ou que $4 < 9$, e coisas assim. Mas, claro, as coisas mais interessantes de demonstrar são generalizações, que já envolvem quantificadores, e que, portanto, nem sempre podem ser provadas.

E, finalmente, o mesmo Church demonstrou, em 1936, que N é indecidível, ou seja, não há um algoritmo para determinar sempre se alguma fórmula é ou não teorema de N.

18
LÓGICAS NÃO CLÁSSICAS

Até o capítulo anterior, viemos nos ocupando do que é usualmente chamado de *lógica clássica*; no entanto, existem muitos outros tipos e sistemas de lógica. Neste capítulo, vou apresentar uma breve caracterização do que é a lógica clássica, para então falar um pouco do que são *lógicas não clássicas*, examinando também alguns exemplos de lógicas que procuram complementar a lógica clássica e de outras que procuram substituí-la. Para finalizar, alguns comentários sobre a situação atual da lógica.

18.1 O que é a lógica clássica?

Como vimos ao iniciar este livro, a lógica pode ser inicialmente caracterizada como o estudo dos princípios e métodos de inferência, ou do raciocínio válido. Vimos que o raciocínio é um processo mental ao qual podem corresponder argumentos (que poderiam ser considerados, digamos, uma reconstrução explícita do raciocínio efetuado). Uma das coisas das quais a lógica se ocupa, então, é da questão da *validade* desses argumentos, isto é, a questão de saber se as premissas constituem, realmente, uma boa razão para aceitar a conclusão. Como você se recorda, isso pode ser formulado de outro modo: *se as premissas forem todas verdadeiras, a conclusão será, necessariamente, verdadeira?*

A oração grifada anteriormente expressa a noção informal que temos de *consequência lógica*. Podemos parafrasear isso dizendo que a conclusão de um argumento é consequência lógica das premissas se não é possível que, simultaneamente, suas premissas sejam verdadeiras e sua conclusão seja falsa. Essa noção é ainda informal porque usamos expressões ainda não muito precisas, como 'não é possível'. Boa parte do que fizemos ao longo deste livro consistiu em tentar tornar mais precisa essa noção de consequência lógica — e o resultado foi o $\mathbf{CQC}_f^=$, do qual nos ocupamos até agora.

Para recuperar um pouco a trajetória percorrida, vimos que a lógica procura determinar a validade não de argumentos particulares, mas de classes de argumentos (argumentos "com a mesma forma"). Não é muito fácil definir o que seja a forma lógica de um argumento (até mesmo se discute se há uma). Em princípio, a forma tem algo a ver com a estrutura gramatical das sentenças envolvidas; contudo, a questão é mais complexa do que isso. É bom lembrar, porém, que a hipótese de trabalho da lógica é que, em geral, os argumentos em uma língua como o português podem ser, de alguma maneira, "formalizados" em — ou seja, traduzidos para — alguma linguagem artificial (ainda que, para muitos argumentos, não haja uma maneira óbvia de fazer isso).

Desse modo, um sistema lógico — uma *lógica* — compreende uma *linguagem artificial* na qual argumentos em português podem ser codificados (formalizados). A vantagem do uso de linguagens artificiais, claro, é que elas têm gramáticas precisas e evitam as ambiguidades tão comuns nas línguas naturais. (Espero que você tenha se convencido disso, depois dessas centenas de páginas!)

Dada uma linguagem artificial (para a qual se podem traduzir sentenças do português), temos, então, que caracterizar precisamente a noção de consequência lógica para as fórmulas dessa linguagem. Como vimos com relação ao $\mathbf{CQC}_f^=$, isso pode ser feito de duas maneiras:

Semântica (interpretações): uma fórmula α é consequência lógica de um certo conjunto de fórmulas Γ se todas as interpretações que tornam verdadeiras todas as fórmulas de Γ também tornam

α verdadeira. (Neste livro, tivemos primeiro as valorações, e depois as estruturas.)

Sintática (manipulação de símbolos): uma fórmula α é consequência lógica de um certo conjunto de fórmulas Γ se é possível derivar α a partir das fórmulas que estão em Γ por meio do uso de *regras de inferência* e, eventualmente, de *axiomas*. (É o que fizemos com o método de dedução natural, e é o que se faz com sistemas axiomáticos de um modo geral.)

Dependendo de como se apresenta essa noção de consequência lógica (como vimos, no $\mathbf{CQC}_f^=$, as versões sintática e semântica são equivalentes), há certos métodos que nos permitem testar a validade dos argumentos formalizados. Para dar um exemplo, para a lógica proposicional temos o conhecido método de tabelas de verdade. Outros métodos incluem tablôs semânticos e dedução natural, além de outros que eu não havia mencionado, como o método de resolução, ou ainda o cálculo de sequentes.

Para começarmos a falar de lógicas não clássicas, precisamos, obviamente, caracterizar o que é a lógica clássica. Apresso-me a dizer, antes que surja alguma confusão, que ela *não é* a teoria do silogismo de Aristóteles — essa última costuma ser chamada de *lógica tradicional*.

A lógica clássica compreende, basicamente, o cálculo de predicados de primeira ordem com identidade e símbolos funcionais (o $\mathbf{CQC}_f^=$, também denominado *lógica elementar*). Note que, ainda que apresentado como um sistema só, o $\mathbf{CQC}_f^=$ é composto de vários subsistemas, que podem ser estudados/apresentados isoladamente:

- o cálculo proposicional clássico (o **CPC**: apenas operadores e predicados zero-ários, as letras sentenciais);
- o cálculo de predicados monádico de primeira ordem (apenas símbolos de propriedades, mas não de relações);
- o cálculo de predicados geral de primeira ordem (o **CQC**);
- o cálculo de predicados de primeira ordem com identidade;

- o cálculo de predicados de primeira ordem com símbolos funcionais (também chamado de *lógica funcional*);
- e, finalmente, o $\mathbf{CQC}_f^=$, que reúne tudo.

É uma questão discutível se deveríamos incluir na lógica clássica o cálculo de predicados de segunda ordem e de ordens superiores, embora isso seja feito pela maioria dos autores. Mas o que é, afinal, uma lógica de segunda ordem?

Para você ter uma ideia do que possa ser isso, considere o seguinte argumento:

> **P** Claudia Schiffer e Salma Hayek são lindas.
> ▸ Há uma propriedade que Claudia Schiffer e Salma Hayek têm em comum.

Note que a conclusão do argumento diz que 'há uma propriedade que ... ', e para formalizar isso corretamente precisamos fazer uso de *variáveis de predicados*. Até agora, tivemos apenas constantes de predicados, e nossas variáveis eram variáveis *individuais*. Digamos, então, que as letras maiúsculas de U até Z, com ou sem subscritos, sejam variáveis de predicado. Usando L para 'x é linda', e c e s para denotar as damas em questão, o argumento anterior poderia ser formalizado da seguinte maneira:

> **P** $Lc \wedge Ls$
> ▸ $\exists X(Xc \wedge Xs)$

Como você vê, na conclusão temos quantificação sobre um predicado de indivíduos, e é isso o que caracteriza a lógica de segunda ordem. Em um cálculo de terceira ordem, temos quantificação sobre predicados de predicados de indivíduos, e assim por diante. Tudo isso, então, pode ser incluído na lógica clássica, e alguns autores chegam ao ponto de incluir nela a teoria de conjuntos (teríamos, nesse caso, o que se chama de *grande lógica*), mas a opinião mais corrente é a de não fazer essa inclusão.

Entre as características próprias da lógica clássica costuma-se colocar a obediência a alguns princípios lógicos fundamentais (as assim chamadas "leis fundamentais do pensamento") — denominados princípios lógicos clássicos. São os seguintes:

Princípio de identidade: se uma proposição é verdadeira, então ela é verdadeira. Formalmente, $A \rightarrow A$. Ou, numa outra versão: todo objeto é idêntico a si mesmo, $\forall x(x = x)$. Ou ainda: se um objeto tem uma propriedade, então tem essa propriedade: $\forall x(Px \rightarrow Px)$.

Princípio de não contradição: dada uma proposição e sua negação, pelo menos uma delas é falsa. Ou seja, $\neg(A \wedge \neg A)$. Numa outra versão, um objeto não pode ter e não ter uma certa propriedade (ao mesmo tempo e sob o mesmo aspecto): $\forall x \neg (Px \wedge \neg Px)$, ou $\neg \exists x(Px \wedge \neg Px)$.

Princípio do terceiro excluído: dada uma proposição e sua negação, pelo menos uma delas é verdadeira. Isto é, $A \vee \neg A$. Numa outra versão, um objeto ou tem ou não tem uma certa propriedade: $\forall x(Px \vee \neg Px)$.

Princípio da bivalência: toda proposição é ou verdadeira ou falsa.

Além da obediência a esses princípios, algumas outras coisas valem ainda na lógica clássica. Por exemplo:

- os operadores ($\neg$, $\wedge$, $\vee$, $\rightarrow$, $\leftrightarrow$) são funções de verdade (isto é, operadores extensionais): pode-se calcular o valor de verdade de uma fórmula molecular sabendo o valor de verdade de suas componentes mais simples;
- o universo de uma estrutura é sempre não vazio (contém pelo menos um indivíduo);
- as constantes individuais (e termos fechados em geral) têm referência, isto é, deve haver um indivíduo no universo da estrutura do qual a constante ou termo é um nome.

Uma lógica — como a lógica clássica — pode ser caracterizada, como vimos anteriormente, por uma relação de consequência, definida sintática ou semanticamente. Além disso, podemos fazer isso por meio de um conjunto das fórmulas válidas (ou seja, as fórmulas verdadeiras em qualquer interpretação); ou um sistema axiomático (um certo conjunto de axiomas e regras de inferência); ou ainda o conjunto dos teoremas de um sistema axiomático, ou de um sistema de dedução natural.

A lógica clássica pode ser caracterizada indiferentemente pelas várias alternativas citadas. Isto é, o conjunto resultante de teoremas/fórmulas válidas — as "leis lógicas" — é exatamente o mesmo em qualquer dos casos. Há outras lógicas, porém, de que falaremos mais tarde, nas quais nem todas essas possibilidades estão disponíveis. Para ir adiantando um exemplo, o cálculo de predicados de segunda ordem já sofre desse problema — o conjunto de fórmulas válidas inclui propriamente o conjunto dos teoremas, qualquer que seja a axiomática apresentada. Ou seja, o cálculo de predicados de segunda ordem é incompleto.

18.2 Lógicas não clássicas

As possibilidades de aplicação da lógica clássica são fantasticamente enormes (poderíamos dizer que ela tem, de fato, 1001 utilidades); contudo, há alguns "senões". Para dar um exemplo, o tempo não é considerado de modo algum. Vejamos os argumentos a seguir:

(A1) $\mathbf{P}_1$ João casou com Maria.
$\mathbf{P}_2$ Maria é viúva.
▸ João casou com uma viúva.

(A2) **P** Sócrates corre.
▸ Sócrates terá corrido.

Intuitivamente, diríamos que o primeiro deles é inválido (Maria pode ser viúva agora, não quando João casou-se com ela — ou seja, João morreu), e o segundo, válido. Porém, não há como formalizar (A1) ou (A2) diretamente na lógica clássica, de modo a preservar essas intuições. Podemos formalizar (A1), por exemplo, da seguinte maneira (usando C para 'x casa com y', B para 'x é viúva', e j e m as constantes para João e Maria):

(A1) $\mathbf{P}_1$ Cjm
$\mathbf{P}_2$ Bm
▸ $\exists x(Bx \land Cjx)$

O resultado é uma forma de argumento *válida* (confira!), contrariando nossas intuições. Quanto a (A2), ou não teríamos distinção entre as proposições ('Sócrates terá corrido' seria a mesma coisa que 'Sócrates corre', traduzindo tudo para o presente), ou teríamos uma forma inválida, ao usar, digamos, C para representar 'x corre', e T para 'x terá corrido'.

A razão da ausência de considerações temporais na lógica clássica é que ela surgiu para auxiliar na fundamentação da matemática, em que o tempo, claro, não é essencial. Note-se, porém, que o não tratamento do tempo verbal pela lógica clássica só constitui um problema se considerarmos objetivo da lógica o estudo dos princípios que governam qualquer tipo de raciocínio — raciocínio em geral — e não só o raciocínio em matemática, como querem algumas correntes — por exemplo, o intuicionismo (de que falaremos depois).

Por outro lado, há uma maneira de introduzir o tempo na lógica clássica de primeira ordem: isso implica postular a existência de instantes, por exemplo, e fazer quantificação sobre eles.

O primeiro dos argumentos anteriores, assim, poderia ser formalizado na lógica clássica da maneira indicada a seguir, onde n representa o instante presente, o 'agora', I é a propriedade 'x é um instante', e $<$ é uma relação binária entre instantes, tal que '$x < y$' significa que x é anterior a y. Além disso, B não é mais a *propriedade* 'x é uma viúva', mas uma *relação binária* entre um indivíduo e um instante: 'x é uma viúva em y'. Analogamente, C passa a ser a relação ternária 'x casa com y em z', e R passa a ser a relação binária 'x corre em y'.

(A1) $\mathbf{P}_1$ $\exists z(Iz \land z < n \land Cjmz)$
$\mathbf{P}_2$ Bmn
▸ $\exists x \exists z(Bmn \land z < n \land Cjxz \land Bxz)$

(A2) **P** Rsn
▸ $\exists z(Iz \wedge n < z \wedge \exists w(Iw \wedge w < z \wedge Rsw))$

Assim formalizados, e dadas certas suposições adicionais sobre como os instantes são ordenados, (A1) fica inválido, e (A2) válido, exatamente de acordo com nossas intuições. Note, contudo, que todas as constantes de predicado acabam ganhando um argumento adicional: *Cjmt* significa 'João casa com Maria no instante *t*', e assim por diante. Além disso, precisaríamos introduzir mais alguns axiomas, para dar conta também das relações temporais.

Por outro lado, a ideia básica de uma *lógica do tempo* é simplesmente a introdução de novos operadores na linguagem lógica, em vez de instantes no universo. Tendo os operadores:

P: foi o caso que …
(i.e., aconteceu ao menos uma vez no passado que …)
F: será o caso que …
(i.e, acontecerá ao menos uma vez no futuro que …)

os argumentos anteriores poderiam ser formalizados da seguinte maneira:

(A1) $\mathbf{P}_1$ $\mathsf{P}Cjm$
$\mathbf{P}_2$ Bm
▸ $\mathsf{P}\exists x(Bx \wedge Cjx)$

(A2) **P** Rs
▸ $\mathsf{FP}Rs$

que, obviamente, têm uma estrutura muito mais simples.

As lógicas não clássicas são comumente divididas em dois grupos:

Lógicas complementares: aquelas cujo objetivo é *estender* a lógica clássica (por exemplo, como na lógica do tempo, acrescentando novos operadores à linguagem).
Lógicas alternativas: aquelas cujo objetivo é *substituir* a lógica clássica.

Essa divisão é, naturalmente, bastante artificial, e mesmo incorreta, pois, como veremos, podemos ter lógicas que acrescentam coisas à lógica clássica, por um lado, enquanto, por outro, excluem dela alguns princípios. Mas é uma divisão que, didaticamente, serve como um ponto de partida.

Comecemos pelas lógicas complementares. Também chamadas de *lógicas ampliadas*, ou *extraclássicas*, consideram que a lógica clássica está correta dentro dos seus limites — mas que muitas coisas foram deixadas de fora, coisas que seria preciso considerar também. Portanto, é preciso estender a lógica clássica, acrescentar-lhe o que ficou faltando. Usualmente, essas extensões são feitas por uma ampliação da linguagem, acrescentando-se novos operadores que não são funções de verdade, os chamados operadores *intensionais*. Os operadores temporais F e P mencionados são um exemplo; depois veremos outros e, dependendo do tipo de operador, teremos lógicas *modais*, *temporais*, *epistêmicas*, *deônticas*, e ainda outras.

Você poderia perguntar-se por que, além de operadores intensionais, não podemos estender a lógica clássica acrescentando outras funções de verdade que ainda não estejam nela. A resposta é que, de certo ponto de vista, isso não é possível, pois *todas* as funções de verdade, implicitamente, já estão lá. Sem querer entrar em detalhes, o que nos levaria muito longe, pode-se demonstrar que, tendo apenas, digamos, $\neg$ e $\wedge$ como operadores, qualquer função de verdade pode ser definida — assim como podemos definir $\alpha \vee \beta$ como $\neg(\neg\alpha \wedge \neg\beta)$. Portanto, qualquer operador que seja "novo" mesmo não será uma função de verdade.

Uma outra maneira de estender a lógica clássica, além da adição de novos operadores, consiste em eliminar a restrição de que a lógica deve se ocupar apenas de sentenças declarativas — ou, de forma equivalente, de que apenas sentenças declarativas são passíveis de formalização. Poderíamos, assim, incluir no âmbito da análise lógica outros tipos de sentença, como sentenças interrogativas, ou imperativas. Nesse caso, o resultado seriam lógicas *erotéticas* (das questões), e lógicas *imperativas*.

Para falar um pouco mais sobre lógicas complementares, vamos tomar a lógica modal alética como exemplo. Posteriormente, você vai conhecer algumas lógicas alternativas.

18.3 Lógica modal alética

18.3.1 Introdução

A lógica modal *alética* é aquela que se ocupa dos conceitos de *necessidade* e *possibilidade*. O adjetivo 'modal', a propósito, vem da expressão 'modos de verdade', e 'alética', da palavra grega que significa 'verdade'. A ideia é que uma proposição, além de ser (contingentemente) verdadeira ou falsa, pode ainda ser necessária (i.e., necessariamente verdadeira) ou impossível (i.e., necessariamente falsa).

A lógica modal é, por assim dizer, a mais antiga entre as lógicas não clássicas. Já Aristóteles e seu sucessor Teofrasto haviam se ocupado de conceitos modais, formulando mesmo uma teoria dos silogismos modais (a qual não chegou a ser desenvolvida satisfatoriamente). De modo similar, filósofos megáricos (como Diodoro Cronos) também discutiram questões relacionadas às modalidades. Contudo, apesar desse início bem antigo, os primeiros sistemas de lógica modal só vieram a aparecer no século XX, por meio dos trabalhos de Clarence I. Lewis (1918) sobre a lógica modal proposicional, e de Ruth Barcan Marcus (1946) sobre o cálculo modal de predicados.

A motivação original de Lewis, contudo, não era investigar noções de necessidade e possibilidade por si mesmas; ele estava interessado em encontrar uma implicação mais rigorosa que a implicação material da lógica clássica. A implicação material tem alguns problemas que são conhecidos como "paradoxos da implicação" (ainda que estes não sejam propriamente paradoxos, mas, sim, resultados anti-intuitivos). Note que as seguintes fórmulas (na verdade, *esquemas* de fórmulas) são válidas na lógica clássica:

$$\alpha \to (\beta \to \alpha)$$
$$\neg\alpha \to (\alpha \to \beta)$$
$$(\alpha \to \beta) \vee (\beta \to \alpha)$$

O problema está em ler o operador $\to$ como implicação. A primeira das fórmulas anteriores diz que uma proposição verdadeira é implicada por qualquer proposição; a segunda, que uma proposição falsa implica qualquer proposição; e a terceira, que, dadas duas proposições quaisquer, a primeira implica a segunda, ou a segunda implica a primeira. Tudo isso, claro, vai contra nossas intuições a respeito do que deva ser uma implicação. Dizer que 'Beethoven era italiano' implica 'a Lua é feita de queijo' realmente parece estranho; contudo, podemos entender por que isso acontece se lembrarmos que a seguinte fórmula é válida no **CQC**:

$$(\alpha \rightarrow \beta) \leftrightarrow \neg(\alpha \wedge \neg \beta).$$

Trocando isso em palavras, temos $\alpha \rightarrow \beta$ se não acontece que tenhamos α verdadeira e β falsa. Com relação ao mundo real, como acontece que

$$\neg(\text{Beethoven era italiano} \wedge \neg \text{ a Lua é feita de queijo})$$

(já que a sentença 'Beethoven era italiano' é falsa), temos, então, que

$$\text{Beethoven era italiano} \rightarrow \text{a Lua é feita de queijo.}$$

A ideia de Lewis, entretanto, foi a seguinte: ainda que não aconteça que Beethoven seja italiano e a Lua não seja feita de queijo, não seria possível que Beethoven *fosse* italiano (a Lua, claro, continuando a não ser feita de queijo)? Como é possível que o antecedente seja verdadeiro e o consequente, falso, não podemos dizer que 'Beethoven era italiano' implica 'a Lua é feita de queijo'.

O conceito de implicação assim caracterizado é um conceito mais forte: uma fórmula α implica uma fórmula β se *não é possível* ter α e $\neg\beta$. Essa implicação proposta por Lewis, e chamada por ele *implicação estrita*, pode ser, então, definida da seguinte maneira:

$$(\alpha \dashv \beta) \leftrightarrow \neg\Diamond(\alpha \wedge \neg\beta),$$

em que $\alpha \dashv \beta$ significa 'α implica estritamente β'. Lendo $\Diamond$ como 'é possível que', temos que α implica β se é impossível que α e não β.

Feitas assim as coisas, Lewis percebeu que precisava desenvolver uma teoria lógica de modalidades para fundamentar seu conceito de implicação, o que ele fez apresentando vários sistemas. A partir daí surgiram as lógicas modais aléticas, que consistem, basicamente, na adição à linguagem da lógica clássica dos operadores unários $\Box$ e $\Diamond$, cujos significados são:

$\Box\alpha$: é necessário que α / necessariamente α.
$\Diamond\alpha$: é possível que α / possivelmente α.

É claro que há vários conceitos ou noções diferentes de necessidade, e, de acordo com isso, poderemos ter vários sistemas de lógica modal. A necessidade é, em princípio, pensada como necessidade lógica, mas podemos ter também um conceito físico de necessidade (i.e., necessário de acordo com as leis físicas), ou falarmos de necessidade histórica, moral (obrigação), computacional ('depois da execução do programa, ...'), e assim por diante.

Tendo introduzido novos operadores na linguagem, precisamos, claro, alterar a definição de fórmula. Para isso, é suficiente acrescentar a seguinte cláusula à definição:

- Se α é uma fórmula, então $\Box\alpha$ e $\Diamond\alpha$ são fórmulas.

Com esses operadores podemos, então, formalizar sentenças tais como:

É possível que chova, e é possível que faça frio.
Necessariamente, se neva, então faz frio.

Usando C para 'chove', N para 'neva', e F para 'faz frio', temos:

$$\Diamond C \land \Diamond F,$$
$$\Box(N \to F).$$

A noção de *contingência* também pode ser representada por meio de nossos operadores modais. Dizemos que uma proposição é contingente se ela não é nem necessária, nem impossível — o que equivale a dizer que ela é possível, mas não é necessária. Por exemplo, podemos querer dizer que Miau é necessariamente um gato, mas é contingente que ele seja preto. Poderíamos representar isso assim (m: Miau; G: x é um gato; P: x é preto):

$$\Box Gm \land (\Diamond Pm \land \neg\Box Pm).$$

Como exemplos um pouco mais complicados, podemos ter

Não é possível que exista um gato que não é gato.
Necessariamente, todo gato preto é preto.

O que podemos formalizar da seguinte maneira:

$$\neg\Diamond\exists x(Gx \land \neg Gx),$$
$$\Box\forall x((Gx \land Px) \to Px).$$

Os quantificadores, contudo, criam problemas interessantes e complicados quando combinados com operadores modais, de modo que, no que segue, vamos nos restringir à lógica modal proposicional. Nossa linguagem básica, então, será uma linguagem contendo como símbolos não lógicos apenas letras sentenciais.

Exercício 18.1 Simbolize as sentenças a seguir na linguagem da lógica modal alética usando a notação sugerida:

A: Miau é um gato;
B: Miau é azul;
C: Miau é um mamífero;
D: Miau gosta de sardinhas.

(a) É possível que Miau seja um gato.
(b) Necessariamente, Miau gosta de sardinhas.
(c) Miau é um gato, mas é possível que não seja azul.
(d) Necessariamente, se Miau é um gato, então é um mamífero.
(e) É impossível que Miau seja e não seja azul, mas é possível que ele goste de sardinhas.
(f) Se não é possível que Miau seja azul, então ele não é necessariamente azul.
(g) Miau é contingentemente um gato.
(h) Ou Miau é contingentemente azul, ou é impossível que ele seja azul.

(i) Não é necessário que Miau seja um gato, nem que seja azul, mas não é possível que ele não seja um mamífero.
(j) Se Miau gosta de sardinhas, então, necessariamente, ele é um gato que possívelmente é azul.

18.3.2 Modelos de mundos possíveis

A questão agora é: como fica a semântica dos novos operadores que introduzimos? Como eu disse, eles não são funções de verdade: não é, em geral, possível calcular o valor de $\Box\alpha$ ou $\Diamond\alpha$ a partir do valor de α. Veja o que acontece se tentarmos:

α	$\Box\alpha$	$\Diamond\alpha$
V	?	**V**
F	**F**	?

Com respeito a $\Box$, se α é falsa, então parece ser óbvio que $\Box\alpha$ deve ser também falsa — afinal, $\Box\alpha$ deveria significar que α é *necessariamente verdadeira*. Por outro lado, se α é verdadeira, que se pode concluir a respeito do valor de verdade de $\Box\alpha$? Nada. A proposição α pode ser contingentemente verdadeira (como 'Napoleão foi derrotado em Waterloo'), ou então necessária (talvez, digamos, como $2 + 2 = 4$). Mas, obviamente, não sabemos dizer isso apenas a partir do valor de α. De modo similar, se α é verdadeira, então, obviamente, α é possível: logo, $\Diamond\alpha$ é verdadeira. Contudo, e se α for falsa? Outra vez, nada podemos concluir: mesmo falsa, α poderia ser possível. Ou talvez não.

A partir disso, verificamos que não dispomos de uma tabela básica para os operadores modais, ao contrário do que acontece para os operadores usuais da lógica clássica. Isso não significa que não possamos fazer uma semântica para lógicas modais — apenas que essa semântica vai ser um pouco mais complicada.

A intuição que está por trás da semântica para as lógicas modais envolve a noção de *mundos possíveis*. Por exemplo, podemos imaginar um mundo em que Sócrates, em vez de ter bebido cicuta, tivesse vivido até uma idade avançada e escrito um tratado de filosofia em vinte volumes. Ou um mundo no qual, ao contrário do mundo real, há uma ponte sobre o estreito de Gibraltar. Ou um mundo — se bem que é mais difícil imaginar isso — no qual Claudia Schiffer fosse feia.[1] Enfim, já Leibniz havia se ocupado dos mundos possíveis, e é dele que vem a intuição a seguir sobre o significado de necessário e possível:

- $\Box\alpha$ é verdadeira se α é verdadeira em todos os mundos possíveis;
- $\Diamond\alpha$ é verdadeira se α é verdadeira em algum mundo possível.

Assim, enquanto, na lógica proposicional clássica, uma interpretação (valoração) consiste em uma atribuição de valores {**V**, **F**} às letras sentenciais, em lógica modal, uma interpretação consiste em um conjunto de mundos possíveis e, para cada um deles, uma atribuição de valores às fórmulas. Em vez de interpretação, porém, falamos mais comumente de um *modelo de mundos possíveis*, ou *modelo de Kripke* (por causa de Saul Kripke, que foi quem os concebeu).

Vamos ver um exemplo. Temos na figura 18.1 um diagrama representando um modelo com três mundos possíveis, w_1, w_2 e w_3. As proposições podem ter valores diferentes em cada um desses mundos. Por exemplo, A é verdadeira em w_1, mas falsa em w_2. Note que $\Box A$ é falsa em qualquer mundo, já que A é falsa em ao menos um. Já $\Box B$ recebe o valor **V**, uma vez que B é verdadeira em todos os mundos. Finalmente, $\Diamond A$ é verdadeira (em w_3, por exemplo), já que, ainda que A seja falsa em w_3, há um mundo possível onde A seja verdadeira.

---

1 Nesse caso, ela ainda seria Claudia Schiffer? Sócrates ainda seria Sócrates, se fosse um carpinteiro em vez de filósofo? Não vamos entrar nesses problemas aqui, mas Loux (1979) é um bom lugar para começar, caso você queira ler mais sobre o assunto.

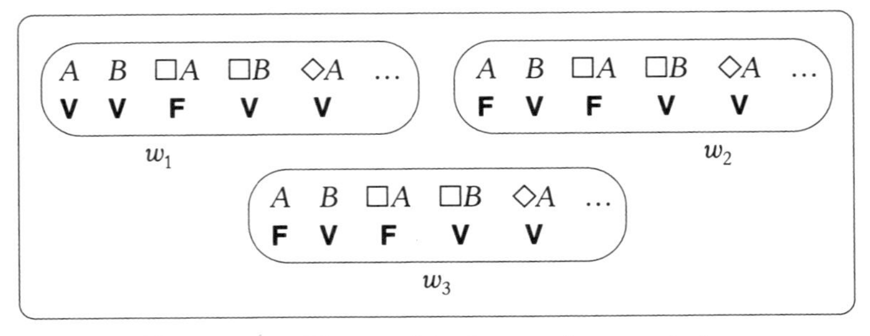

Figura 18.1: Um modelo de mundos possíveis.

Formalmente, as coisas ficam da seguinte maneira:

Definição 18.1 Um *modelo de mundos possíveis* $\mathfrak{M}$ é um par $\langle W, V\rangle$, onde W é um conjunto não vazio (mundos possíveis), e V é uma valoração, ou seja, uma função binária do conjunto de todas as fórmulas atômicas de uma linguagem e de W em $\{\mathbf{V}, \mathbf{F}\}$.

Recorde que, no **CPC**, uma valoração associava a cada fórmula atômica uma valor de verdade — aqui, uma valoração associa a cada fórmula atômica, em cada mundo, um valor de verdade. O valor que uma fórmula atômica recebe, assim, fica relativizado aos mundos do modelo. Olhando o modelo que está representado na figura 18.1, você pode ver que A é verdadeira em w_1, mas falsa em w_2. Uma valoração V naquele modelo nos diria: $V(A, w_1) = \mathbf{V}$, $V(A, w_2) = \mathbf{F}$ etc.

Podemos agora definir que valor de verdade recebem as fórmulas moleculares em cada mundo de um modelo.

Definição 18.2 Seja $\mathfrak{M} = \langle W, V\rangle$ um modelo de mundos possíveis, e w um mundo qualquer em W. O valor de verdade de uma fórmula molecular em w é dado pelas condições a seguir:

(a) $V(\neg\alpha, w) = \mathbf{V}$ sse $V(\alpha, w) = \mathbf{F}$;
(b) $V(\alpha \wedge \beta, w) = \mathbf{V}$ sse $V(\alpha, w) = \mathbf{V}$ e $V(\beta, w) = \mathbf{V}$;
(c) $V(\alpha \vee \beta, w) = \mathbf{V}$ sse $V(\alpha, w) = \mathbf{V}$ ou $V(\beta, w) = \mathbf{V}$;
(d) $V(\alpha \rightarrow \beta, w) = \mathbf{V}$ sse $V(\alpha, w) = \mathbf{F}$ ou $V(\beta, w) = \mathbf{V}$;

(e) $V(\alpha \leftrightarrow \beta, w) = \mathbf{V}$ sse $V(\alpha, w) = V(\beta, w)$;
(f) $V(\Box\alpha, w) = \mathbf{V}$ sse para todo mundo $v \in W$, $V(\alpha, v) = \mathbf{V}$;
(g) $V(\Diamond\alpha, w) = \mathbf{V}$ sse para algum mundo $v \in W$, $V(\alpha, v) = \mathbf{V}$.

As primeiras cinco cláusulas dessa definição, de (a) a (e), que se ocupam dos operadores clássicos, são as mesmas de nossa definição para o **CPC** (compare com a definição 6.2). A única diferença é o parâmetro adicional se referindo a um mundo. Ou seja, uma fórmula não é verdadeira simplesmente, mas verdadeira *em um mundo*. Com relação às cláusulas para $\Box$ e $\Diamond$, agora, vemos que o valor de uma fórmula $\Box\alpha$ ou $\Diamond\alpha$ no mundo w depende do valor que α tiver também nos outros mundos.

Tendo definido quando uma fórmula α é verdadeira em um mundo, podemos então dizer que:

Definição 18.3 Uma fórmula α *é verdadeira em um modelo de mundos possíveis* $\mathfrak{M} = \langle W, V \rangle$ sse para todo $w \in W$, $V(\alpha, w) = \mathbf{V}$. Dizemos que α é *válida* sse para todo modelo $\mathfrak{M}$, α é verdadeira em $\mathfrak{M}$.

A partir dessa definição de validade, podemos demonstrar alguns princípios válidos em lógica modal — ou, para ser mais preciso, na lógica modal anteriormente caracterizada, que é um dos sistemas originais de C. I. Lewis, denominado **S5**. Por exemplo, fica fácil mostrar que o esquema

$$\Box\alpha \rightarrow \alpha$$

é válido. Suponhamos que não fosse — alguma instância sua, $\Box A \rightarrow A$, por exemplo, deveria ser, então, falsa em algum mundo w de algum modelo. Como se trata de uma implicação, podemos inferir que, nesse mundo w, $V(\Box A, w) = \mathbf{V}$, e $V(A, w) = \mathbf{F}$. Mas de $V(\Box A, w) = \mathbf{V}$ concluímos que A é verdadeira em *todos* os mundos, incluindo w. Logo, $V(A, w) = \mathbf{V}$, e temos uma contradição. Portanto, $\Box\alpha \rightarrow \alpha$ é válido.

É claro, há muitas fórmulas, nas quais ocorrem operadores modais, que são inválidas. Por exemplo, o esquema $\alpha \rightarrow \Box\alpha$ não é válido: mesmo sendo α verdadeira, não se segue que seja necessariamente verdadeira. Também a fórmula

$$(\Diamond\alpha \land \Diamond\beta) \rightarrow \Diamond(\alpha \land \beta)$$

é inválida. Pode ser que α seja possível, e que β seja possível — mas não as duas coisas juntas, como você pode ver pela instância falsa a seguir, trocando α por A e β por $\neg A$:

$$(\Diamond A \land \Diamond\neg A) \rightarrow \Diamond(A \land \neg A).$$

Se A é uma proposição contingente, então é possível que A seja verdadeira, e também é possível que $\neg A$ seja verdadeira. Contudo, não é possível que a contradição $A \land \neg A$ seja verdadeira.

18.3.3 O sistema S5

Para você ter uma ideia melhor de como as coisas funcionam em lógicas modais, e também ver um exemplo de um sistema de lógica formulado axiomaticamente, vamos apresentar mais detalhadamente o sistema **S5** e demonstrar alguns de seus teoremas.

A apresentação usual de um sistema de lógica modal é feita de maneira axiomática, tomando-se como base a lógica clássica (por exemplo, o cálculo proposicional clássico, como estamos fazendo aqui), e acrescentando a isso axiomas e regras próprias para os operadores modais $\Diamond$ e $\Box$ (ainda que também possamos fazer isso, para muitos sistemas, usando dedução natural). No caso de **S5**, temos os seguintes esquemas de axiomas:

LP. α, onde α é uma tautologia qualquer.
Df$\Diamond$. $\Diamond\alpha \leftrightarrow \neg\Box\neg\alpha$
K. $\Box(\alpha \rightarrow \beta) \rightarrow (\Box\alpha \rightarrow \Box\beta)$
T. $\Box\alpha \rightarrow \alpha$
5. $\Diamond\alpha \rightarrow \Box\Diamond\alpha$

e, como regras de inferência, as regras de *modus ponens* e necessitação:

MP. $\vdash \alpha, \vdash \alpha \rightarrow \beta \; / \vdash \beta$
RN. $\vdash \alpha \; / \vdash \Box\alpha$

A regra MP já é nossa conhecida desde os capítulos sobre dedução natural. Quanto a RN, trocando em palavras, essa regra diz que se α foi demonstrada como teorema, então $\Box\alpha$ também é um teorema. Essa restrição da aplicação da regra — só pode ser aplicada a *teoremas* — é absolutamente imprescindível, caso contrário, estaríamos cometendo o erro de inferir, por exemplo, de 'João é estudante', a sentença 'Necessariamente, João é estudante'.

Você pode agora observar a diferença entre uma apresentação axiomática de um sistema lógico, como essa mencionada, e aquela feita anteriormente para o $\mathbf{CQC}_f^=$ por meio de regras de dedução. Aqui, temos um conjunto de esquemas de axiomas, e apenas duas regras. Claro, LP (de 'lógica proposicional') é um superaxioma que nos permite introduzir a qualquer momento, em uma prova, qualquer instância de uma tautologia clássica. Mas como o conjunto das tautologias clássicas é decidível, como vimos, não há problema em identificar o que é um axioma ou não. Para dar apenas um exemplo, o esquema $\alpha \vee \neg\alpha$ é uma tautologia. Assim, podemos escrever numa prova qualquer uma das fórmulas a seguir relacionadas, justificando tal inserção pelo uso de LP:

$$A \vee \neg A$$
$$\Box A \vee \neg\Box A$$
$$\Diamond(A \rightarrow B) \vee \neg\Diamond(A \rightarrow B)$$

Todas elas são instâncias da mesma tautologia, $\alpha \vee \neg\alpha$.

Vamos, então, demonstrar alguns teoremas de **S5**, começando por um denominado $T^{\Diamond}$, a saber, $A \rightarrow \Diamond A$. (Para simplificar, vamos provar teoremas, em vez de esquemas de teoremas, como $\alpha \rightarrow \Diamond\alpha$. Faremos, porém, uso tácito de teoremas já demonstrados como se tivéssemos provado os esquemas correspondentes.)

1.	$\Box\neg A \rightarrow \neg A$	T
2.	$(\Box\neg A \rightarrow \neg A) \rightarrow (A \rightarrow \neg\Box\neg A)$	LP
3.	$A \rightarrow \neg\Box\neg A$	1,2 MP
4.	$\Diamond A \leftrightarrow \neg\Box\neg A$	Df$\Diamond$
5.	$(\Diamond A \leftrightarrow \neg\Box\neg A) \rightarrow (\neg\Box\neg A \rightarrow \Diamond A)$	LP
6.	$\neg\Box\neg A \rightarrow \Diamond A$	4,5 MP
7.	$(A \rightarrow \neg\Box\neg A) \rightarrow ((\neg\Box\neg A \rightarrow \Diamond A) \rightarrow (A \rightarrow \Diamond A))$	LP
8.	$(\neg\Box\neg A \rightarrow \Diamond A) \rightarrow (A \rightarrow \Diamond A)$	3,7 MP
9.	$A \rightarrow \Diamond A$	6,8 MP

Vamos conversar um pouco sobre essa prova. Na linha 1, temos uma instância do axioma T, usando $\neg A$ no lugar de α. Pulando primeiro para a fórmula da linha 3, note que ela corresponde a uma aplicação da nossa conhecida regra de contraposição à linha 1 — o que geraria $\neg\neg A \rightarrow \neg\Box\neg A$, seguida de uma aplicação de eliminação de dupla negação — tendo $A \rightarrow \neg\Box\neg A$ como resultado. Como não temos nem a contraposição, nem a dupla negação como regras dessa apresentação axiomática de **S5**, o jeito foi remediar isso usando MP com as fórmulas das linhas 1 e 2. Essa última, se você observar bem, é uma instância da seguinte tautologia:

$$(\alpha \rightarrow \neg\beta) \rightarrow (\beta \rightarrow \neg\alpha).$$

que é uma variante da contraposição. Do mesmo modo, se tivéssemos BC à disposição como regra de inferência, poderíamos ter passado da linha 4 diretamente à linha 6. Finalmente, se tivéssemos silogismo hipotético, poderíamos ter passado das linhas 3 e 6 diretamente à linha 9.

Para simplificar um pouco as demonstrações seguintes, vamos introduzir uma regra derivada em **S5**, a *Regra da Lógica Proposicional*, cuja formulação é a seguinte:

RLP. $\vdash\alpha_1, \ldots, \vdash\alpha_n$ / $\vdash\beta$, se β é consequência tautológica de $\alpha_1, \ldots, \alpha_n$.

Isto é, podemos escrever, numa nova linha em uma demonstração, qualquer fórmula β que seja consequência tautológica de outras fórmulas $\alpha_1, \ldots, \alpha_n$ que apareçam anteriormente na demonstração. Por exemplo, é óbvio que $A \rightarrow C$ é consequência tautológica de $A \rightarrow B$ e $B \rightarrow C$: é nossa velha regra de silogismo hipotético. Assim, podemos fazer o seguinte:

1. $A \rightarrow B$
2. $B \rightarrow C$
3. $A \rightarrow C$ 1,2 RLP

Para ilustrar melhor isto, vamos refazer a demonstração de $T^\Diamond$ usando RLP, em vez de LP e MP:

1. $\Box\neg A \rightarrow \neg A$ T
2. $A \rightarrow \neg\Box\neg A$ 1 RLP
3. $\Diamond A \leftrightarrow \neg\Box\neg A$ Df$\Diamond$
4. $A \rightarrow \Diamond A$ 2,3 RLP

A demonstração, como você pode notar, ficou bem mais curta pelo uso de RLP. A desvantagem, claro, é que os passos não são tão óbvios. Mas estou supondo que você se saiu bastante bem em dedução natural, de modo que a lógica clássica deve estar bem apreendida, e podemos nos concentrar nos aspectos modais, que são os que nos interessam aqui.

Uma outra fórmula válida em **S5** é B, i.e., $A \rightarrow \Box\Diamond A$. Para isso, já podemos ir usando teoremas anteriormente demonstrados, como $T^\Diamond$ anterior. A prova é:

1. $\Diamond A \rightarrow \Box\Diamond A$ 5
2. $A \rightarrow \Diamond A$ $T^\Diamond$
3. $A \rightarrow \Box\Diamond A$ 1,2 RLP

(O uso de RLP na demonstração anterior, claro, foi apenas silogismo hipotético.)

Vamos agora mostrar que $\vdash \Box\Box A \rightarrow A$:

1. $\Box\Box A \rightarrow \Box A$ T
2. $\Box A \rightarrow A$ T
3. $\Box\Box A \rightarrow A$ 1,2 RLP

Bem, as demonstrações anteriores foram todas mais ou menos simples. Antes de passar às próximas, vamos ver mais algumas regras derivadas de **S5**, que nos simplificarão algumas coisas. Temos as seguintes:

RM. $\vdash \alpha \rightarrow \beta \,/\vdash \Box\alpha \rightarrow \Box\beta$
RE. $\vdash \alpha \leftrightarrow \beta \,/\vdash \Box\alpha \leftrightarrow \Box\beta$
RM$^{\Diamond}$. $\vdash \alpha \rightarrow \beta \,/\vdash \Diamond\alpha \rightarrow \Diamond\beta$
RE$^{\Diamond}$. $\vdash \alpha \leftrightarrow \beta \,/\vdash \Diamond\alpha \leftrightarrow \Diamond\beta$

Vou demonstrar a validade da primeira delas, deixando as outras para você como exercício. Assim, suponhamos que $\vdash \alpha \rightarrow \beta$:

1. $\alpha \rightarrow \beta$ P (teorema)
2. $\Box(\alpha \rightarrow \beta)$ 1 RN
3. $\Box(\alpha \rightarrow \beta) \rightarrow (\Box\alpha \rightarrow \Box\beta)$ K
4. $\Box\alpha \rightarrow \Box\beta$ 2,3 MP

Note que é essencial supor que $\alpha \rightarrow \beta$ seja um teorema; caso contrário, não poderíamos aplicar RN para obter a linha 2.

Dispondo das regras de inferência modais derivadas como as mencionadas, podemos provar mais alguns princípios. Por exemplo, Df$\Box$, isto é, $\Box A \leftrightarrow \neg\Diamond\neg A$, que é o análogo do nosso esquema de axioma Df$\Diamond$.

1. $\Diamond\neg A \leftrightarrow \neg\Diamond\neg\neg A$ Df$\Diamond$
2. $\Box\neg\neg A \leftrightarrow \neg\Diamond\neg A$ 1 RLP
3. $A \leftrightarrow \neg\neg A$ LP
4. $\Box A \leftrightarrow \Box\neg\neg A$ 3 RE
5. $\Box A \leftrightarrow \neg\Diamond\neg A$ 2,4 RLP

Como mais um exemplo, vamos agora demonstrar 5$^{\Diamond}$, $\Diamond\Box A \rightarrow \Box A$.

1. $\Diamond\Box A \leftrightarrow \neg\Box\neg\Box A$ Df$\Diamond$
2. $\Box A \leftrightarrow \neg\Diamond\neg A$ Df$\Box$

3.	$\Diamond\neg A \to \neg\Box A$	2 RLP
4.	$\Box(\Diamond\neg A \to \neg\Box A)$	3 RN
5.	$\Box(\Diamond\neg A \to \neg\Box A) \to (\Box\Diamond\neg A \to \Box\neg\Box A)$	K
6.	$\Box\Diamond\neg A \to \Box\neg\Box A$	4,5 RLP
7.	$\Diamond\Box A \to \neg\Box\Diamond\neg A$	1,6 RLP
8.	$\Diamond\neg A \to \Box\Diamond\neg A$	5
9.	$\neg\Box\Diamond\neg A \to \neg\Diamond\neg A$	8 RLP
10.	$\Diamond\Box A \to \neg\Diamond\neg A$	7,9 RLP
11.	$\Diamond\Box A \to \Box A$	2,10 RLP

E para encerrar essa série de exemplos, o princípio denominado de 4, isto é, $\Box A \to \Box\Box A$:

1.	$\Box A \to \Diamond\Box A$	$T^{\Diamond}$
2.	$\Diamond\Box A \to \Box\Diamond\Box A$	5
3.	$\Box A \to \Box\Diamond\Box A$	1,2 RLP
4.	$\Diamond\Box A \to \Box A$	$5^{\Diamond}$
5.	$\Box(\Diamond\Box A \to \Box A)$	4 RN
6.	$\Box(\Diamond\Box A \to \Box A) \to (\Box\Diamond\Box A \to \Box\Box A)$	K
7.	$\Box\Diamond\Box A \to \Box\Box A$	5,6 MP
8.	$\Box A \to \Box\Box A$	3,7 RLP

Exercício 18.2 Demonstre a validade das regras de inferência RE, $RM^{\Diamond}$ e $RE^{\Diamond}$.

Exercício 18.3 Demonstre que as fórmulas a seguir são válidas no sistema **S5**. (Os nomes pelos quais algumas delas são conhecidas encontram-se ao lado.)

(a) $\Box A \to \Diamond A$ [D]

(b) $\Diamond\Box A \to A$ [$B^{\Diamond}$]

(c) $\Diamond\Diamond A \to \Diamond A$ [$4^{\Diamond}$]

(d) $\Box(A \wedge B) \to (\Box A \wedge \Box B)$ [M]

(e) $\Box A \wedge \Box B \to \Box(A \wedge B)$ [C]

(f) $\Diamond A \vee \Diamond B \to \Diamond(A \vee B)$ [$C^{\Diamond}$]

(g) $\Diamond(A \vee B) \to (\Diamond A \vee \Diamond B)$ [$M^{\Diamond}$]

(h) $\Box A \lor \Box B \to \Box(A \lor B)$
(i) $\Diamond(A \land B) \to (\Diamond A \land \Diamond B)$
(j) $\Diamond\Box A \to \Box\Diamond A$ [G]

18.3.4 Outros sistemas aléticos

Eu disse anteriormente que com **S5** temos um exemplo de uma lógica modal — existem, porém, muitas outras, cada uma delas dando conta de um conceito diferente de necessidade. Como no caso de **S5**, os sistemas costumam ser apresentados axiomaticamente, escolhendo-se como axiomas alguns dos princípios que demonstramos na subseção anterior. Há, porém, um núcleo básico que caracteriza uma lógica modal alética *normal*, que consiste em Df$\Diamond$, K e RN (além, claro, de PL e MP). Se tivermos apenas esses axiomas e regras, temos, então, a mais fraca das lógicas modais normais, cujo nome é **K**. Sistemas mais fortes podem ser obtidos acrescentando-se a **K** um ou mais dos princípios (como T, 4 etc.) já mencionados. A mais forte das lógicas que podemos obter a partir desses princípios é **S5**, que pode ser axiomatizado acrescentando-se a **K** os esquemas T e 5 (foi o que fizemos).

Entre os sistemas mais conhecidos de lógica modal alética temos, além de **K** e **S5**, os seguintes:

D = **K** + D (i.e, $\Box\alpha \to \Diamond\alpha$),
T = **K** + T (i.e, $\Box\alpha \to \alpha$),
B = **T** + B (i.e, $\alpha \to \Box\Diamond\alpha$),
S4 = **T** + 4 (i.e, $\Box\alpha \to \Box\Box\alpha$),
S4.2 = **S4** + G (i.e, $\Diamond\Box\alpha \to \Box\Diamond\alpha$).

Claro que, na medida em que temos diferentes sistemas, temos diferentes conjuntos de fórmulas válidas. Por exemplo, podemos querer uma lógica em que o princípio 4, $\Box\alpha \to \Box\Box\alpha$ não seja válido. Uma vez que fórmulas válidas são aquelas verdadeiras em todos os modelos, temos que alterar a definição de um modelo, ou de verdade de uma fórmula em um mundo de um modelo para dar conta disso.

Como esse é um texto introdutório, não vamos entrar em muitos detalhes, mas, só para dar uma ideia, a solução de Kripke para essa questão passa pela introdução de uma *relação de acessibilidade* entre os mundos possíveis. Isto é, uma fórmula $\Box\alpha$ não é mais verdadeira em um mundo w se α for verdadeira em *todos* os mundos, mas se α for verdadeira em todos os mundos *acessíveis a* w. Para ilustrar isso, por 'acessível' você pode entender, digamos, 'concebível'. Assim, em nosso mundo (vamos chamá-lo w_1) é possível conceber um mundo w_2 sem telefones celulares. Por outro lado, pode ser que as pessoas em w_2 não consigam imaginar um mundo *com* telefones celulares. Nessa situação, w_2 é acessível a w_1 (concebível a partir de w_1), mas não o contrário.

Assim, um modelo de mundos possíveis não é mais um par $\langle W, V\rangle$, mas uma tripla $\langle W, R, V\rangle$, onde R é essa relação de acessibilidade entre mundos.

Para definir, agora, validade para diferentes lógicas modais, podemos exigir diferentes condições dessa relação R de acessibilidade. Por exemplo, uma fórmula como $\alpha \rightarrow \Box\Diamond\alpha$ é válida se considerarmos os modelos onde R é *simétrica*, e inválida em outros modelos. $\Box\alpha \rightarrow \Box\Box\alpha$ é válida se considerarmos modelos onde R é *transitiva*, mas é falsa em qualquer modelo em que isso não ocorra. E assim por diante. Dessa forma, temos semânticas para os mais variados sistemas modais — que, conforme foi mencionado, capturam diferentes noções de necessidade e possibilidade.

Para encerrar esta seção, é preciso mencionar que as lógicas modais têm sido acusadas (por exemplo, por W. Quine) de não serem lógicas verdadeiras, mas apenas formalismos interessantes, e sem maiores consequências. Essa é uma questão discutível e discutida. Mesmo assim, as lógicas modais (e seus desenvolvimentos, como a *lógica dinâmica*) têm tido várias aplicações interessantes, particularmente em ciências da computação (verificação de programas, para dar um exemplo).

18.4 Outras lógicas modais

Além das lógicas modais aléticas, há também outras lógicas similares, igualmente chamadas de modais. A lógica do tempo, ou também chamada lógica modal temporal, de que já falamos anteriormente, foi desenvolvida pelo lógico neozelandês Arthur N. Prior nos anos 50 do século XX. Ela é considerada uma espécie de lógica modal, porque também consiste na adição de operadores intensionais à linguagem da lógica clássica, tendo o mesmo tipo de estrutura que uma lógica modal alética. Os operadores mais comumente usados são quatro:

P: foi o caso que...
H: foi sempre o caso que...
F: será o caso que...
G: será sempre o caso que...

Os operadores G e H são os operadores fortes, que correspondem ao □ da lógica modal alética. Os outros dois, F e P, são os operadores fracos, correspondentes a ◇. Da mesma maneira que, nas lógicas aléticas, temos, digamos, Df◇, nas lógicas temporais vale o seguinte:

$$\mathsf{F}\alpha \leftrightarrow \neg\mathsf{G}\neg\alpha,$$
$$\mathsf{P}\alpha \leftrightarrow \neg\mathsf{H}\neg\alpha.$$

Lógicas temporais têm a mesma semântica de mundos possíveis que as lógicas aléticas; a diferença está na interpretação dos "mundos": eles são agora instantes. A relação de acessibilidade, também, torna-se uma relação temporal de anterioridade, ou seja, se y é acessível a x, então x é anterior a y. Assim, as condições de verdade para fórmulas com os operadores temporais fica como a seguir:

- Gα é verdadeira em um instante t sse α é verdadeira em todos os instantes posteriores a t;

- $\mathsf{H}\alpha$ é verdadeira em um instante t sse α é verdadeira em todos os instantes anteriores a t;
- $\mathsf{F}\alpha$ é verdadeira em um instante t sse α é verdadeira em algum instante posterior a t;
- $\mathsf{P}\alpha$ é verdadeira em um instante t sse α é verdadeira em algum instante anterior a t.

Em termos de apresentação de sistemas, faz-se como no caso da lógica modal alética, por meio da adição de novos axiomas e regras de inferência a uma base axiomática para a lógica clássica. As combinações dos vários axiomas temporais procuram sistematizar diferentes maneiras de ver o tempo: o tempo pode ser considerado linear, com começo, sem começo, com fim, sem fim, transitivo, discreto, denso, ramificado à direita, ramificado à esquerda, circular, contínuo etc. Para cada uma dessas concepções sobre o tempo podemos ter uma lógica — certos princípios valem, ou deixam de valer.

Para dar um exemplo, suponhamos que tomássemos o sistema alético **S5**, e trocássemos as ocorrências de $\Box$ por G e de $\Diamond$ por F. (Vamos ficar apenas com os operadores para o futuro, para simplificar.) As seguintes leis, entre outras, valeriam nesta lógica:

$$\mathsf{G}\alpha \rightarrow \alpha,$$
$$\mathsf{F}\alpha \rightarrow \mathsf{GF}\alpha.$$

Ambas parecem muito estranhas: se α será sempre verdadeira, significa que já é verdadeira agora? Se α vai ser alguma vez verdadeira, será sempre o caso que α vai ser verdadeira no futuro? Mas note que a estranheza desaparece, se imaginarmos que o tempo, em vez de ser uma linha reta sem começo nem fim, seja uma circunferência. Nessa visão (adotada por algumas culturas: pense na Índia, por exemplo), se α é verdadeira em todos os instantes do futuro, então é verdadeira agora, pois agora é parte do futuro (bem longe, no virar do círculo).

Assim, nossa versão temporal de **S5** é uma lógica para o tempo circular (há outras: ver, por exemplo, Prior, 1967). Para ter lógicas adequadas a uma estrutura não circular do tempo, claro, $G\alpha \rightarrow \alpha$ não pode ser válida. E assim por diante.

Um outro tipo de lógica modal são as lógicas *epistêmicas*. Nesse caso, temos um operador K, significando 'sabe-se que', ou B, 'acredita-se que'. Analogamente, temos lógicas *deônticas*, com um operador O significando 'é obrigatório que', por exemplo. Como as lógicas do tempo, todas essas lógicas são chamadas modais porque, fundamentalmente, o que fazem é adicionar operadores intensionais à lógica clássica. Todas essas lógicas têm semânticas de mundos possíveis, e os sistemas são apresentados da mesma maneira. As diferenças vão estar nos símbolos usados para os operadores (como $\Box$, G, K, O), e nos princípios que valem em uns casos, e não em outros. Por exemplo, assim como $\Box\alpha \rightarrow \alpha$ é válida em muitas lógicas aléticas, $K\alpha \rightarrow \alpha$ vale em lógica epistêmica (se α é sabida, então é verdadeira). Por outro lado, os equivalentes temporais e deônticos disso, $G\alpha \rightarrow \alpha$, e $O\alpha \rightarrow \alpha$, são usualmente inválidos: se será sempre o caso que α, isso não significa que α é verdadeira *agora* — exceto, como vimos, se o tempo for circular. Analogamente, ainda que α seja obrigatória, isso não implica que seja automaticamente verdadeira, já que nem todos cumprem suas obrigações.

Basicamente, então, podemos dizer que temos apenas um tipo de sistema modal, envolvendo um ou mais operadores como $\Box$; a diferença está em como o interpretamos: necessidade lógica (alética), temporal, epistêmica, deôntica, e assim por diante.

18.5 Lógicas alternativas

As lógicas alternativas, também chamadas de *heterodoxas*, ou *anticlássicas*, partem do princípio de que a lógica clássica está errada e precisa ser substituída — ao menos, algumas coisas nela precisam. Entre as lógicas alternativas mais conhecidas, temos as lógicas polivalentes, a lógica intuicionista, as lógicas relevantes, as paraconsistentes, as livres, e outras mais. Para ilustrá-las um pouco, vamos conversar brevemente sobre as lógicas polivalentes, a lógica intuicionista, e as lógicas relevantes e paraconsistentes.

18.5.1 Lógicas polivalentes

Como o nome diz, lógicas polivalentes admitem mais de dois valores de verdade; consequentemente, vamos ter uma rejeição do princípio clássico da bivalência. As lógicas polivalentes surgiram, de modo independente, com os trabalhos do lógico polonês Jan Łukasiewicz, a partir de 1920, e de Emil Post (1921). A motivação filosófica que levou Łukasiewicz a propor lógicas polivalentes (inicialmente uma lógica trivalente e, mais tarde, com mais valores) foi o problema dos assim chamados "futuros contingentes" — mais precisamente, a questão de se o princípio de bivalência implicaria o determinismo e, portanto, a não existência do livre-arbítrio.

Consideremos o seguinte exemplo:

Cezar Mortari estará em Tübingen no Natal do próximo ano.

De acordo com o princípio de bivalência, a proposição expressa pela sentença anterior deve ser verdadeira ou falsa. Agora, se verdadeira, o que ela afirma "corresponde aos fatos"; parece que não há como ela ser verdadeira e CM *não estar* em Tübingen no Natal do próximo ano. Assim, CM terá inevitavelmente que estar em Tübingen no Natal do próximo ano. E se ela for falsa, parece, então, que é impossível que CM esteja em Tübingen no Natal do próximo ano. Como a proposição em questão deve ser verdadeira ou falsa, é ou necessário que CM esteja em Tübingen no Natal do próximo ano, ou impossível que ele esteja. Em qualquer caso, o futuro está predeterminado, e nada há que se possa fazer quanto a isso.

O argumento mencionado (apresentado de forma muito resumida) já era conhecido de Aristóteles, que se ocupou dele em *Sobre a interpretação*. Ao contrário dos estoicos, que eram deterministas, Aristóteles não gostou da conclusão do argumento e, aceitando sua validade, pensou em uma possível rejeição do princípio de bivalência.

Por outro lado, Aristóteles tentou, mesmo assim, manter o princípio do terceiro excluído. O que, na verdade, não é possível, pois os outros princípios, tomados em conjunto, implicam a bivalência.

O que Łukasiewicz, que também aceitava a validade desse argumento, propôs como solução para o problema uma lógica trivalente, rejeitando tanto o princípio de bivalência quanto o do terceiro excluído. A ideia é ter, além de **V** e **F**, um terceiro valor, **I**, que poderia ser considerado como o *indeterminado*. Note que essa indeterminação é *ontológica*, e não *epistemológica*. Isto é, uma proposição com valor **I** não é, de fato, nem verdadeira nem falsa — ao contrário do caso em que uma proposição é verdadeira (ou falsa), só que não sabemos qual das alternativas é a correta.

Para ter uma ideia, na figura 18.2 você encontra as matrizes que caracterizam os operadores da lógica trivalente de Łukasiewicz. Esses operadores ainda são funções de verdade, ao contrário dos operadores modais: a diferença é que eles são funções de verdade *trivalentes*.

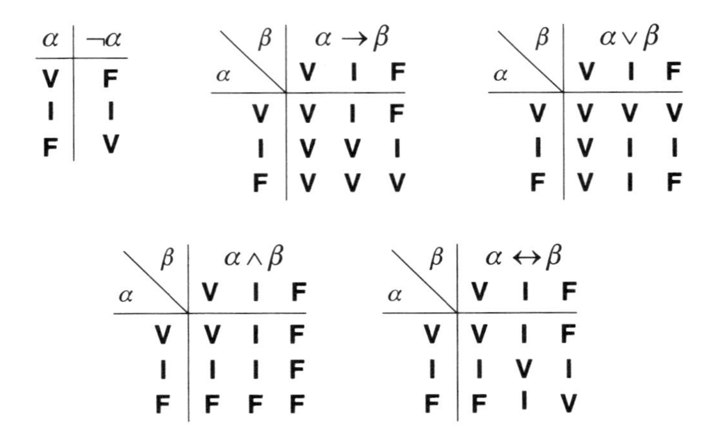

α	$\neg\alpha$
V	**F**
I	**I**
F	**V**

α \ β ($\alpha \rightarrow \beta$)	**V**	**I**	**F**
V	**V**	**I**	**F**
I	**V**	**V**	**I**
F	**V**	**V**	**V**

α \ β ($\alpha \vee \beta$)	**V**	**I**	**F**
V	**V**	**V**	**V**
I	**V**	**I**	**I**
F	**V**	**I**	**F**

α \ β ($\alpha \wedge \beta$)	**V**	**I**	**F**
V	**V**	**I**	**F**
I	**I**	**I**	**F**
F	**F**	**F**	**F**

α \ β ($\alpha \leftrightarrow \beta$)	**V**	**I**	**F**
V	**V**	**I**	**F**
I	**I**	**V**	**I**
F	**F**	**I**	**V**

Figura 18.2: Matrizes para a lógica trivalente de Łukasiewicz.

Olhando as matrizes, é fácil ver que $\alpha \vee \neg\alpha$ não é válida: quando α recebe o valor **I**, o valor de $\neg\alpha$ também é **I**, e o valor de $\alpha \vee \neg\alpha$ será igualmente **I**. Como fórmulas válidas são definidas como aquelas que sempre têm valor **V**, $\alpha \vee \neg\alpha$ não é válida.

Por outro lado, $\alpha \rightarrow \alpha$ é válida: mesmo quando α tem o valor **I**, vemos que o valor de $\alpha \rightarrow \alpha$ é **V**. Isso não acontece, por exemplo, na lógica trivalente de Kleene (cf. Kleene, 1952), em que $\alpha \to \alpha$ recebe o valor **I** quando o valor de α é **I**, conforme verificamos na figura a seguir (as matrizes para $\neg$, $\wedge$ e $\vee$ são as mesmas de Łukasiewicz).

α \ β	$\alpha \to \beta$ V	I	F
V	**V**	**I**	**F**
I	**V**	**I**	**I**
F	**V**	**V**	**V**

α \ β	$\alpha \leftrightarrow \beta$ V	I	F
V	**V**	**I**	**F**
I	**I**	**I**	**I**
F	**F**	**I**	**V**

Figura 18.3: Matrizes para a lógica trivalente de Kleene.

Na lógica trivalente de Kleene, chamada $\mathbf{K}_3$, o valor **I** não é o indeterminado, como em Łukasiewicz, mas o *matematicamente indecidível*. A lógica de Kleene, a propósito, não tem fórmulas válidas, como é fácil verificar: quando todas as variáveis proposicionais em uma fórmula têm o valor **I**, a fórmula como um todo recebe também **I**, e portanto não é válida. Assim, uma das maneiras anteriormente mencionadas para caracterizar uma lógica (um conjunto de fórmulas válidas) não funciona para $\mathbf{K}_3$. Apesar disso, temos uma noção de consequência lógica — cuja definição é a mesma do **CPC**: dizemos que α é consequência lógica de um conjunto de fórmulas Γ se α recebe **V** em toda valoração que for modelo de Γ (ou seja, que dá **V** a todas as fórmulas de Γ). Assim, é fácil ver, por exemplo, que $A \wedge B \vDash A$ (sempre que $A \wedge B$ é verdadeira, A é verdadeira), e que $A \to B, \neg B \vDash \neg A$, ainda que nem $(A \wedge B) \to A$ nem $((A \to B) \wedge \neg B) \to \neg A$ sejam tautologias de $\mathbf{K}_3$.

Mas voltemos à lógica de Łukasiewicz. Dos três valores, **V** é o *valor designado*, i.e., aquele que corresponde ao verdadeiro. Se dissermos agora que uma fórmula é válida sse tem o valor designado para qualquer valor de suas variáveis, obteremos um conjunto de tautologias trivalentes que caracterizam a lógica $\mathbf{Ł}_3$ de Łukasiewicz. Como vimos, $A \vee \neg A$ não é uma fórmula válida nessa lógica, mas outras coisas falham também. Você se recorda de que na lógica clássica podíamos definir os operadores uns em função dos outros. Por exemplo, temos que

$$(\alpha \rightarrow \beta) \leftrightarrow (\neg\alpha \vee \beta).$$

Contudo, é fácil ver que essas fórmulas não são logicamente equivalentes em $Ł_3$. Vamos construir uma tabela onde, por exemplo, apareçam $A \rightarrow B$ e $\neg A \vee B$. Como temos duas letras sentenciais, nossa tabela não terá quatro linhas, como na lógica bivalente, onde o número de linhas l é igual a 2^n. Aqui, como temos três valores, o número de linhas é igual a 3^n. (Em uma lógica tetravalente teríamos 4^n, e assim por diante.) Logo, nossa tabela terá $3^2 = 9$ linhas. O resto é como usualmente: na primeira coluna, os valores de A são atribuídos um a um. Na coluna da segunda letra sentencial, B, os valores agora são atribuídos três a três: três **V**, três **I**, três **F**.[2]

A	B	$\neg A$	$A \rightarrow B$	$\neg A \vee B$
V	**V**	**F**	**V**	**V**
I	**V**	**I**	**V**	**V**
F	**V**	**V**	**V**	**V**
V	**I**	**F**	**I**	**I**
I	**I**	**I**	**V**	**I**
F	**I**	**V**	**V**	**V**
V	**F**	**F**	**F**	**F**
I	**F**	**I**	**I**	**I**
F	**F**	**V**	**V**	**V**

Como você pode ver, na linha 5 a fórmula $A \rightarrow B$ tem valor **V**, mas $\neg A \vee B$ tem **I**. O resultado é que, enquanto $\neg A \vee B$ implica logicamente $A \rightarrow B$, o inverso não ocorre. Logo, não podemos definir $\rightarrow$ por meio de $\neg$ e $\vee$.

2 Se houvesse uma coluna com uma outra letra sentencial, C, nossa tabela teria 27 linhas, e a coluna a seguir de C teria nove **V**, nove **I**, e nove **F**. E assim sucessivamente. Como você vê, quanto mais valores tivermos em uma lógica, maiores ficam as tabelas!

Por outro lado, ainda vale a definição de $\alpha \leftrightarrow \beta$ como $(\alpha \rightarrow \beta) \wedge (\beta \rightarrow \alpha)$. Além disso, podemos definir $\vee$ por meio de $\rightarrow$ da seguinte maneira: $(\alpha \rightarrow \beta) \rightarrow \beta$. Você pode conferir e verificar que essa fórmula é logicamente equivalente em $Ł_3$ a $\alpha \vee \beta$. Finalmente, podemos definir $\alpha \wedge \beta$ como $\neg(\neg\alpha \vee \neg\beta)$.

$Ł_3$ não foi axiomatizada por Łukasiewicz, mas por M.Wajsberg, em 1931. O conjunto de axiomas (esquemas) é o seguinte:

$$(\alpha \rightarrow \beta) \rightarrow ((\beta \rightarrow \gamma) \rightarrow (\alpha \rightarrow \gamma))$$
$$(\neg\alpha \rightarrow \neg\beta) \rightarrow (\beta \rightarrow \alpha)$$
$$((\alpha \rightarrow \neg\alpha) \rightarrow \alpha) \rightarrow \alpha$$

A única regra de inferência primitiva é *modus ponens*.

Além de sua lógica trivalente $Ł_3$, Łukasiewicz apresentou, depois, uma lógica tetravalente e, de um modo geral, para cada número natural n, uma lógica n-valente $Ł_n$. Finalmente, ele introduziu uma lógica com infinitos valores de verdade — uma lógica infinitovalente, em que cada número real do intervalo $[0, 1]$ é um valor. Uma tal lógica poderia ter, por exemplo, uma interpretação probabilística: dizer que A tem o valor 0,85 é dizer que A é verdadeira com probabilidade 85%.

Outros autores também se ocuparam de lógicas polivalentes (já mencionamos Post e Kleene), e muitos outros sistemas foram apresentados. As aplicações mais interessantes de lógicas polivalentes, hoje em dia, são na área de computação, como o tratamento de informação em condições de incerteza. A esse respeito, vale lembrar a lógica difusa (*fuzzy logic*) de L. Zadeh (ver, por exemplo, Haack, 2002, cap. 11).

Exercício 18.4 Usando tabelas de verdade trivalentes, determine quais das seguintes fórmulas são válidas em $Ł_3$:

(a) $A \vee \neg A$
(b) $(A \rightarrow \neg\neg A) \wedge (\neg\neg A \rightarrow A)$
(c) $\neg(A \wedge \neg A)$
(d) $(A \wedge B) \rightarrow (B \wedge A)$
(e) $\neg(A \vee B) \rightarrow (\neg A \wedge \neg B)$

(f) $(A \vee \neg A) \rightarrow (\neg\neg A \rightarrow A)$
(g) $(A \rightarrow B) \rightarrow \neg(A \wedge \neg B)$
(h) $\neg((\neg A \rightarrow \neg B) \rightarrow \neg B) \rightarrow (A \wedge B)$
(i) $\neg((\neg A \rightarrow \neg B) \rightarrow \neg B) \rightarrow (A \vee B)$

18.5.2 Lógica intuicionista

A lógica intuicionista é a lógica da matemática intuicionista, e o intuicionismo, uma corrente dentro da matemática originada por L. E. J. Brouwer (1881-1966). A diferença entre os matemáticos clássicos e os intuicionistas com relação à matemática poderia ser colocada, ainda que um tanto grosseiramente, como a diferença entre descobrir e inventar. Um matemático clássico — também chamado *platonista* — considera que os objetos matemáticos existem independentemente dos seres humanos; nesse sentido, a atividade de um matemático consiste em descobrir que propriedades têm esses objetos, que leis valem a respeito deles etc. Para fazer uma analogia, é como se existisse um "país da matemática", e a tarefa do matemático fosse similar à de um geógrafo que estudasse a topografia desse país.

Para um intuicionista, contudo, os objetos matemáticos vão sendo criados pelos seres humanos: a matemática é uma atividade mental, e os objetos matemáticos são construções mentais; eles não existem de maneira independente. Assim, um intuicionista só considera demonstrada a existência de algum objeto matemático se houver um método para construí-lo. Por exemplo, é fácil mostrar que há algum número natural maior do que mil: basta iniciar no zero e ir somando um a cada número obtido; desta forma, podemos construir o número 1001, que é maior que mil. (Conjuntos infinitos como o dos números naturais, a propósito, existem, mas não de uma maneira acabada, realizada, porém existem potencialmente: sempre podemos obter um novo número natural, por exemplo.)

Por outro lado, na matemática clássica, demonstra-se que muitas coisas existem porque sua inexistência implicaria uma contradição. Para mostrar que existe um objeto com uma certa propriedade

P — i.e., $\exists xPx$ — supõe-se que esse objeto não exista, e prova-se que essa hipótese, $\neg\exists xPx$, implica uma contradição. Logo, por redução ao absurdo, conclui-se que $\neg\neg\exists xPx$ e, aplicando-se dupla negação, $\exists xPx$.

Um intuicionista não aceita esse tipo de demonstração, pois ela não dá um método de construção do objeto. Assim, uma das coisas que a lógica intuicionista rejeita é o princípio de dupla negação: $\neg\neg\alpha \rightarrow \alpha$ não é válida intuicionisticamente.

Antes de falar propriamente da lógica intuicionista, deve-se mencionar que sua posição quanto aos objetivos da lógica é diferente da usual. Enquanto se imagina que a lógica serve de fundamento para qualquer disciplina, incluindo a matemática, podendo ser aplicada a qualquer assunto, a visão intuicionista é de que a lógica apenas resume os esquemas de raciocínio utilizados na matemática. Nesse sentido, a matemática seria mais fundamental que a lógica, e não o contrário.

Para os intuicionistas, então, a verdade de uma proposição (matemática) deve ser estabelecida por meio de uma prova construtiva dessa proposição. Em vista disso, o significado dos operadores difere também do significado que eles têm na lógica clássica. No intuicionismo, temos, por exemplo, uma interpretação deles em termos de provas:

- uma prova de $A \wedge B$ é qualquer coisa que seja uma prova de A e de B;
- uma prova de $A \vee B$ é uma prova de A, ou de B, ou algo que permita obter uma prova de um deles;
- uma prova de $A \rightarrow B$ é uma construção que, aplicada a uma prova de A, gera uma prova de B;
- uma prova de $\neg A$ é uma prova de que $A \rightarrow \bot$, onde $\bot$ é uma constante denotando uma proposição logicamente falsa, o absurdo. (Os intuicionistas consideram $\neg A$ uma abreviação de $A \rightarrow \bot$.)

A partir dessa interpretação intuitiva esboçada, pode-se mostrar que certas leis não valem (ou valem) na lógica intuicionista. Pode-se mostrar que $\alpha \vee \neg\alpha$ não pode ser válida, pois isso significaria que podemos sempre achar um método para resolver qualquer problema matemático: teríamos que obter ou uma prova de α, ou de $\neg\alpha$. Contudo, tomemos como exemplo a famosa *conjectura de Goldbach*, que diz que todo número par maior do que 2 é igual à soma de dois números primos. (Por exemplo, $4 = 2+2$, $10 = 7+3$ etc.) Representando por G essa proposição, temos que dizer que, até hoje, ninguém foi capaz de demonstrar nem G, nem $\neg G$. Assim, como não estamos em condições de afirmar que há uma prova de um ou outro, não podemos afirmar que $G \vee \neg G$. Portanto, essa fórmula é um contraexemplo para $\alpha \vee \neg\alpha$, que não pode, então, ser considerada válida.

Por outro lado, é fácil demonstrar que $\neg\neg(\alpha \vee \neg\alpha)$ é intuicionisticamente válida, pois $\neg(\alpha \vee \neg\alpha)$ implica uma contradição. A partir disso, como então $\neg\neg(G \vee \neg G)$ é verdadeira, e $G \vee \neg G$ não é, temos que

$$\neg\neg(G \vee \neg G) \rightarrow (G \vee \neg G)$$

não é verdadeira. Mas essa fórmula, então, é um contraexemplo para $\neg\neg\alpha \rightarrow \alpha$ (usando $\alpha = G \vee \neg G$). Assim, o princípio da dupla negação é também inválido, como eu já havia mencionado. Curiosamente, ele vale na outra direção: é intuicionisticamente válido que $\alpha \rightarrow \neg\neg\alpha$. Mais ainda, podemos demonstrar que $\neg\neg\neg\alpha \leftrightarrow \neg\alpha$ é um teorema da lógica intuicionista.

Vale a pena mencionar também que certas equivalências que temos na lógica clássica, por exemplo,

$$(\alpha \rightarrow \beta) \leftrightarrow \neg(\alpha \wedge \neg\beta)$$
$$(\alpha \vee \beta) \leftrightarrow \neg(\neg\alpha \wedge \neg\beta)$$
$$(\alpha \wedge \beta) \leftrightarrow \neg(\alpha \rightarrow \neg\beta)$$

não valem intuicionisticamente. Ou seja, os operadores $\wedge$, $\vee$ e $\rightarrow$ são todos independentes. Além disso, pode-se demonstrar que esses operadores, na lógica intuicionista, não são funções de verdade.

Não vou apresentar aqui uma semântica para a lógica intuicionista (uma maneira de fazê-lo é utilizando modelos de mundos possíveis), mas tão somente uma noção sintática de consequência lógica. Se tomarmos as dez regras — as primitivas, *não* as derivadas — para os operadores que vimos em dedução natural (deixando de lado os quantificadores) e substituirmos a regra de dupla negação (DN) pela seguinte:

$$\frac{\neg\alpha}{\alpha \rightarrow \beta}$$

teremos um sistema que gera o conjunto de teoremas da lógica intuicionista **I**. Essa regra pode ser chamada de DS (por causa da lei de Duns Scot, $\neg\alpha \rightarrow (\alpha \rightarrow \beta)$).

Note que falei de regras primitivas. Algumas das que são derivadas no **CQC** não são admissíveis na lógica intuicionista. Por exemplo, nem todas as leis de De Morgan valem, e nem dupla negação nem contraposição são reversíveis. No caso de contraposição, $\neg\beta \rightarrow \neg\alpha$ não implica logicamente $\alpha \rightarrow \beta$. A outra direção vale, contudo. Ou seja, $(\alpha \rightarrow \beta) \rightarrow (\neg\beta \rightarrow \neg\alpha)$ é um teorema de **I**.

Por outro lado, é fácil ver que $\neg\neg A \rightarrow A$ não é um teorema. Ainda que tomássemos $\neg\neg A$ como hipótese para RPC, não conseguiríamos nos livrar da dupla negação. Você poderia imaginar que bastaria, então, supor $\neg A$ como hipótese para RAA e, tendo uma contradição, derivar A. Mas note que isso não funciona: a regra de RAA tem como saída a *negação da hipótese*: se você supôs $\neg A$, o resultado será $\neg\neg A$. Mas isso você já tem, e continuamos sem eliminar a dupla negação.

Curiosamente, porém, $\neg\neg(\neg\neg A \rightarrow A)$, ou seja, a dupla negação de $\neg\neg A \rightarrow A$, é um teorema de **I**. Veja:[3]

3 Para simplificar, essa demonstração faz uso na linha 3 de uma regra derivada, prefixação (Pref), que vale tanto na lógica clássica quanto na intuicionista: $\alpha \,/\, \beta \rightarrow \alpha$.

1.	$\neg(\neg\neg A \to A)$	H (RAA)
2.	A	H (RAA)
3.	$\neg\neg A \to A$	2 Pref
4.	$(\neg\neg A \to A) \wedge \neg(\neg\neg A \to A)$	1,3 C
5.	$\neg A$	2-4 RAA
6.	$\neg A$	H (RAA)
7.	$\neg\neg\neg A$	6 DN
8.	$\neg\neg A \to A$	7 DS
9.	$(\neg\neg A \to A) \wedge \neg(\neg\neg A \to A)$	1,8 C
10.	$\neg\neg A$	6-9 RAA
11.	$\neg A \wedge \neg\neg A$	5,10 C
12.	$\neg\neg(\neg\neg A \to A)$	1-10 RAA

De fato, podemos provar que, se α é uma tautologia clássica, $\neg\neg\alpha$ será intuicionisticamente válida. Além disso, se $\neg\alpha$ é tautologia, também é intuicionisticamente válida. Finalmente, vale a pena notar que, se acrescentarmos à lógica intuicionista $\alpha \vee \neg\alpha$ como teorema (ver item (f) do exercício a seguir), temos também $\neg\neg\alpha \to \alpha$, e o sistema fica equivalente à lógica proposicional clássica.

Exercício 18.5 Demonstre, na lógica intuicionista **I**, os seguintes teoremas:

(a) $A \to \neg\neg A$

(b) $\neg A \leftrightarrow \neg\neg\neg A$

(c) $\neg(A \wedge \neg A)$

(d) $\neg\neg(A \vee \neg A)$

(e) $\neg(A \vee B) \leftrightarrow (\neg A \wedge \neg B)$

(f) $(A \vee \neg A) \to (\neg\neg A \to A)$

(g) $(A \to B) \to \neg(A \wedge \neg B)$

(h) $(A \to \neg B) \leftrightarrow \neg(A \wedge B)$

18.5.3 Lógicas relevantes e paraconsistentes

Assim como a lógica modal surgiu em razão de uma preocupação com os "paradoxos" da implicação material, logo em seguida descobriu-se que a implicação estrita, desenvolvida por Lewis, também apresenta alguns "paradoxos". As seguintes fórmulas são válidas nas lógicas modais normais (recorde que $\prec$ representa a implicação estrita):

$$\Box\alpha \prec (\beta \prec \alpha),$$
$$\neg\Diamond\alpha \prec (\alpha \prec \beta),$$

ou seja, traduzindo para o português, uma proposição necessária é implicada estritamente por qualquer proposição, e uma proposição impossível implica qualquer proposição. O que, mais uma vez, parece muito estranho.

O próprio Lewis, que estava consciente desse problema, achava que afinal as coisas não eram tão ruins assim. Uma vez que entendamos a implicação como o inverso da dedutibilidade, isto é

α implica β se e somente se β é dedutível de α,

a ideia de que uma premissa impossível implica estritamente qualquer coisa (ou seja, podemos deduzir qualquer coisa de uma premissa impossível) não parece tão estranha. Considere a dedução seguinte, onde uma premissa impossível deduz uma conclusão arbitrária:

1.	$\alpha \wedge \neg\alpha$	P	[premissa impossível]
2.	α	1 S	
3.	$\alpha \vee \beta$	2 E	
4.	$\neg\alpha$	1 S	
5.	β	3,4 SD	[conclusão arbitrária]

Já para A. R. Anderson e N. Belnap, os fundadores da lógica relevante (ou lógica da relevância), o problema está justamente nessa noção de dedutibilidade que se tem na lógica clássica (e nas lógicas modais usuais). Eles sugerem que deveríamos dizer que β é dedutível de α se e somente se a derivação de β realmente usa α, e não apenas faz um desvio passando por α. Ou seja, provar β sob a hipótese de que α é diferente de provar β a partir de α.

Para construir as lógicas relevantes, Anderson e Belnap apresentaram uma nova caracterização de dedutibilidade, utilizando-se de *índices* em cada fórmula que aparece em uma dedução. O exemplo a seguir mostra como deduzir $B \to (A \to C)$ de $A \to (B \to C)$:

1.	$A \to (B \to C)_{\{1\}}$	P $?B \to (A \to C)$
2.	$\mid B_{\{2\}}$	H $?A \to C$
3.	$\mid \mid A_{\{3\}}$	H $?C$
4.	$\mid \mid B \to C_{\{1,3\}}$	1,3 MP
5.	$\mid \mid C_{\{1,2,3\}}$	2,4 MP
6.	$\mid A \to C_{\{1,2\}}$	3-5 RPC
7.	$B \to (A \to C)_{\{1\}}$	2-6 RPC

Cada premissa e cada hipótese introduzida recebe um novo índice, que é um conjunto de inteiros positivos. Veja que a primeira hipótese recebeu o índice $\{1\}$; a segunda, $\{2\}$; e a terceira, $\{3\}$. Se derivamos uma fórmula a partir de outras — como na linha 4, onde $B \to C$ foi deduzida de $A \to (B \to C)$, que tem índice $\{1\}$, e de A, que tem índice $\{3\}$ — a nova fórmula recebe como índice a união dos índices das outras. No caso, $B \to C$ recebeu índice $\{1, 3\}$, já que $\{1\} \cup \{3\} = \{1, 3\}$. A restrição na regra de prova condicional (RPC), aplicada por exemplo na linha 6, e que introduz a implicação, é que o índice do antecedente — $\{3\}$ — deve estar contido no índice do consequente — $\{1, 2, 3\}$. Como $\{3\} \subseteq \{1, 2, 3\}$, podemos aplicar RPC; caso contrário, não poderíamos. O índice da implicação resultante é a diferença entre os dois: $\{1, 2, 3\} - \{3\} = \{1, 2\}$.

É fácil agora ver que os paradoxos da implicação material não são válidos na lógica relevante. Vamos tomar $A \to (B \to A)$ como exemplo. A dedução seguinte mostra como demonstrar essa fórmula na lógica clássica. (Para simplificar, usei na linha 3 uma regra de inferência derivada, a regra de repetição.)

1.	$\mid A$	H $?B \to A$
2.	$\mid \mid B$	H $?A$
3.	$\mid \mid A$	1 R
4.	$\mid B \to A$	2-3 RPC
5.	$A \to (B \to A)$	1-4 RPC

O que acontece agora, se tentarmos repetir essa dedução na lógica relevante **R**? A dedução a seguir, iniciada mas não terminada, mostra que não temos como provar $A \to (B \to A)$ em **R**:

1.	$A_{\{1\}}$	H	$?B \rightarrow A$
2.	$B_{\{2\}}$	H	$?A$
3.	$A_{\{1\}}$	1 R	
4.	?	não é possível continuar	

Dado que $\{2\} \not\subseteq \{1\}$, não podemos aplicar RPC na linha 4, como havíamos feito na dedução clássica: tal aplicação fica bloqueada, e a tentativa de derivar $A \rightarrow (B \rightarrow A)$ em **R** falha.

Embora a proposta básica de lógicas relevantes seja muito atraente, elas ainda não se consolidaram como alternativas fortes à lógica clássica, em razão de alguns problemas ainda não resolvidos. Por exemplo, um deles é que há vários sistemas distintos de lógica relevante, como **R**, e **E** (para *entailment*), que é a lógica da implicação relevante e necessária. Em **E** podemos definir o operador de necessidade como

$$\Box\alpha =_{df} (\alpha \rightarrow \alpha) \rightarrow \alpha.$$

Nesse caso, teríamos uma lógica que, por um lado, substitui a lógica clássica — rejeita alguns de seus princípios — e, por outro, também a estende, acrescentando operadores modais. Portanto, como indicado anteriormente, essa divisão entre lógicas complementares e alternativas não é muito apropriada.

Um outro problema a respeito das lógicas relevantes é que um sistema relevante envolvendo todos os operadores usuais (negação, conjunção etc.) já é indecidível no nível proposicional. Por outro lado, alguns autores argumentam que a relevância das premissas para a conclusão, embora seja uma questão importante para a avaliação de um argumento, na verdade não seria um problema de lógica, mas sim um problema retórico.

Apesar das dificuldades, há algumas aplicações interessantes para lógicas relevantes; por exemplo, as lógicas relevantes são *paraconsistentes*. Vamos ver o que é isso.

Você se lembra da regra CTR (contradição) que vimos no capítulo sobre dedução natural: na lógica clássica, podemos deduzir *qualquer* fórmula a partir de uma contradição. Ou seja, vale o seguinte:

$$\alpha, \neg\alpha \vdash \beta.$$

Esse princípio é também chamado de *explosão* ou *ex falso quodlibetur* (EFQ): literalmente, do logicamente falso (i.e., uma contradição) tudo se segue. Dizemos que uma relação de consequência lógica é explosiva se EFQ vale. Isso acontece na lógica clássica, nas lógicas modais que vimos, na lógica intuicionista — mas não em lógicas relevantes. Em **R**, por exemplo, a partir de premissas α e $\neg\alpha$ não podemos deduzir qualquer β: isso ocorre porque α pode não ser relevante para β. Assim, uma contradição não trivializa uma teoria. (Lembre que uma teoria é trivial se todas as suas fórmulas são teoremas.)

Uma lógica é dita *paraconsistente* se sua relação de consequência não é explosiva, como é o caso de **R**: o princípio EFQ não vale. Uma definição alternativa seria dizer que em uma lógica paraconsistente o princípio de não contradição não é universalmente válido.[4] A ideia de uma lógica violando o princípio de não contradição tem o próprio Łukasiewicz entre os seus precursores; contudo, os primeiros sistemas paraconsistentes só apareceram com os trabalhos de S. Jaśkowski, em 1948, e, independentemente, com os trabalhos do lógico brasileiro Newton C. A. da Costa, em 1963 (que introduziu logo toda uma família de lógicas paraconsistentes, os sistemas $\mathbf{C}_n$). A motivação de da Costa era ter um sistema lógico que ficasse o mais próximo possível da lógica proposicional clássica, mas permitindo, contudo, que se pudesse raciocinar na presença de contradições sem trivializar um sistema. Assim, uma lógica paraconsistente permite uma distinção entre as noções de inconsistência e de trivialidade, que na lógica clássica são equivalentes. (A propósito, os sistemas de da Costa, apesar de paraconsistentes, não são lógicas da relevância, já que $A \to (B \to A)$ é um teorema.)

---

4 Essas definições não são, na verdade, equivalentes, mas não entraremos nesses detalhes aqui. Caso você tenha interesse em aprender mais sobre lógicas paraconsistentes, recomendo a leitura do livro de Newton da Costa, *Ensaio sobre os fundamentos da lógica* (da Costa, 1980).

Dessa maneira, podemos usar uma lógica relevante, ou uma lógica paraconsistente para tratar de paradoxos localizados dentro de alguma teoria: algumas sentenças serão consequência lógica do paradoxo, mas nem todas. Por outro lado, podemos pensar também em aplicações em teste de teorias: quando uma teoria faz uma predição que não se verifica, por exemplo, apenas hipóteses relevantes para a predição feita serão colocadas em questão, e não a teoria inteira. Mais recentemente, uma das aplicações propostas para uso em computação envolve uma lógica relevante tetravalente apresentada por N. Belnap. Nesse caso, a motivação é o funcionamento de um sistema que processa informações recebidas de diferentes fontes. O sistema pode saber (foi-lhe dito que) uma certa proposição é verdadeira, ou que é falsa. E pode acontecer que, a respeito de certas proposições, o sistema não tenha nenhuma informação (logo, tais proposições não têm um valor de verdade) — mas também pode acontecer que ele tenha recebido informações contraditórias (uma fonte dizendo que A é verdadeira; outra, que A é falsa). Com a lógica proposta por Belnap, o sistema poderia funcionar sem trivialização, mesmo tendo informações incompletas e contraditórias.

18.6 A história mais recente

Até agora falamos um pouco das aplicações tradicionais da lógica, que seriam, basicamente, a análise da validade de argumentos, por um lado, e, por outro, a formalização de teorias científicas, particularmente teorias matemáticas. O século XX, porém, na sua segunda metade, assistiu ao surgimento e à disseminação dos computadores. As primeiras aplicações não numéricas de computadores envolveram jogos (como damas) e tradução automática.

O ano de 1956 é uma data importante, pois marca o surgimento da Inteligência Artificial (IA), que poderia ser definida como a teoria e prática da construção de máquinas que tenham/simulem comportamento inteligente. Evidentemente, agentes inteligentes precisam ter conhecimento do mundo onde estão inseridos: logo, uma das pedras fundamentais do empreendimento da IA é a representação do conhecimento.

O conhecimento que agentes têm do mundo pode ser caracterizado de duas maneiras:

Implícito (procedural): por exemplo, o conhecimento contido num programa para executar operações aritméticas. Esse tipo de conhecimento é difícil de modificar, mas pode ser usado de modo mais eficiente.

Explícito (declarativo): por exemplo, as informações contidas em uma tabela listando várias cidades e as distâncias entre elas.

O conhecimento declarativo — e o nome já o diz — consiste em declarações sobre o mundo. Ele é mais fácil de modificar; por outro lado, é menos eficiente. Entre outras de suas vantagens temos o fato de ser acessável/modificável pelo agente (introspecção), e os usos múltiplos: uma declaração como 'todo gato é mamífero' tanto pode ser usada para mostrar que algo é um mamífero, a partir da informação que é um gato, ou que não é gato, se soubermos que não é mamífero. (Um procedimento, ao contrário, tem sempre uma ordem de passos que deve ser seguida.)

Parece bastante claro, contudo, que não podemos optar, no fim das contas, exclusivamente por um ou outro tipo de conhecimento: agentes inteligentes provavelmente precisam de ambos os tipos para interagir de forma adequada com o ambiente.

Qual seria, então, o papel da lógica com relação a isso? Podemos vê-lo de dois modos: de um lado, a lógica pode fornecer linguagens para representação de conhecimento, como, digamos, a linguagem do cálculo de predicados de primeira ordem. De outro lado, pode fornecer ferramentas para análise, e mesmo implementação, de sistemas de IA.

Note-se que a representação de conhecimento envolve necessariamente mecanismos de inferência. Por exemplo, considere-se a sentença

A Terra gira em torno de uma estrela,

que poderia estar na base de conhecimento de algum agente. É claro que esse agente também deveria saber o conjunto infinito de proposições seguintes:

A Terra não gira em torno de duas estrelas,
A Terra não gira em torno de três estrelas etc.

Mas, é claro, não se pode colocar tudo isso na base de conhecimento de um agente, pois há sempre limitações físicas de memória. Assim, é essencial que haja um mecanismo de inferência, cuja função seja extrair conclusões a partir da informação disponível. Com relação a isso, há duas coisas importantes a considerar: a eficiência e o uso de informação parcial e/ou incerta.

18.6.1 Eficiência

Um agente que esteja inserido em algum ambiente, e interagindo com ele, necessariamente se vê obrigado a tomar decisões imediatas (ou sofrer as consequências de não fazê-lo). Uma outra versão do mesmo problema é enfrentada pelo usuário de algum banco de dados, que precisa ter em tempo razoável a resposta a uma questão colocada. Em ambos os casos, o que está em jogo é a eficiência dos mecanismos lógicos de inferência envolvidos no processo.

A esse respeito, temos dois problemas.

Problema 1: o cálculo de predicados de primeira ordem é indecidível. Isso significa que não há um método mecânico para determinar, num número finito de passos, e em todo e qualquer caso, se uma fórmula α é consequência lógica ou não de um dado conjunto de fórmulas Δ. Dito de outra forma, em alguns casos um programa para verificar se $\Delta \vdash \alpha$ não termina sua execução.

Há, porém, uma boa notícia a esse respeito: vários subconjuntos interessantes do cálculo de predicados *são* decidíveis. Por exemplo, o cálculo proposicional, o conjunto das fórmulas universais (isto é, aquelas cujos quantificadores são todos universais), e assim por diante. A má notícia é o...

Problema 2: a decidibilidade do cálculo proposicional, por exemplo, é NP-completa. Isso significa mais ou menos o seguinte: os melhores algoritmos conhecidos usam tempo exponencial (2^n) em relação ao tamanho do input (n). Dando um exemplo: no caso de tabelas de verdade, se uma fórmula contém n variáveis, a tabela terá 2^n linhas. Assim, uma tabela de verdade envolvendo 100 variáveis tem mais linhas (2^{100}) que o número de microssegundos que passaram desde o Big-Bang (supondo que cada linha pudesse ser construída em um microssegundo).

Essa situação, é claro, tem algumas consequências interessantes. Primeiro, estimulou a busca de métodos de inferência mais eficientes. Em segundo lugar, ultimamente temos pesquisas que apontam na direção de uma incorporação de elementos procedurais a sistemas lógicos. Finalmente, procura-se identificar subconjuntos interessantes e computacionalmente tratáveis da lógica clássica (por exemplo, a lógica de cláusulas de Horn, que é a base da linguagem de programação Prolog).

18.6.2 Informação parcial e incerteza

A lógica clássica (bem como as lógicas não clássicas usuais) é monotônica. Isso significa que

$$\Gamma \vdash \alpha \quad \Rightarrow \quad \Gamma \cup \Delta \vdash \alpha.$$

Ou, dizendo de outra maneira, premissas adicionais (ou informação adicional) não alteram a validade de uma dedução. Se algo é consequência de um conjunto de premissas, então continua sendo consequência ainda que adicionemos fatos novos.

Agora, consideremos como exemplo argumentos como os seguintes:

(A3)

P_1	As aves voam.
P_2	Tweety é uma ave.
▸	Tweety voa.

(A4)

P_1	As aves voam.
P_2	Tweety é uma ave.
P_3	Tweety é um pinguim.
▸	Tweety não voa.

O padrão de raciocício envolvido em (A3) e (A4) é chamado de *não monotônico*. Como se vê, a passagem de (A3) para (A4) se deu através de acréscimo de informação: o fato novo de que Tweety é um pinguim. Essa informação nova agora não mais permite que se derive a conclusão original (que Tweety voa), mas sim sua negação (que Tweety não voa).

O caso mencionado é um exemplo típico de raciocínio em presença de informação incompleta — um tipo de raciocínio feito a todo momento por agentes humanos. A questão que se coloca é como representar formalmente. Na lógica clássica, poderíamos tentar, por exemplo, por meio de uma fórmula como

$$\forall x((Ax \wedge \neg Px) \rightarrow Fx)$$

(onde A representa 'x é uma ave'; P representa 'x é um pinguim'; e F, 'x voa'). Essa fórmula, tomada como premissa de um argumento como (A4), de fato permite deduzir que Tweety voa, se sabemos que ele é uma ave e não é um pinguim — mas não nos autoriza a fazer nada no caso contrário! Isto é, se a tivermos como premissa de (A3), não teremos como deduzir que Tweety voa (tendo apenas a informação de que ele é uma ave).

Um segundo problema, relacionado a isso, é de que a lista de exceções é interminável. Por exemplo, é óbvio que Tweety não voa se Tweety é um avestruz, ou está com a asa quebrada, ou tem os pés presos num balde de concreto, ou está sendo justamente grelhado, ou... Ou seja, nossa fórmula seria algo como

$$\forall x((Ax \wedge \neg Px \wedge \neg Ox \wedge \neg Qx \wedge \neg Cx \wedge \neg Gx \wedge \ldots) \rightarrow Fx).$$

Para um outro exemplo de inferência com informação incompleta, consideremos o banco de dados (vamos chamá-lo de Δ) de uma companhia aérea qualquer. Suponhamos que um usuário coloque a seguinte questão:

Q: Há um voo direto entre Florianópolis e Timbuctu?

Se a existência dessa conexão não consta de Δ, é óbvio que $\Delta \nvdash Q$. Podemos, então, dizer que $\Delta \vdash \neg Q$? Isto é, que Δ deduz não monotonicamente $\neg Q$? Esse esquema de inferência é conhecido como a hipótese do mundo fechado (fechado porque supomos que tudo o que é verdadeiro é o expresso pela informação disponível, e nada além disso).

O raciocínio envolvido na hipótese do mundo fechado é uma espécie de raciocínio não monotônico, pois acréscimos a Δ podem conduzir à invalidação de uma inferência feita. Por exemplo, se acrescentarmos ao banco de dados a informação nova de que foi justamente inaugurado um voo direto entre Florianópolis e Timbuctu, $\neg Q$ não mais poderá ser deduzida de Δ.

As consequências imediatas das questões anteriores são: primeiro, o desenvolvimento de lógicas que formalizem raciocínios de senso comum, mesmo com falhas. (Significa isso dizer que a lógica é *descritiva*, ou seja, descreve como as pessoas raciocinam, ao invés de *prescritiva*, isto é, dá as normas de como as pessoas deviam raciocinar?) Segundo, vemos que se faz necessário investigar mais os padrões de inferência não dedutivos, como raciocínio analógico, indutivo, probabilístico, e assim por diante, que foram negligenciados pela lógica clássica.

Para finalizar esse passeio pela lógica, note que, do exposto anteriormente, algumas questões ainda sem resposta se colocam. Por exemplo, o que é, afinal, uma lógica? Pode haver uma lógica correta (com relação a uma ideia extrassistemática de validade)? E, nesse caso, teríamos apenas uma lógica correta, ou quem sabe, mais de uma? E como saber, afinal, se uma lógica é correta? Ou será que, ao contrário, não faz sentido falar de correção de uma lógica? (As lógicas seriam, nesse caso, simplesmente ferramentas, adequadas, ou não, a certas tarefas?) Além do mais, faz sentido falar em lógica não dedutiva, como parecem sugerir os desenvolvimentos sobre raciocínio não monotônico?

É claro que, estando as coisas nessa situação, com tantos problemas interessantes ainda por resolver (e a suscitar novos problemas), as perspectivas de mercado de trabalho para os lógicos são fantásticas! Quem sabe você não se aventura também por esses caminhos?

APÊNDICE A
NOÇÕES DE TEORIA DO SILOGISMO

Neste apêndice veremos com mais detalhes a teoria do silogismo de Aristóteles, historicamente a primeira teoria lógica que tivemos. A versão que vamos estudar aqui não é aquela original de Aristóteles; a teoria do silogismo foi aperfeiçoada por lógicos posteriores, e é de uma versão final sua que vamos nos ocupar. O conteúdo deste apêndice inclui proposições categóricas, o quadrado tradicional de oposições, definição de silogismo e a identificação de seu modo, figura, e forma. Finalmente, discutiremos a validade das formas de silogismo e falaremos um pouco sobre como, dado um silogismo, determinar sua validade ou invalidade.

A.1 Proposições categóricas

Aristóteles definia um silogismo como "um trecho do discurso em que, sendo postas certas coisas, outras se seguem necessariamente". Em linhas gerais, isso corresponde à nossa noção intuitiva do que seja um argumento válido. Silogismo, porém, é um tipo muito particular de argumento, tendo duas premissas e, claro, uma conclusão. Além disso, apenas proposições de um tipo especial, as chamadas proposições *categóricas*, fazem parte do que se tradicionalmente denomina um *silogismo categórico*.

Já falamos a respeito de proposições categóricas no capítulo 9; recordemos alguns exemplos:

(1) Toda rosa é perfumada.

(2) Nenhum gato é preto.
(3) Algum humano é imortal.
(4) Alguma estrela não é binária.

Todas as sentenças anteriores têm algo em comum, que é a seguinte estrutura:

Quantificador	[termo 1]	*cópula*	[termo 2]
Todo(a)		é	
Nenhum(a)	(sujeito)	não é	(predicado)
Algum(a)			

Proposições categóricas cujo quantificador é 'todo', 'toda', 'todos os', 'todas as', 'nenhum', 'nenhuma' são chamadas *universais*; já aquelas cujo quantificador é 'algum', 'alguma', 'alguns', 'algumas' são chamadas *particulares*.

Proposições que diferem quanto ao tipo de quantificador envolvido diferem quanto à *quantidade*: 'todo gato é preto' é universal, e 'algum gato é preto' é particular. As proposições categóricas podem diferir também no que diz respeito à *qualidade*: podem ser *afirmativas* ou *negativas*. 'Alguns gatos são pretos' é afirmativa, 'alguns gatos não são pretos' é negativa.

O primeiro dos termos (aquele entre o quantificador e a cópula) é usualmente chamado de *termo sujeito* da proposição. O segundo é o *termo predicado*. Note que essa noção de sujeito e predicado difere daquela da gramática tradicional que você viu na escola. Naquela versão, analisamos uma sentença como 'Todo gato é preto' da seguinte forma:

sujeito: todo gato
predicado: é preto

Mas não aqui. Ao falar do sujeito de uma proposição categórica, estamos nos referindo ao *termo sujeito*; da mesma forma, ao falar do predicado, estamos nos referindo ao *termo predicado*. 'Todo' é o quantificador, não fazendo parte do termo sujeito, e 'é' representa a cópula, não fazendo parte do termo predicado.

Resumindo, como já vimos, as proposições categóricas são aquelas que correspondem a uma das quatro formas básicas seguintes:

(A)	Todo *S* é *P*	(universal afirmativa)
(E)	Nenhum *S* é *P*	(universal negativa)
(I)	Algum *S* é *P*	(particular afirmativa)
(O)	Algum *S* não é *P*	(particular negativa)

em que as letras *S* (sujeito) e *P* (predicado) funcionam como variáveis para expressões que especificam classes ou propriedades, como 'homem', 'gato', 'mamífero aquático', 'dono de restaurante que mora no Canto da Lagoa' etc.

O uso das letras A, E, I e O para indicar o tipo de proposição categórica não se origina com Aristóteles, mas deve-se aos lógicos medievais e tinha a função de ser um auxílio à memória. Se consideramos as palavras latinas a seguir,

A ff *I* rmo e n *E* g *O*.

veremos que as proposições afirmativas são A e I: a universal (primeira) é A, e a particular (a segunda), I. As negativas são E e O: primeiro a universal, depois a particular.

Como visto nos exemplos anteriores (e já falamos disso no capítulo 9), há várias maneiras de exprimir cada uma dessas formas básicas em português. Uma universal afirmativa como 'Todo gato é mamífero' pode ser expressa também como 'Todos os gatos são mamíferos', 'Os gatos são mamíferos', 'Gatos são sempre mamíferos', 'Somente (só, apenas) os mamíferos são gatos' etc. Variações estilísticas semelhantes são também possíveis para os outros casos.

Exercício A.1 Identifique os termos sujeito e predicado, e a forma das proposições categóricas a seguir.

(a) Alguns peixes marinhos são azuis.
(b) Todos os gatos pretos que moram em Florianópolis são felinos que têm exatamente quatro patas.
(c) Nenhuma borboleta amazônica é um crustáceo.

(d) Alguns pinguins que moram na Antártida não são animais que gostam do frio.
(e) Nem todos os filhotes de jacaré são répteis que vivem no Pantanal.
(f) Todos os filhos de João são estudantes universitários que almoçam no RU.
(g) Nenhuma ostra que tenha sido gratinada é agradável ao paladar.
(h) Todo inca venusiano é um inimigo de National Kid.
(i) Algumas espécies de pinheiro não são árvores que perdem as folhas no inverno.
(j) Alguns dinossauros do período Jurássico são animais de sangue quente.
(k) Nenhum planeta que gira em redor de uma estrela binária é um corpo celeste que tenha condições de abrigar vida como a que conhecemos na Terra.

A.2 O quadrado tradicional de oposições

Quando duas proposições categóricas que tenham o mesmo sujeito e o mesmo predicado diferem em quantidade ou qualidade ou ambas, dizemos que estão em *oposição*.

Vamos começar com um exemplo, uma proposição de tipo A como

(5) Todos os papagaios são vermelhos.

Qual seria a proposição que difere da anterior tanto em qualidade como em quantidade? Em lugar de 'todos' teremos 'alguns'; em lugar de 'são' teremos 'não são'. Ou seja, obtemos a seguinte proposição de tipo O:

(6) Alguns papagaios não são vermelhos.

Examinemos agora essa duas proposições. Será que elas podem ser ambas verdadeiras? É fácil perceber que não. Se é verdade que todos os papagaios são vermelhos, então não há papagaios que não sejam vermelhos. Ou seja, é falso afirmar que alguns papagaios não são vermelhos. Por outro lado, se é verdade que alguns papagaios *não são* vermelhos, então não pode ser verdade que todos sejam vermelhos: essa proposição é falsa.

Resumindo, as proposições (5) e (6) não podem ser ambas verdadeiras em uma mesma situação — mas também não podem ser ambas falsas. Elas são o que chamamos de proposições *contraditórias*.

Definição A.1 Duas proposições são *contraditórias* se não podem ser, em uma mesma situação, nem ambas verdadeiras, nem ambas falsas.

É fácil ver então que, dado um par de proposições contraditórias, se uma delas for verdadeira, a outra será falsa, e vice-versa. (Recordando o que vimos no **CPC**, duas proposições são contraditórias se uma é a negação da outra, ou é equivalente à negação da outra.)

No exemplo anterior tínhamos uma proposição de tipo A e uma de tipo O. Isso vale para quaisquer proposições A e O que tenham o mesmo sujeito e o mesmo predicado: elas são contraditórias. A mesma coisa acontece com o par E-I de proposições.

Na figura A.1 a seguir, você encontra representada essa oposição, a contraditoriedade, nas diagonais do quadrado. Essa figura é denominada o *quadrado tradicional de oposições*. Além da contraditoriedade, você pode ver que existem outras oposições representadas. Vamos falar de cada uma delas.

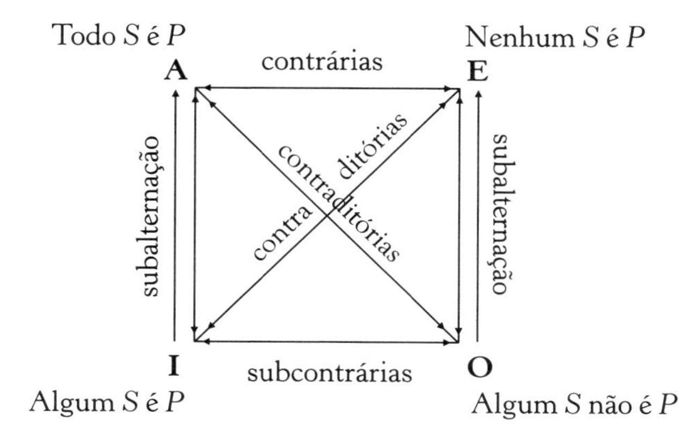

Figura A.1: O quadrado tradicional de oposições.

Consideremos, agora, proposições que se opõem apenas na qualidade, como A e E, ilustradas nos exemplos a seguir:

(7) Todo gato é branco.
(8) Nenhum gato é branco.

Sabemos que (7) e (8) são falsas, pois há gatos brancos e gatos que não são brancos. Assim, proposições A e E podem ser ambas falsas. Não são, portanto, contraditórias. Mas será que podem ser ambas verdadeiras?

Aparentemente, não. No caso dos gatos, não pode ser verdade, ao mesmo tempo, que todos sejam brancos, e que nenhum seja. Esse segundo tipo de oposição ilustrado por este exemplo é chamado *contrariedade*, e está representada na parte superior do quadrado da figura A.1.. A definição é como segue:

Definição A.2 Duas proposições são *contrárias* se não podem ser, em uma mesma situação, ambas verdadeiras, embora possam ser ambas falsas.

O que acontece agora com o par I-O? É fácil ver que proposições desse tipo podem ser ambas verdadeiras; considere o exemplo a seguir:

(9) Alguns mamíferos são aquáticos.
(10) Alguns mamíferos não são aquáticos.

Como existem golfinhos e baleias, que são mamíferos, sabemos que alguns mamíferos são aquáticos. Por outro lado, gatos e ornitorrincos não são. Assim, (9) e (10) são ambas verdadeiras. Mas elas poderiam ser ambas falsas? No exemplo em questão, parece que não: se for falso que algum mamífero é aquático, concluiríamos que pelo menos algum não é (na verdade, que nenhum é). Temos, então, aqui, um terceiro tipo de oposição, apresentado na definição a seguir:

Definição A.3 Duas proposições são *subcontrárias* se não podem ser, em uma mesma situação, ambas falsas, embora possam ser ambas verdadeiras.

Você encontra isso representado na parte inferior do quadrado da figura A.1.[1]

O último tipo de oposição se dá entre pares de proposições de mesma qualidade, mas que diferem na quantidade: A-I, e E-O. A oposição é chamada *subalternação* (ou *alternação*): A é a proposição *superalterna*, e I a *subalterna*. Do mesmo modo, E é a proposição *superalterna*, e O a *subalterna*. A ideia é que se a superalterna é verdadeira, a subalterna também é. Se a subalterna é falsa, a superalterna também é. Contudo, se a superalterna for falsa, nada podemos concluir a respeito da subalterna. Igualmente se a subalterna for verdadeira, nada podemos dizer acerca do valor de verdade da superalterna. Por exemplo, se for verdade que alguns gatos são pretos, isso não nos garante que todos sejam.

Exercício A.2 Considere os pares de proposições na lista a seguir e diga qual o tipo de oposição envolvido em cada caso (considerando, é claro, o quadrado tradicional de oposições).

(a) 1. Nenhum ornitorrinco é um réptil.
    2. Alguns ornitorrincos não são répteis.
(b) 1. Todas as mulheres são lindas.
    2. Algumas mulheres não são lindas.
(c) 1. Todos os papagaios são animais marinhos.
    2. Nenhum papagaio é um animal marinho.
(d) 1. Alguns gatos siameses são pretos.
    2. Alguns gatos siameses não são pretos.
(e) 1. Alguns peixes comestíveis são venenosos.
    2. Nenhum peixe comestível é venenoso.
(f) 1. Todos os unicórnios são azuis.
    2. Alguns unicórnios são azuis.

Exercício A.3 Em cada um dos conjuntos de proposições a seguir, o que podemos inferir a respeito da verdade ou falsidade das demais proposições,

1 Na verdade, *há* situações em que provavelmente diríamos, de um par de proposições I-O, que ambas são falsas, bem como, de um par A-E, que são ambas verdadeiras — do ponto de vista da lógica contemporânea. Mas falaremos disso na última seção deste apêndice.

se supusermos que a primeira delas é verdadeira? E se supusermos que a primeira é falsa?

(a) 1. Todos os gafanhotos são verdes.
2. Nenhum gafanhoto é verde.
3. Alguns gafanhotos são verdes.
4. Alguns gafanhotos não são verdes.

(b) 1. Nenhum argentino é brasileiro.
2. Algum argentino é brasileiro.
3. Algum argentino não é brasileiro.
4. Todo argentino é brasileiro.

(c) 1. Alguns fantasmas são invisíveis.
2. Todo fantasma é invisível.
3. Nenhum fantasma é invisível
4. Alguns fantasmas não são invisíveis.

(d) 1. Algum diretor de cinema é canadense.
2. Algum diretor de cinema não é canadense.
3. Todo diretor de cinema é canadense.
4. Nenhum diretor de cinema é canadense.

A.3 Silogismos categóricos

Basicamente, um *silogismo categórico* é um argumento que tem duas premissas e uma conclusão, todas elas proposições categóricas que, em seu conjunto, envolvem três termos distintos, cada um dos quais ocorre em duas das proposições. Por exemplo:

$\mathbf{P}_1$ Nenhum animal alado é réptil.
$\mathbf{P}_2$ Alguns mamíferos são animais alados.
▸ Alguns mamíferos não são répteis.

O argumento anterior tem uma conclusão ('alguns mamíferos não são répteis') obtida a partir de duas premissas ('nenhum animal alado é réptil' e 'alguns mamíferos são animais alados'). Todas as três são proposições categóricas: a conclusão é de tipo O e as premissas de tipo E e I, respectivamente. Note, além disso, que exatamente três termos distintos aparecem no silogismo: 'animal alado', 'réptil' e 'mamífero', cada um deles ocorrendo *duas* vezes. A distinção singular/plural não importa. Vamos reapresentar o argumento marcando isso:

P_1 Nenhum [animal alado] é ⟨réptil⟩.
P_2 Alguns (mamíferos) são [animais alados].
▸ Alguns (mamíferos) não são ⟨répteis⟩.

Esse argumento, assim, é um silogismo categórico. Além disso, ele está na chamada *forma típica* (ou *forma canônica*). Mas o que é isso? Vamos ver.

Cada um dos termos do silogismo vai ganhar um nome: *menor*, *médio* e *maior*. Para determinar qual é qual, começamos (sempre) examinando a conclusão. O termo 'mamífero' é o sujeito da conclusão. Esse termo será denominado *termo menor*. Ou seja, em um silogismo, o termo menor é, por definição, aquele que é o sujeito da conclusão. Agora, como cada termo em um silogismo ocorre duas vezes, o termo menor, além de ocorrer na conclusão, aparece também em uma das premissas: essa premissa será chamada de *premissa menor*. No exemplo anterior, 'mamífero' ocorre na segunda premissa: por definição, essa é a premissa menor.

Que termo, agora, é o predicado da conclusão? É o termo 'réptil'. Esse termo será denominado *termo maior* e, em virtude disso, a premissa em que ele ocorre (note que ele ocorre também na primeira premissa) será chamada de *premissa maior*.

Finalmente, temos um termo ('animal alado') que não ocorre na conclusão — mas ocorre nas duas premissas. Esse termo será denominado *termo médio*.

Representemos a conclusão por '**C**', a premissa maior por '**PM**' e a premissa menor por '**Pm**', e reapresentemos o argumento da seguinte maneira:

PM. Nenhum animal alado é um réptil.
Pm. Alguns mamíferos são animais alados.
C. Alguns mamíferos não são répteis.

Um silogismo está na forma típica se estiver na ordem demonstrada: primeiro a premissa maior (**PM**), depois a premissa menor (**Pm**) e finalmente a conclusão (**C**).

Mas por que isso é importante? Ora, é porque pela forma típica de um silogismo podemos identificar seu *modo* e *figura*, que são importantes para a determinação de sua validade. Vamos esclarecer isso, começando pelo modo.

O *modo* de um silogismo é dado pelos tipos das proposições categóricas que o compõem, segundo a ordem da forma típica. Por exemplo, o modo do silogismo apresentado é EIO: E da premissa maior, I da premissa menor e O da conclusão.

Considere agora o seguinte exemplo:

PM. Todas as salamandras são lagartos.
Pm. Alguns lagartos não são anfíbios.
C. Nenhum anfíbio é uma salamandra.

Visto que a premissa maior é de tipo A, a premissa menor de tipo O, e a conclusão de tipo E, o modo desse silogismo é AOE. Fácil, não?

Falemos, então, da figura de um silogismo. Bem, como qualquer tipo de argumento, alguns silogismos são válidos e outros não são, o que os exemplos a seguir nos mostram:

(S1) **PM.** Todos os répteis são animais.
Pm. Todos os lagartos são répteis.
C. Todos os lagartos são animais.

e

(S2) **PM.** Todos os lagartos são répteis.
Pm. Todas as cobras são répteis.
C. Todas as cobras são lagartos.

Você vê facilmente que ambos os silogismos têm o mesmo modo: AAA. Contudo, (S1) é claramente válido, ao passo que (S2) é claramente inválido. O que há de diferente entre os dois?

A pista está no termo sublinhado em ambos os silogismos: o termo médio. Note que esse termo — 'répteis' — encontra-se em posições diferentes, com papéis diferentes. Em (S1), o termo médio é sujeito da premissa maior e predicado da menor. Em (S2), o termo médio é predicado nas duas premissas. Essa é a diferença — e é justamente o que faz com que (S1) seja válido, mas (S2) não.

Isso fica mais fácil de perceber se deixarmos de falar em répteis, cobras e lagartos, e indicarmos apenas a estrutura dos argumentos, usando as letras '*P*' (de 'pequeno') para o termo menor, que é o sujeito da conclusão; '*G*' (de 'grande') para o termo maior, que é o predicado da conclusão; e '*M*' (bem, de 'médio') para o termo médio. Temos então (destacando o termo médio):

(S1)	**PM.**	Todo	[*M*]	é	*G*	(S2)	**PM.**	Todo	*G*	é	[*M*]
	Pm.	Todo	*P*	é	[*M*]		**Pm.**	Todo	*P*	é	[*M*]
	C.	Todo	*P*	é	*G*		**C.**	Todo	*P*	é	*G*

O posicionamento do termo médio nas premissas caracteriza o que chamamos de *figura* de um silogismo. O argumento (S1) é da *primeira* figura, ao passo que o exemplo (S2) é da *segunda*.

Um pouco de reflexão sobre o posicionamento possível do termo médio nos mostra que há quatro figuras diferentes, representadas assim:

1ª	2ª	3ª	4ª
[*M*] — *G*	*G* — [*M*]	[*M*] — *G*	*G* — [*M*]
P — [*M*]	*P* — [*M*]	[*M*] — *P*	[*M*] — *P*
P — *G*	*P* — *G*	*P* — *G*	*P* — *G*

Ou então, de uma maneira muito mais esquemática (as linhas marcam a posição do termo médio):

1ª	2ª	3ª	4ª
╲					╱

Mais um exemplo, para ver se tudo ficou claro. Consideremos o silogismo apresentado na passagem a seguir, e vamos tentar identificar seu modo e figura:

> Uma vez que todos os tubarões são animais marinhos, mas nenhum animal marinho é uma borboleta, podemos concluir que algumas borboletas não são tubarões.

Como você já pode perceber, tudo depende de identificarmos o sujeito e o predicado da conclusão. Mas qual seria ela? No exemplo mencionado, está claro que é a sentença que se segue a 'podemos concluir que', ou seja: algumas borboletas não são tubarões. As demais são as premissas. Vamos marcar isso no texto, como segue:

> Uma vez que [*todos os tubarões são animais marinhos*], mas [*nenhum animal marinho é uma borboleta*], podemos concluir que [*algumas borboletas não são tubarões*].

Identificada a conclusão, já ficamos sabendo qual é o termo menor ('borboletas', o sujeito da conclusão) bem como o termo maior ('tubarões', o predicado da conclusão).O termo que sobra, 'animal marinho', é o termo médio. Dispondo dos termos maior e menor, vemos que as premissas maior e menor são, respectivamente, 'todos os tubarões são animais marinhos' e 'nenhum animal marinho é uma borboleta'. Vamos organizar isso tudo, colocando o silogismo na forma típica (e vou sublinhar o termo médio, para destacar sua posição):

PM. Todos os tubarões são <u>animais marinhos</u>.
Pm. Nenhum <u>animal marinho</u> é uma borboleta.
C. Algumas borboletas não são tubarões.

Como a premissa maior é universal afirmativa (A), a menor universal negativa (E), e a conclusão particular negativa (O), o modo desse silogismo, claro, é AEO. E a figura? Vendo que o termo médio é predicado na premissa maior e sujeito na menor, isso nos dá a *quarta figura*. Modo e figura indicam a forma de um silogismo em forma típica. Podemos sintetizar isso dizendo que a forma do silogismo anterior é AEO-4.

Mais um exemplo? Claro! Considere o silogismo a seguir, e tente identificar seu modo e figura:

> Alguns membros da Federação são vulcanos; portanto, alguns membros da Federação não são klingons, já que nenhum klingon é um vulcano.

O primeiro passo, recorde, é identificar a conclusão do silogismo — o resto todo depende disso. No trecho dado, é aquela proposição que se segue a 'portanto', ou seja, 'alguns membros da Federação não são klingons'. As demais são as premissas. Identificada a conclusão, seu sujeito ('membros da Federação') é o termo menor, e seu predicado ('klingons') o termo maior. Isso nos permite identificar as premissas maior e menor, respectivamente, 'nenhum klingon é um vulcano' e 'alguns membros da Federação são vulcanos'. Podemos, então, colocar o silogismo na forma típica, ou seja, temos:

PM. Nenhum klingon é um <u>vulcano</u>.
Pm. Alguns membros da Federação são <u>vulcanos</u>.
C. Alguns membros da Federação não são klingons.

O modo desse silogismo é EIO (confira!) e sua figura, já que o termo médio é predicado nas duas premissas, é a segunda. Ou seja, temos a forma EIO-2.

Se fizermos as contas, começando com AAA, AAE e indo até OOO, veremos que existem 64 modos de silogismo categórico. Combinando isso com as quatro figuras, temos como resultado $4 \times 64 = 256$ formas diferentes de silogismo.

Nem todas, claro, serão formas válidas. E agora, será que os silogismos apresentados anteriormente são válidos? Falaremos sobre isso numa próxima seção. Primeiro, é claro ... alguns exercícios!

Exercício A.4 Identifique as premissas e conclusão dos silogismos a seguir, coloque-os na forma típica e indique seu modo e figura:

(a) Alguns peixes marinhos são azuis; logo, alguns animais são azuis, visto que todos os peixes marinhos são animais.

(b) Alguns gatos não são pretos, e alguns felinos não são gatos; portanto, alguns felinos não são pretos.
(c) Nenhum cientista é um grande atleta, mas todos os cientistas são pesquisadores; consequentemente, nenhum grande atleta é um pesquisador.
(d) Alguns artrópodes não são borboletas amazônicas, pois nenhuma borboleta amazônica é um crustáceo, e todos os crustáceos são artrópodes.
(e) Nenhum avião a jato é uma nave espacial; portanto, nenhum veículo que voa na atmosfera é uma nave espacial, visto que todos os aviões a jato são veículos que voam na atmosfera.
(f) Alguns dinossauros jurássicos são animais herbívoros, porque todos os saurópodes são dinossauros jurássicos e alguns animais herbívoros são saurópodes.
(g) Todos os filhos de João são estudantes universitários que almoçam no RU. Como alguns estudantes de filosofia são estudantes universitários que almoçam no RU, segue-se que alguns filhos de João são estudantes de filosofia.
(h) Todos as espécies de pinheiro são plantas do hemisfério norte, portanto, algumas plantas do hemisfério norte não são árvores que perdem as folhas no inverno, já que algumas espécies de pinheiro não são árvores que perdem as folhas no inverno.
(i) Nenhuma ostra que tenha sido gratinada é um alimento deglutível, mas todos os alimentos deglutíveis são agradáveis ao paladar; segue-se que nenhuma ostra que tenha sido gratinada é agradável ao paladar.
(j) Alguns seres abissais não são incas venusianos, porque todos os incas venusianos são inimigos de National Kid, e alguns inimigos de National Kid não são seres abissais.
(k) Todos os gatos pretos que moram em Florianópolis são felinos que têm exatamente quatro patas, mas nenhum felino que tem exatamente quatro patas é um bom caçador de ratos; por consequência, nenhum gato preto que mora em Florianópolis é um bom caçador de ratos.
(l) Todos os átomos de deutério são isótopos de hidrogênio e alguns átomos de deutério são compostos instáveis; logo, alguns isótopos de hidrogênio são compostos instáveis.

(m) Todos os cnidários são metazoários; daí, todos os celenterados são cnidários, porque todos os celenterados são metazoários.

(n) Nenhum planeta que gira em redor de uma estrela binária é um corpo celeste que tem condições de abrigar vida como a que conhecemos na Terra, porque nenhum planeta que gira em redor de uma estrela binária é um planeta de órbita estável, e todos os corpos celestes que têm condições de abrigar vida como a que conhecemos na Terra são planetas de órbita estável.

(o) Alguns pinguins que moram na Antártida não são animais que gostam do frio; assim, alguns papagaios não são pinguins que moram na Antártida, porque alguns papagaios não são animais que gostam do frio.

A.4 A validade dos silogismos

Como vimos anteriormente, temos 256 diferentes formas de silogismo — mas nem todas são válidas. A questão é: quais são as formas válidas e como descobrir isso? Naturalmente, com os recursos da lógica contemporânea, bastaria representar o silogismo na linguagem do **CQC** e testar sua validade usando tablôs, por exemplo. Mas Aristóteles e os lógicos medievais não dispunham desses recursos. Como eles faziam, então?

Primeiro, o que entendemos por uma *forma válida* de silogismo? Um determinado silogismo é válido, claro, se for um exemplo de argumento válido: qualquer circunstância que torna verdadeiras as premissas torna também verdadeira a conclusão. Agora, como você deve recordar dos capítulos iniciais, havíamos comentado que validade é uma questão de forma. Assim, dizemos que uma forma de silogismo é *válida* se qualquer silogismo que for uma instância (ou seja, um exemplo) dessa forma é um argumento válido. Ou seja, não importa que termos usemos no lugar de P, M e G, o resultado é um argumento válido.

Evidentemente, uma forma de silogismo será, então, *inválida* se houver pelo menos uma instância dessa forma que seja um silogismo inválido — o que denominamos um *contraexemplo*.

Dada, então, uma forma de silogismo, como decidir sobre sua validade?

Em primeiro lugar, é (relativamente) simples mostrar a invalidade de alguma forma de silogismo: basta encontrar um silogismo dessa forma cujas premissas sejam, de fato, verdadeiras e cuja conclusão seja, de fato, falsa. Por exemplo, considere a seguinte forma de silogismo:

PM. Todo *M* é *G*.
Pm. Nenhum *M* é *P*.
C. Nenhum *P* é *G*.

A forma desse silogismo é AEE-3 (recorde que estamos usando *P* para o termo menor, *M* para o médio e *G* para o termo maior). Seria esta uma forma válida ou inválida?

Para responder a essa questão, considere o silogismo a seguir, que é um exemplo de silogismo em AEE-3:

PM. Todos os elefantes são mamíferos.
Pm. Nenhum elefante é um gato.
C. Nenhum gato é mamífero.

Aqui, estamos usando ‘gato’ como o termo menor, ‘mamífero’ como o termo maior, e ‘elefante’ como o termo médio. Dado, porém, que as premissas do argumento são verdadeiras (elefantes são mamíferos, mas não são gatos) e a conclusão falsa (gatos são mamíferos), esse silogismo é inválido — e também o será qualquer silogismo que tenha essa forma também. Mostramos, então, que a forma AEE-3 é uma forma inválida por meio de um contraexemplo. É o que fez Aristóteles.

A questão da validade, agora, é um pouco mais complicada. Considere a seguinte forma de silogismo, AAA-1:

PM. Todo *M* é *G*.
Pm. Nenhum *P* é *M*.
C. Nenhum *P* é *G*.

Não basta encontrar um, ou dois, ou mil exemplos de silogismo dessa forma que tenham premissas e conclusão verdadeiras: precisamos mostrar que *qualquer* silogismo dessa forma que tenha as premissas verdadeiras também terá, necessariamente, a conclusão verdadeira.

A solução encontrada por Aristóteles foi apresentar a teoria do silogismo como uma espécie de sistema axiomático. Em primeiro lugar, temos algumas formas de silogismo cuja validade é intuitivamente percebida, como AAA-1 mencionada, e também EAE-1 (estas seriam os "axiomas"); em segundo lugar, as demais formas válidas de silogismo podem ser *reduzidas* a essas primeiras, ou seja, transformadas em alguma delas por meio de certas regras de conversão ("regras de inferência"). Se conseguirmos reduzir uma forma de silogismo a uma outra que sabemos ser válida, mostramos a validade daquela forma.

Assim procedendo, Aristóteles identificou 14 formas válidas de silogismo: quatro na primeira figura, quatro na segunda, e seis na terceira. Contudo, ele falava (não sabemos exatamente por quê) em apenas três figuras. Com o passar do tempo, contudo, outras formas foram identificadas por lógicos posteriores, a quarta figura foi separada da primeira, e chegou-se ao número de 24 formas válidas. Cada uma dessas formas foi recebendo um nome padrão no decorrer da história. Por exemplo, a forma AAA-1 citada é tradicionalmente conhecida como *Barbara*, e EAE-1, como *Celarent*. (As duas outras formas válidas da primeira figura identificadas por Aristóteles, AII-1 e EIO-1, são chamadas *Darii* e *Ferio*.) Note que as vogais dessas palavras indicam o *modo* do silogismo: *B***A***rb***A***r***A** é AAA, *C***E***l***A***r***E***nt* é EAE etc.

Um exemplo de silogismo da forma *Celarent* é:

PM. Nenhum mamífero é um inseto.
Pm. Todos os gatos são mamíferos.
C. Nenhum gato é um inseto.

Um pouco de reflexão mostra que a forma desse silogismo deve mesmo ser válida: se todos os gatos são mamíferos, mas nada é ao mesmo tempo um mamífero e um inseto, segue-se que não há nenhum gato que seja um inseto.

Uma vez que são apenas 24 as formas válidas, elas eram listadas, para facilitar a vida dos estudantes, sob a forma de algum poema mnemônico, do qual há algumas versões. Uma delas é a seguinte:

> *Barbara, Celarent,* primae, *Darii, Ferio* que.
> *Cesare, Camestres, Festino, Baroco,* secundae.
> Tertia grande sonans recitat *Darapti, Felapton,*
> *Disamis, Datisi, Bocardo, Ferison.* Quartae
> sunt *Bamalip, Calemes, Dimatis, Fesapo, Fresison.*

Assim, tendo sido decorada a lista, para analisar um silogismo basta identificar sua forma: se ela está na lista, é um silogismo válido; se não, inválido.

Bem, a lista anterior tem apenas 19 formas válidas de silogismo; precisaríamos ainda acrescentar *Barbari* e *Celaront* na primeira figura; *Cesarop* e *Camestrop* na segunda, e *Calemop* na quarta, para obter as 24. Resumindo, temos o seguinte quadro:

1ª	2ª	3ª	4ª
Barbara	*Cesare*	*Darapti*	*Bamalip*
Celarent	*Camestres*	*Felapton*	*Calemes*
Darii	*Festino*	*Disamis*	*Dimatis*
Ferio	*Baroco*	*Datisi*	*Fesapo*
Barbari	*Cesarop*	*Bocardo*	*Fresison*
Celaront	*Camestrop*	*Ferison*	*Calemop*

Figura A.2: As formas válidas de silogismo.

Voltando à apresentação axiomática da teoria do silogismo, o que Aristóteles fez foi mostrar como reduzir qualquer forma válida de silogismo a uma das chamadas quatro "formas perfeitas" da primeira figura: *Barbara, Celarent, Darii* e *Ferio*. As formas cujo nome começa com 'B' podem ser reduzidas a *Barbara*; aquelas cujo nome começa com 'C', a *Celarent*; e assim por diante. Algumas das demais consoantes também têm um significado — dão pistas sobre que regra de conversão usar para reduzir uma forma de silogismo a outra, como veremos logo a seguir.

Num segundo momento, Aristóteles mostrou que *Barbara* e *Celarent* eram, afinal, suficientes para garantir a validade das demais formas. E num terceiro passo, mostrou que podemos tomar como axiomas as formas válidas de qualquer outra figura, reduzindo todas as demais a essas.[2]

Essa, então, é a ideia geral; vamos ver como isso tudo funciona por meio de alguns exemplos. Suponhamos, como ponto de partida, que as quatro formas da primeira figura, *Barbara, Celarent, Darii* e *Ferio*, são válidas. Considere agora o seguinte silogismo:

PM. Nenhum gato é réptil.
Pm. Todos os lagartos são répteis.
C. Nenhum lagarto é um gato.

Esse silogismo tem a forma EAE-2, ou seja, *Cesare*. Para mostrar que ele é válido, precisamos mostrar que sua conclusão se segue das premissas. Examinemos agora a premissa maior, isto é,

(11) Nenhum gato é réptil.

Se essa proposição é verdadeira, podemos concluir que a seguinte também é:

(12) Nenhum réptil é gato.

Certo? O que (11) diz é que gatos e répteis são classes de animais que não têm elementos em comum: não há gatos que sejam répteis nem répteis que sejam gatos. Assim, podemos dizer que se (11) for verdadeira em alguma situação, então (12) também será. Esse tipo de inferência entre duas proposições categóricas era denominado *conversão simples*.

---

2 Podemos dizer que Aristóteles, sem sombra de dúvida, era mesmo muito ninja!

O que acontece, então, se trocarmos (11) por (12) no silogismo anterior? Ficamos com as premissas a seguir (sublinhando o termo médio, para enfatizar), tentando derivar a conclusão de que nenhum lagarto é um gato:

PM. Nenhum réptil é gato.
Pm. Todos os lagartos são répteis.
C. Nenhum lagarto é um gato.

Mas agora, se olharmos bem, veremos que a forma desse novo silogismo é *Celarent*, cuja validade já estávamos pressupondo:

PM. Nenhum *M* é *G*.
Pm. Todo *P* é *M*.
C. Nenhum *P* é *G*.

Assim, pela conversão feita, mostramos que a conclusão de *Cesare* é de fato consequência de suas premissas. Logo, a forma é válida. Veja que a validade foi demonstrada pela redução a *Celarent*. A propósito, essa é a razão do 's' em *Cesare*: um 's' depois de uma vogal indica que deve ser aplicada a conversão simples (*simpliciter*) na proposição correspondente. E já que estamos falando nisso, as letras 'p', 'm' e 'c' nos nomes das formas válidas também têm um signficado (como veremos logo mais); já as consoantes 'l', 'n', 'r' e 't' apenas ajudam na eufonia das palavras.

Continuemos. Um segundo tipo de conversão simples envolve proposições de tipo I. Por exemplo, se é verdade que

(13) Alguns gatos são répteis.

também será verdade que:

(14) Alguns répteis são gatos.

Ou seja, qualquer proposição da forma 'Algum *S* é *P*' pode ser convertida em uma proposição da forma 'Algum *P* é *S*', e vice--versa.

Como um exemplo do uso desse tipo de conversão, veja que a primeira das formas de silogismo a seguir, *Datisi* (à esquerda) pode ser reduzida a *Darii* (a da direita):

PM.	Todo *M* é *G*.	**PM.**	Todo *M* é *G*.
Pm.	Algum *M* é *P*.	**Pm.**	Algum *P* é *M*.
C.	Algum *P* é *G*.	**C.**	Algum *P* é *G*.

O que fizemos, mais uma vez, foi uma conversão simples na premissa menor (o que foi indicado pelo 's' em *Datisi*).

É claro que podemos fazer uma conversão também na conclusão. Considere a seguinte forma da quarta figura, *Dimatis*:

PM. Algum *G* é *M*.
Pm. Todo *M* é *P*.
C. Algum *P* é *G*.

Se aplicarmos a conversão simples na conclusão, ficamos primeiro com o seguinte:

P. Algum *G* é *M*.
P. Todo *M* é *P*.
C. Algum *G* é *P*.

Note agora que, nesse caso, *G* é que passa a desempenhar o papel de termo *menor*, e *P* fica representando o termo *maior*. Consequentemente, a premissa que contém *P* é a maior, e a que contém *G*, a menor. Assim, precisamos apenas permutar a ordem ('m') das premissas para que o silogismo fique na forma típica:

PM. Todo *M* é *P*.
Pm. Algum *G* é *M*.
C. Algum *G* é *P*.

E essa forma, claro, é uma forma válida da primeira figura: *Darii*. Em resumo, das premissas de *Dimatis* podemos obter sua conclusão por meio de uma redução a *Darii*.

Finalmente, um último tipo de redução envolve a conversão de proposições de tipo A a proposições de tipo I. Por exemplo, se temos que

(15) Todas as borboletas são insetos,

também teremos que:

(16) Alguns insetos são borboletas.

É claro que não se segue que *todos* os insetos sejam borboletas — mas certamente que alguns são, haja visto que borboletas são insetos. Esse tipo de conversão é denominado *conversão por limitação* (*per accidens*).

Vamos a um exemplo: mostraremos a validade de *Bamalip* reduzindo essa forma a *Barbara*. Ora, *Bamalip* é a forma a seguir:

PM. Todo G é M.
Pm. Todo M é P.
C. Algum P é G.

O que precisamos mostrar é que, assumindo as premissas e a validade de *Barbara*, obtemos a conclusão de *Bamalip*.

Tomemos as premissas anteriores, trocando sua ordem. Ficamos com o seguinte:

Todo M é P.
Todo G é M.

Ora, mas essas são as premissas de *Barbara*, em que G e P trocaram de papel: G está sendo o termo menor e P o maior. Assumindo a validade de *Barbara*, temos:

PM. Todo M é P.
Pm. Todo G é M.
C. Todo G é P.

Se aplicarmos conversão por limitação, na conclusão, o que obtemos? Ora, algum P é G — justamente a conclusão de *Bamalip*.

Assim, essa forma pode ser reduzida a *Barbara*. (O 'm' e o 'p' em '*Bamalip*', como visto, significam que precisamos permutar (*mutare*) a ordem das premissas e fazer uma conversão por limitação na conclusão.)

A tabela a seguir resume os tipos de conversão que vimos até agora (note que não há uma conversão que possamos fazer em proposições de tipo O):

Todo *S* é *P*	Algum *P* é *S*	*conversão por limitação*
Nenhum *S* é *P*	Nenhum *P* é *S*	*conversão simples*
Algum *S* é *P*	Algum *P* é *S*	*conversão simples*

Como você pôde ver, as formas de silogismo estão de certo modo interconectadas: uma pode ser transformada em outra; a validade de uma depende da validade de outra. Claro que não podemos mostrar com essas conversões a validade de todas as formas de silogismo: precisamos admitir pelo menos algumas como intuitivamente válidas, para que o resto fique estabelecido. E como mencionado, basta admitir *Barbara* e *Celarent*. (Ou admitir como axiomas os modos válidos de qualquer outra figura, não importa.) Mas para que isso tudo funcione, precisamos de algumas outras regras, além das conversões simples e por limitação que vimos há pouco. Algumas formas, como *Bocardo* e *Baroco*, só podem ser reduzidas de maneira indireta (o 'c' no nome da forma indica a redução indireta, ou por absurdo (*per contradictionem*).

Vejamos como mostrar a validade de *Baroco*, uma forma da segunda figura:

PM. Todo *G* é *M*.
Pm. Algum *P* não é *M*.
C. Algum *P* não é *G*.

Suponhamos que alguém não aceite a validade de *Baroco*: nesse caso, essa pessoa aceitaria que as premissas possam ser verdadeiras, mas a conclusão falsa, em alguma situação. Assim, essa pessoa aceita **PM** e **Pm**, mas rejeita **C**. Ora, se diz que a conclusão **C** é falsa, deve, então, admitir que a *contraditória* da conclusão é verdadeira. A contraditória da conclusão, claro, é a afirmação de que todo *P* é *G*. Juntemos agora essa afirmação com a premissa maior de *Baroco*. Temos então:

P. Todo *G* é *M*.
P. Todo *P* é *G*.

Ora, mas essas duas afirmações constituem justamente as premissas de um silogismo em *Barbara*; veja:

PM. Todo *G* é *M*.
Pm. Todo *P* é *G*.
C. Todo *P* é *M*.

Nesse caso, *G* está representando o termo médio e *M* o termo maior. Assim, a pessoa que aceita as duas premissas de *Baroco*, mas rejeita a conclusão, é forçada, por meio de *Barbara*, a aceitar como verdadeira a conclusão de que todo *P* é *M*. Mas isso está em contradição com a segunda premissa de *Baroco*! Logo, não é possível que alguém aceite as premissas de *Baroco* mas rejeite sua conclusão. Assim, fica demonstrada, por absurdo, a validade de *Baroco*.

A estratégia para demonstrar *Bocardo* é a mesma. Finalmente, isso também vale para reduzir *Ferio* a *Darii*, e este a *Camestres* (que podemos reduzir a *Celarent*).

Vou mostrar como reduzir *Darii* a *Camestres*; os outros casos ficam como exercício para você! *Darii*, recorde, é a forma a seguir:

PM. Todo *M* é *G*.
Pm. Algum *P* é *M*.
C. Algum *P* é *G*.

Suponhamos que alguém aceite as premissas, mas rejeite a conclusão. Nesse caso, deve aceitar a contraditória da conclusão, ou seja, que nenhum *P* é *G*. Juntando agora essa proposição com a premissa maior de *Darii*, temos:

P. Todo *M* é *G*.
P. Nenhum *P* é *G*.

Mas essas premissas, usando *G* como termo médio e *P* como o termo maior, nos dão *Camestres*. Veja:

PM. Todo *M* é *G*.
Pm. Nenhum *P* é *G*.
C. Nenhum *P* é *M*.

A conclusão, contudo, contradiz a premissa menor de *Darii*. Portanto, quem aceita as premissas de *Darii* tem que aceitar sua conclusão.

Além dos poemas mnemônicos para lembrar as formas válidas de silogismo, havia também algumas regrinhas para determinar a validade ou não de alguns silogismos. Por exemplo:

- Se um silogismo tem duas premissas negativas, ele é inválido.
- Se um silogismo tem uma premissa negativa, a conclusão tem que ser negativa (ou o silogismo é inválido).
- Se uma das premissas for particular, a conclusão tem que ser particular (ou o silogismo é inválido).

Mas não se preocupe; você não precisa decorar nem o poema anterior apresentado (ou alguma outra variante dele) nem uma série de regras. Por um lado, podemos demonstrar a validade ou invalidade de silogismos usando as técnicas da lógica contemporânea, como tablôs ou dedução natural. Por outro, temos também a técnica dos diagramas de Venn–Euler, que dispensam uma tradução prévia em uma linguagem de primeira ordem. Falaremos disso logo após os exercícios.

Exercício A.5 Mostre a invalidade das seguintes formas de silogismo, apresentando, para cada uma delas, um contraexemplo.

(a) AEO-1 (b) IAI-2 (c) EII-3 (d) AEE-1 (e) OEO-4

Exercício A.6 Mostre a validade das formas a seguir de silogismo, reduzindo-as a alguma das quatro formas perfeitas da primeira figura:

(a) *Festino*
(b) *Darapti*
(c) *Calemes*
(d) *Felapton*
(e) *Disamis*
(f) *Camestres*

Exercício A.7 Determine a validade ou invalidade dos silogismos do exercício A.4 anterior.

Exercício A.8. Como você procederia para reduzir, por exemplo, *Barbari* a *Barbara*, *Camestrop* a *Camestres*, *Bocardo* a *Barbara*?

A.5 Diagramas de Venn–Euler

A.5.1 Representando as proposições categóricas

O uso dos diagramas de Venn–Euler para testar a validade de silogismos baseia-se no fato de que cada termo em um silogismo pode ser entendido como referindo-se a uma classe (coleção, conjunto) de indivíduos: 'gato' denota a classe de todos os gatos, 'mamífero', a de todos os mamíferos, e assim por diante. Desse ponto de vista, qualquer uma das quatro proposições categóricas representa algum tipo de relação entre dois conjuntos. Por exemplo, ao afirmarmos que todo gato é mamífero, estamos querendo dizer que o conjunto dos gatos está totalmente incluído no conjunto dos mamíferos. Se dissermos que nenhum elefante é um réptil, queremos dizer que o conjunto dos elefantes e o conjunto dos répteis não tem nenhum elemento em comum. Se dissermos que alguns gatos são brancos, veremos que o conjunto dos gatos e o conjunto das coisas brancas têm ao menos um elemento em comum, ou seja, que sua intersecção não é vazia.

Tais relações entre dois conjuntos podem ser representadas por meio de diagramas, em que cada conjunto é representado por um círculo. Uma proposição categórica tem dois termos, sujeito e predicado (S e P). O diagrama básico para representar uma tal proposição é o seguinte.

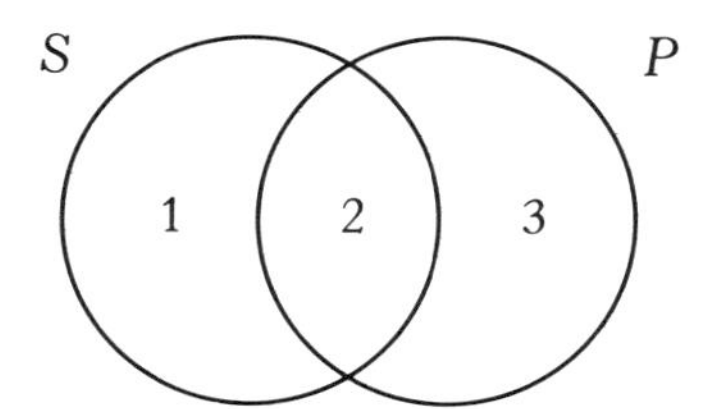

Figura A.3: Diagrama básico.

Note que temos três regiões nesse diagrama: na da esquerda (1) encontram-se objetos que são S, mas que não são P. A região 2 é a região comum dessas classes: nela encontraremos coisas que são tanto S quanto P. Finalmente, na região 3, temos indivíduos que são apenas P, mas não são S.

Vamos começar representando uma proposição de tipo *A*. 'Todo S é P' significa, afinal de contas, que o conjunto das coisas que são S está totalmente incluído no conjunto das coisas que são P. Ou seja, a região 1 do diagrama fica vazia—não há nenhum indivíduo que seja S, mas que não seja P. Vamos indicar isso marcando como vazia a região 1 (cf. figura A.4). Note que, esvaziando a região 1, tudo o que sobrou de S (a região 2) está incluído em P.

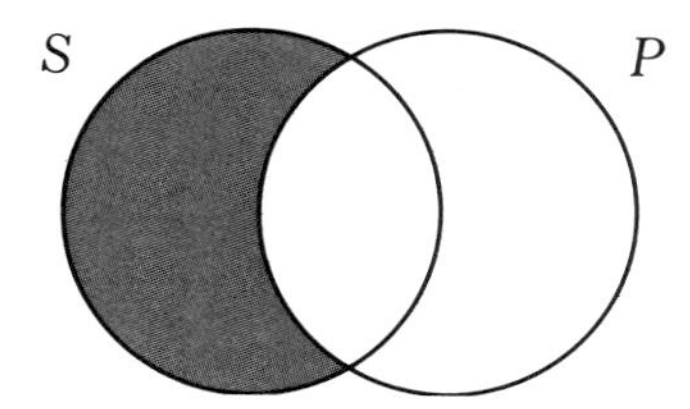

Figura A.4: Diagrama de proposições de tipo A.

Passemos agora a uma proposição de tipo E; nenhum S é P. Isso significa que S e P não têm elementos em comum. Ou seja, a região 2, que é a região comum aos dois conjuntos, fica vazia. O resultado pode ser visto na figura A.5.

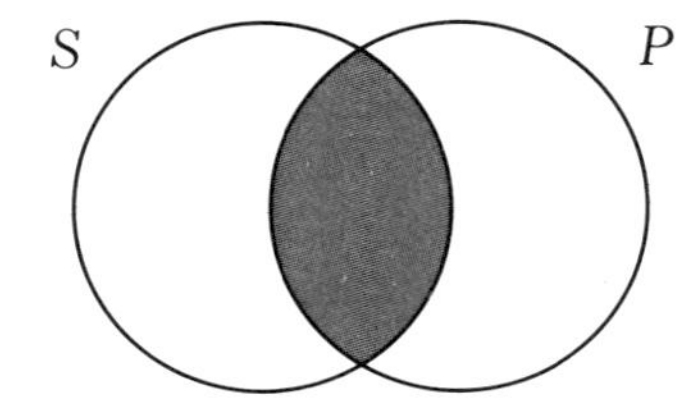

Figura A.5: Diagrama de proposições de tipo E.

Vamos agora a uma proposição de tipo I: algum S é P. Isso significa que S e P têm ao menos um elemento em comum — que a região 2 do diagrama não é vazia. Assinalamos isso colocando um × na região indicada (cf. figura A.6).

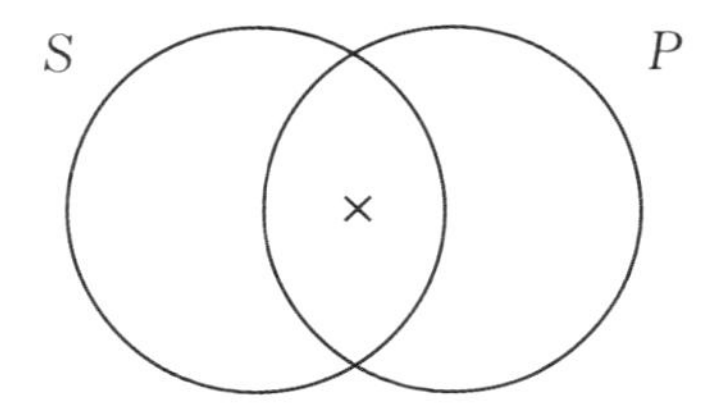

Figura A.6: Diagrama de proposições de tipo I.

Note que não temos informações a respeito das outras duas regiões do diagrama: uma área branca significa que pode ter algo lá, mas que pode estar vazia também. Simplesmente não sabemos.

Finalmente, proposições de tipo O: algum S não é P. Isso significa que a região 1 do diagrama não é vazia: há pelo menos um objeto que é S, mas que não é P. Assinalamos isso colocando um × na região indicada (cf. figura A.7).

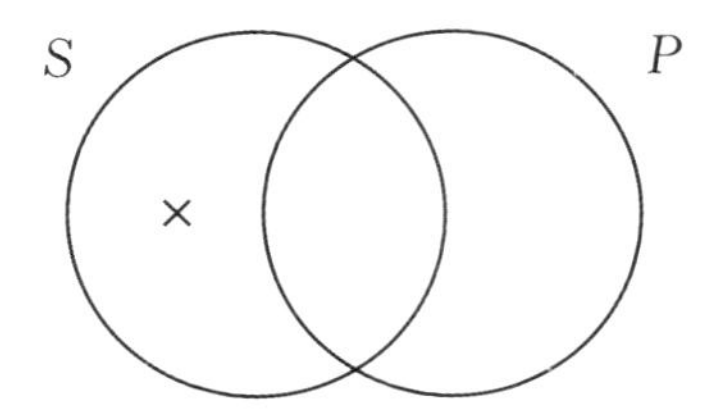

Figura A.7: Diagrama de proposições de tipo O.

Exercício A.9 Faça o diagrama para as proposições categóricas do exercício A.1.

A.5.2 Testando a validade dos silogismos

Estamos agora prontos para nosso método de testar a validade. Em um silogismo, temos *três* termos: o menor, o médio e o maior. Assim, nosso diagrama terá três círculos.

Vamos começar com um silogismo já colocado na forma típica (um exemplo de *Celarent*):

PM. Nenhum mamífero é um inseto.
Pm. Todos os gatos são mamíferos.
C. Nenhum gato é um mamífero.

O diagrama começa com três círculos, cada um deles representando um dos termos do silogismo: gatos, mamíferos, insetos. Como na figura A.8.

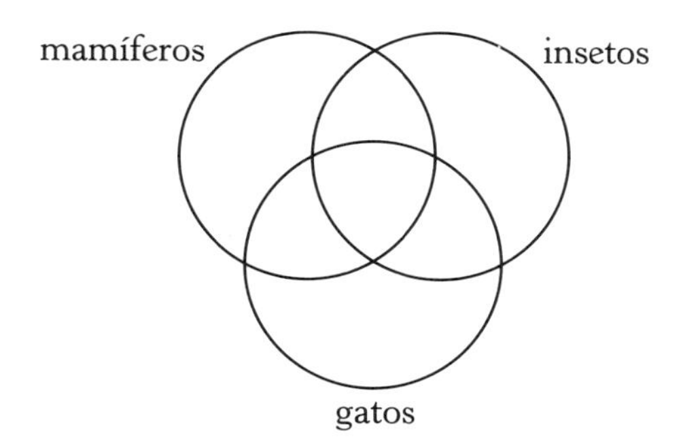

Figura A.8: Um diagrama básico.

Não importa a qual círculo você atribua 'mamíferos': no de baixo, no superior esquerdo ou no superior direito. O importante é que cada termo tenha seu círculo no diagrama.

O passo a seguir é representar no diagrama as premissas do silogismo. Vamos começar pela maior — mas também aqui a ordem não importa; escolha uma premissa e represente. A premissa maior diz que nenhum mamífero é um inseto. Ou seja, a região comum dos círculos 'mamíferos' e 'insetos' é vazia. Vamos marcar isso como segue:

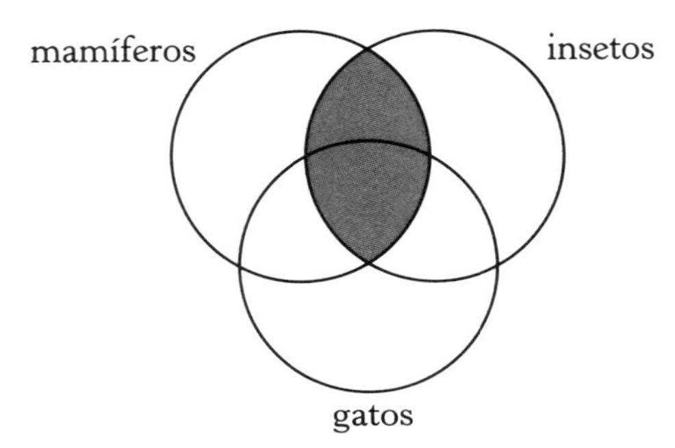

Precisamos agora representar a premissa menor. Ela diz que todos os gatos são mamíferos. Ou seja, não há nada no conjunto dos gatos que esteja fora do conjunto dos mamíferos; a região das coisas que são gatos mas não são mamíferos é *vazia*. Ou seja:

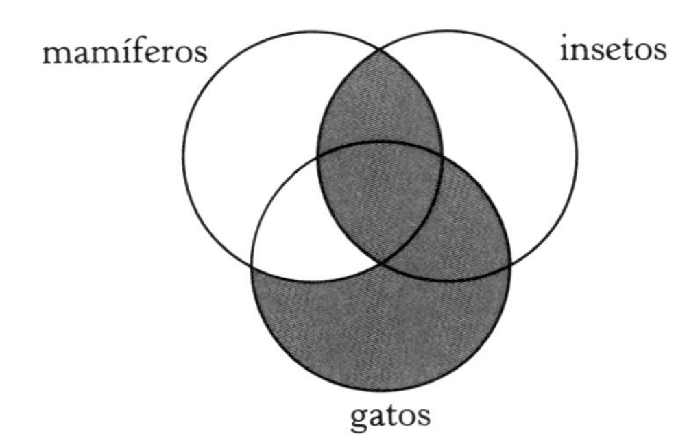

Pronto, a premissa menor também está representada. Note que tudo o que sobrou de 'gatos' está dentro do conjunto 'mamíferos'.

E agora, o que acontece com a conclusão? Ora: *não precisamos representá-la!* Se o silogismo for válido, a conclusão já estará automaticamente representada no diagrama. Se for inválido, a conclusão não estará representada. Vamos testar isso?

Ora, a conclusão diz que nenhum gato é um inseto. Ou seja, a região comum aos conjuntos dos gatos e dos insetos tem que estar vazia. E como você facilmente pode verificar no diagrama, está mesmo vazia! Assim, o silogismo em questão é válido.

Vamos a um outro exemplo:

PM. Nenhum marciano é professor de filosofia.
Pm. Nenhum habitante de Florianópolis é marciano.
C. Nenhum habitante de Florianópolis é professor de filosofia.

Para representar as duas premissas no diagrama, primeiro esvaziamos a região comum entre 'marciano' e 'professor de filosofia' (já que esses conjuntos não têm elementos em comum, pela premissa maior) e depois esvaziamos a região comum entre 'habitante de Florianópolis' e 'marciano' (já que também esses dois conjuntos não têm elementos em comum, segundo a premissa menor). O resultado é:

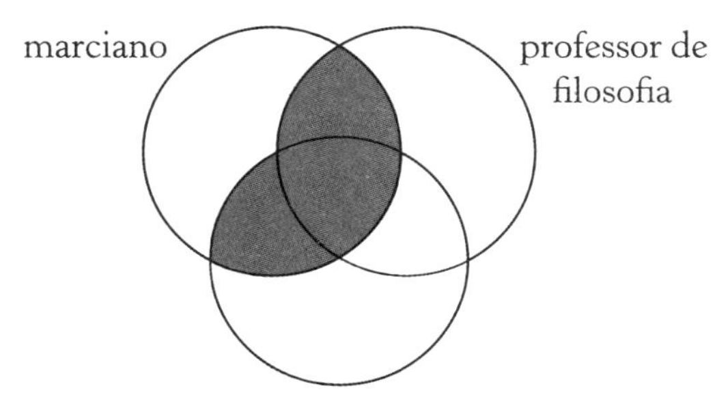

A conclusão, agora, está representada? Podemos ver que *não está*. A conclusão diz que nenhum professor de filosofia é habitante de Florianópolis. Se ela estivesse representada, a região comum dos conjuntos 'professor de filosofia' e 'habitante de Florianópolis' devia estar vazia. Mas não está; ela está em branco. Isso significa que não sabemos se ela está vazia ou não — simplesmente não temos informações a respeito; é possível que não esteja. Assim, o silogismo anterior é inválido.

Passemos a um outro exemplo. Digamos:

PM. Todos os tubarões são animais marinhos.
Pm. Algumas sardinhas não são tubarões.
C. Algumas sardinhas são animais marinhos.

Comecemos representando a premissa maior. Para isso, precisamos esvaziar a região dos tubarões que não são animais marinhos (pois a premissa maior diz, afinal, que não há tubarões que não sejam animais marinhos). O resultado está a seguir:

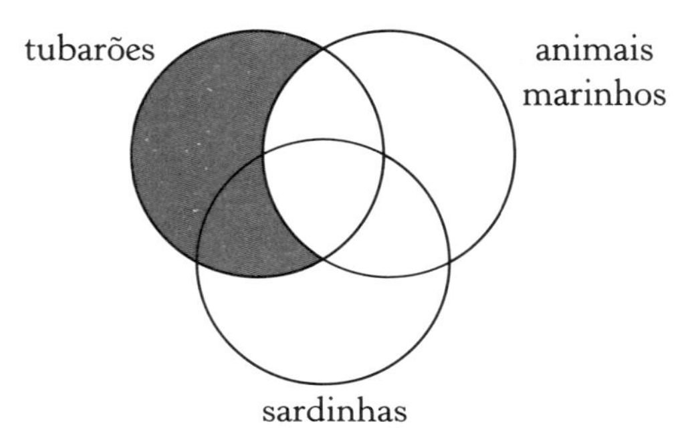

A segunda premissa, agora, diz que algumas sardinhas não são tubarões. Assim, temos que marcar com × a região do conjunto das sardinhas que está fora do conjunto dos tubarões. Mas agora temos um senão: essa região tem *duas* partes: uma região de sardinhas que está fora de 'animais marinhos', e outra região de sardinhas que está dentro de 'animais marinhos'. Onde colocar nosso ×?

O que temos aqui são duas situações possíveis. Vamos colocar o × na linha divisória entre as duas regiões: ele vai ficar literalmente "em cima do muro". O resultado está na figura a seguir.

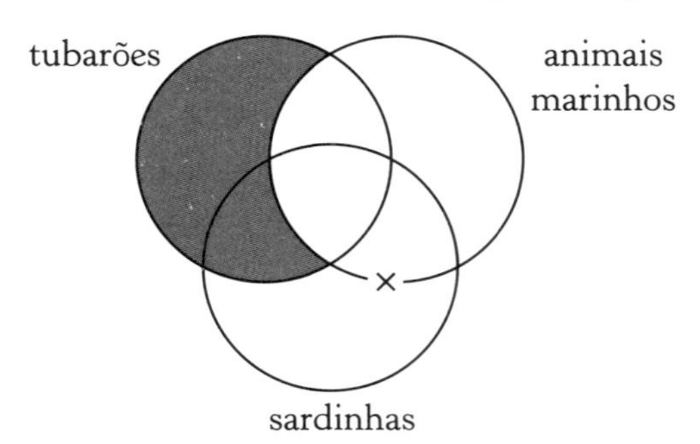

Isso significa que o × pode estar em qualquer uma daquelas duas regiões: simplesmente não temos informação suficiente, com base nas premissas, para decidir isso.

E agora, o silogismo é válido ou inválido? A conclusão diz que algumas sardinhas são animais marinhos. Ela está representada? Precisaríamos ter um × na região das sardinhas *fora* dos animais marinhos. Mas temos o × apenas na fronteira: ele pode tanto estar fora, quanto estar dentro. Nesse caso, o silogismo é inválido, porque existe uma possibilidade de que as premissas sejam verdadeiras e a conclusão falsa.

Note a diferença disso para o silogismo seguinte:

PM. Todos os tubarões são animais marinhos.
Pm. Algumas sardinhas não são animais marinhos.
C. Algumas sardinhas não são tubarões.

O diagrama do silogismo, já representada a premissa maior, é o mesmo de antes:

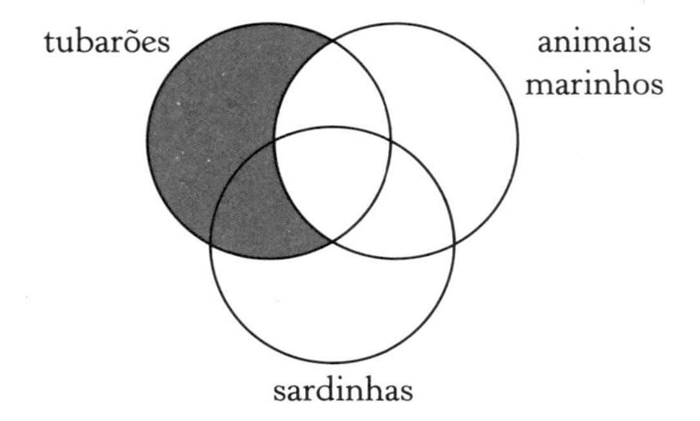

Agora, a segunda premissa diz que há ao menos uma sardinha que não é um animal marinho. Nesse caso, só temos uma região onde colocar o ×. O resultado está no diagrama a seguir — e como você pode ver, o silogismo é válido, pois a conclusão, algumas sardinhas não são tubarões, já está automaticamente representada.

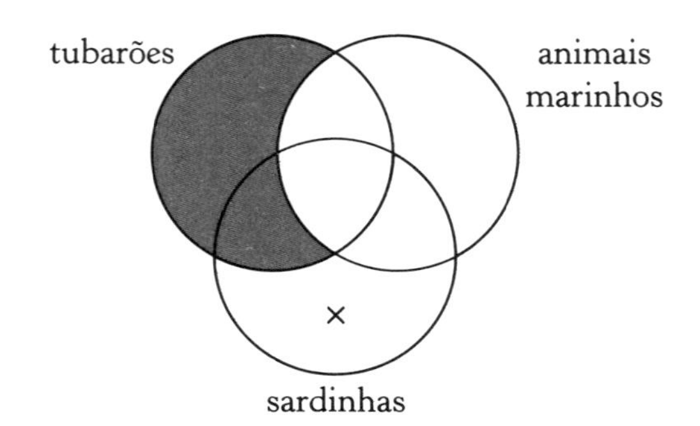

Esse último exemplo também ilustra um outro ponto: se você estiver testando um silogismo que tem uma premissa universal e uma premissa particular, represente *primeiro* a premissa universal: isso evita ter que colocar um × na fronteira entre duas regiões das quais uma vai ser depois esvaziada pela representação da premissa universal. Isso é apenas uma dica para facilitar, claro: realmente não importa por qual premissa você comece.

Agora... e se o silogismo tiver duas premissas particulares? Bem, nesse caso, não importa qual você tome primeiro — mas recorde que nenhuma forma de silogismo cujas premissas sejam ambas particulares é válida.

Como eu sei que você gostaria de um exemplo, vamos a ele! Seja então o silogismo a seguir:

PM. Algumas caturritas não são vermelhas.
Pm. Alguns papagaios não são vermelhos.
C. Alguns papagaios não são caturritas.

A forma desse silogismo é OOO-2, e deve ser inválida. Representando as duas premissas (veja a figura A.9), temos, primeiro, um × representando uma caturrita que não é vermelha. Essa região tem duas partes: caturritas que não são papagaios, e caturritas que são papagaios. Assim, o × fica na fronteira. Analogamente, algum papagaio não é vermelho: mas ele pode ser, ou não, uma caturrita. Outro × que fica na fronteira. Agora, para que o silogismo fosse válido, precisaríamos ter um × na região comum a caturritas e papagaios — mas não temos. Ambos os × podem estar lá, mas podem estar fora. Como é possível que ambos estejam fora, a conclusão não se segue, e a forma de silogismo, como anunciado, é inválida.

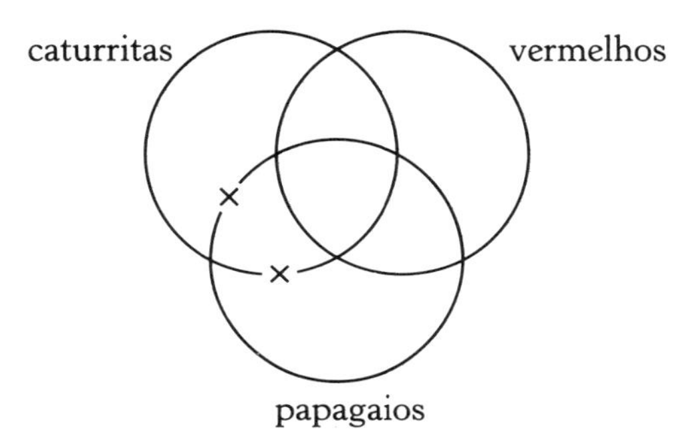

Figura A.9: Invalidade de OOO-2.

Exercício A.10 Teste (mais uma vez) a validade dos silogismos do exercício A.4, agora usando diagramas de Venn–Euler. [Nota: pode haver alguma discrepância entre os resultados que você obterá agora e os anteriores.]

A.6 Validade e existência

Em uma seção anterior tínhamos visto uma lista, elaborada pelos lógicos medievais, de todas as formas válidas de silogismo. Ou quase todas — vimos que esse número poderia variar, talvez fossem menos formas do que as listadas, talvez fossem mais. Como explicar essas discrepâncias? Afinal, algumas formas são ou não são válidas? Em particular, você deve ter descoberto que, por meio dos diagramas de Venn–Euler, o silogismo no item (c) do exercício A.4 resultou inválido. Contudo, sua forma é EAO-4, ou seja, *Fesapo*. Essa não era uma das formas válidas?

Mais uma vez, comecemos com um exemplo.

PM. Todos os mamíferos são animais.
Pm. Todos os elefantes são mamíferos.
C. Todos os elefantes são animais.

Esse é obviamente um silogismo em *Barbara*, ou seja, sua forma é AAA-1. Já vimos que essa é uma forma válida, mas você pode conferir isso no diagrama a seguir. As duas premissas já estão representadas e a conclusão se segue, pois o que sobrou do conjunto dos elefantes está de fato incluído no conjunto dos animais.

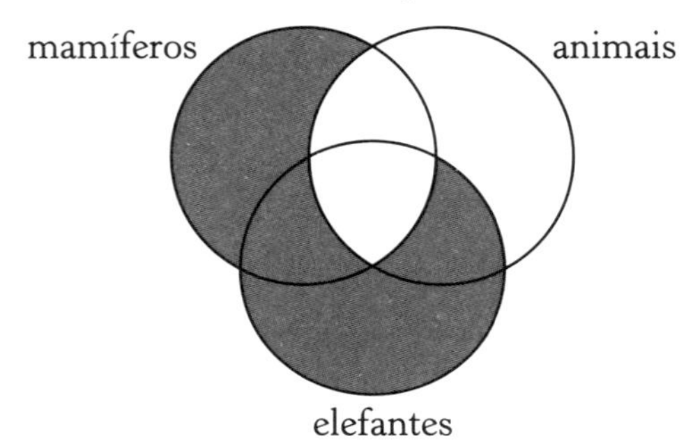

Figura A.10: *Barbara / Barbari*.

O que acontece, agora, se considerarmos *Barbari*, uma variante da forma mencionada? Isto é, se "enfraquecemos" a conclusão de 'todos' para 'alguns'? (Na verdade não estamos "enfraquecendo", é apenas uma conclusão diferente.)

PM. Todos os mamíferos são animais.
Pm. Todos os elefantes são mamíferos.
C. Alguns elefantes são animais.

As duas premissas são as mesmas do primeiro exemplo; assim, o diagrama representando as premissas é o mesmo da figura A.10 anterior. A questão agora é: esse silogismo é válido? Se fosse, a conclusão estaria representada no diagrama — mas não está! Note que a representação de proposições de tipo I e O exige que tenhamos um × em algum lugar, e não temos isso. O que sobrou do conjunto dos elefantes está incluído no conjunto dos animais — mas não temos nenhuma informação de que de fato há pelo menos algum elefante. Tanto quanto sabemos, essa região poderia estar vazia. Portanto, o silogismo é inválido.

Isso nos deixa numa situação estranha, pois tínhamos visto que há uma relação de alternação entre A e I. Se a superalterna (A) é verdadeira, então a subalterna (I) também é. Mas se podemos concluir que todos os elefantes são animais, e se a verdade disso implica que alguns elefantes são animais, o silogismo deveria ser válido!

Examinemos um outro exemplo, *Cesarop*, uma forma da segunda figura listada como válida. Como exemplo de um silogismo nessa forma, temos:

PM. Nenhum inseto é um peixe.
Pm. Todas as sardinhas são peixes.
C. Algumas sardinhas não são insetos.

Esse silogismo está em *Cesarop*: seu modo é EAO e sua figura a segunda. Mas o que acontece com seu diagrama? Fica como a seguir (já representadas as duas premissas):

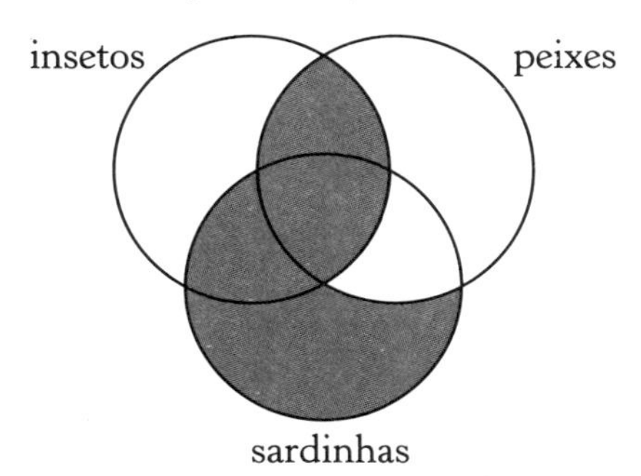

Mais uma vez, a conclusão não está representada — não temos marcado um × na região correspondente ao conjunto dos peixes fora do conjunto dos insetos. Assim, mais uma vez, o silogismo é inválido.

Note que também nesse caso, se a conclusão fosse universal em vez de particular —'nenhuma sardinha é um inseto', em vez de 'algumas sardinhas não são insetos' — o silogismo seria válido. E o problema se repete: se E (a superalterna) é verdadeira, então O (a subalterna) também deveria sê-lo: se nenhuma sardinha é um inseto, deveríamos poder inferir que ao menos algumas não são.

O que fazer, então? Devemos concluir que essa oposição, alternação, afinal de contas não se dá entre proposições de tipo A e I, entre E e O?

A razão pela qual essa oposição era aceita é que parece natural dizer que, se todos os elementos de uma classe têm alguma propriedade, então, pelo menos alguns tem. Mas isso só acontece se estamos pressupondo que não estamos tratando de classes vazias.

No segundo exemplo mostrado (*Cesarop*), se fizermos a pressuposição de que existem sardinhas (que há pelo menos uma sardinha), teríamos um argumento válido. Digamos que reescrevamos o silogismo da seguinte maneira, com uma premissa adicional **PA**:

PM. Nenhum inseto é um peixe.
Pm. Todas as sardinhas são peixes.
PA. Existem sardinhas.
C. Algumas sardinhas não são insetos.

Se fizermos agora o diagrama desse argumento (que não é mais um silogismo padrão, pois temos três premissas), ficaremos com o seguinte:

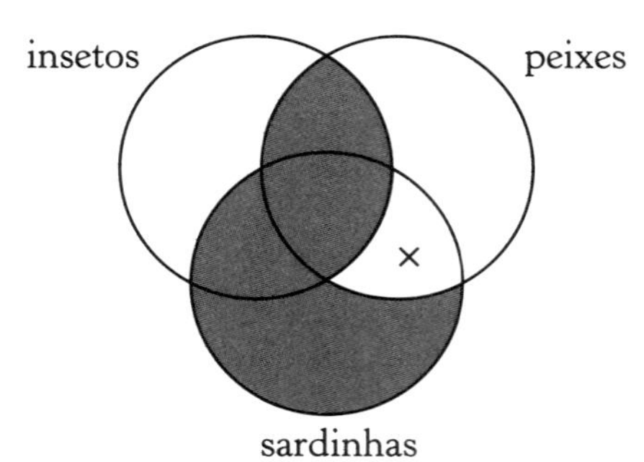

Podemos ver que, nesse diagrama, a conclusão do argumento *está* representada ao representarmos as premissas. Válido, portanto.

Sem esse tipo de premissa adicional, qualquer silogismo que tenha duas premissas universais e uma conclusão particular será inválido. (Assim, teremos apenas 15 formas válidas, em vez das 24 tradicionais.) Qual a solução? Acrescentar a hipótese de que o termo menor do silogismo não representa uma classe vazia? Ou que nenhum termo de um silogismo represente uma classe vazia?

A questão toda gira em torno de uma proposição ter ou não *conteúdo existencial*. Dizemos que uma proposição tem conteúdo existencial se afirma a existência de algum tipo de entidade. Ao afirmar que

(17) Alguns gatos são azuis

estamos afirmando que existem gatos, e também que existem coisas azuis. Essa é a razão pela qual proposições particulares, ao serem representadas, pedem que coloquemos um × em algum lugar do diagrama. Esse "colocar um ×" equivale a dizer que, naquela região, há pelo menos um indivíduo.

Por outro lado, proposições universais não têm conteúdo existencial: ao representá-las simplesmente dizemos que *certas* regiões do diagrama estão vazias — mas não afirmamos nada a respeito de outras regiões conterem algum indivíduo. Ainda que isso pareça estranho, note que frequentemente afirmamos proposições universais sem pretender que tenham conteúdo existencial. Por exemplo:

(18) Todos os trangressores são passíveis de punição.

Nesse caso, não estamos afirmando que *há* transgressores. Aliás, o propósito todo de avisos desse tipo é evitar que haja transgressores!

O conflito entre a lista elaborada pelos medievais e o resultado dos diagramas de Venn-Euler (e de tablôs também, claro) tem a ver com o fato de que, do ponto de vista contemporâneo, proposições universais não têm conteúdo existencial, ao contrário das particulares. Para a interpretação tradicional dos silogismos, contudo, proposições universais também tinham conteúdo existencial. É por isso que a relação de alternação valia entre A e I, entre E e O: se algo vale para todos os elementos de uma classe, então vale para alguns, pois estamos supondo a classe não vazia.

Se quisermos recolocar entre as formas válidas silogismos como o exemplo em *Cesarop* mencionado, o que precisamos é acrescentar aquela premissa adicional — por exemplo, dizendo que o termo menor do predicado não representa uma classe vazia. Mas, como vimos, o argumento deixa de ser um silogismo padrão.

Uma outra consequência de considerarmos apenas as proposições particulares como tendo conteúdo existencial é a de que proposições de tipo I e O, com o mesmo sujeito e mesmo predicado, deixam de ser subcontrárias: afinal, ambas podem ser verdadeiras — mas também podem ser ambas falsas, como ilustra o exemplo a seguir:

(19) Alguns unicórnios são amarelos.
(20) Alguns unicórnios não são amarelos.

Uma vez que não há unicórnios, ambas são falsas. Mas nesse caso, note que A e E também deixam de ser contrárias. Se ambas as proposições anteriores são falsas, suas contraditórias serão *ambas verdadeiras*:

(21) Todo unicórnio é amarelo.
(22) Nenhum unicórnio é amarelo.

Essas proposições não são contrárias, pois, por definição, proposições contrárias não podem ser ambas verdadeiras. Precisamos, assim, fazer uma revisão do quadrado tradicional de oposições: do ponto de vista da lógica contemporânea, o que resta são apenas as proposições contraditórias.

Exercício A.11 Considere a lista das 24 formas válidas de silogismo apresentadas na figura A.2.

(a) Quais das formas de silogismo citadas não são válidas, do ponto de vista contemporâneo?
(b) Elas se tornam mesmo válidas se acrescentarmos, em todos os casos, uma premissa do tipo 'existem *S*s', em que *S* é o termo menor do silogismo?
(c) Há algum caso em que, mesmo trocando a conclusão pela proposição universal correspondente (de I para A, de O para E), o silogismo não é válido?

Referências bibliográficas

ALLWOOD, J. et al. *Logic in Linguistics*. Cambridge: Cambridge University Press, 1977.

ANDERSON, A. R. A.; BELNAP, N. D. *Entailment*: the Logic of Relevance and Necessity. Princeton: Princeton University Press, 1975. v.1.

BARWISE, J. (Ed.) *Handbook of Mathematical Logic*. Amsterdam: North-Holland, 1993.

BARWISE, J.; ETCHEMENDY, J. *The Liar*: an Essay on Truth and Circularity. New York: Oxford University Press, 1987.

BOOLOS, G. S.; BURGESS, J. P.; JEFFREY, R. C. *Computabilidade e lógica*. São Paulo: Editora Unesp, 2012.

BURGESS, J. P. *Philosophical Logic*. Princeton: Princeton University Press, 2009.

CARNIELLI, W. A.; EPSTEIN, R. L. *Pensamento crítico*: o poder da lógica e da argumentação. São Paulo: Editora Rideel, 2009.

CERQUEIRA, L. A.; OLIVA, A. *Introdução à Lógica*. Rio: Zahar, 1972.

CHELLAS, B. F. *Modal Logic*: an Introduction. Cambridge: Cambridge University Press, 1980.

CHOMSKY, N. *Syntactic Structures*. The Hague: Mouton, 1957.

COPI, I. M. *Introdução à Lógica*. Rio: Zahar, 1972.

DA COSTA, N. C. A. *Ensaio sobre os fundamentos da Lógica*. São Paulo: Hucitec/Edusp, 1980.

DOPP, J. *Noções de lógica formal*. São Paulo: Editora Herder, 1970.

EBBINGHAUS, H.-D. et al. *Zahlen*. 2.ed. Berlin, Heidelberg: Springer Verlag, 1988.

FAGIN, R.; HALPERN, J.; MOSES, Y.; VARDI, M. *Reasoning about Knowledge*. Cambridge: MIT Press, 1995.

FEITOSA, H. A.; PAULOVICH, L. *Prelúdio à lógica*. São Paulo: Editora Unesp, 2005.

FITTING, M. *First-Order Logic and Automated Theorem Proving*. New York, Berlin: Springer Verlag, 1990.

FRENCH, S. *Ciência*: conceitos-chave em filosofia. Porto Alegre: Artmed, 2009.

GABBAY, D.; GUENTHNER, F. *Handbook of Philosophical Logic*. Dordrecht: D. Reidel, 1984-1987. 4v.

GALLIER, J. H. *Logic for Computer Science*: Foundations of Automatic Theorem Proving. New York: Harper & Row, 1986.

GENESERETH, M. R.; NILSSON, N. J. *Logical Foundations of Artificial Intelligence*. Palo Alto: Morgan Kaufmann, 1988.

GOLDBLATT, R. *Logics of Time and Computation*. Stanford: CSLI Lecture Notes, 1987.

HAACK, S. *Filosofia das lógicas*. São Paulo: Editora Unesp, 2002.

HOFSTADTER, D. R. *Gödel, Escher, Bach*: an Eternal Golden Braid. New York: Vintage Books, 1980.

HUGHES, G. E.; CRESSWELL, M. J. *A New Introduction to Modal Logic*. London, New York: Routledge, 1996.

JEFFREY, R. *Formal Logic:* Its Scope and Limits. New York: McGraw-Hill, 1981.

KALISH, D.; MONTAGUE, R. *Logic*: Techniques of Formal Reasoning. New York: Harcourt, Brace & World, Inc., 1964.

KNEALE, W.; KNEALE, M. *O desenvolvimento da Lógica*. Lisboa: Fundação Gulbenkian, 1980.

KOWALSKI, R. *Logic for Problem Solving*. New York: Elsevier Science Pub. Co., 1979.

LENZEN, W. *Glauben, Wissen und Wahrscheinlichkeit*: Systeme der epistemischen Logik. Wien, New York: Springer Verlag, 1980.

LOUX, M. J. (Ed.) *The Possible and the Actual*. Readings in the Metaphysics of Modality. Ithaca: Cornell University Press, 1979.

MATES, B. *Lógica elementar*. São Paulo: Ed. Nacional/Edusp, 1967.

MENDELSON, E. *Introduction to Mathematical Logic*. 2.ed. New York: D. Van Nostrand, 1979.

NAGEL, E.; NEWMAN, J. R. *Prova de Gödel*. São Paulo: Perspectiva, 1973.

NOLT, J.; ROHATYN, D. *Lógica*. São Paulo: McGraw-Hill, 1991.

POTTER, M. *Set Theory and its Philosophy*. Oxford; New York: Oxford University Press, 2004.

PRIOR, A. N. *Time and Modality*. Oxford: Clarendon Press, 1957.

_______. *Past, Present, and Future*. Oxford: Clarendon Press, 1967.

QUINE, W. V. O. "Sobre o que há." *De um ponto de vista lógico*. São Paulo: Editora Unesp, 2011.

RESCHER, N. *Many-valued Logic*. New York: McGraw-Hill, 1969.

ROGERS, R. *Mathematical Logic and Formalized Theories*. Amsterdam: North-Holland, 1971.

RUSSELL, B. "On denoting". *Logic and knowledge*. London: Unwin-Hyman, 1956, p.39-56. (Há tradução brasileira no volume de escritos de Russell na coleção *Os Pensadores*, São Paulo: Abril Cultural.)

SALMON, W. C. *Lógica*. Rio: Zahar, 1973.

SMULLYAN, R. *Lógica de primeira ordem*. São Paulo: Editora Unesp, 2009.

TARSKI, A. *A concepção semântica da verdade*. São Paulo: Editora Unesp, 2006.

SOBRE O LIVRO

Formato: 14 x 21 cm
Mancha: 23,7 x 42,5 paicas
Tipologia: Horley Old Style 10,5/14
Papel: Off-set 75 g/m² (miolo)
Cartão Supremo 250 g/m² (capa)
2ª edição Editora Unesp: 2017
9ª reimpressão: 2025

EQUIPE DE REALIZAÇÃO

Capa
Megaarte Design

Edição de texto
Tikinet (Copidesque)

Editoração eletrônica
Vicente Pimenta

Assistência editorial
Alberto Bononi

Rua Xavier Curado, 388 • Ipiranga - SP • 04210 100
Tel.: (11) 2063 7000
rettec@rettec.com.br • www.rettec.com.br